KOSMOS HIMMELSJAHR 2024

SONNE, MOND UND STERNE IM JAHRESLAUF

Herausgegeben von Hans-Ulrich Keller
unter Mitarbeit von Erich Karkoschka

KOSMOS PLUS

Informationen zur KOSMOS-Plus-App
finden Sie auf Seite 29

KOSMOS

Inhalt

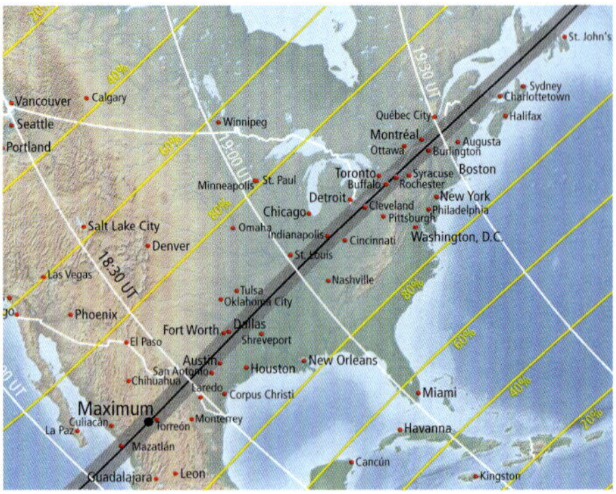

Gerhard Weiland

Inhalt

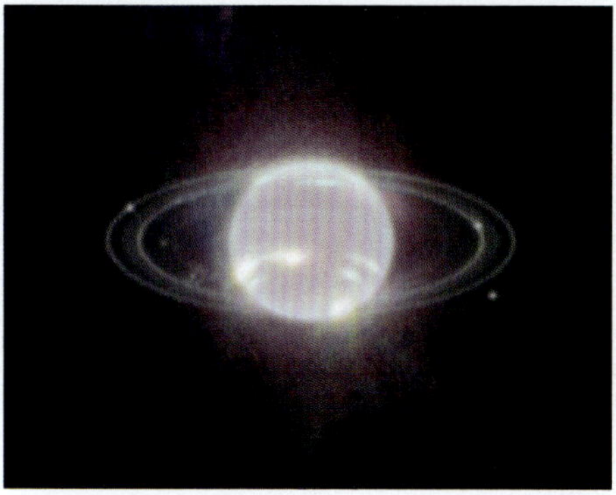

NASA, ESA, CSA, and STScI

Das Kosmos Himmelsjahr – ein Leitfaden durch die Sternenwelt

Fugit hora sicut umbra

Wie Schatten flieht die Stunde

Sonnenuhrspruch

Lautlos, unaufhaltsam und häufig unbemerkt vergeht die Zeit. Stunde folgt auf Stunde, Tag auf Tag, Jahr auf Jahr. Das Verrinnen der Zeit lässt sich am Lauf der Gestirne verfolgen. In einer Stunde wandert der Mond um die Strecke seines scheinbaren Durchmessers unter den Sternen weiter. Den Lauf des Mondes zu beobachten ist relativ einfach. Unter der monatlichen Tabelle „Mondlauf" in diesem Jahrbuch findet sich jeweils eine Grafik, aus der der Weg des Mondes in einer Nacht ersichtlich ist. Alle vier Wochen taucht die schmale Sichel des zunehmenden Mondes am abendlichen Westhimmel auf. Auch am Sonnenlauf, an den wechselnden Positionen der Planeten, die einmal am Abendhimmel, dann wieder am Morgenhimmel zu sehen sind, sowie an den jahreszeitlich verschiedenen Anblicken des abendlichen Fixsternhimmels zeigt sich das Fortschreiten der Zeit.

Faszinierend ist die Möglichkeit der Astronomie, einen Blick in die Zukunft zu werfen. Sonnen- und Mondfinsternisse lassen sich auf Jahrhunderte minutengenau vorausberechnen. Dies trifft auch auf viele andere Himmelserscheinungen zu. Die wichtigsten Himmelsereignisse in diesem Jahr sind in vorliegendem Jahrbuch verzeichnet.

Doch nicht alle Erscheinungen am gestirnten Himmel lassen sich exakt vorhersagen. Mit Überraschungen ist stets zu rechnen. Manchmal flammen unvermutet explodierende Sterne auf. Auch helle Kometen tauchen dann und wann unangekündigt aus den Tiefen des Weltalls auf. Dies zählt ebenfalls zu den spannenden Erscheinungen am gestirnten Firmament.

Es lohnt sich, den Blick in die Ferne schweifen zu lassen und den gestirnten Himmel mit eigenen Augen zu betrachten. Welche Sternbilder sind an klaren Winterabenden zu sehen, welche Planeten zeigen sich, welchen Weg nimmt der Mond durch den Tierkreis, wann sind Sonnen- und Mondfinsternisse zu erleben, zu welcher Jahreszeit flammen besonders viele Sternschnuppen auf?

Für Einsteiger und Amateurastronomen

Damit man über alle interessanten Ereignisse am Sternenzelt informiert wird, dazu soll das *Kosmos Himmelsjahr* als Leitfaden durch die Welt der Gestirne während des Jahres hilfreich sein.

Auch der **114. Jahrgang** des vorliegenden Jahrbuches soll sowohl dem Einsteiger in die Himmelskunde als auch der kundigen Amateurastronomin die erforderlichen Hinweise und Daten für eigene astronomische Beobachtungen liefern.

Der erfahrene Himmelsbeobachter findet auf der inneren Umschlagklappe Kurzhinweise zum Gebrauch dieses Jahrbuches. Ausführliche Erläuterungen zu den wichtigsten Grundtatsachen der Astronomie findet der Einsteiger in die Himmelskunde ab Seite 9.

Eine kalendarische Übersicht enthält das Kapitel „Das Jahr 2024" auf Seite 7. Dem Hauptteil vorangestellt ist die Beschreibung der Sonnen- und Mondfinsternisse, die sich im Jahr 2024 ereignen (siehe Seite 24).

Der Anhang enthält ein Verzeichnis von Planetarien und Sternwarten sowie eine Liste von amateurastronomischen Einrichtungen, die den Kontakt zu Gleichgesinnten erleichtern soll.

V.1 Der Ringplanet Saturn – Aufnahme der Raumsonde Cassini (NASA/JPL).

V.2 Die steinerne Sonnenuhr vor der Sternwarte Welzheim

Um möglichst allen Leserinnen und Lesern – vom Einsteiger bis zur versierten Beobachterin – zu dienen, wird in den Monatsübersichten eine einfache, beschreibende Darstellung aller interessanten Himmelsvorgänge gebracht, während im Tabellenteil am Schluss wichtige Beobachtungsdaten in Form von Zahlentafeln vermerkt sind.

Eine umfassende Einführung in die Himmelskunde findet man im *Kompendium der Astronomie*, in dem alle wichtigen Begriffe ausführlich erklärt werden.

Datenquellen und Danksagungen

Die Daten für das vorliegende Jahrbuch stammen, soweit nicht nachstehend besonders vermerkt, vom Planetarium Stuttgart. Das Institut de Mécanique Céleste et de Calcul des Éphémérides (IMCCE), Observatoire de Paris, lieferte die Daten für die Jupitermonderscheinungen, die Sternbedeckungen durch den Mond wurden mit dem Programm von David Herald von der IOTA (International Occultation Timing Association) berechnet, die Sonnenfleckenrelativzahlen lieferte das Observatoire Royal de Belgique, Brüssel, und die Daten für die Sternschnuppenströme stammen von der International Meteor Organization (IMO), wofür Herrn Dr. Jürgen Rendtel (Potsdam) zu danken ist.

Mein ganz besonderer Dank gilt meinem Mitarbeiter, Herrn Dr. Erich Karkoschka (Lunar and Planetary Laboratory, University of Arizona, Tucson) für seine Ephemeridenberechnungen, die Kalkulation der Sternbedeckungen durch den Mond, die Anfertigung vieler Skizzen und Abbildungen sowie zahlreichen Verbesserungsvorschlägen und Hinweisen.

Dank schulde ich auch Herrn Gerhard Weiland, der mit großer Sorgfalt und Umsicht die Reinzeichnungen der Grafiken angefertigt hat, sowie Herrn Wil Tirion für die Herstellung der monatlichen Sternkarten und Übersichten des Planetenlaufs. Dankbar bin ich auch Herrn Michael Vogel, der sorgfältig Korrektur gelesen hat.

Zu danken habe ich ferner Herrn Martin Gertz von der Sternwarte Welzheim für die hervorragenden Astroaufnahmen zur Illustration dieses Jahrbuches. Nicht zuletzt gebührt auch Dank Frau Claudia Dintner für die sorgfältige Reinschrift des Manuskripts sowie den Mitarbeiterinnen und Mitarbeitern des Verlages, namentlich Herrn Sven Melchert, für die hervorragende Zusammenarbeit, ohne die dieses Jahrbuch nicht pünktlich erscheinen könnte.

Stuttgart, im März 2023
Hans-Ulrich Keller

Das Jahr 2024 auf einen Blick

Das Jahr 2024 ist nach dem Gregorianischen Kalender ein **Schaltjahr** mit **366** Tagen.

Beginn der Jahreszeiten:
FRÜHLING (Tagundnachtgleiche): 20. März, 4^h06^m
SOMMER (Sonnenwende): 20. Juni, 21^h51^m
HERBST (Tagundnachtgleiche): 22. September, 13^h44^m
WINTER (Sonnenwende): 21. Dezember, 10^h21^m
SOMMERZEIT: Die Mitteleuropäische Sommerzeit (MESZ) geht gegenüber der Mitteleuropäischen Zeit (MEZ) um eine Stunde vor. Sie soll vom **31. März** bis **27. Oktober 2024** gelten. Kurzfristige Änderungen sind möglich.

FEST- UND FEIERTAGE 2024

Neujahrstag:	**Montag,**	1. Januar
Aschermittwoch:		14. Februar
Karfreitag:		29. März
Ostersonntag:		**31. März**
Ostermontag:		1. April
Maifeiertag	**Mittwoch,**	1. Mai
Christi Himmelfahrt:	Donnerstag,	9. Mai
Pfingstsonntag:		19. Mai
Pfingstmontag:		20. Mai
Fronleichnam:	Donnerstag,	30. Mai
Allerheiligen:	**Freitag,**	1. November
Buß- und Bettag:	Mittwoch,	20. November
Totensonntag:		24. November
1. Advent:	**Sonntag,**	1. Dezember
Heiliger Abend:	Dienstag,	24. Dezember
1. Weihnachtstag:	**Mittwoch,**	25. Dezember
2. Weihnachtstag:	Donnerstag,	26. Dezember
Silvester:	**Dienstag,**	31. Dezember

STAATSFEIERTAGE 2024

Tag der deutschen Einheit:	Donnerstag,	3. Oktober
Österreichischer Nationalfeiertag:	Samstag,	26. Oktober
Schweizer Bundesfeier:	Donnerstag,	1. August
Liechtensteiner Staatsfeiertag:	Donnerstag,	15. August

KALENDERÄREN 2024

Das **jüdische Jahr** 5785 beginnt am 2. Oktober mit Sonnenuntergang. Der jüdische Neujahrstag fällt daher auf den 3. Oktober 2024.

Das **islamische Jahr** 1446 beginnt am 7. Juli mit Sonnenuntergang. Der erste Tag des islamischen Jahres 1446 korrespondiert mit dem 8. Juli 2024.

Am 10. Februar 2024 beginnt das 41. Jahr im 79. Zyklus des **traditionellen chinesischen Kalenders**. Es ist das Jahr des Drachens (jia-chen).

Am 14. September beginnt in der **byzantinischen Ära** das Jahr 7533.

Am 1. Januar beginnt das **japanische Jahr** 2684.

Am 11. September beginnt das Jahr 1741 der **Ära Diokletians** (Koptische Ära).

Am 14. September beginnt das Jahr 2336 der **Seleukidenära**.

Am 14. Januar beginnt das Jahr 2777 der **römischen Ära a. u. c.**

Der 14. Januar 2024 des **Gregorianischen** Kalenders korrespondiert mit dem 1. Januar 2024 des **Julianischen** Kalenders.

Das Jahr 2024 entspricht dem Jahr 6737 der **Julianischen Periode**.

Der 1. Januar 2024 (0^h Weltzeit = 1^h Mitteleuropäische Zeit) hat die **Julianische Tagesnummer** 2 460 310,5

Das **astronomische Jahr** 2024 (Bessel-Jahr) beginnt bereits am 31. Dezember 2023 um 21^h18^m MEZ (B2024.0 = JD 2 460 310,346). Der **Dies Reductus** (J2024.0 – B2024.0) beträgt somit 3^h42^m.

Sven Melchert

V.3 Am 1. März 2023 kam es zu einer engen Begegnung von Venus (rechts) und Jupiter.

CHRONOLOGIE 2024

Sonnenzirkel: 17
Goldene Zahl (Mondzirkel): XI
Sonntagsbuchstabe: G F
Indiktion (Römerzinszahl): 2
Epakte: 19
Jahresregent: Sonne

FINSTERNISSE 2024

Das Jahr 2024 zeigt sich für Mitteleuropa finsternisarm. Lediglich die bescheidene partielle Mondfinsternis vom 18. September lässt sich in ihrer vollen Länge von Mitteleuropa aus beobachten. Die Halbschattenfinsternis des Mondes vom 25. März sowie die totale Sonnenfinsternis vom 8. April und die ringförmige Sonnenfinsternis vom 2. Oktober bleiben von Mitteleuropa aus unbeobachtbar.

Ausführliche Erläuterungen zu den Finsternissen findet man im Kapitel „Sonnen- und Mondfinsternisse 2024“ auf Seite 24.

PLANETEN UND PLUTO 2024

MERKUR zeigt sich Mitte März bis Ende März am Abendhimmel. Mitte Januar, Anfang September und Ende Dezember ist er am Morgenhimmel sichtbar.

VENUS ist von Jahresbeginn bis März Morgenstern. Am 4. Juni kommt sie in obere Konjunktion mit der Sonne. Von August bis über das Jahresende spielt sie ihre Rolle als Abendstern.

MARS erscheint im Frühjahr am Morgenhimmel. Bis Jahresende wird er zum Planeten der gesamten Nacht. In Opposition zur Sonne kommt der rote Planet am 16. Januar 2025.

JUPITER kommt am **7. Dezember** im Sternbild Stier in **Opposition** zur Sonne. Bis Ende April kann der Riesenplanet am Abendhimmel gesehen werden. Am 18. Mai steht er in Konjunktion mit der Sonne. Gegen Mitte Juni taucht Jupiter am Morgenhimmel auf.

SATURN erreicht am 28. Februar seine Konjunktion mit der Sonne. Ende März erscheint der Ringplanet am Morgenhimmel. Er steht am **8. September** im Sternbild Wassermann in **Opposition** zur Sonne. Bis Ende Dezember ist der Ringplanet am Abendhimmel vertreten. Am 12. März 2025 wird er von der Sonne eingeholt und steht in Konjunktion mit ihr.

URANUS kommt am **17. November** im Sternbild Stier in **Opposition** zur Sonne. In Konjunktion mit der Sonne steht Uranus am 13. Mai.

NEPTUN erreicht seine Opposition am **21. September** im Sternbild Wassermann. In Konjunktion mit der Sonne steht Neptun am 17. März.

PLUTO, der prominenteste Zwergplanet, steht am **23. Juli** im Sternbild Steinbock in **Opposition** zur Sonne. Seine Konjunktion mit der Sonne erreicht Pluto schon am 20. Januar 2024.

Ausführliche Angaben über die Sichtbarkeit der Planeten entnehme man der Rubrik „Planetenlauf“ in den Monatsübersichten.

Erläuterungen zum Gebrauch

Wer zum ersten Mal dieses Jahrbuch in Händen hält, dem bieten nachstehende Erläuterungen eine erste Einführung in seine Benutzung. Wer jedoch schon mit den Grundlagen der Himmelskunde vertraut ist, kann sofort die „Kurzhinweise zum Gebrauch“ dieses Jahrbuches auf der vorderen Umschlagklappe aufschlagen.

Im *Kosmos Himmelsjahr* ist das Bild des abendlichen Fixsternhimmels für jeden Monat beschrieben. Eine Sternkarte erleichtert die Übersicht. Außerdem ist die Stellung des Großen Wagens und des Himmels-Ws um 22^h MEZ für jeden Monat aus einer Grafik ersichtlich. Der Große Wagen und das Himmels-W sind in jeder klaren Nacht zu beobachten, da sie bei uns zirkumpolar sind, also niemals untergehen.

Während die Fixsterne ihre Stellungen zueinander nicht ändern, sondern nur gemeinsam infolge der Erdrotation über das Firmament ziehen, gibt es Gestirne, die ihre Position im Laufe von Wochen und Monaten ändern. Man nennt sie Wandelsterne oder Planeten. Sie sind die Geschwister unserer Erde, die ebenfalls ein Planet ist. Mit freiem Auge sind fünf Planeten zu sehen: Merkur, Venus, Mars, Jupiter und Saturn.

Von der Erde aus gesehen wandert somit die Sonne in einem Jahr durch die bekannten Sternbilder des Tierkreises. Der Wanderweg der Sonne heißt Ekliptik. Mond und Planeten bewegen sich ebenfalls in der Nähe der Ekliptik. Sie sind daher stets in den Tierkreissternbildern zu finden.

STERNE, STERNBILDER UND STERNKARTEN

Je nach Fantasie und Kultur haben die einzelnen Völker Sterne und Sternbilder unterschiedlich benannt. Die Internationale Astronomische Union (IAU) hat für die gesamte Himmelskugel 88 Sternbilder festgelegt, die für alle Astronomen und Sternfreunde verbindlich sind. Diese 88 Sternbilder haben lateinische Namen und jeweils eine Abkürzung von drei Buchstaben; Beispiel: der Krebs, lat.: Cancer, Abkürzung: Cnc.

Speziell für die Benutzer des Himmelsjahres empfehlen sich zur ersten Orientierung die Sternkarten im *Atlas für Himmelsbeobachter* von Erich Karkoschka. Neben den klassischen Sternatlanten gibt es heute auch gute Computerprogramme, die einen gewünschten Himmelsausschnitt am Monitor erscheinen lassen.

Nur die hellsten oder auffällige Sterne, die beispielsweise periodisch ihre Helligkeit ändern, haben Eigennamen erhalten. So heißen die beiden hellsten Sterne im Wintersternbild Orion Beteigeuze und Rigel, der berühmte veränderliche Stern im Perseus Algol.

Etwas systematischer hat Johannes Bayer im Jahre 1603 die Sterne bezeichnet, nämlich mit griechischen Buchstaben und dem Genitiv des lateinischen Sternbildnamens. So bekam der hellste Stern in der Leier die Be-

Martin Gertz / Sternwarte Welzheim

E.1 Der Orion ist das Leitsternbild des Winterhimmels.

zeichnung α Lyrae (oder kurz α Lyr), der zweithellste β Lyrae, der dritthellste γ Lyrae usw. Die Helligkeitsfolge ist aber nicht immer streng eingehalten, manchmal hat die Mythologie Vorrang; von den beiden hellen Zwillingssternen trägt der hellere Pollux die Bezeichnung β Geminorum, der etwas schwächere Kastor α Geminorum. Bei Doppelsternen wird gelegentlich noch ein Index an den griechischen Buchstaben angehängt. Beispiel: ε_1 und ε_2 Lyrae, der berühmte Vierfachstern in der Leier (jede Komponente ist ihrerseits ebenfalls ein Doppelstern). Die 24 griechischen Buchstaben (siehe Seite 21) pro Sternbild reichen natürlich nicht aus, um alle Sterne zu benennen.

Den ersten umfangreichen Sternkatalog nach Erfindung des Fernrohrs hat John Flamsteed (1646–1719) im Jahre 1712 herausgegeben. Flamsteed hat die Sterne in einem Sternbild durchnummeriert. So hat ω Aurigae beispielsweise bei Flamsteed die Bezeichnung 4 Aurigae. Viele Sterne, die keine Bayer-Bezeichnung haben, sind jedoch mit Flamsteed-Nummern gekennzeichnet.

Bei schwächeren Sternen gibt man die Katalognummer an, unter der sie verzeichnet sind, oder einfach die genauen Koordinaten. Beispiele für Katalognummern: BD +52°1312 bedeutet Stern Nummer 1312 in der Deklinationszone von +52° bis +53° der sogenannten *Bonner Durchmusterung*. HD 128974, Stern aus dem *Henry-Draper-Katalog*, SAO 146912, Stern aus dem *Smithsonian Astrophysical Observatory Star Catalogue*, FK5: 1051, Stern aus dem *5. Fundamental-Katalog*.

Sterne, deren Helligkeit variiert, werden häufig mit großen lateinischen Buchstaben und ihren Sternbildnamen versehen: RR Lyrae, T Coronae Borealis. Man kann somit aus der Bezeichnung auf die Eigenart dieser Sterne schließen.

STERNHAUFEN UND NEBEL

Man unterscheidet offene und kugelförmige Sternhaufen. Offene Sternhaufen enthalten Dutzende bis einige hundert Sterne, die alle einzeln als Lichtpunkte erkennbar sind. Kugelhaufen haben Hunderttausende bis Millionen Mitgliedssterne und sind als verwaschene, kreisrunde Lichtfleckchen zu sehen. Nur die Randpartien sind in Einzelsterne auflösbar, im Zentrum stehen die Sterne zu dicht, um als einzelne Lichtpunkte erkannt zu werden.

Zwischen den punktförmigen Sternen zeigen sich auch nebelhafte Gebilde. Bei den „Nebeln“ gilt es zwei Kategorien zu unterscheiden: Einmal beobachtet man tatsächlich Staub- und Gasmassen zwischen den Sternen unserer Milchstraße, wie zum Beispiel im Sternbild Orion den berühmten Orionnebel. Andere nebelhafte Lichtfleckchen lassen sich jedoch mit sehr großen Teleskopen in einzelne Sterne auflösen. Hier sieht man fremde, ferne Milchstraßensysteme. Das Licht von Milliarden Sternen wird von uns nur als schwa-

E.2 Das Sternbild Schütze wird vom Band der Milchstraße mit zahlreichen Nebeln durchzogen.

ches Nebelfleckchen registriert, wie beispielsweise beim Andromedanebel. Wegen ihrer häufig spiraligen Gestalt spricht man auch von Spiralnebeln oder Galaxien.

Der französische Astronom Charles Messier (1730–1817) hat einen Katalog mit über hundert Sternhaufen und Nebeln zusammengestellt. Der Orionnebel wird z.B. mit M 42, der Andromedanebel mit M 31, der Kugelhaufen im Herkules mit M 13 bezeichnet. Wesentlich umfangreicher ist der Katalog von John L.E. Dreyer mit dem Namen *New General Catalogue of Nebulae and Clusters of Stars*, abgekürzt NGC. Später erschienen noch zwei Ergänzungen (*Index-Catalogue I and II*, kurz IC I und IC II) und schließlich der überarbeitete *Revised New General Catalogue* (RNGC). Daher trägt der Andromedanebel M 31 auch die Bezeichnung NGC 224.

DIE HELLIGKEIT DER STERNE

Man teilt die Sterne in Größenklassen ein. Diese Größenklassen geben nicht den Durchmesser oder die wahre Leuchtkraft der Sterne an, sondern ihre scheinbare Helligkeit am Himmel. Sterne erster Größe sind dabei heller als solche zweiter Größe. Ein schwaches Sternpünktchen sechster Größe ist eben noch mit bloßen Augen zu erkennen. Ein Stern erster Größe ist dabei hundertmal heller als ein Stern sechster Größe. Daraus folgt, dass ein Stern zweiter Größe 2,512-mal lichtschwächer ist als ein Stern erster Größe. Ein Stern dritter Größe wiederum ist 2,512-mal lichtschwächer als ein Stern zweiter Größe, denn $2{,}512^5 = 100$. Die Größenklassenskala ist somit ein logarithmisches Maß.

Als Abkürzung verwendet man ein kleines hochgestelltes ^{m} für magnitudo (lat.) = Größe. Sterne, die heller als 1^m sind, bezeichnet man mit 0^m, -1^m, -2^m usw. Die Venus kann -4^m hell sein. Das bedeutet, dass sie dann hundertmal heller strahlt als ein Stern erster Größe, also mit 1^m! In manchen Schriften findet man gelegentlich die Abkürzung „mag" für Größenklasse. In der Fachastronomie ist sie jedoch nicht in Gebrauch. Mit Teleskopen lassen sich auch Sterne beobachten, die schwächer sind als 6^m. In einem guten Fernglas sind Sterne bis 10^m erkennbar. In großen Teleskopen werden

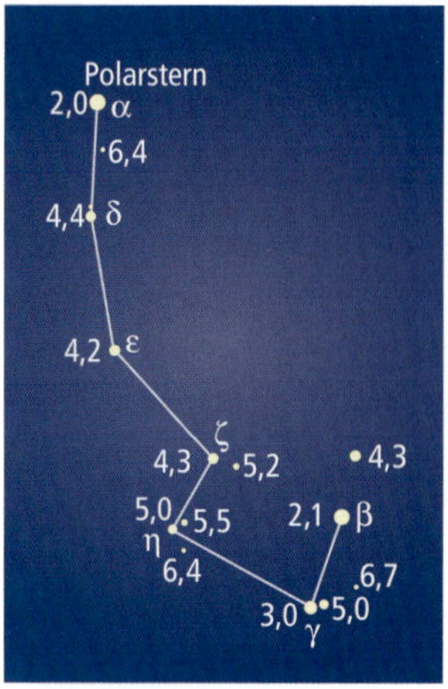

E.3 Sternbild Kleiner Wagen mit Helligkeitsangaben in Größenklassen für die einzelnen Sterne.

Sterne bis 26^m beobachtet, also Objekte, die hundert Millionen Mal lichtschwächer sind als die schwächsten, dem menschlichen Auge zugänglichen Sterne mit 6^m. Die Helligkeiten der Sterne zu schätzen, sollte man üben. Abb. E.3 zeigt den Kleinen Wagen, wobei die Helligkeiten der einzelnen Sterne vermerkt sind. Da das Sternbild Kleiner Wagen zirkumpolar ist, kann es in jeder klaren Nacht zu jeder Uhrzeit gesehen werden.

Stünden alle Sterne gleich weit entfernt, sozusagen in einer Normentfernung, dann entspräche die beobachtete scheinbare Helligkeit auch ihrer wirklichen Leuchtkraft. Eine solche Normentfernung wurde mit 10 Parsec (knapp 33 Lichtjahre) festgelegt. Man rechnet nun die Helligkeit aus, die ein Stern in 10 Parsec Entfernung hätte, und bezeichnet diese Größe als „absolute Helligkeit“ oder „wahre Leuchtkraft“ eines Sterns.

Um die absolute nicht mit der scheinbaren Helligkeit zu verwechseln, wird sie mit einem großen M (Magnitudo) abgekürzt. Beispiel: Unsere Sonne hat die enorme scheinbare Helligkeit von –27^m am Firmament und eine absolute Helligkeit von +4,8^M. Das heißt, in 33 Lichtjahren Entfernung erschiene uns die Sonne nur noch als Sternchen 5. Größe. Anmerkung: Da ^{m} auch für Minute steht, ist aus dem Textzusammenhang zu entnehmen, ob Helligkeiten oder Zeiten beziehungsweise Koordinaten gemeint sind.

ENTFERNUNGSANGABEN

In der Astronomie verwendet man, um große Zahlenungetüme zu vermeiden, für die Distanzen im Sonnensystem als Längenmaß die Astronomische Einheit (AE). Eine Astronomische Einheit entspricht der mittleren Entfernung der Erde von der Sonne, das sind rund 150 Millionen Kilometer.

Es gilt: **1 AE = 149 597 870 km**

Diese Strecke legt das Licht in 8^{m}20^s zurück. Man spricht von der Lichtlaufzeit der Astronomischen Einheit. Jupiter ist beispielsweise 5,2 AE von der Sonne und Neptun rund 30 AE von ihr entfernt. Die Lichtlaufzeiten der Planetendistanzen betragen Minuten bis wenige Stunden. Die Sterne sind jedoch so weit entfernt, dass ihr Licht Jahre, Jahrhunderte und Jahrmillionen zur Erde unterwegs ist. Man gibt daher ihre Distanzen in Lichtlaufzeiten an, wobei man ein Lichtjahr (LJ) als Einheit nimmt. In einem Jahr legt ein Lichtstrahl im Vakuum rund zehn Billionen Kilometer zurück.

Es gilt: **1 LJ = 9,46 × 10^{12} km**
= 63 240 AE

Ein Lichtjahr ist somit keine Zeit-, sondern eine Entfernungsangabe. In der Stellarastronomie wird ferner das Parsec (Parallaxensekunde) verwendet. Ein Parsec entspricht 3,26 Lichtjahren. Die Definition des Parsec findet man im Begleitbuch zum *Himmelsjahr*, dem *Kompendium der Astronomie* im Abschnitt „Entfernungseinheiten in der Astronomie“.

Im *Himmelsjahr* werden die Entfernungen im Sonnensystem in AE und die Fixsterndistanzen in Lichtjahren angegeben. Parsec werden nicht verwendet.

ZEITANGABEN

Alle Uhrzeiten im *Himmelsjahr* sind grundsätzlich in **Mitteleuropäischer Zeit (MEZ)** angegeben. Die Mitteleuropäische Zeit ist die mittlere Sonnenzeit des Meridians 15° östlich von Greenwich (Nullmeridian der Erde). Sie geht gegenüber der Weltzeit (UT = Universal Time) um eine Stunde vor. Es gilt: Weltzeit plus eine Stunde = MEZ.

Wenn es in Greenwich Mitternacht (0^h) ist, dann haben wir schon 1^h (MEZ) morgens. Für **ortsabhängige Angaben** (z. B. Auf- und Untergänge) gelten alle Zeiten genau **für den Ort 10° östlich von Greenwich und**

50° nördlicher Breite. Dieser Punkt liegt für Mitteleuropa ziemlich zentral.

DIE SOMMERZEIT ist eine willkürliche Verschiebung der Zonenzeit um eine Stunde, um die Tageshelligkeit besser auszunutzen und (angeblich) Energie einzusparen. Sie beruht nicht auf astronomischen Grundlagen und ist außerdem von Staat zu Staat verschieden. Um die Benutzer des Himmelsjahres nicht zu verwirren und die Daten konsistent zu halten, sind alle Angaben das ganze Jahr durchgehend in MEZ vermerkt. Es gilt: MEZ plus eine Stunde = MESZ (Mitteleuropäische Sommerzeit). Gilt in einem Land die Sommerzeit, so ist zu den Zeitangaben im *Himmelsjahr* einfach eine Stunde zu addieren.

Achtung: Fällt ein Ereignis in die letzte Stunde vor Mitternacht, so ändert sich auch das Datum um einen Tag. Während der Dauer der Sommerzeit sind alle Zeitangaben in den Tabellen in einem dunkleren Farbton unterlegt.

AUF- UND UNTERGANGSZEITEN: Alle Auf- und Untergangszeiten (MEZ) gelten exakt für 10° östlicher Länge und 50° nördlicher Breite. Während der Gültigkeit der Sommerzeit ist eine Stunde zu addieren.

Für andere Orte in Mitteleuropa können diese Zeiten erheblich differieren (bis etwa eine halbe Stunde). Die Tabelle zur Auf- und Untergangskorrektur auf Seite 293 erlaubt eine Umrechnung auf den jeweiligen Beobachtungsort. Man suche die seinem Wohnort nächstliegende Stadt und lese einfach die Korrekturzeit in Minuten ab, wobei für Mond, Planeten oder Sterne noch vorher die Deklination zu ermitteln ist. Bei der Sonne beachte man das Datum.

DIE STERNZEIT: Um mit einem Fernrohr ein bestimmtes Gestirn zu finden, muss man die Stellung des Beobachters auf der Erde zu einer bestimmten Uhrzeit des Tages relativ zur Fixsternwelt kennen. Man braucht dazu einen Referenzpunkt unter den Sternen. Dies ist der Frühlingspunkt. Er ist der Schnittpunkt der aufsteigenden Sonnenbahn mit dem Himmelsäquator. Im Frühlingspunkt steht die Sonne zu Frühlingsbeginn. Er ist auch der Nullpunkt

SOMMERZEIT (MESZ) IN DER BUNDESREPUBLIK DEUTSCHLAND

	Beginn Sonntag	Ende Sonntag		Beginn Sonntag	Ende Sonntag
1980	06. April	28. September	2003	30. März	26. Oktober
1981	29. März	27. September	2004	28. März	31. Oktober
1982	28. März	26. September			
1983	27. März	25. September	2005	27. März	30. Oktober
1984	25. März	30. September	2006	26. März	29. Oktober
			2007	25. März	28. Oktober
1985	31. März	29. September	2008	30. März	26. Oktober
1986	30. März	28. September	2009	29. März	25. Oktober
1987	29. März	27. September			
1988	27. März	25. September	2010	28. März	31. Oktober
1989	26. März	24. September	2011	27. März	30. Oktober
			2012	25. März	28. Oktober
1990	25. März	30. September	2013	31. März	27. Oktober
1991	31. März	29. September	2014	30. März	26. Oktober
1992	29. März	27. September			
1993	28. März	26. September	2015	29. März	25. Oktober
1994	27. März	25. September	2016	27. März	30. Oktober
			2017	26. März	29. Oktober
1995	26. März	24. September	2018	25. März	28. Oktober
1996	31. März	27. Oktober	2019	31. März	27. Oktober
1997	30. März	26. Oktober			
1998	29. März	25. Oktober	2020	29. März	25. Oktober
1999	28. März	31. Oktober	2021	28. März	31. Oktober
			2022	27. März	30. Oktober
2000	26. März	29. Oktober	2023	26. März	29. Oktober
2001	25. März	28. Oktober	2024	31. März	27. Oktober
2002	31. März	27. Oktober			

E.4 Der zunehmende Mond am Abend des 24. März 2021 (Aufnahme: Gertz/Schneider).

der äquatorialen Himmelskoordinaten. Nimmt man statt der Sonne den unter den Fixsternen (fast) feststehenden Frühlingspunkt, erhält man statt der Sonnenzeit die Sternzeit.

Steht der Frühlingspunkt im Süden (Meridian), spricht man von 0^h Sternzeit, eine Stunde später von 1^h Sternzeit, usw. Es gilt: **Sternzeit = Stundenwinkel des Frühlingspunktes**.

Im *Himmelsjahr* ist die Sternzeit jeweils für 1^h MEZ (= 0^h Weltzeit) von zehn zu zehn Tagen für den Meridian von Greenwich (Nullmeridian) angegeben (siehe Tabelle auf Seite 288).

Die Tabelle auf Seite 293 erlaubt eine schnelle Bestimmung der Sternzeit zu jeder Beobachtungsstunde für 10° und 15° östlicher Länge.

Um den Stundenwinkel eines Gestirns zu ermitteln, bilde man die Differenz: Sternzeit minus Rektaszension des Gestirns, dann hat man den Stundenwinkel zum Beobachtungszeitpunkt und kann das Teleskop entsprechend einstellen.

Für die Bestimmung des Stundenwinkels eines Planeten kann man auch seine Kulminationszeit (Zeit des Meridiandurchganges) benutzen, wenn man keine Sternzeituhr zur Verfügung hat und sich die Berechnung der Sternzeit zum Beobachtungszeitpunkt ersparen will. Die Kulminationszeiten der Planeten und Kleinplaneten sind auf den Seiten 282 bis 286 angegeben. Die Kulminationszeit gilt für 10° östlicher Länge. Zunächst ist die Korrektur für die Längendifferenz des Beobachtungsortes anzubringen (siehe Seite 292, Spalte Zeitkorrektur gegen 10° östlicher Länge). Um diese so erhaltene Zeit geht der Planet durch den Meridian des Beobachters und hat somit den Stundenwinkel Null. Man bilde nun die Zeitdifferenz zwischen der Beobachtungszeit und der Zeit des Meridiandurchganges. Sie entspricht direkt dem Stundenwinkel (im Zeitmaß).

DIE DYNAMISCHE ZEIT: In der Astronomie wird seit 1984 eine Dynamische Zeit verwendet, die die vorher verwendete Ephemeridenzeit abgelöst hat. Nähere Erläuterungen zu den Dynamischen Zeitskalen finden sich in dem Buch *Kompendium der Astronomie*. Die genaue Differenz der Dynamischen Zeit (TT = Terrestrial Time) zur Weltzeit (UT = Universal Time) kann erst im Nachhinein aus Beobachtungen der Gestirnspositionen bestimmt werden. Der extrapolierte Wert für das Jahr 2024 lautet: $\Delta T = +70$ Sekunden, wobei $\Delta T = TT - UTC$ gilt. Die koordinierte Weltzeit (UTC) hinkt somit der Dynamischen Zeit (TT) um mehr als eine Minute nach.

Der beobachtende Sternfreund kann die TT unberücksichtigt lassen, wenn er nicht hohe Genauigkeitsansprüche hat. Wer jedoch die Angaben im *Himmelsjahr* mit anderen Jahrbüchern vergleicht, muss beachten, dass alle Zeitangaben hier in MEZ = UTC + 1^h und nicht in TT vermerkt sind.

Seit dem 1. Januar 2017 beträgt die Differenz der UTC zur Internationalen Atomzeitskala (TAI) $\Delta AT = +37{,}00$ Sekunden ($\Delta AT =$

Martin Gertz / Sternwarte Welzheim

E.5 Der Kopf des Sternbildes Stier mit dem offenen Sternhaufen der Hyaden.

TAI – UTC) bis zum Einschub einer weiteren Schaltsekunde, die relativ kurzfristig vom International Earth Rotation and Reference Systems Service (IERS) in Paris bekannt gegeben wird.

BEGINN DES ASTRONOMISCHEN JAHRES: Nach Definition von Friedrich Wilhelm Bessel beginnt das astronomische Sonnenjahr, wenn die mittlere Sonne zum mittleren Äquinoktium die Länge von 280° ($\alpha = 18^h40^m$) unter Berücksichtigung der Aberration (–20″,5) erreicht (auch Besselscher Jahresbeginn genannt).

Die Länge des **Besselschen Jahres** (auch Annus Fictus) entspricht der Länge des tropischen Jahres 1900 (365,242198781 mittlere Sonnentage = $365^d05^h48^m45^s{,}975$). Die Länge des tropischen Jahres nimmt infolge der säkularen Akzeleration der Rektaszension der mittleren Sonne um 0,148 × T Sekunden ab (T in Julianischen Jahrhunderten zu 36 525 mittlere Sonnentage), während die Länge das Annus Fictus konstant bleibt.

Der Beginn des Annus Fictus wird mit „B+Jahreszahl Punkt Null“ bezeichnet (z. B. B2000.0) im Gegensatz zum Gregorianischen bzw. Julianischen Jahresbeginn (J) jeweils am 1. Januar um 0^hUTC. Die Differenz beider Äquinoktien (z. B.: k = J2000.0–B2000.0) wird Dies Reductus (reduzierter Tag) genannt und ist kleiner als 24 Stunden.

KALENDERZYKLEN

SONNENZIRKEL: Ordnungszahl (1 bis 28) im Zeitintervall von 28 Jahren, nach dem die Wochentage wieder auf dieselben Daten (dieselben Monatstage) fallen. Da es sieben Wochentage gibt, aber jedes vierte Jahr ein Schaltjahr ist, so fallen nach 7 × 4 = 28 Jahren die Wochentage wieder auf dieselben Monatstage. Der Sonnenzirkel gibt an, welcher Sonntagsbuchstabe im betreffenden Jahr gilt.

SONNTAGSBUCHSTABE: Gibt im ewigen Kalender den Tag des ersten Sonntags im Jahr an. In Schaltjahren gelten zwei Sonntagsbuchstaben (der zweite ist ab dem 1. März zu benutzen).

1. Januar A 2. Januar B
3. Januar C 4. Januar D
5. Januar E 6. Januar F
7. Januar G

EPAKTE: Gibt das Mondalter vermindert um 1 zu Beginn des Kalenderjahres an, also die Zahl der Tage, die am 31. Dezember des Vorjahres seit dem letzten Neumondtermin verflossen sind (1–29). Für Neumond am 31. Dezember steht meist ein * statt 0. Die Epakte spielt eine Rolle bei der Festlegung des Ostertermins.

GOLDENE ZAHL: Lateinisch Numerus Aureus oder auch Mondzirkel genannt, ist die Ordnungszahl (I bis XIX) der Jahre im Metonschen Mondzyklus. Da 235 Lunationen (synodische Monate) ziemlich genau 19 Jahren entsprechen, fallen nach 19 Jahren die Mondphasen (nahezu) auf dieselben Tage im Sonnenjahr. Die Goldene Zahl diente im Julianischen Kalender zur Bestimmung des Ostertermins. Im Gregorianischen Kalender ist sie durch die Epakte ersetzt. Die Goldene Zahl wird in römischen Ziffern geschrieben, um eine Verwechslung mit dem Sonnenzirkel auszuschließen.

INDIKTION (Römerzinszahl): Zyklus von 15 Jahren im Besteuerungssystem des Römischen Reiches, das von Kaiser Augustus eingeführt wurde. Der Start (Epoche) des Zyklus erfolgte im Jahr 3 vor Chr. Heute dient die Indiktion (von lat.: indictio = Ankündigung) nur noch als chronologische Prüfzahl für das laufende Jahr. Die Indiktion läuft von 1 bis 15.

JAHRESREGENT: Gehört traditionsgemäß ebenfalls zu den Kalenderzyklen, hat aber keine chronologische Bedeutung mehr. Aus kulturhistorischen Gründen und da er in der Numismatik eine gewisse Rolle spielt sowie schlicht der Vollständigkeit halber ist er in der Rubrik „Kalenderzyklen" mit aufgeführt. Jahresregent können sein: Sonne, Mond, Merkur, Venus, Mars, Jupiter und Saturn, also die klassischen sieben „Planeten" des Ptolemäischen Weltsystems.

DER HIMMELS-KALENDER

Jede Monatsübersicht beginnt mit dem zweiseitigen Himmelskalender. Auf der ersten Seite wird in kurzen Stichworten auf aktuelle Ereignisse im betreffenden Monat hingewiesen. Eine kleine Grafik zeigt die Stellung von Großem Wagen und Himmels-W jeweils um 22 Uhr MEZ relativ zum Nordhorizont.

Die zweite Seite des Himmelskalenders enthält eine Tabelle mit den Wochentagen und für jeden Tag die entsprechende Mondphase in einer kleinen Grafik. Vermerkt sind in der Tabelle ferner Feiertage, die Hauptphasen des Mondes, sichtbare Konstellationen von Mond und Planeten sowie die bei uns beobachtbaren Finsternisse.

DER SONNENLAUF

Die Bewegung der Sonne durch den Tierkreis ist zu Beginn jeder Monatsübersicht aus einer kleinen Grafik zu entnehmen.

In der Grafik „Sonnenlauf" jeweils zu Monatsbeginn ist die scheinbare Sonnenbahn (Ekliptik) durch die Sternbilder des Tierkreises für den jeweiligen Monat eingezeichnet. Ferner sind die Eintritte der Sonne sowohl in die einzelnen Tierkreissternbilder als auch in die Tierkreiszeichen vermerkt sowie die Äquinoktien (Tagundnachtgleichen) und Solstitien (Sommer- und Winterbeginn).

Die Tages- und Nachtstunden sowie Dämmerungslängen werden durch eine dreiteilige Zeichnung (Uhrensymbole) veranschaulicht. Diese soll einen groben und schnellen Überblick über die Länge der Tages- und Nachtzeit geben. Für die Dämmerungszeiten wurde die nautische Dämmerung (Sonne 12° unter dem Horizont) eingesetzt.

Die Tabelle „Sonnenlauf" gibt die Auf- und Untergangszeiten, Meridiandurchgang (Kulmination), Zeitgleichung und die Mittagshöhe der Sonne an sowie die äquatorialen Koordinaten Rektaszension und Deklination für 1^h MEZ jeweils von fünf zu fünf Tagen. Die Zeiten gelten exakt für einen zentralen Ort mit 10° östlicher Länge und 50° nördlicher Breite. Für diesen Ort gelten auch die Dämmerungszeiten. Angegeben ist jeweils der Beginn und das Ende der nautischen Dämmerung.

SONNENHÖHE ZU MITTAG: Sie ist in der Tabelle „Sonnenlauf" für 50° nördlicher Breite angegeben. Für andere Breiten ist sie einfach zu ermitteln: 90° minus geografische Breite des Beobachters plus Sonnendeklination. Beispiel: Wie hoch steht die Sonne am 10. Juni zu Mittag (Kulmination) in Düsseldorf (geografische Breite: +51°)? 90° – 51° + 23° = 62° (Im Winterhalbjahr die negativen Deklinationen der Sonne beachten!).

DIE ZEITGLEICHUNG: Die Sonnenzeit wird nach einer fiktiven „mittleren Sonne" gerechnet. Die wahre Sonne läuft nämlich ungleichförmig. So geht sie einmal vor, dann wieder nach. Die Differenz kann bis zu einer Viertelstunde plus oder minus betragen. Diese Differenz wird Zeitgleichung (ZGL) genannt. Sie ist definiert zu:

ZGL = Wahre Sonnenzeit minus Mittlere Sonnenzeit.

Die Zeitgleichung und die Kulmination der wahren Sonne sind tabellarisch aufgeführt. Ein negativer Wert der Zeitgleichung bedeutet, die wahre Sonne geht nach der mittleren durch den Meridian.

DER MONDLAUF

Auf- und Untergangszeiten (MEZ) gelten genau für 10° östlicher Länge und 50° nördlicher Breite (siehe Zeitangaben).

Ferner sind die Kulminationszeiten (Meridiandurchgänge) für 10° östlicher Länge tabelliert.

Der Mond bewegt sich recht schnell durch den Tierkreis. Deshalb sind für jeden Tag des Jahres seine Koordinaten angegeben. Sie gelten jeweils für 1^h MEZ (= 0^h Weltzeit). Wem diese Zahlen nichts sagen, der findet in der Spalte „Sterne und Sternbilder" die Position des Mondes im Tierkreis vermerkt. Ein Sternchen (*) deutet auf eine Sternbedeckung hin.

Die Position des Mondes gilt wie erwähnt für 1^h MEZ. Wer also abends beobachtet, sollte die Stellung des Mondes im Tierkreis aus der Zeile des folgenden Tages entnehmen, denn der Mond läuft recht rasch. Nähere Angaben zu den Sternbedeckungen finden sich in der Tabelle „Sternbedeckungen durch den Mond" auf Seite 290. Die letzte Spalte enthält die Mondphasen sowie wichtige Punkte in der Bahn.

Die Mondbahn ist rund 5° gegen die Ekliptik (scheinbare Sonnenbahn) geneigt. Aufsteigender Knoten bedeutet, der Mond überschreitet die Ekliptik nach Norden; absteigender Knoten, er wechselt wieder nach Süden. Größte Nordbreite: Der Mond steht am weitesten in nördlicher Richtung von der Ekliptik entfernt; analog dazu heißt größte Südbreite: Der Mond hat maximalen südlichen Abstand von der Ekliptik.

Im Tabellenteil findet man auf Seite 278/279 die Mondbahn relativ zur Ekliptik eingetragen. Wegen der Rückläufigkeit der Mondbahnknoten verläuft die Mondbahn unter den Sternen in jedem Jahr anders.

DIE LIBRATION: Bei größter Südbreite ist die Nordhalbkugel des Mondes uns ein wenig mehr zugekehrt, man spricht von maximaler Libration Nord; entsprechend sieht man bei größter Nordbreite mehr vom Südpolgebiet des Mondes. Libration West: Westrand des Mondes, Libration Ost: Ostrand des Mondes ist uns zugekehrt (astronomische Definition West/Ost siehe auch *Kompendium der Astronomie*, Kapitel „Der Mond der Erde").

„Libration West" bedeutet, das Mare Crisium zeigt sich randfern, das Mare Smythii wird sichtbar. „Libration Ost" heißt, das Mare Crisium rückt an den Westrand, im Osten zeigt sich der Ringwall Grimaldi randfern und das Mare Orientale wird gut sichtbar.

Bei Erdnähe und Erdferne ist die Distanz des Mondes jeweils in tausend Kilometer vermerkt. Außerdem ist der scheinbare Monddurchmesser in Bogenminuten angegeben. Neben der Phase „Neumond" steht die Brownsche Lunationsnummer. Eine Lunation ist die Zeitspanne, die der Mond benötigt, um einmal alle Phasen zu durchlaufen, also von einem Neumond bis zum nächstfolgenden. Diese Zeitspanne heißt „Synodischer Monat".

Auf Vorschlag von Ernst William Brown werden die Lunationen seit dem Neumond vom 16. (17.) Januar 1923 fortlaufend nummeriert. Unterhalb der Tabelle „Mondlauf" findet sich eine Grafik, aus der die schnelle Wanderung des Mondes innerhalb einer Nacht an einem hellen Fixstern oder Planeten ersichtlich wird.

DER PLANETENLAUF

Planeten sind Geschwister der Erde. Sie laufen gemeinsam mit ihr um die Sonne. Je näher ein Planet der Sonne steht, desto schneller wandert er um sie. Wir beobachten die Planeten nicht von einem ruhenden Punkt aus, sondern vom Raumschiff Erde, das ständig in Bewegung ist. Deshalb erscheinen uns von der Erde aus (geozentrisch) die Bewegungen der Planeten vor dem Hintergrund der fernen Fixsterne – dem Muster der Sternbilder also – recht kompliziert. Überholt die Erde einen weiter außen laufenden Planeten, so scheint er einige Wochen lang zurückzubleiben, er ist „rückläufig", wie man zu sagen pflegt. Anschließend bewegt er sich wieder in der ursprünglichen Richtung wie die Sonne von West nach Ost, er ist wieder „rechtläufig". Durch diesen Bewegungswechsel bildet die Bahn des Planeten eine Schleife.

Ob ein Planet am Himmel zu sehen ist, hängt von der gegenseitigen Stellung von Sonne und Planet ab. Steht ein äußerer Planet von der Erde aus gesehen hinter der Sonne, Planet – Sonne – Erde bilden also eine Linie, so ist er nicht beobachtbar (siehe Abb. E.6). Da er in Sonnenrichtung steht, geht er mit der

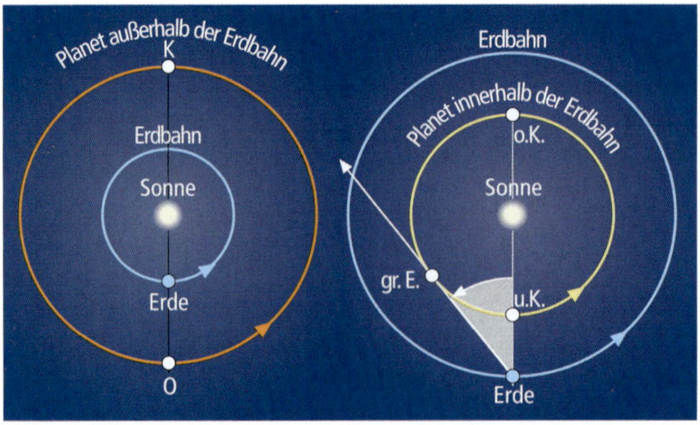

E.6 Die linke Zeichnung zeigt die Erdbahn und die Bahn eines Planeten außerhalb der Erdbahn. Bei O steht der Planet in Opposition, bei K in Konjunktion. Auf der rechten Seite der Abbildung sind die Erdbahn und die Bahn eines Planeten innerhalb der Erdbahn dargestellt. Bei u. K. steht der Planet in unterer, bei o. K. in oberer Konjunktion mit der Sonne. Bei gr. E. steht er in größter Elongation von der Sonne (Winkel grau gerastert).

Sonne auf und unter, bleibt somit nachts unter dem Horizont verborgen. Diese Konstellation heißt Konjunktion.

Steht der Planet von der Erde aus gesehen der Sonne gegenüber, also in der Reihenfolge Sonne – Erde – Planet (Abb. E.6), so spricht man von Opposition oder Gegenschein. Der Planet ist die ganze Nacht über zu sehen, da er mit Sonnenuntergang aufgeht und morgens mit Sonnenaufgang unter dem Westhorizont verschwindet. Bilden Sonne – Erde – Planet ein rechtwinkliges Dreieck, so spricht man von einer Quadratur.

Die inneren Planeten Merkur und Venus können niemals in Oppositionsstellung kommen. Dafür unterscheidet man bei ihnen zwischen oberer und unterer Konjunktion (Abb. E.6). In diesen beiden Stellungen bleibt der Planet unsichtbar. Nur wenn der Planet westlich oder östlich der Sonne „in Elongation" steht, kann er gesehen werden. Steht Venus in östlicher Elongation, so geht sie erst nach Sonnenuntergang unter, sie ist dann Abendstern. Steht sie in westlicher Elongation, so geht sie vor der Sonne auf und ist am Morgenhimmel zu sehen.

Ähnliches gilt für Merkur. Die größte Elongation (Winkelabstand von der Sonne) kann für die Venus 48° betragen, für den sonnennäheren Merkur aber nur 28°. Merkur ist daher schwierig zu beobachten – entweder abends kurz nach Sonnenuntergang tief im Westen oder kurz vor Sonnenaufgang tief am Osthimmel. Die Sichtbarkeiten der Planeten hängen nicht nur von den geometrischen Verhältnissen (Stellung des Planeten und der Sonne), sondern auch von meteorologischen Gegebenheiten ab. Eine starke Dunstglocke, hohe Luftfeuchtigkeit (Nebel) oder irdisches Streulicht (Neonreklame, Fahrzeugscheinwerfer, Lichtdom eines Stadions) beeinträchtigen die Beobachtung.

Eine Grafik vor der Rubrik „Planetenlauf" ermöglicht einen schnellen Überblick, welche Planeten am Abend, die ganze Nacht über, am Morgen oder gar nicht zu sehen sind. Eine grafische Jahresübersicht der Stellung, Größe, Helligkeit und Sichtbarkeit der Planeten findet sich auf den Seiten 276–277.

DIE GROSSEN PLANETEN

MERKUR: Sonnennächster Planet, zwischen $+3^{\mathrm{m}}$ und $-1\overset{\mathrm{m}}{,}5$ hell; schwer zu beobachten, da nur kurze Sichtbarkeitsperioden und stets horizontnahe Stellung; chromgelbes Licht.

VENUS: Nach Sonne und Mond hellstes Gestirn, oft als Abend- bzw. Morgenstern bezeichnet. Helligkeiten von $-3\overset{\mathrm{m}}{,}9$ bis $-4\overset{\mathrm{m}}{,}9$; strahlend weißes Licht; entweder abends am Westhimmel oder morgens in der östlichen Himmelshemisphäre zu sehen.

MARS: Äußerer Nachbarplanet der Erde, auffallend seine rötliche Farbe (der „rote Planet"); sehr unterschiedliche Helligkeiten von $+1\overset{\mathrm{m}}{,}8$ bis $-2\overset{\mathrm{m}}{,}9$.

JUPITER: Der größte aller Planeten, ein auffallend heller Planet, daher kaum zu übersehen; Helligkeit von $-1\overset{\mathrm{m}}{,}7$ bis $-2\overset{\mathrm{m}}{,}9$, weißlichgelbes Licht.

E.7 Die Bahnen der inneren Planeten um die Sonne (1 AE = 1 Astronomische Einheit = 149,6 Millionen Kilometer). Der Pfeil deutet die Richtung zum Frühlingspunkt an (Symbol: ♈).

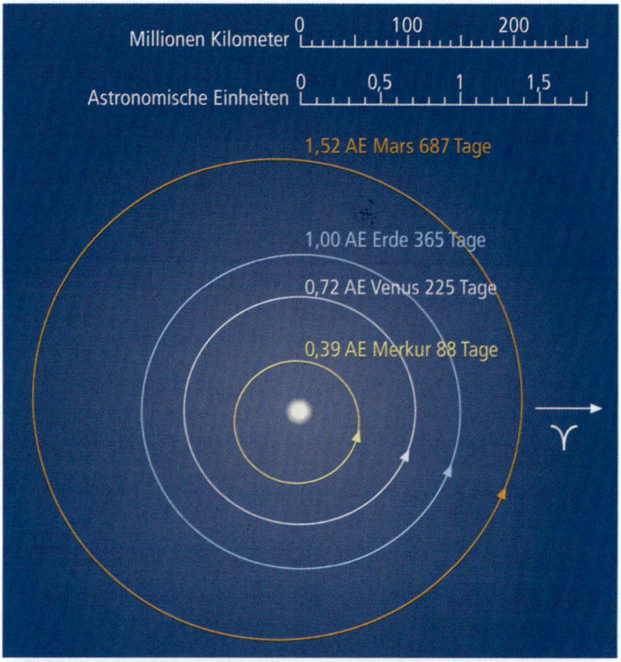

SATURN: Der sonnenfernste mit freiem Auge noch sichtbare Planet strahlt in einem fahlen Licht zwischen +1,ᵐ3 und 0ᵐ, in Ausnahmefällen bis –0,ᵐ5. Den berühmten Ring kann man mit einem Fernrohr ab etwa 30-facher Vergrößerung erkennen.

URANUS: Ist theoretisch mit bloßem Auge gerade noch erkennbar (Oppositionshelligkeit 5,ᵐ5). Wohlgemerkt „theoretisch“, es empfiehlt sich auf alle Fälle ein gutes Fernglas, um Uranus zu finden! Farbe: grünlich. Die im März 1977 entdeckten Ringe sind jedoch selbst in großen Fernrohren für Hobbyastronomen nicht zu sehen.

NEPTUN: sonnenfernster Planet, Helligkeit um 7,ᵐ9; zeigt im Fernrohr ein winziges, grünblaues Scheibchen.

Die Angaben der scheinbaren Helligkeiten sind – wie international üblich – V-Helligkeiten (nach dem UBV-System von Johnson). Die früher gebräuch-

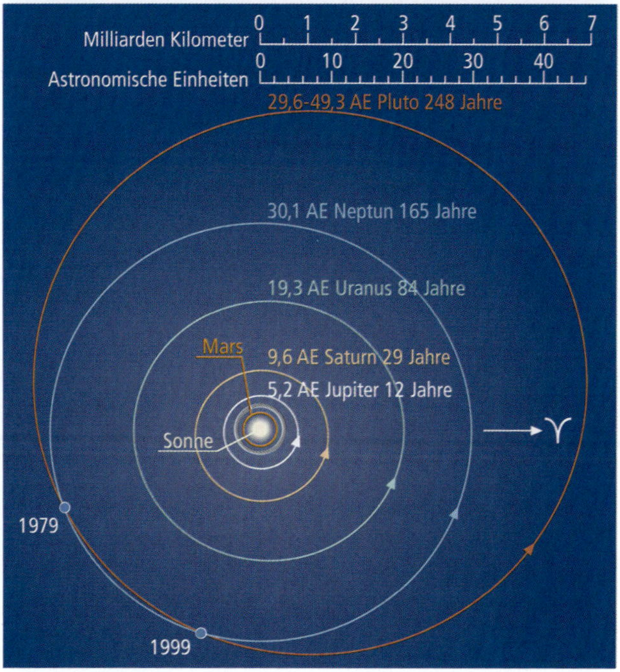

E.8 Die Bahnen der äußeren Planeten. Zwischen der Marsbahn und der Jupiterbahn laufen Abertausende Kleinplaneten (Planetoiden) um die Sonne. Wegen seiner stark exzentrischen Bahn war Pluto von 1979 bis Anfang Februar 1999 der Sonne näher als Neptun.

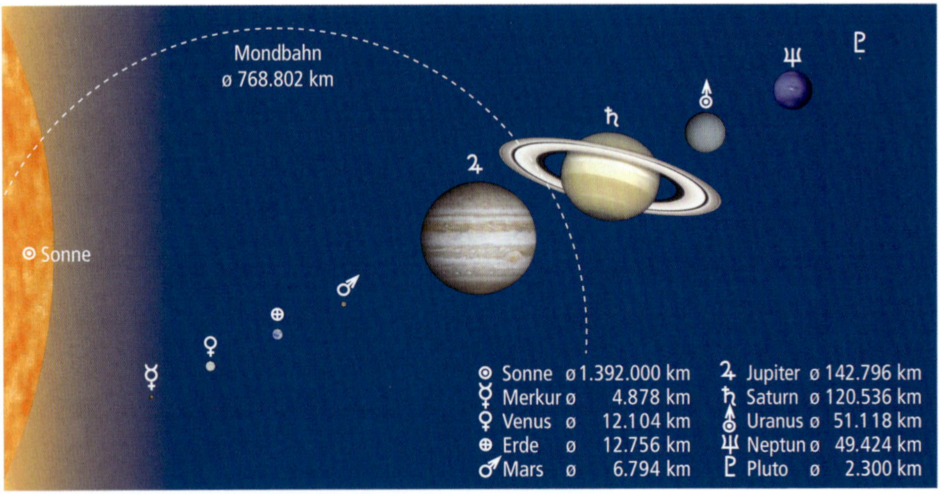

E.9 Größenverhältnisse der Planeten und der Mondbahn im Vergleich zur Sonne. Darüber sind die astronomischen Symbole der Planeten vermerkt, die auch in den monatlichen Sternkarten des Himmelsjahres die Orte der betreffenden Planeten markieren.

lichen „visuellen“ (m_{vis}) Helligkeiten sind um ca. $0^{m}{,}2$ geringer, werden aber in manchen anderen Quellen noch verwendet.

KLEINPLANETEN UND ZWERGPLANETEN

Außer den acht großen Planeten schwirren noch Tausende kleiner und kleinster Planeten (Planetoiden oder Asteroiden) um die Sonne. Der erste wurde in der Neujahrsnacht des Jahres 1801 von Giuseppe Piazzi in Palermo entdeckt und auf den Namen Ceres getauft. Heute sind einige hunderttausend Planetoiden katalogisiert. Die meisten bewegen sich zwischen Mars und Jupiter um die Sonne. Einige haben jedoch sehr langgestreckte Bahnen, die die Bahnen anderer Planeten kreuzen. Sie können auch der Erde recht nahe kommen.

Einige Planetoiden, die in diesem Jahr heller als 9^{m} werden, sind in der Rubrik „Planetenlauf“ verzeichnet.

PLUTO: Seit IAU-Beschluss vom August 2006 als Zwergplanet eingestuft, ist sehr lichtschwach, Oppositionshelligkeit $14^{m}{,}4$. Nur gut ausgerüstete Amateurastronomen können ihn (fotografisch) beobachten.

DIE MONDE DER PLANETEN

Die beiden winzigen Marsmonde, die zahlreichen Uranusmonde, die Neptunmonde und die Plutomonde sind so lichtschwach, dass sie nicht mit den bescheidenen optischen Hilfsmitteln der Sternfreunde zu beobachten sind. Deshalb sind sie hier nicht aufgeführt.

JUPITER: Die vier hellsten Monde des Riesenplaneten sind schon in kleinen Teleskopen leicht zu sehen: I Io, II Europa, III Ganymed und IV Kallisto.

In den Monaten, in denen Jupiter zu beobachten ist, findet man jeweils eine Grafik, aus der die Positionen der Jupitermonde im umkehrenden Fernrohr ersichtlich sind. Sie lassen die gegenseitigen Stellungen und die Bewegungsabläufe der Jupitermonde erkennen.

Die waagerechten Linien in der Grafik beziehen sich auf 1^{h} MEZ des jeweiligen Datums, das links angegeben ist. Die Schnittpunkte der waagerechten Linien mit den Kurven der Jupitermonde geben somit deren Positionen jeweils um 1^{h} MEZ an.

Am unteren Rand jeder Grafik findet man eine Darstellung der Jupitermondbahnen relativ zum Beobachter.

ERSCHEINUNGEN DER JUPITERMONDE: Für Fernrohrbesitzer ist es reizvoll, Bedeckungen, Verfinsterungen, Durchgänge und Schattenwürfe der Monde des Riesenplaneten auf Jupiter selbst zu beobachten.

Sofern diese Ereignisse von Mitteleuropa aus beobachtbar sind, findet man sie in der Rubrik „Jupitermonderscheinungen" verzeichnet. Es gelten folgende Abkürzungen:

B = Bedeckung, Mond verschwindet hinter der Jupiterscheibe

D = Durchgang, Mond geht vor der Planetenscheibe vorbei

S = Schattendurchgang, Mond wirft seinen Schatten auf Jupiter

V = Verfinsterung, Mond wird vom Jupiterschatten getroffen

A = Anfang der Erscheinung

E = Ende der Erscheinung

I: Io, II: Europa, III: Ganymed, IV: Kallisto.

Beispiel:

Februar: 25. 19 48 II SA bedeutet: Am 25. Februar um 19^h48^m MEZ beginnt der Schatten vom Mond II (Europa) über die Jupiterkugel zu wandern.

SATURNMONDE: Schon mit einem guten Fernglas ist der Riesenmond Titan zu erkennen. Im Fernrohr sind auch die Monde Rhea, Dione und Tethys sowie Japetus in westlicher Elongation (er ist dann rund 2^m heller) zugänglich. Für die Monate, in denen Saturn zu beobachten ist, findet man jeweils eine Grafik, aus der die Stellungen und die Bewegungsabläufe der Saturnmonde Tethys, Dione, Rhea, Titan und Japetus zu entnehmen sind. Die Bahnlagen der Saturnmonde relativ zum Beobachter sind jeweils darunter abgebildet.

METEORSTRÖME

In jeder Nacht des Jahres sind Meteore zu beobachten, doch variiert ihre Anzahl erheblich. Neben sporadisch auftauchenden Sternschnuppen gibt es periodisch wiederkehrende Ströme. Die dazu gehörenden Meteore scheinen dann von einem Punkt am Himmel in alle Richtungen auszustrahlen, dem Radianten oder Fluchtpunkt. Nach Lage des Radianten in einem bestimmten Sternbild wird der Meteorstrom benannt.

Sternschnuppen, die in Strömen periodisch auftreten, sind in den Monatsübersichten angegeben. Bei den verzeichneten Daten, vor allem, was die Häufigkeit betrifft, ist mit erheblichen Abweichungen zu rechnen. Die in vorliegendem Jahrbuch verwendeten Daten stammen von der International Meteor Organization (IMO) und werden jährlich aktualisiert.

Die angegebene Meteorrate (ZHR – Zenithal Hourly Rate) bezieht sich auf die unter besten Sichtbedingungen (ohne Störung durch irdische Lichtquellen oder Mondlicht) mit bloßen Augen pro Stunde sichtbare Zahl der Sternschnuppen für den Idealfall, dass der Radiant im Zenit steht.

Vor allem bei horizontnahen Radianten ist die pro Stunde zu beobachtende Sternschnuppenzahl erheblich geringer. Am Morgenhimmel tauchen stets mehr Sternschnuppen auf als abends, da man mit dem „Gesicht nach vorne" durch das Weltall fliegt (der Erdapex kulminiert um 6 Uhr morgens Ortszeit). Auch laufen etliche Meteorströme auf rückläufigen Bahnen, weshalb ebenfalls die Morgenstunden eine erhöhte Meteorrate aufweisen.

Der Begriff **Antihelion** bezieht sich auf den Oppositionspunkt zur Sonne in der Ekliptik. Er ist somit der Punkt, der eine ekliptikale Längendifferenz von 180° zur Sonne hat.

DAS GRIECHISCHE ALPHABET

Α	α	Alpha	a	Η	η	Eta	e	Ν	ν	Ny	n	Τ	τ	Tau	t
Β	β	Beta	b	Θ	ϑ	Theta	th	Ξ	ξ	Xi	x	Υ	υ	Ypsilon	y
Γ	γ	Gamma	g	Ι	ι	Jota	i, j	Ο	ο	Omikron	o	Φ	φ	Phi	ph
Δ	δ	Delta	d	Κ	κ	Kappa	k	Π	π	Pi	p	Χ	χ	Chi	ch
Ε	ε	Epsilon	e	Λ	λ	Lambda	l	Ρ	ϱ	Rho	r	Ψ	ψ	Psi	ps
Ζ	ζ	Zeta	z	Μ	μ	My	m	Σ	σ	ς Sigma	s	Ω	ω	Omega	o

KONSTELLATIONEN UND EREIGNISSE

Diese Übersicht weist auf Konjunktionen (Begegnungen) zwischen den großen Planeten, mit Sonne und Mond sowie auf alle Oppositionen zur Sonne und die größten Elongationen der inneren Planeten hin. Auch Perihel- (Sonnennähe) und Aphelstellungen (Sonnenferne) der Planeten sind angegeben.

Sind Begegnungen des Mondes mit Planeten prinzipiell beobachtbar, so sind die Winkeldistanzen topozentrisch (für +50° Breite) angegeben und durch **Fettdruck** hervorgehoben.

Für die übrigen Konjunktionen sind die Abstandsangaben geozentrische Werte (Normaldruck). Denn durch die relative Erdnähe des Mondes ergibt sich eine große Parallaxe, das heißt, der Winkelabstand des Mondes von einem Planeten kann bis etwa 1° differieren zwischen einem (fiktiven) Beobachter im Erdmittelpunkt (geozentrisch) und einem Beobachter auf der Erdoberfläche (topozentrisch). Ferner sind wichtige Ereignisse durch **Fettdruck** hervorgehoben.

FIXSTERNHIMMEL

Da die Sonne täglich um rund 1° unter den Sternen nach Osten vorrückt, ändert sich der Anblick des Himmels im Laufe eines Jahres. Genauer: Täglich durchschreiten die Fixsterne den Meridian vier Minuten früher als am Vortag. In 30 Tagen, also einem Monat, macht das schon zwei Stunden!

Mitte Dezember steht das Sternbild Orion gegen Mitternacht im Süden. Mitte Januar schon um 22 Uhr, und Mitte Februar geht Orion um 20 Uhr durch den Meridian. Dadurch ändert sich zur gleichen Beobachtungsstunde die Himmelsszene mit dem Datum. Nach einem Monat ist der Anblick noch nicht allzu verschieden vom Vormonat, aber nach einem Vierteljahr (sechs Stunden!) hat sich die Szenerie völlig umgestellt.

Man spricht daher von einem typischen Frühlings-, Sommer-, Herbst- und Wintersternhimmel. Gemeint ist der Anblick des Fixsternhimmels in den Abendstunden der jeweiligen Jahreszeit.

Die Monatssternkarte dient der schnellen Orientierung. Sie zeigt den beobachtbaren Himmelsausschnitt für 50° nördlicher Breite zur Standardbeobachtungszeit (am Monatsersten um 23^h MEZ, am 15. um 22^h MEZ).

Ebenfalls in die Monatssternkarten eingetragen sind die fünf hellen Planeten (Merkur bis Saturn), sofern sie zur Monatsmitte um 22^h MEZ über dem Horizont stehen.

Zum Rand hin erscheint die Sternkarte aufgehellt. Es werden damit die Extinktion und die durch künstliche Lichtquellen fast immer aufgehellten Horizonte nachempfunden.

Die monatlichen Sternkarten können auch zur Beobachtung am Morgenhimmel herangezogen werden. Unter jeder Sternkarte finden sich die entsprechenden Datums- und Uhrzeitangaben.

Man beachte noch, dass für andere Monate der Planetenstand nicht aktuell ist. Man entnehme ihn der Grafik „Planetenlauf" im aktuellen Monat.

MONATSTHEMEN

Hier wird monatlich ein Kapitel aus der Himmelskunde kurz und bündig dargestellt, zum leichteren und allmählichen Eindringen in die Wissenschaft von den Sternen. Auch über neue Forschungsergebnisse aus der Astronomie wird berichtet.

Wer ältere Jahrgänge des Himmelsjahres besitzt, möchte gelegentlich in einem Monatsthema der letzten Jahre nachsehen. Im *Kosmos Himmelsjahr* 2020 auf Seite 274 findet man dazu ein Verzeichnis der Monatsthemen von 2011–2020. Im *Kosmos Himmelsjahr 2010* findet man auf Seite 273 ein Verzeichnis der Monatsthemen von 2001–2010. Ferner ist im *Kosmos Himmelsjahr 2001* auf Seite 249 ein Verzeichnis der Monatsthemen 1990–2000 und im *Himmelsjahr 1989* auf Seite 193 ein Verzeichnis der Monatsthemen 1982–1989 abgedruckt.

TABELLEN UND EPHEMERIDEN

Für den fortgeschrittenen Amateurastronomen sind im Anhang wichtige Beobachtungsgrundlagen vermerkt. Der Anfänger kann diese Angaben unberücksichtigt lassen. Ab Seite 278 findet man die **ekliptikalen Koordinaten** des Mondes, der Sonne und der großen Planeten von Merkur bis Neptun. Die **äquatorialen Koordinaten** der Planeten und Kleinplaneten sind für das Äquinoktium J2000.0 angegeben, damit man sie leichter in vorhandene Sternkarten einzeichnen kann. Die Aufsuchkärtchen gelten ebenfalls für J2000.0. Ferner sind Kulminationszeiten sowie die Auf- bzw. Untergangszeiten, Scheibchendurchmesser in Bogensekunden und beleuchteter Teil der Planetenscheibchen vermerkt. Bei Saturn ist noch die Ringöffnung zur Erde und zur Sonne sowie die scheinbare Ausdehnung der großen und der kleinen Ringachse angegeben.

Für Sonne, Mars und Jupiter (System I und II) sind die **Zentralmeridiane** (Meridiane durch den Scheibenmittelpunkt) jeweils für 1^h MEZ vermerkt. Ferner gibt die Sonnenephemeride die Entfernung der Sonne von der Erde in AE sowie ihren scheinbaren Durchmesser, die Achsenlage und die Sternzeit an.

Sternbedeckungen durch den Mond sind für Berlin, Dresden, Hamburg, Hannover, Düsseldorf, Frankfurt (Main), Leipzig, München, Nürnberg, Stuttgart, Wien und Zürich angegeben. Aus Platzersparnisgründen ist jeweils nur ein Positionswinkel angegeben, der dem leichteren Aufsuchen des zu bedeckenden Sternes dienen soll. In den Monatsübersichten wird unter der Rubrik „Mondlauf" in der Spalte „Sterne und Sternbilder" durch ein Sternchen (*) auf eine Sternbedeckung hingewiesen.

Veränderliche Sterne sind in den Fixsternmonatsübersichten aufgeführt. Für Algol (β Perseï) und β Lyrae findet der Sternfreund jeweils die Minima-Zeiten, für δ Cepheï die Lichtmaxima und für den langperiodischen Veränderlichen Mira (ο Ceti) den jeweiligen Helligkeitszustand.

Die Aufsuchkärtchen findet man auf der hinteren Umschlagklappe. Bei den Minima-Angaben für Algol ist die Lichtzeitkorrektur (heliozentrisch auf geozentrisch) berücksichtigt.

Eine **Sternzeittafel** (S. 293) soll die rasche Bestimmung der Sternzeit zu jeder Beobachtungsstunde ermöglichen. Die Sternzeit für 1^h MEZ, bezogen auf den Meridian von Greenwich (Nullmeridian), findet man in der Tabelle „Ephemeride der Sonnenscheibe" (S. 288).

Das **Julianische Datum** ist jeweils für den Monatsersten in der Rubrik „Sonnenlauf" angegeben. Das Julianische Datum stellt eine fortlaufende Tageszählung dar, die mit dem 1. Januar des Jahres –4712 (= 4713 vor Chr.) beginnt.

Im Anhang finden sich **zwei Verzeichnisse astronomischer Institutionen**. Im Verzeichnis „Astronomische Institute, Planetarien und Sternwarten" findet man die professionellen Einrichtungen im deutschen Sprachraum. Das Verzeichnis „Amateurastronomische Vereinigungen, Beobachtungsstationen und Privatsternwarten" enthält astronomische Vereine, Schulsternwarten sowie ehrenamtlich betriebene Sternwarten mit Publikumsverkehr.

Dieses Verzeichnis soll dem Leser den Kontakt zu Gleichgesinnten erleichtern und die eigene Beobachtungstätigkeit fördern. Das Verzeichnis erhebt keinen Anspruch auf Vollständigkeit.

Weitere Adressen nimmt der Herausgeber gerne auf (Anschrift: Planetarium Stuttgart, Willy-Brandt-Straße 25, 70173 Stuttgart).

LITERATURHINWEISE

Erklärung astronomischer Fachbegriffe:
H.-U. Keller,
Wörterbuch der Astronomie
H.-U. Keller,
Kompendium der Astronomie (7. Auflage 2023)

Sternkarten für eigene Beobachtungen:
H.-M. Hahn, G. Weiland,
Drehbare Kosmos-Sternkarte
E. Karkoschka,
Atlas für Himmelsbeobachter
E. Karkoschka,
Drehbare Welt-Sternkarte
E. Karkoschka,
Sterne finden am Südhimmel

Software:
United Soft Media
Redshift für PC, MacOS und als App für iOS und Android

Astronomie im Internet:
www.kosmos-himmelsjahr.de
www.astronomie.de
www.astrotreff.de
www.sternfreunde.de
www.sternwarte.de

Sonnen- und Mondfinsternisse 2024

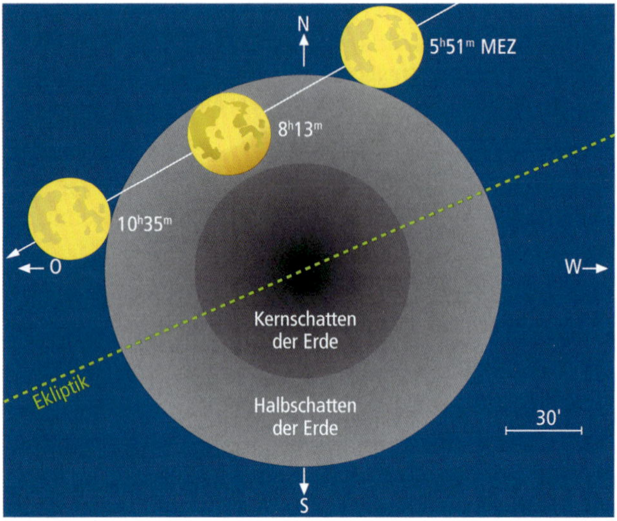

F.1 Verlauf der Halbschattenmondfinsternis vom 25. März 2024.

Im Jahr 2024 ereignen sich vier Finsternisse. Von ihnen kann nur die partielle Mondfinsternis vom 18. September in Mitteleuropa beobachtet werden.

Die totale Sonnenfinsternis vom 8. April und die ringförmige Sonnenfinsternis vom 2. Oktober bleiben von Mitteleuropa aus unbeobachtbar.

Die Halbschattenmondfinsternis vom 25. März bleibt von Mitteleuropa aus ebenfalls unbeobachtbar.

HALBSCHATTEN-MONDFINSTERNIS AM 25. MÄRZ

Diese Finsternis findet in den Morgenstunden am Montag, 25. März 2024 statt. Der Mond taucht dabei mit seiner Südkalotte fast vollständig, nämlich zu 98 Prozent seines scheinbaren Durchmessers, in den Halbschatten der Erde ein.

Der Mond geht allerdings in Mitteleuropa auf 50° Nord und 10° Ost 30 Minuten nach Beginn der Finsternis um 6^h21^m MEZ unter. Ein- und Austritt des Mondes aus dem Halbschatten sind ohnehin prinzipiell nicht beobachtbar. Die Finsternis nimmt folgenden Verlauf:

	MEZ
Eintritt des Mondes in den Halbschatten	5^h51^m
Mitte der Finsternis	8^h13^m
Austritt des Mondes aus dem Halbschatten	10^h35^m

Zur Mitte der Finsternis stehen 0,982 des scheinbaren Mondscheibendurchmessers im Halbschatten der Erde. Diese Finsternis ist die Nr. 64 im Saros-Zyklus Nr. 113, der insgesamt 71 Mondfinsternisse umfasst. Davon sind 17 Halbschattenfinsternisse, 41 partielle und 13 totale Mondfinsternisse. Die erste Finsternis des Saros-Zyklus 113 ist die Halbschattenfinsternis des Mondes vom 29. April 888, die letzte Finsternis ist die Halbschattenfinsternis des Mondes vom 10. Juni 2150.

Anmerkung: Der Erdschatten erscheint stets etwas größer als der rein geometrisch abgeleitete. Dies wird durch eine mehr oder minder starke Refraktion und Absorption des Sonnenlichtes in der Erdatmosphäre bewirkt. Diese Vergrößerung des Erdschattens wird in den Kalkulationen für die Ein- und Austrittszeiten des Mondes berücksichtigt. Für die Berechnung der Finsternisse wurden die von der IAU angenommenen Konstanten benutzt, wie sie auch vom Nautical Almanac Office des U.S. Naval Observatory in Washington, D.C., verwendet werden. Die Ein- und Austrittszeiten weichen gelegentlich um einige Minuten anderer Ephemeridenberechner ab, wenn diese andere als die IAU-Konstanten verwenden.

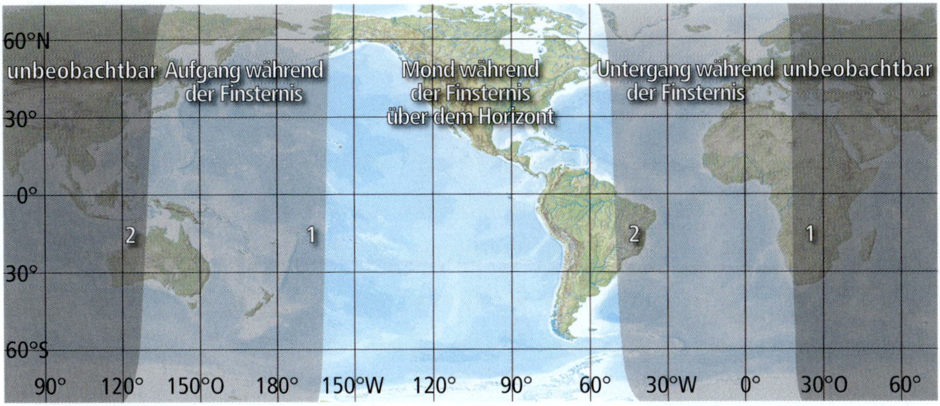

F.2 Sichtbarkeitsgebiet der Halbschattenfinsternis des Mondes vom 25. März 2024. 1: Eintritt in den Halbschatten, 2: Austritt aus dem Halbschatten.

TOTALE SONNENFINSTERNIS AM 8. APRIL

Diese Finsternis findet in den späteren Nachmittagsstunden und frühen Abendstunden am Montag, 8. April 2024 statt und bleibt auch in ihren partiellen Phasen von ganz Mitteleuropa aus unbeobachtbar. Die Totalitätszone zieht sich vom Zentralpazifik über Mexiko und den Süden und Osten der USA. Sie endet im nördlichen Atlantik vor der Westküste Europas.

Die Sonnenfinsternis beginnt (1. Kontakt) am 8. April um 16^h42^m MEZ am Ort 143°06′ westlicher Länge und 14°58′ südlicher Breite. Sie endet (4. Kontakt) um 21^h52^m MEZ am Ort 36°06′ westlicher Länge und 40°33' nördlicher Breite.

Die Zentrallinie beginnt im Pazifik am Ort 158°32′ westlicher Länge und 7°49′′ südlicher Breite um 17h40m MEZ. Der Kernschatten eilt über Mexiko, den Süden und Osten der USA und endet im nördlichen Atlantik am Ort 19°47′ westlicher Länge und 47°37′ nördlicher Breite um 20^h53^m MEZ.

Der Höhepunkt der Finsternis wird um 19^h17^m MEZ in Mexiko am Ort 104°08′ westlicher Länge und 25°17′ nördlicher Breite erreicht. Für maximal 4^m28^s wird an diesem Punkt die Sonne vollständig vom Neumond bedeckt. Die Breite der Totalitätszone beträgt hier 198 Kilometer. Die Sonnenhöhe misst dort 69,°8 über dem Südosthorizont. Die Größe der Finsternis erreicht das 1,0566-Fache des scheinbaren Sonnendurchmessers. Dabei werden 1,1163 der Sonnenscheibenfläche vom dunklen Mond bedeckt.

Diese Sonnenfinsternis ist die 30. im Saros-Zyklus Nr. 139, der insgesamt 71 Sonnenfinsternisse umfasst.

Die partiellen Phasen der Finsternis sind sichtbar in Teilen des Pazifiks, in Zentral- und Nordamerika ohne Alaska,

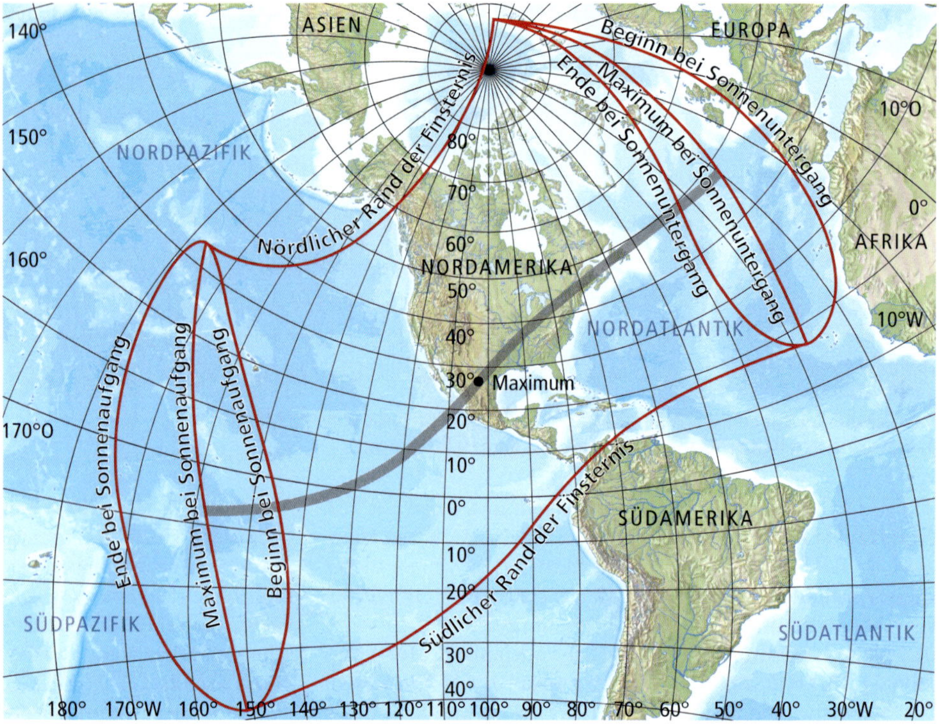

F.3 Sichtbarkeitsgebiet der totalen Sonnenfinsternis vom 8. April 2024.

in weit westlichen Gebieten Europas und im Nordatlantik.

Eine ausführliche Beschreibung der totalen Sonnenfinsternis vom 8. April 2024 findet sich im Monatsthema April auf Seite 100.

PARTIELLE MONDFINSTERNIS AM 18. SEPTEMBER

Diese Mondfinsternis findet in der zweiten Hälfte der Nacht vom Dienstag, 17. auf Mittwoch, 18. September 2024 statt.

Zum Höhepunkt der Finsternis um 3^h44^m (= 4^h44^m Sommerzeit) befindet sich der Vollmond lediglich mit 9,1 % seines scheinbaren Durchmessers im Kernschatten der Erde.

Die Mondfinsternis nimmt folgenden Verlauf:

	MEZ	MESZ
Eintritt des Mondes in den Halbschatten	1^h39^m	2^h39^m
Eintritt des Mondes in den Kernschatten	3^h12^m	4^h12^m
Mitte der Finsternis	3^h44^m	4^h44^m
Austritt des Mondes aus dem Kernschatten	4^h17^m	5^h17^m
Austritt des Mondes aus dem Halbschatten	5^h49^m	6^h49^m

Ein- und Austritt des Mondes aus dem Halbschatten bleiben prinzipiell unbeobachtbar.

Der Monduntergang erfolgt am 18. September 2024 für 50° Nord und 10° Ost um 6^h11^m MEZ (= 7^h11^m MESZ).

Die Größe der Finsternis beträgt das 0,091-Fache des scheinbaren Mondscheibendurchmessers.

Diese Finsternis ist die Nr. 52 im Saros-Zyklus 118, der insgesamt 73 Mondfinsternisse umfasst.

Die Finsternis ist sichtbar von Europa, Afrika, dem Atlantik sowie Nord- und Südamerika und außerdem von Alaska.

F.4 Verlauf der partiellen Mondfinsternis vom 18. September 2024.

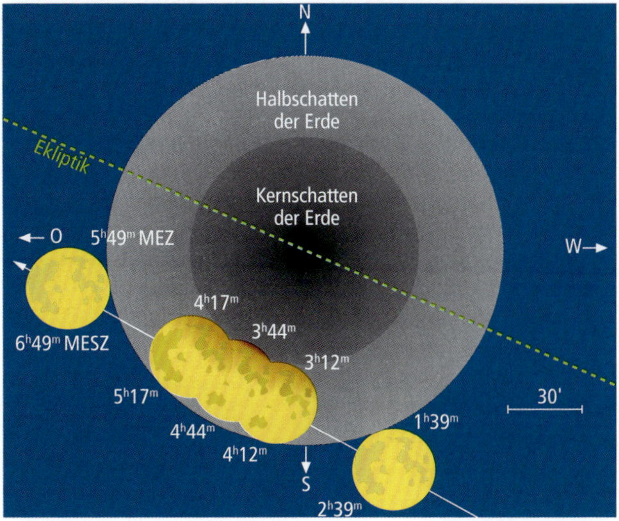

RINGFÖRMIGE SONNENFINSTERNIS AM 2. OKTOBER

Diese Finsternis findet am Mittwoch, 2. Oktober 2024 statt. Von Europa, Asien und Afrika bleibt sie auch in ihren partiellen Phasen unbeobachtbar.

Die Zentrallinie zieht sich fast ausschließlich über den östlichen und südlichen Pazifik. Sie streift über die Südspitze von Südamerika (Patagonien) und endet im südwestlichen Atlantik. Die partiellen Phasen sind beobachtbar im südlichen Südamerika sowie in Teilen der Antarktis.

Die Zone der ringförmigen Phase beginnt im Pazifik am Ort 165°33′ westlicher Länge und 8°23′ nördlicher Breite um 17^h53^m MEZ und endet im Atlantischen Ozean am Ort 37°05′ westlicher Länge und 49°27′ südlicher Breite um 21^h37^m MEZ.

Der Höhepunkt der Finsternis wird um 19^h45^m MEZ im Pazifik am Ort 114°31′ westlicher Länge und 21°57′ südlicher Breite erreicht, wobei die Zone der ringförmigen Phase eine Breite von 267 Kilometer aufweist. Die Dauer der ringförmigen Verfinsterung erreicht dort 7^m25^s. Zum Maximum steht die Sonne 69° über dem Nordosthorizont.

Der scheinbare Durchmesser der dunklen Neumondscheibe entspricht dabei 93,3 % des Durchmessers der Sonnenscheibe.

F.5 Sichtbarkeitsgebiet der partiellen Mondfinsternis vom 18. September 2024.
1: Eintritt in den Halbschatten, 2: Eintritt in den Kernschatten, 3: Austritt aus dem Kernschatten, 4: Austritt aus dem Halbschatten.

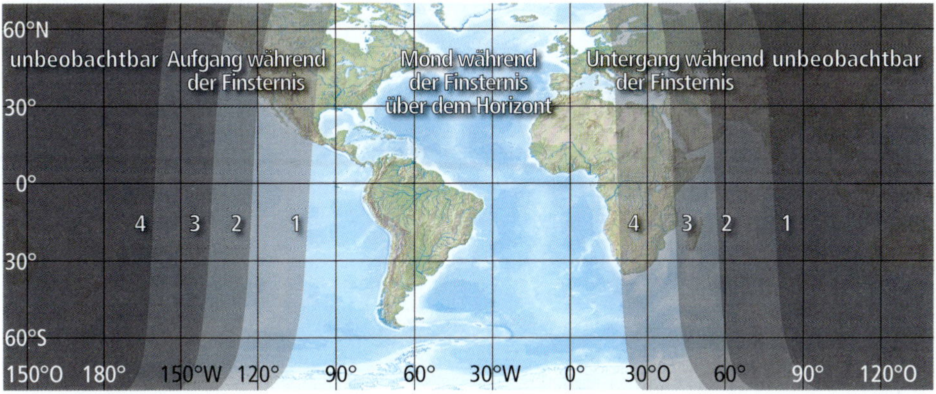

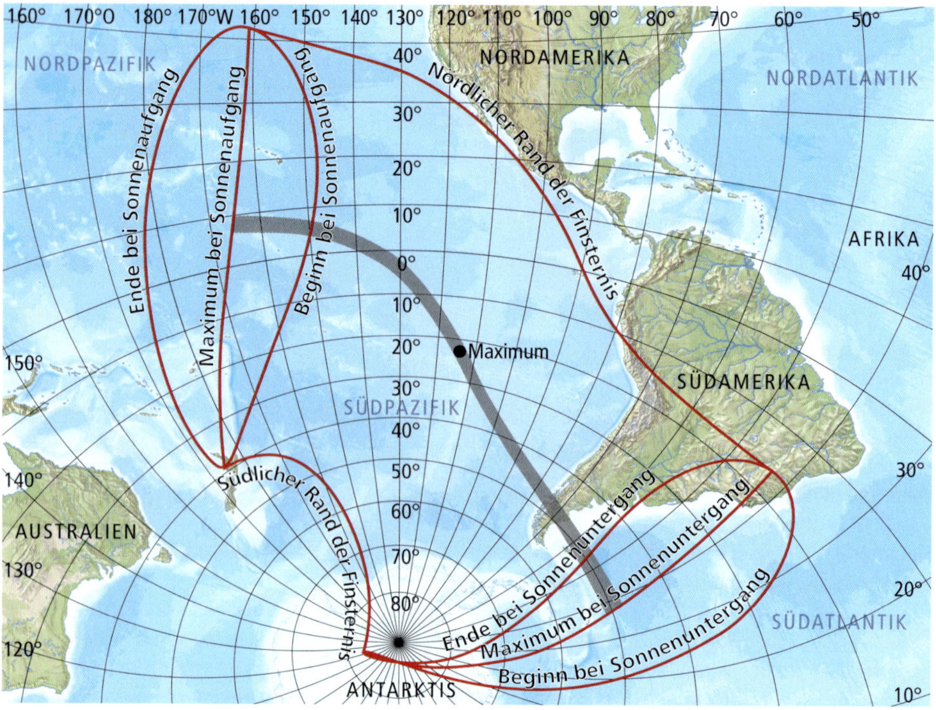

F.6 Sichtbarkeitsgebiet der ringförmigen Sonnenfinsternis vom 2. Oktober 2024.

Die Finsternis beginnt am 2. Oktober um 16^h43^m MEZ (1. Kontakt) am Ort 147°20′ westlicher Länge und 16°03′ nördlicher Breite und endet um 22^h47^m MEZ (4. Kontakt) am Ort 55°52′ westlicher Länge und 41°51′ südlicher Breite.

Diese Sonnenfinsternis ist die 17. im Saros-Zyklus 144, der insgesamt 70 Finsternisse umfasst.

Das kostenlose Extra:
Die App „KOSMOS PLUS“

Mit der KOSMOS PLUS App haben Sie alle wichtigen Informationen zum Lauf von Sonne, Mond und Planeten immer dabei.

Und so geht’s:

1. Besuchen Sie den App Store oder Google Play.

2. Laden Sie die kostenlose App „KOSMOS PLUS“ auf Ihr Mobilgerät.

3. Öffnen Sie die App und laden Sie die Inhalte für das Buch „Kosmos Himmelsjahr 2024“ mit dem Kennwort „Aldebaran“ herunter.

4. Die App bietet Ihnen für jeden Monat einen übersichtlichen Himmelskalender mit allen wichtigen Ereignissen.

Weitere Informationen finden Sie unter plus.kosmos.de

Januar 2024

- Die Erde passiert am 3. ihren sonnennächsten Bahnpunkt. Abstand Erde – Sonne: 147 Millionen Kilometer.
- Merkur bietet zu Jahresbeginn eine bescheidene Abendsichtbarkeit.
- Venus eröffnet den Jahresreigen als Morgenstern.
- Mars taucht noch nicht am Morgenhimmel auf.
- Jupiter ist strahlendes Gestirn am Abendhimmel.
- Saturn kann noch am Abendhimmel aufgefunden werden.

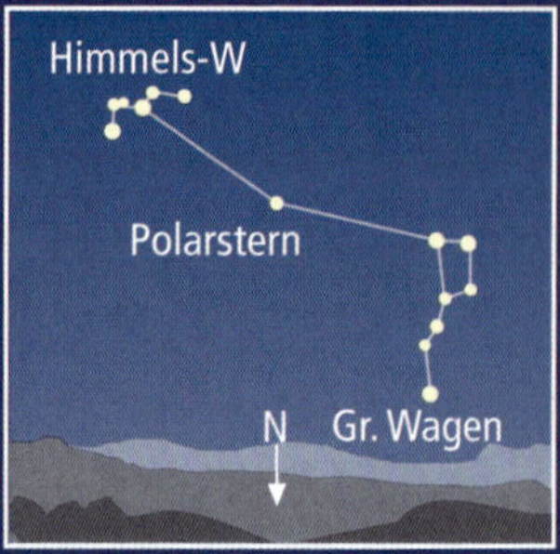

Großer Wagen und Himmels-W Anfang Januar um 22 Uhr MEZ

1.1 Himmelsanblick am 18. Januar gegen 19^h MEZ. Knapp über dem Südwesthorizont steht Saturn. Höher findet sich Jupiter, zu dem sich der zunehmende Halbmond gesellt.

Himmelskalender 1

1 Mo	Neujahr
2 Di	
3 Mi	Erde in Sonnennähe
4 Do	Letztes Viertel
5 Fr	Mond bei Spica – morgens
6 Sa	Heilige drei Könige
7 So	
8 Mo	
9 Di	
10 Mi	
11 Do	**Neumond**
12 Fr	
13 Sa	
14 So	Mond bei Saturn – abends
15 Mo	

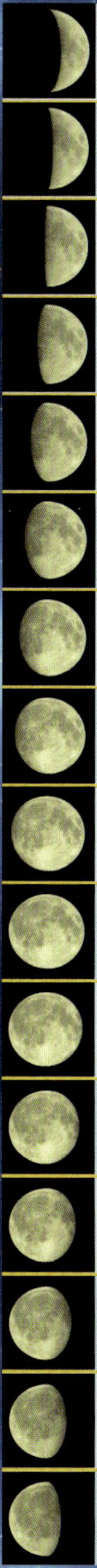

16 Di	
17 Mi	
18 Do	Erstes Viertel Mond bei Jupiter – abends
19 Fr	
20 Sa	
21 So	
22 Mo	
23 Di	
24 Mi	Mond bei Pollux – abends
25 Do	**Vollmond**
26 Fr	
27 Sa	Mond bei Regulus – abends
28 So	
29 Mo	
30 Di	
31 Mi	

SONNE – STERNBILDER

20. 1. 15h:
Sonne tritt in das Sternbild Steinbock

20. 1. 15h:
Sonne tritt in das Tierkreiszeichen Wassermann

Julianisches Datum am
1. Januar, 1h MEZ: 2 460 310,5

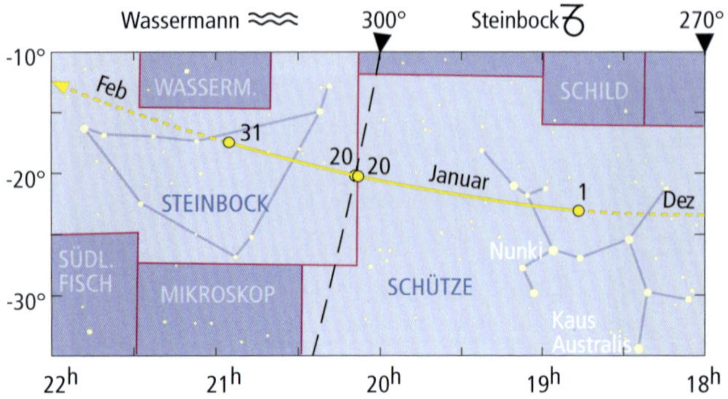

SONNENLAUF

Tag	Dämmerg. Anfang	Aufgang MEZ	Kulmination	Untergang MEZ	Dämmerg. Ende	Mittagshöhe	Zeitgleichg.	Rektaszension	Deklination
	h m	h m	h m	h m	h m	°	m	h m	°
1.	6 59	8 19	12 23	16 28	17 48	17,0	– 3	18 42	–23,1
5.	6 59	8 18	12 25	16 33	17 52	17,4	– 5	19 00	–22,7
10.	6 58	8 16	12 27	16 39	17 57	18,0	– 7	19 22	–22,1
15.	6 56	8 13	12 29	16 46	18 03	18,8	– 9	19 43	–21,3
20.	6 52	8 09	12 31	16 53	18 10	19,8	–11	20 05	–20,3
25.	6 48	8 03	12 32	17 01	18 17	21,0	–12	20 26	–19,2
31.	6 42	7 56	12 33	17 11	18 26	22,6	–13	20 51	–17,7

TAGES- UND NACHTSTUNDEN

5. Januar

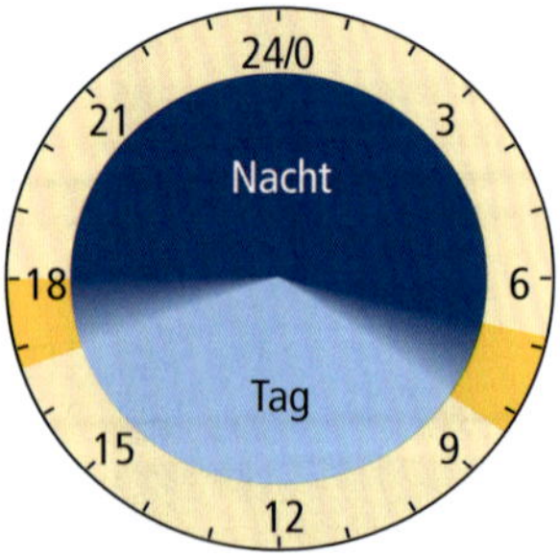

15. Januar

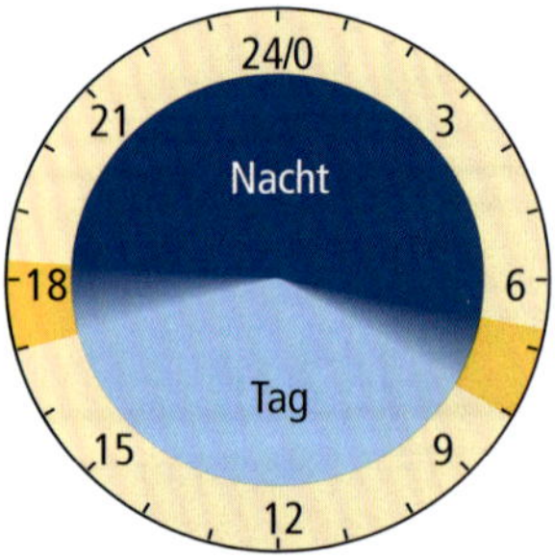

25. Januar

MONDLAUF

Datum	Aufg. MEZ	Kulmination	Unterg. MEZ	Rektaszension	Deklination	Sterne und Sternbilder	Phase	MEZ
	h m	h m	h m	h m	°			
Mo 1.	22 12	4 21	11 23	10 35	+12,8	Löwe, Regulus	Erdferne 405/29′,5	16^h
Di 2.	23 20	5 01	11 35	11 18	+ 7,5	Löwe		
Mi 3.	–	5 40	11 46	12 00	+ 2,0	Jungfrau		
Do 4.	0 28	6 20	11 58	12 42	– 3,6	Jungfrau	**Letztes Viertel**	**$4^h 30^m$**
							Absteigender Knoten	
Fr 5.	1 38	7 01	12 11	13 26	– 9,2	Spica		
Sa 6.	2 51	7 44	12 26	14 11	–14,6	Jungfrau		
So 7.	4 08	8 32	12 47	15 00	–19,5	Waage	Libration Ost	
Mo 8.	5 28	9 25	13 15	15 54	–23,6	Antares		
Di 9.	6 47	10 24	13 56	16 52	–26,6	Antares		
Mi 10.	7 57	11 26	14 55	17 54	–28,1	Schütze		
Do 11.	8 53	12 30	16 12	18 59	–27,7	Schütze, Nunki	**Neumond Nr. 1250**	**$12^h 57^m$**
							Größte Südbreite	
Fr 12.	9 33	13 32	17 41	20 04	–25,5	Schütze		
Sa 13.	10 01	14 31	19 13	21 06	–21,4	Steinbock	Erdnähe 362/33′,0	12^h
So 14.	10 22	15 25	20 42	22 04	–16,0	Wassermann		
Mo 15.	10 39	16 15	22 08	22 59	– 9,8	Wassermann		
Di 16.	10 54	17 04	23 32	23 51	– 3,1	Fische		
Mi 17.	11 08	17 52	–	0 42	+ 3,7	Fische	Aufsteigender Knoten	
Do 18.	11 23	18 40	0 54	1 32	+10,1	Fische	**Erstes Viertel**	**$4^h 53^m$**
Fr 19.	11 41	19 30	2 16	2 23	+16,0	Widder		
Sa 20.	12 04	20 22	3 37	3 15	+20,9	* Stier, Plejaden	Libration West	
So 21.	12 35	21 16	4 56	4 10	+24,7	Stier, Plejaden		
Mo 22.	13 16	22 11	6 09	5 06	+27,2	* Stier, Alnath		
Di 23.	14 10	23 06	7 09	6 04	+28,2	Zwillinge		
Mi 24.	15 14	23 59	7 56	7 00	+27,7	* Zwillinge	Größte Nordbreite	
Do 25.	16 25	–	8 31	7 55	+25,9	Pollux	**Vollmond**	**$18^h 54^m$**
Fr 26.	17 38	0 49	8 56	8 47	+22,8	Krebs, Krippe		
Sa 27.	18 50	1 35	9 14	9 36	+18,8	Löwe		
So 28.	20 00	2 18	9 29	10 21	+14,1	Löwe, Regulus		
Mo 29.	21 08	2 58	9 42	11 05	+ 8,9	Löwe	Erdferne 406/29′,5	9^h
Di 30.	22 15	3 38	9 53	11 47	+ 3,4	Jungfrau		
Mi 31.	23 24	4 16	10 04	12 29	– 2,2	Jungfrau	Absteigender Knoten	

DER MOND WANDERT AN POLLUX VORBEI

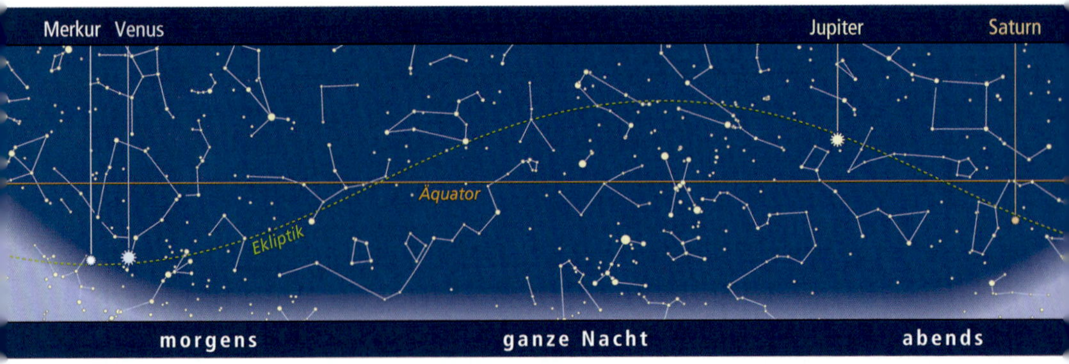

MERKUR bietet unter guten Sichtbedingungen eine kleine Chance, ihn am Morgenhimmel zu sehen. Am 12. erreicht der flinke und sonnennahe Planet mit 23°30′ Winkelabstand von der Sonne seine größte westliche Elongation. Bereits am 2. beendet Merkur seine Rückläufigkeit und eilt danach wieder rechtläufig der Sonne nach. Merkur bewegt sich durch die südlichsten Gefilde des Tierkreises, wobei die morgendliche Ekliptik recht flach am Südosthorizont entlangläuft. So kommt es zu einer bescheidenen Morgensichtbarkeit. Ab dem 3. kann man mit Aussicht auf Erfolg versuchen, den schnellen Planeten tief im Südosten aufzustöbern. Ein Fernglas kann dabei gute Dienste leisten.

1.2 Heliozentrischer Anblick des Planetensystems im ersten Jahresviertel 2024. Eingetragen sind im linken Teil die Positionen der inneren Planeten für den 1. Januar (1), 1. Februar (2) sowie 1. März (3) und 1. April (4). Der rechte Teil zeigt das äußere Planetensystem samt einigen Planetoiden zu Anfang und Ende des ersten Jahresviertels. Die Pfeile deuten die Richtungen zu den ferneren Planeten sowie zum Frühlingspunkt an.

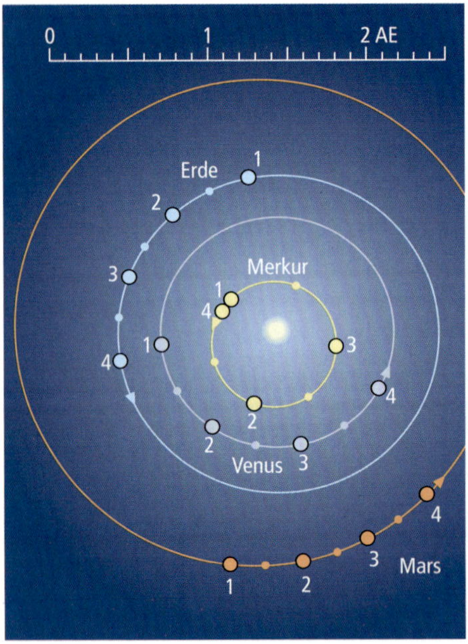

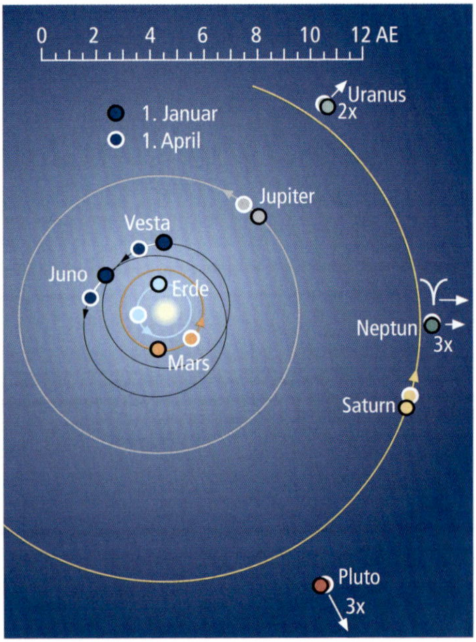

Ab etwa 7^h setzt sich der 0^m,1 helle Merkur am Morgenhimmel durch. Etwa eine halbe Stunde später verschluckt ihn die zunehmende Morgenhelle. Seine Helligkeit wächst in den folgenden Tagen schnell an. Am Tag der größten westlichen Elongation (12.) geht der inzwischen −0^m,3 helle Planet um 6^{h}36^m auf. Letztmals am 19. dürfte Merkur beobachtbar sein, wobei der immer noch −0^m,3 helle Merkur um 6^{h}49^m die südöstliche Horizontlinie überschreitet. Danach bleibt er für den restlichen Monat unsichtbar. Die Begegnung mit Mars am 27., wo Merkur 0°15′ nördlich am roten Planeten vorbeizieht, bleibt unbeobachtbar. Nördlich von 58° geografischer Breite ergibt sich im Januar überhaupt keine Sichtbarkeitschance. Am 14. passiert Merkur den Winterpunkt im Sternbild Schütze in 1°,4 nördlichem Abstand.

Beim Aufsuchen von Merkur kann Venus behilflich sein (siehe Abb. 1.8 auf Seite 37). Die schmale Sichel des abnehmenden Mondes zieht am 9. in 6°,6 südlichem Abstand an Merkur vorbei.

Am 7. zeigt sich Merkur halb beleuchtet, die Dichotomie tritt ein. Der nur 7″,4 große Merkur erscheint im Teleskop wie ein kleiner Halbmond.

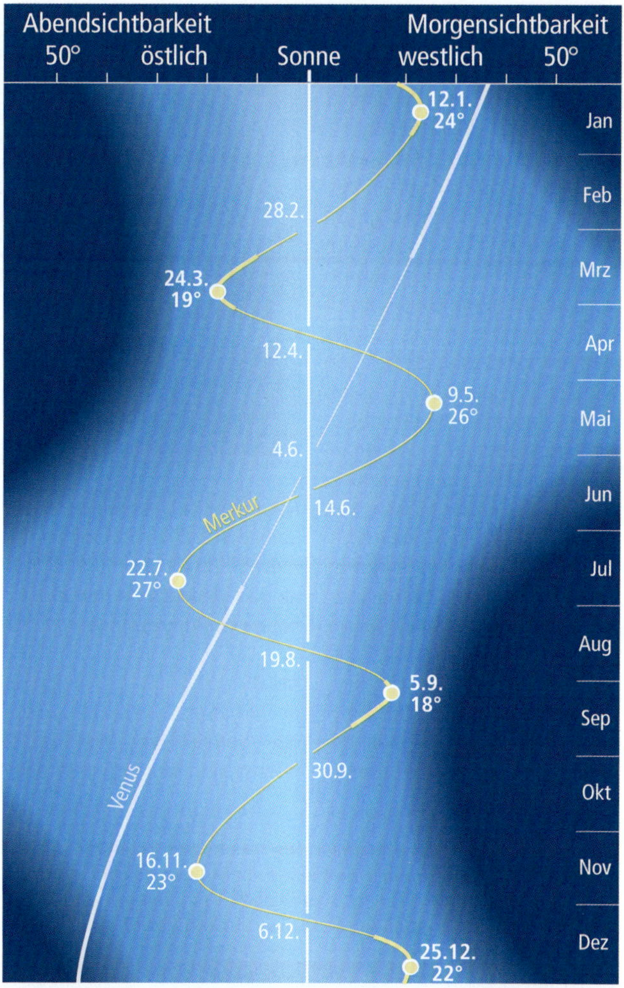

1.3 Elongationen und Konjunktionen der inneren Planeten Merkur und Venus von bzw. mit der Sonne im Jahre 2024. Die Datumsangaben beziehen sich jeweils auf die größten Elongationen sowie die Konjunktionen. Fettgedrucktes Datum bedeutet: in Mitteleuropa mit freiem Auge sichtbar. Unterbrochener Sonnenbalken weist auf eine untere Konjunktion hin, unterbrochene Planetenlinie auf eine obere Konjunktion.

VENUS eröffnet den Jahresreigen als Morgenstern. Allerdings verkürzt sich ihre Sichtbarkeitsdauer deutlich. Ihre Glanzzeit als Morgenstern ist vorbei.

Am 1. geht die −4^m,0 helle Venus um 5^{h}15^m auf. Wenige Minuten danach macht sich bei freier Horizontsicht unser innerer Nachbarplanet am Morgenhimmel im Südosten bemerkbar. Bis Monatsende verspäten sich die Venusaufgänge um eine Stunde auf 6^{h}15^m. Die Venushelligkeit nimmt kaum merkbar auf $-3^{m}{,}9$ ab. Da die Sonne nun morgens immer früher aufgeht, schrumpft die Sichtbarkeitsdauer von Venus im Laufe des Januar um etwa eineinhalb Stunden.

Venus wandert rechtläufig durch den Skorpion und Schlangenträger in den Schützen. Am 6. passiert sie in 6° nördlichem Abstand Antares, den Hauptstern im Skorpion. Am 8. kommt es zu einer Begegnung mit der abnehmenden Mondsichel. Den Winterpunkt passiert Venus am 23. in 1°,1 nördlichem Abstand.

Im Teleskop zeigt Venus ein relativ kleines Planetenscheibchen, das im Laufe des Monats von 14″,4 auf 12″,4 um 2″ an scheinbarem Durchmesser abnimmt. Der Beleuchtungsgrad hingegen nimmt von 78% auf 86% zu, denn Venus nähert sich ihrer oberen Konjunktion mit der Sonne.

Die Entfernung unseres inneren Nachbarplaneten von der Erde wächst von 177 Millionen Kilometer (= 1,18 AE) bis Ende Januar auf 204 Millionen Kilometer (1,36 AE). Damit ist Venus zurzeit deutlich weiter als die Sonne von uns entfernt.

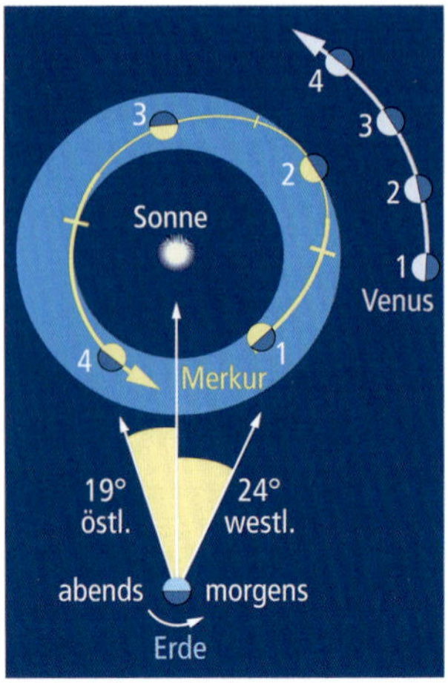

1.5 Heliozentrische Bewegungen von Merkur und Venus *relativ* zur Erde. In den dicker ausgezogenen Bahnteilen sind die Planeten beobachtbar. Die Zahlen markieren die Positionen jeweils zum Monatsersten. Östlicher Winkelabstand bedeutet Abendsichtbarkeit, westliche Elongation: Planet steht am Morgenhimmel.

MARS stand am 18. November des Vorjahres in Konjunktion mit der Sonne. Bis Monatsende wächst sein westlicher Winkelabstand von der Sonne auf 21° an. Dies reicht nicht, um den $1^{m}{,}3$ hellen, rötlichen Planeten am Morgenhimmel zu finden. Außerdem sind seine Deklinationen geringer als die der Sonne, was einen kleineren Tagbogen zufolge hat. Der rote Planet wandert durch die südlichsten Gebiete des Tierkreises. Er bleibt unbeobachtbar. Auch die Begegnung mit Merkur am 27. kann nicht verfolgt werden. Mars wandert weit südlich durch das Sternbild Schütze.

1.4 Stellungen der Planeten Mars, Jupiter und Saturn im Jahr 2024. Im linken Teil sind die Positionen am Morgenhimmel jeweils eine Stunde vor Sonnenaufgang eingetragen, im rechten Teil die Positionen am Abendhimmel jeweils eine Stunde nach Sonnenuntergang. Im Mittelteil sind die Stellungen zur Kulminationszeit angegeben sowie die Kulminationshöhe.

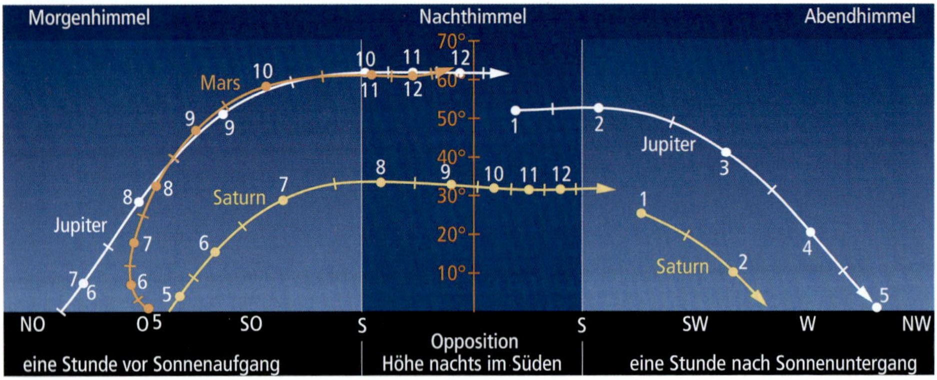

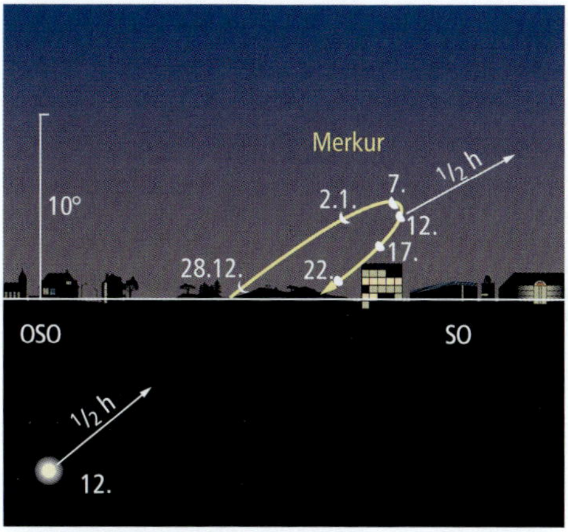

1.6 Stellung von Merkur über dem Südosthorizont zu den angegebenen Daten. Die Pfeile geben die Bewegungen von Merkur und Sonne während der nächsten halben Stunde an.

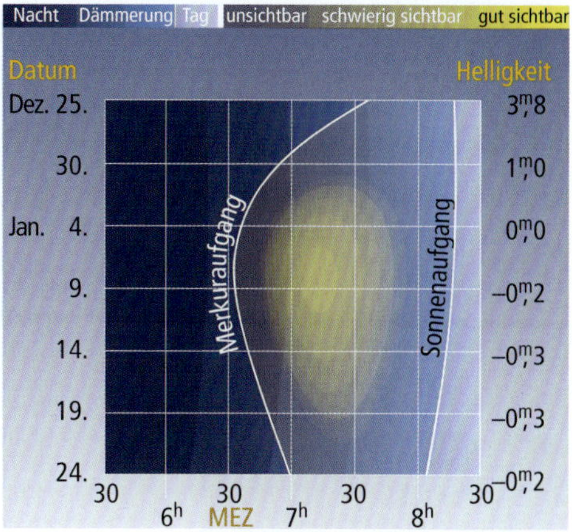

1.7 Sichtbarkeitsdiagramm für Merkur. Es gilt genau für 50° nördlicher Breite und 10° östlicher Länge. Dunkelgelbe Fläche: Unter günstigen Sichtbedingungen kann man Merkur mit bloßen Augen erkennen.

Am 12. mittags beginnt auf der Nordhalbkugel des Mars der Herbst.

JUPITER beendete am letzten Tag des Vormonats seine Oppositionsperiode mit seinem Stillstand. Nun bewegt er sich wieder rechtläufig durch das Sternbild Widder südlich von dessen Hauptstern Hamal (α Arietis). Die rechtläufige Wanderung erfolgt zunächst noch recht zögerlich (siehe auch Abb. 4.4 auf Seite 93).

Das Ende der Oppositionsperiode wird auch an der abnehmenden Jupiterhelligkeit von $-2{,}^{m}6$ auf $-2{,}^{m}3$ deutlich. Dennoch bleibt der Riesenplanet strahlendes Gestirn am Abendhimmel. Da Venus erst am Morgenhimmel erscheint, ist Jupiter hellster Planet der ersten Nachthälfte.

1.8 Anblick des Südosthimmels am 9. Januar gegen 7^{h} MEZ. Merkur und Venus halten sich tief am Firmament auf. Ganz knapp über dem Horizont erscheint die extrem schmale Sichel des abnehmenden Mondes.

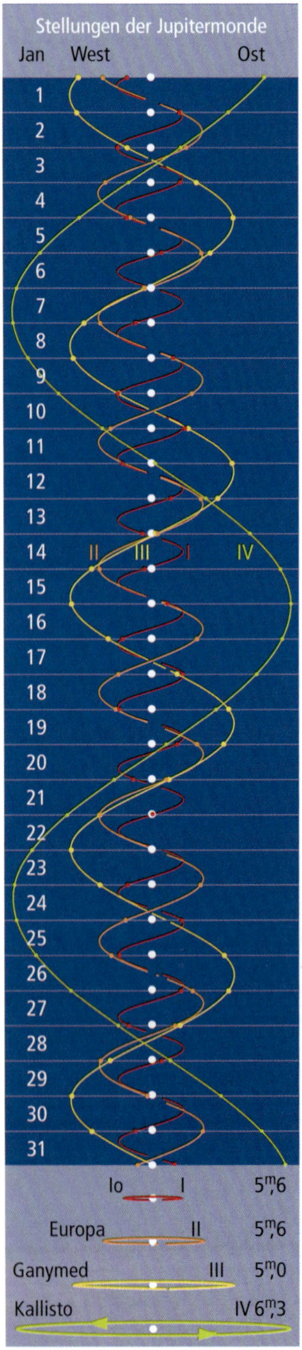

JUPITERMONDE

Tag	MEZ	Vorgang	
	h m		
1.	17 40	II	VA
	19 47	I	VE
	20 01	II	VE
6.	22 06	III	DA
	23 08	II	DA
7.	21 02	I	DA
	22 18	I	SA
	23 11	I	DE
8.	18 15	I	BA
	20 03	II	BE
	20 19	II	VA
	21 42	I	VE
	22 40	II	VE
9.	18 56	I	SE
10.	18 47	III	VE
14.	22 55	I	DA
15.	20 08	I	BA
	20 14	II	BA
	22 37	II	BE
	22 58	II	VA
16.	18 43	I	SA
	19 33	I	DE
	20 52	I	SE
17.	18 06	I	VE
	19 49	II	SE
	21 09	III	VA
	22 49	III	VE
22.	22 02	I	BA
23.	19 18	I	DA
	20 39	I	SA
	21 28	I	DE
	22 48	I	SE
24.	19 35	III	BA
	19 48	II	DE
	20 02	I	VE
	20 06	II	SA
	21 35	III	BE
	22 25	II	SE
30.	21 14	I	DA
31.	18 26	I	BA
	20 03	II	DA
	21 57	I	VE

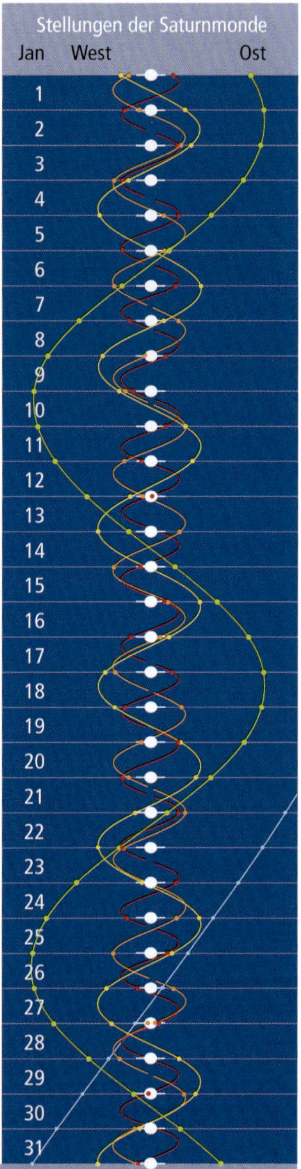

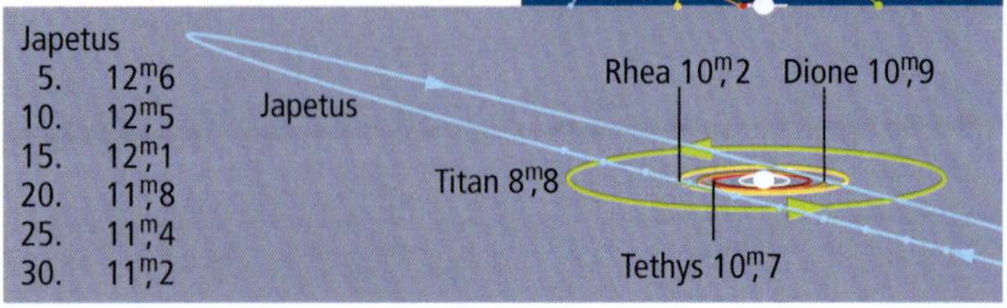

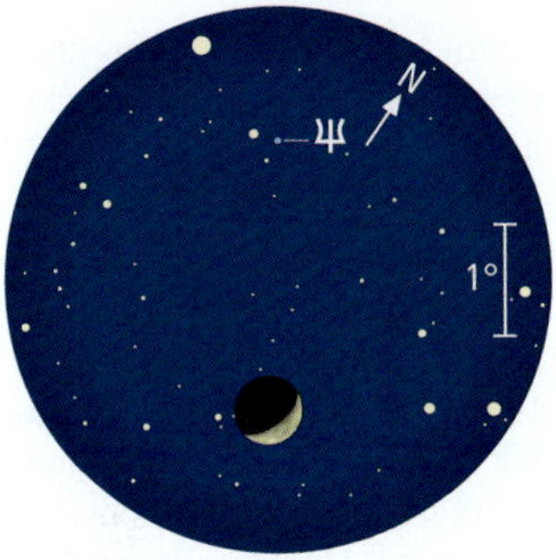

1.9 Die zunehmende Mondsichel begegnet Neptun. Fernglasanblick am 15. Januar gegen 20^h MEZ bei 5° Gesichtsfelddurchmesser.

Jupiter geht am 1. um 2^h58^m unter und am 15. um 2^h05^m. Am 31. erfolgt der Untergang des Riesenplaneten schon um 1^h09^m.

Im Teleskop zeigt sich das Jupiterscheibchen oval, denn der Riesenplanet ist infolge seiner raschen Rotation stark abgeplattet. Zu Jahresbeginn beträgt sein scheinbarer Äquatordurchmesser $44\overset{\prime\prime}{,}0$ und der Poldurchmesser $41\overset{\prime\prime}{,}1$. Der Poldurchmesser ist um 1:16 kürzer als sein Äquatordurchmesser.

Am 18. erhält Jupiter Besuch vom zunehmenden Halbmond, der nördlich an ihm vorbeizieht (siehe Abb. 1.1 auf Seite 30).

SATURN im Sternbild Wassermann kann noch am Abendhimmel im Südwesten aufgefunden werden. Gegen Monatsende wird es schwierig, den Ringplaneten mit bloßen Augen zu erkennen. Am ersten Tag des Jahres geht Saturn um 21^h05^m unter. Am 15. erfolgt der Untergang des $1\overset{m}{,}0$ hellen Ringplaneten um 20^h18^m und am 31. schon um 19^h25^m. Erst gegen 18^h kann Saturn in der zunehmenden Dunkelheit ausgemacht werden. Eine Stunde später verschlucken ihn die horizontnahen Dunstschichten.

Am 14. abends sieht man Saturn zusammen mit der zunehmenden Mondsichel über dem Westhorizont.

URANUS, der sich ohnehin langsam rückläufig bewegt, kommt am 27. im Sternbild Widder vollends zum Stillstand. Anschließend bewegt er sich wieder rechtläufig durch den Tierkreis (siehe auch Abb. 11.6 auf Seite 235). Damit beendet er seine letztjährige Oppositionsperiode. Als Markierungspunkt für die Beobachtung der Uranusbewegung kann der Stern Botein (δ Arietis; $4\overset{m}{,}4$) dienen.

Aus der zweiten Nachthälfte zieht sich Uranus allmählich zurück. Am 1. geht der grünliche Planet um 4^h18^m unter und am 15. um 3^h22^m. Zum Monatsende erfolgt der Untergang des $5\overset{m}{,}7$ hellen Uranus um 2^h18^m. Spätestens eine Stunde vor Untergang ist Uranus von der Beobachtungsliste zu streichen. Die günstigste Beobachtungszeit sind die Abendstunden. Am 1. kulminiert der sonnenferne Planet um 20^h44^m, am 15. um 19^h48^m und am 31. bereits um 18^h45^m. Am 19. zieht der zunehmende Halbmond 3° nördlich an Uranus vorbei (siehe Abb. 1.10 oben).

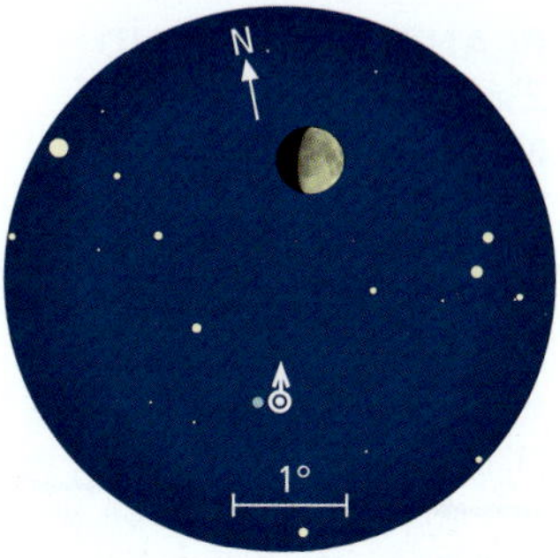

1.10 Der zunehmende Mond zieht an Uranus vorbei. Fernglasanblick am 19. Januar gegen 19^h MEZ bei 5° Gesichtsfelddurchmesser.

NEPTUN, rechtläufig im Sternbild Fische, verkürzt seine Sichtbarkeitszeit drastisch.

Am Abendhimmel kann der $7\overset{m}{,}9$ lichtschwache, bläuliche Planet mit guter Optik aufgespürt werden. Die Aufsuchkarte Abb. 9.6 auf Seite 196 soll helfen, den sonnenfernsten Planeten unseres Sonnensystems aufzustöbern.

Zu Monatsbeginn kulminiert Neptun um 17^h21^m, am 15. um 16^h27^m und am 31. bereits um 15^h25^m.

Die Neptununtergänge erfolgen am ersten Tag des Jahres um 23^h08^m, am 15. um 22^h15^m und am 31. schon um 21^h14^m. Etwa eineinhalb Stunden vor seinem Untergang lohnt es nicht mehr, mit Fernglas oder Teleskop nach Neptun zu suchen.

Auch bei starker Vergrößerung sind auf dem nur $2\overset{\prime\prime}{,}2$ großen Planetenscheibchen keine Details zu erkennen.

PLANETOIDEN UND ZWERGPLANETEN

PLUTO – König des Kuipergürtels mit der Planetoidennummer 134 340 – überschreitet am 4. rechtläufig die Grenze vom Schützen zum Steinbock. Damit verlässt der prominente Zwergplanet den Schützen, in dem er sich seit 2008 aufgehalten hat. Bereits im Jahr 2023 hat er ein kurzes Gastspiel vom 1. März bis 7. Juli im Steinbock gegeben. Am 20. kommt er in Konjunktion mit der Sonne. An diesem Tag trennen ihn 5225 Millionen Kilometer von der Sonne (= 34,93 AE). Von der Erde ist Pluto zur Konjunktion 5372 Millionen Kilometer entfernt (= 35,91 AE). In Opposition zur Sonne kommt Pluto am 23. Juli im Sternbild Steinbock. Die Lage der Plutobahn ist aus Abb. 7.5 auf Seite 151 zu ersehen. In der monatlichen Rubrik „Planetenlauf“ ist Pluto im Mai, Juli und Oktober erwähnt.

JUNO – Planetoid Nr. 3 – wird am 15. im Sternbild Löwe in Rektaszension stationär und eilt danach rückläufig nach Nordosten (siehe Abb. 3.5 auf Seite 75). Mit $9^{\mathrm{m}}{,}5$ ist sie nicht leicht zu finden.

VESTA – Planetoid Nr. 4 – stand am 21. Dezember des Vorjahres in Opposition zur Sonne. Sie wandert rückläufig durch das Sternbild Stier. Am 8. zieht sie nur $0^\circ{,}2$ nördlich an ζ Tauri (Tianguan; $3^{\mathrm{m}}{,}0$) vorbei (siehe Abb. 2.3 auf Seite 56). Zu Monatsanfang ist sie $6^{\mathrm{m}}{,}6$ hell. Somit ist Vesta ein leichtes Fernglasobjekt, zumal sie um die Kulminationszeit hoch am Himmel steht. Bis Ende Januar geht ihre Helligkeit auf $7^{\mathrm{m}}{,}2$ zurück, wobei sie immer noch leicht zu finden ist.

Am 1. kulminiert Vesta um $23^{\mathrm{h}}22^{\mathrm{m}}$, wobei sie schon um $15^{\mathrm{h}}30^{\mathrm{m}}$ aufgeht. Am 15. erfolgt ihr Meridiandurchgang um $22^{\mathrm{h}}14^{\mathrm{m}}$ und am 31. schon um $21^{\mathrm{h}}03^{\mathrm{m}}$. Am Monatsende geht sie um $5^{\mathrm{h}}07^{\mathrm{m}}$ unter.

PERIODISCHE STERNSCHNUPPENSTRÖME

Von Jahresbeginn bis zum 10. Januar sind die **QUADRANTIDEN** (Ausstrahlungspunkt oder Radiant im Nordteil des Boötes) in der zweiten Nachthälfte zu erwarten.

Der Radiant erreicht erst nach Mitternacht eine größere Höhe über dem Horizont, so dass die Morgenstunden am besten für Beobachtungen geeignet sind. Das passt für das spitze Maximum, das diesmal gegen 9 Uhr morgens am 4. Januar erwartet wird. Allerdings erhellt der abnehmende Mond den zweiten Teil der Nacht und reduziert die Zahl der sichtbaren Meteore merklich.

Die einzelnen Meteoroide haben mittlere Eintrittsgeschwindigkeiten in die Erdatmosphäre um 40 Kilometer pro Sekunde.

Die Quadrantiden haben vermutlich Beziehungen zum Kometen 96P/Machholz und zum Kleinplaneten 2003 EH1. Da der Radiant im Sternbild Boötes liegt, wird dieser Strom auch **BOOTIDEN** genannt.

KONSTELLATIONEN UND EREIGNISSE

Datum	MEZ	Ereignis
2.	5^{h}	Merkur im Stillstand, anschließend rechtläufig
3.	2	Erde im Perihel (Sonnennähe), Abstand Erde – Sonne 147,101 Millionen Kilometer
8.	21	Mond bei Venus, Mond $5^\circ{,}7$ südlich
9.	20	Mond bei Merkur, Mond $6^\circ{,}6$ südlich
10.	10	Mond bei Mars, Mond $4^\circ{,}2$ südlich
12.	16	Merkur in größter westlicher Elongation (24°)
14.	11	**Mond bei Saturn**, Mond $2^\circ{,}1$ südlich, **Abstand $3^\circ{,}9$ um 18^{h}**
15.	21	Mond bei Neptun, Mond $0^\circ{,}9$ südlich
18.	22	**Mond bei Jupiter**, Mond $2^\circ{,}8$ nördlich, **Abstand $2^\circ{,}1$ um 20^{h}**
19.	21	**Mond bei Uranus, Mond 3° nördlich**
20.	15	Pluto in Konjunktion mit der Sonne
27.	12	Uranus im Stillstand, anschließend rechtläufig
27.	17	Merkur bei Mars, Merkur $0^\circ{,}2$ nördlich

Aus dem Bereich östlich des Oppositionspunktes zur Sonne ist ganzjährig eine Meteoraktivität zu beobachten. Der Schwerpunkt des breiten Radianten verlagert sich im Jahresverlauf entlang der Ekliptik und verursacht eine variable Aktivität. Im Januar verlagert sich dieser als **ANTIHELION**-Quelle bezeichnete großräumige Radiant durch das Sternbild Krebs in Richtung Löwe.

Es handelt sich um langsame Sternschnuppen mit Geschwindigkeiten um 30 Kilometer pro Sekunde. Pro Stunde ist lediglich mit etwa vier Meteoren zu rechnen.

Ein relativ neuer Strom sind die **GAMMA-URSAE-MINORIDEN**. Während die bisher bekannten Ursiden in der zweiten Dezemberhälfte aufflammen, sind die Gamma-Ursiden um den 15. Januar zu erwarten.

Der Radiant dieses Stromes liegt nahe bei Pherkad (γ Ursae Minoris).

Die Eintrittsgeschwindigkeiten der Gamma-Ursae-Minoriden streuen um 30 Kilometer pro Sekunde.

Der Fixsternhimmel

Das bekannteste Wintersternbild, der Himmelsjäger Orion, fällt halbhoch im Süden jedem auf, der jetzt zum Sternenhimmel blickt. Die beiden hellsten Sterne im Orion sind der rötliche Schulterstern Beteigeuze und der bläulich-weiße Fußstern Rigel. Dazwischen markieren drei Sterne zweiter Größe in einer Linie den Gürtel. Ganz allgemein spricht man daher von den drei Gürtelsternen des Orion. Im Südosten strahlt Sirius als hellster Stern des Himmels und Hauptstern im Großen Hund. Ein wenig höher leuchtet Prokyon im Kleinen Hund. Prokyon ist die griechische Bezeichnung für „Vorhund". Prokyon geht nämlich in unseren Breiten vor Sirius auf. Sirius und Prokyon sind relativ nahe Sterne, sie gehören zu den unmittelbaren Nachbarn unserer Sonne. Sirius ist knapp neun und Prokyon etwas mehr als elf Lichtjahre von unserem Sonnensystem entfernt. Beide Hundssterne besitzen je einen Weißen Zwerg als Begleiter.

Der Winterhimmel weist abends die meisten hellen Sterne auf. In keiner anderen Jahreszeit ist das abendliche Sternenzelt so reich bestückt an Glanzlichtern. Blickt man fast senkrecht nach oben, so entdeckt man einen gelblichen Stern erster Größe. Er wird Kapella genannt und ist der hellste Stern im Fuhrmann. Der Fuhrmann ist leicht zu erkennen: Ein Fünfeck mit Kapella an der Spitze. Häufig sieht man jedoch ein Sechseck – so werden auch die Linien in vielen Sternkarten gezeichnet. Auch in un-

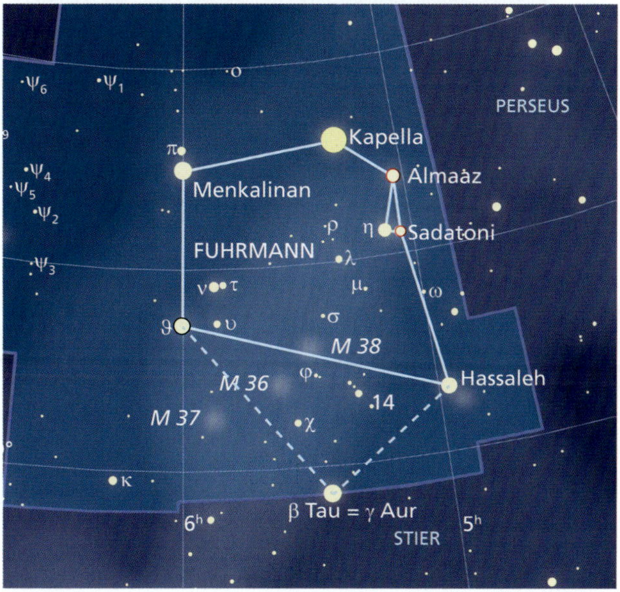

1.11 Karte des Sternbildes Fuhrmann (lat.: Auriga).

1 Fixsternhimmel

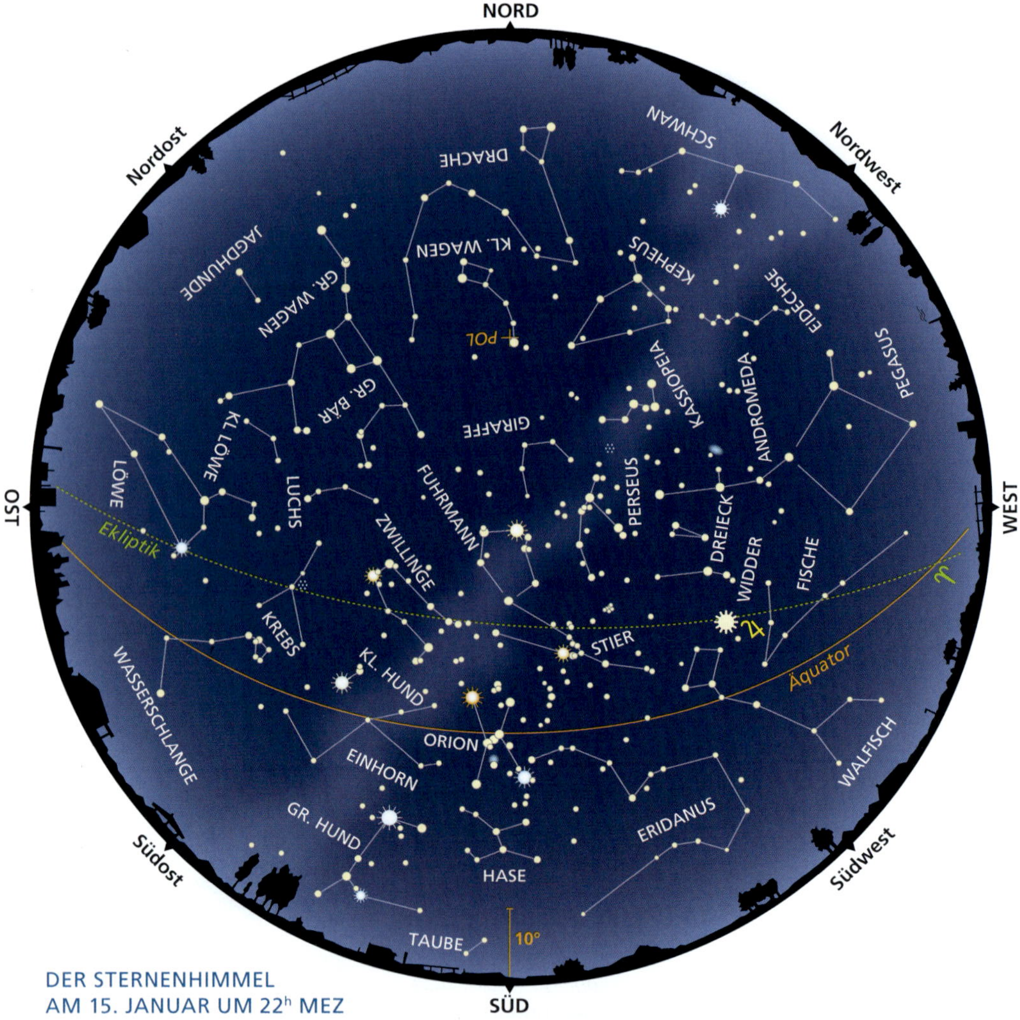

DER STERNENHIMMEL AM 15. JANUAR UM 22^{h} MEZ

Die Sternkarte ist auch gültig für:		
	MEZ	MESZ
1.10.	5^{h}	6^{h}
15.10.	4	5
1.11.	3	
15.11.	2	
1.12.	1	
15.12.	0	
1. 1.	**23**	
15. 1.	**22**	
31. 1.	**21**	
15. 2.	20	

serer Monatssternkarte bilden die Skelettlinien ein Sechseck, das den Fuhrmann markiert. Der Stern gegenüber der Kapella gehört jedoch schon zum Stier und firmiert unter β Tauri. Mit Eigennamen heißt er Elnath und deutet die eine Hornspitze des Stierkopfes an. Die scheinbare Sonnenbahn, die Ekliptik, geht knapp südlich an Elnath vorbei. Der Stier nimmt jetzt hoch im Süden seinen Platz ein. Auffällig leuchtet sein hellster Stern, der rötliche Aldebaran.

Aldebaran selbst steht mitten im eindrucksvollen Sternhaufen der Hyaden. Allerdings ist er nicht Mitglied dieses Sternhaufens. Mit 67 Lichtjahren Entfernung ist er nur halb so weit weg wie die Hyadensterne. Er steht somit im Vordergrund der Hyaden.

1.12 Das Wintersechseck setzt sich aus den sechs hellen Sternen Kapella im Fuhrmann, Aldebaran im Stier, Rigel im Orion, Sirius im Großen Hund, Prokyon im Kleinen Hund und Pollux in den Zwillingen zusammen.

Noch ein weiterer, sehr einprägsamer offener Sternhaufen ist im Stier zu sehen, nämlich die Plejaden oder das Siebengestirn. Besonders im Fernglas machen die blau-weißen Plejadensterne einen nachhaltigen Eindruck (siehe auch Monatsthema Februar „Die sieben Schwestern und der Stier“ auf Seite 62).

Hoch im Osten haben sich die beiden Sternenketten der Zwillinge eingefunden. Ihre beiden hellsten Sterne heißen Kastor und Pollux. Das Sternenpolygon, das aus Kapella im Fuhrmann, Aldebaran im Stier, Rigel im Orion, Sirius im Großen Hund, Prokyon im Kleinen Hund und Pollux in den Zwillingen gebildet wird, nennt man Wintersechseck.

Der Blick nach Osten lässt den kommenden Frühling erahnen. Knapp über dem Osthorizont ist der mächtige Löwe erschienen. Der Löwe ist das bekannteste Frühlingssternbild. Im April geht der Löwe zur Standardbeobachtungszeit (= 22^h MEZ) gerade durch den Meridian. Der Löwe ist Mitglied im Tierkreis. Zu den Tierkreisbildern zählen jene dreizehn Sternbilder, durch die sich die scheinbare Sonnenbahn zieht. In den Tierkreisbildern findet man daher auch den Mond und die Planeten.

Hoch im Nordwesten zeigt sich die Kassiopeia, ein Sternbild, das recht leicht zu erkennen ist. Es sieht aus wie ein großes „W“, weshalb man auch vom Himmels-W spricht. Die mittlere Spitze des Himmels-Ws deutet ungefähr auf den Polarstern, der am Deichselende des Kleinen Wagens steht. Der Kleine Wagen ist nicht ganz einfach zu erkennen, denn außer drei Sternen sind die anderen recht lichtschwach. Es müssen schon gute

VERÄNDERLICHE STERNE

Algol-Minima		β-Lyrae-Minima		δ-Cepheï-Maxima		Mira-Helligkeit	
4.	4^h53^m	5.	5^h H	5.	10^h	1.	10^m
7.	1 43	11.	17 N	10.	19	10.	10
9.	22 31	18.	4 H	16.	3	20.	10
12.	19 20	24.	15 N	21.	12	31.	9
27.	3 27	31.	3 H	26.	21		
30.	0 15						

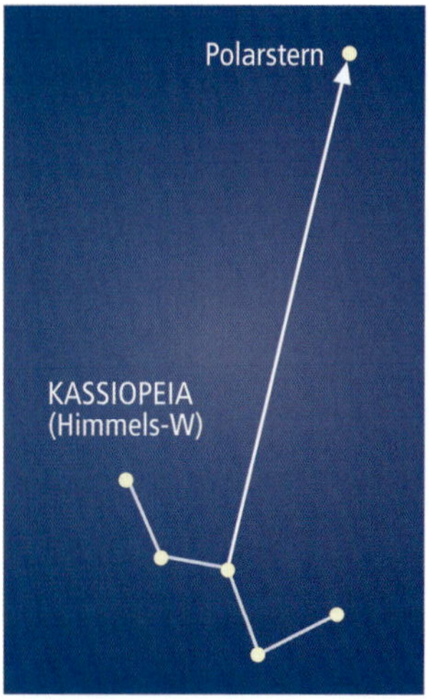

1.13 **Das Sternbild Kassiopeia (auch als Himmels-W bekannt) dient als Polweiser.**

Sichtbedingungen herrschen, um den Kleinen Wagen zu erkennen. Viel leichter sieht man den Großen Wagen. Nimmt man den Polarstern als Zentrum, dann stehen Himmels-W und Großer Wagen einander diametral gegenüber. Da beide Sternbilder bei uns zirkumpolar sind, so kann man sie in jeder klaren Nacht des Jahres sehen. An ihnen kann man auch sehr schön die Drehung des himmlischen Uhrwerks im Laufe der Nacht verfolgen.

Die Stellungen von Großem Wagen und Himmels-W über dem Nordhorizont zum jeweiligen Monatsbeginn um 22^h MEZ findet man in einer kleinen Grafik stets auf der ersten Seite eines neuen Monatsabschnittes.

Von den Herbstbildern hält sich noch Perseus fast im Zenitbereich auf, während Andromeda und Pegasus sowie die Tierkreisbilder Widder und Fische den Westhimmel bevölkern.

Tief im Nordwesten ist noch Deneb im Schwan auszumachen. Im Südwesten findet man nur lichtschwache Sternbilder: den Walfisch und den Fluss Eridanus. Die lateinische Bezeichnung für den Walfisch lautet Cetus. Der Cetus ist jedoch weder ein Wal noch ein Fisch, sondern schlicht ein Fabelwesen, nämlich das Meeresungeheuer, das die an einen Felsen geschmiedete Andromeda verschlingen will.

Fernab irdischer Lichtquellen kann man jetzt gut das schimmernde Band der winterlichen Milchstraße bewundern. Von Südosten steigt es empor, zieht vorbei an Sirius durch die Zwillinge, Fuhrmann, Perseus und Kassiopeia und sinkt zum Nordwesthorizont hinab. Doch nur wenige Menschen finden heutzutage noch die Gelegenheit, einmal die Milchstraße mit eigenen Augen am Himmel zu sehen. Fast nirgendwo mehr in unseren Gegenden ist der Nachthimmel dunkel genug, um die Milchstraße wirklich beeindruckend zu erleben.

1.14 **Die Wintermilchstraße. Aufnahme: Stefan Binnewies.**

Wann kommt die Erde in Sonnennähe?

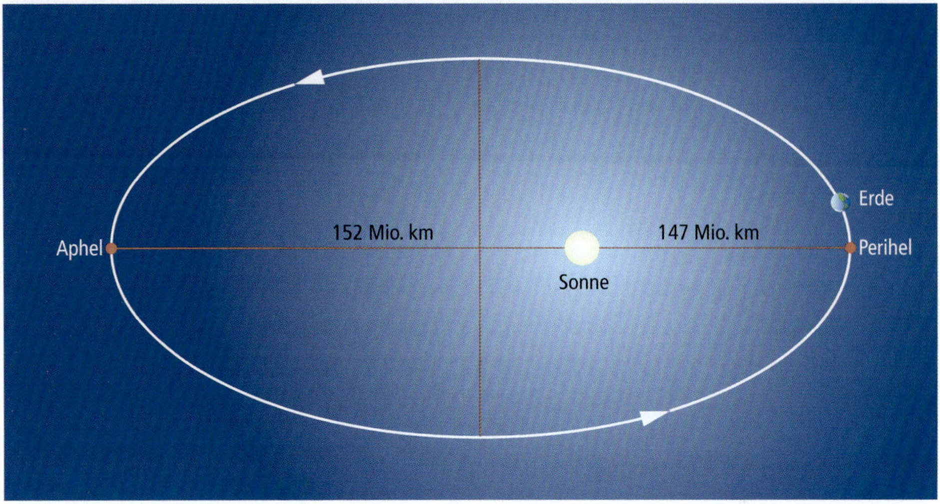

1.15 Die Bahn der Erde um die Sonne ist eine Ellipse (nicht maßstabsgetreu).

Die Erde steht nicht im Mittelpunkt des Universums. Spätestens seit Nikolaus Kopernikus (1473–1543) weiß man, die Erde und mit ihr die anderen Planeten laufen um die Sonne. Die Sonne hält mit ihrer gewaltigen Masse von $1{,}989 \times 10^{30}$ Kilogramm, also knapp zwei Quadrilliarden Tonnen – dies entspricht einer Masse von 333 000 Erdkugeln –, die Planeten in ihrem Bann. Die Schwerkraft der Sonne verhindert, dass die Planeten ins Weltall entfliehen. Kopernikus glaubte noch, die Bahnen der Planeten seien Kreise um die Sonne. Aus präzisen Messungen der Marspositionen durch Tycho Brahe (1546–1601) erkannte Johannes Kepler (1571–1630), dass Mars auf einer Ellipse um die Sonne wandert. Dies gilt auch für die anderen Planeten. Kepler formulierte das nach ihm benannte 1. Gesetz des Planetenlaufes: „Die Planeten bewegen sich auf Ellipsenbahnen um die Sonne, die in einem Brennpunkt der Ellipse steht." Danach gibt es einen sonnennächsten und einen sonnenfernsten Bahnpunkt der Ellipse. Sie werden Perihel und Aphel genannt. Die Bezeichnungen gehen auf das Griechische zurück (ὁ ἥλιος – die Sonne, περί – bei und ἀπό – weg). Die Punkte Perihel und Aphel werden Apsiden genannt. Die Verbindungslinie zwischen ihnen heißt Apsidenlinie. Sie entspricht der großen Achse der Ellipse (siehe Abb. 1.15 oben).

Anfang Januar passiert die Erde ihr Perihel, wobei sie 147 Millionen Kilometer von der Sonne entfernt ist. Anfang Juli wandert sie durch ihr Aphel. Dann trennen sie 152 Millionen Kilometer von der Sonne. Im Januar ist das Sonnenlicht acht Minuten und zehn Sekunden zur Erde unterwegs. Im Juli braucht es 17 Sekunden länger, um die Erde zu erreichen.

Die Erde läuft in 365,256 363 Tagen, das sind 365 Tage, 6 Stunden, 9 Minuten und 10 Sekunden, um die Sonne. Man sollte meinen, die Erde passiert stets am gleichen Tag im Jahr ihr Perihel und ihr Aphel. Doch dem ist nicht so. Im Jahr 2024 kommt die Erde am 3. Januar in Sonnennähe und am 5. Juli in Sonnenferne. Im Jahr 2023

1.16 Geozentrum (Erdmittelpunkt), Baryzentrum (Schwerpunkt Erde – Mond), sublunarer Punkt auf der Erdoberfläche und Mond.

war die Erde am 4. Januar im Perihel und am 6. Juli im Aphel. 2025 wird sie am 4. Januar durch ihr Perihel beziehungsweise am 3. Juli durch ihr Aphel gehen. Konzentrieren wir uns auf die Periheltermine der Erde. Für das Aphel gilt Analoges. Im Jahr 2020 war sie am 5. Januar im sonnennächsten Bahnpunkt, im Jahr 2021 lief sie hingegen schon am 2. Januar durch ihr Perihel. Die Termine der Perihelpassagen schwanken somit um einige Tage (siehe Tabelle auf Seite 47).

Veränderliche Jahreslängen

Wieso kommt die Erde jedes Jahr zu einem anderen Zeitpunkt in Sonnennähe? Zunächst einmal verschieben sich die Termine, weil alle vier Jahre ein Schaltjahr mit 366 Tagen im Kalender steht. Wenn nach 365 Tagen kalendarisch ein neues Jahr beginnt, so fehlen der Erde noch rund sechs Stunden für eine volle Umrundung der Sonne. Nach zwei Jahren hat die Erde dann schon zwölf Stunden und nach drei Jahren schließlich

1.17 Die planetarischen Hauptstörenfriede des Erdlaufes: Jupiter, Venus, Mars und Saturn. Angegeben sind die maximalen Abweichungen in heliozentrischer Länge der Erde in ihrer Bahn.

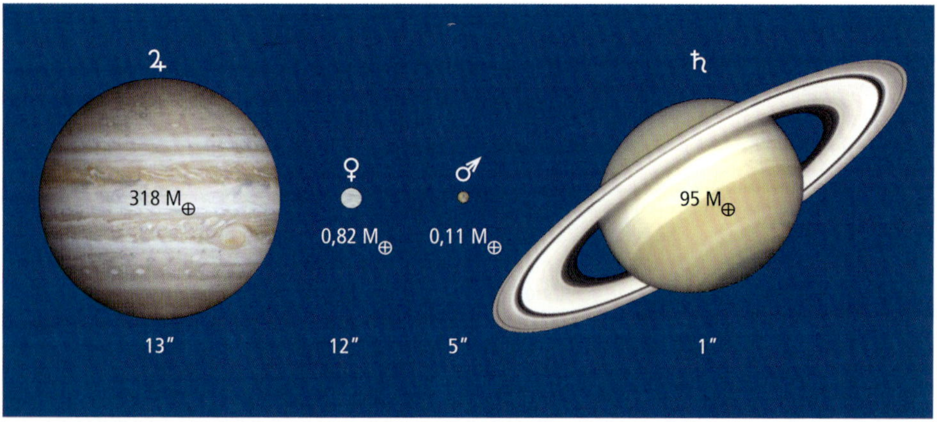

18 Stunden Verspätung. Dieses Manko wird ausgeglichen, wenn das vierte Jahr 366 Tage aufweist. Damit ergibt sich eine Jahreslänge von exakt 365,25 Tagen. Dies ist die Länge eines Julianischen Jahres, so nach der Kalenderreform von Gaius Julius Caesar benannt. Da der Frühlingspunkt der Sonne im Jahresverlauf um 50″,2 infolge der Präzession des Erdkreisels entgegenkommt, ist das tropische Jahr – die Zeit von Frühlingsbeginn bis zum nächsten – um elf Minuten und 15 Sekunden kürzer als ein Julianisches Jahr von genau 365,25 Tagen. Doch das spielt für die Frage des Periheltermins der Erde in erster Linie keine Rolle. Das siderische Jahr wiederum ist gegenüber dem Julianischen Jahr 9 Minuten und 10 Sekunden länger. Die Verschiebung des Periheltermins, also die Änderung des Datums, wann die Erde in Sonnennähe kommt, ist somit den Schaltjahren geschuldet. Allerdings ist dies noch nicht die vollständige Erklärung. Denn das Periheldatum ändert sich nicht bloß um einen Tag, sondern um mehrere Tage. Nun ist die Erde nicht der einzige Planet, der um die Sonne kurvt.

Einflüsse der Planeten

Die anderen Planeten wirken mit ihren Massen ebenfalls auf den Lauf der Erde ein. Die Himmelsmechaniker sprechen von „Störungen". Vor allem vier Planeten stören die Erde bei ihrem Lauf merkbar, nämlich Jupiter, Venus, Mars und Saturn. Jupiter wirkt am stärksten auf die Erde ein, denn er übt mit 318-facher Erdmasse die größte Störung auf die Erdbahn aus. In heliozentrischer Länge sind dies bis zu maximal 13″. Es folgt die Venus, die zwar nur knapp 82 % der Erdmasse besitzt, aber mit 38 Millionen Kilometer der Erde so nahe kommen kann wie kein anderer Planet. Ihre maximale Störung erreicht 12″. Mars mit nur 0,11 Erdmassen bewirkt maximal 5″ Abweichung. Saturn hat nach Jupiter mit 95-fachem Erdgewicht zwar die zweitgrößte Masse aller Planeten in unserem Sonnensystem,

SONNENNÄHE UND SONNENFERNE DER ERDE 2015–2030

ERDE IM PERIHEL			ERDE IM APHEL		
Datum	MEZ	Mio. km	Datum	MEZ	Mio. km
2015 Januar 4.	8^h	147,096	2015 Juli 6.	21^h	152,093
2016 Januar 3.	0^h	147,100	2016 Juli 4.	17^h	152,104
2017 Januar 4.	15^h	147,101	2017 Juli 3.	21^h	152,093
2018 Januar 3.	7^h	147,097	2018 Juli 6.	18^h	152,096
2019 Januar 3.	6^h	147,100	2019 Juli 4.	23^h	152,104
2020 Januar 5.	9^h	147,091	2020 Juli 4.	13^h	152,095
2021 Januar 2.	15^h	147,093	2021 Juli 5.	23^h	152,101
2022 Januar 4.	8^h	147,105	2022 Juli 4.	8^h	152,098
2023 Januar 4.	17^h	147,099	2023 Juli 6.	21^h	152,093
2024 Januar 3.	2^h	147,101	2024 Juli 5.	6^h	152,100
2025 Januar 4.	14^h	147,104	2025 Juli 3.	21^h	152,088
2026 Januar 3.	18^h	147,100	2026 Juli 6.	18^h	152,088
2027 Januar 3.	4^h	147,105	2027 Juli 5.	6^h	152,100
2028 Januar 5.	13^h	147,101	2028 Juli 3.	23^h	152,093
2029 Januar 2.	19^h	147,098	2029 Juli 6.	6^h	152,098
2030 Januar 3.	11^h	147,106	2030 Juli 4.	14^h	152,100

aber der Ringplanet ist schließlich doppelt so weit wie Jupiter von uns entfernt, so dass sein Einfluss auf eine Bogensekunde beschränkt bleibt. Alle Planetenstörungen zusammen können höchstens eine Änderung von 31″ in heliozentrischer Länge der Erde hervorrufen. Da die Erde rund 1° pro Tag auf ihrer Bahn zurücklegt, wandert die Erde in weniger als einer Viertelstunde 31″ ab. Die Planeten verschieben den Periheltermin also um maximal 15 Minuten.

Der Mond als Ursache

Die Hauptursache für die Schwankungen des Periheltermins um einige Tage liefert der Mond, treuer Begleiter der Erde. Denn nicht der Erdmittelpunkt (das Geozentrum) beschreibt eine Kepler-Ellipse um die Sonne, sondern der Schwerpunkt (Baryzentrum) des Systems Erde – Mond. Der Mond hat 1/81 der Erdmasse. Bei einer mittleren Entfernung von 384 401 Kilometer liegt der Schwerpunkt 1643 Kilometer unter dem sublunaren Punkt auf der Erdoberfläche (siehe Abb. 1.16). Steht jemand auf der Erde im sublunaren Punkt, so befindet sich der Mond oberhalb seines Kopfes genau im Zenit. Einmal im Monat kreisen Erde und Mond um das Baryzentrum. Dabei befindet sich die Erde einmal innerhalb der Kepler-Bahn des Baryzentrums um die Sonne, ein anderes Mal außerhalb.

In Abb. 1.18 (unten) wandert der Schwerpunkt Erde – Mond (B) auf der punktierten Linie, der Erdmittelpunkt (E) auf der ausgezogenen Linie. In der Mitte wird das Perihel erreicht. Nach Definition ist im Perihel die Distanz Erdmittelpunkt – Sonnenmittelpunkt am geringsten.

Vor dem Ersten Viertel ist das Baryzentrum der Sonne noch näher als der Erdmittelpunkt (Geozentrum). Mit fortschreitendem Mondlauf ändert sich dies. Im Perihel ist das Geozentrum der Sonne näher als das Baryzentrum, wobei die Vollmondphase erreicht wird. Im letzten Viertel ist wieder das Baryzentrum der Sonne näher als das Geozentrum.

Ferner ist noch zu berücksichtigen, dass der Sonnenmittelpunkt nicht identisch ist mit dem Schwerpunkt des Sonnensystems. Dies ist bei der Kalkulation der Periheltermine der Erde mit zu berücksichtigen.

Langfristig ändert sich auch der Periheltermin, weil die Erdbahnellipse nicht raumfest bleibt. Die Apsidenlinie dreht sich prograd. Pro Jahr rückt das Perihel um 11,″65 vor. In 111 270 Jahren vollführt die Erdbahnellipse eine volle Umdrehung im Raum bezogen auf das Inertialsystem

1.18 Die Bahnen von Erdmittelpunkt E (Geozentrum), Baryzentrum B und Mond M um die Sonne.

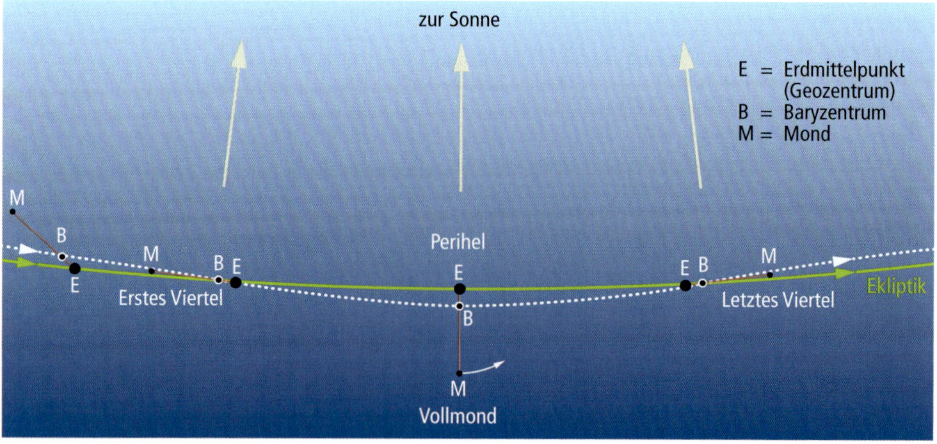

1.19 Johannes Kepler (1571–1630) formulierte die nach ihm benannten drei Gesetze der Planetenbewegung.

Wellcome Library

der Fixsternwelt. Diese Zeitspanne wird als Euklidisches Jahr bezeichnet. Da sich der Frühlingspunkt infolge der Erdpräzession pro Jahr um 50,″2 rückläufig entlang der Ekliptik bewegt, entfernen sich Perihel und Frühlingspunkt pro Jahr um rund 62″ voneinander. Jeweils nach 20934 Jahren fallen Frühlingspunkt und Erdbahnperihel wieder zusammen. Das Perihel hat dann die ekliptikale Länge 0°. Die Periode von 20934 Jahren heißt Pythagoreïsches Jahr. Nach einer halben Periode, also nach 10500 Jahren, wird dann die Sonnenferne in den Nordwinter fallen und die Sonnennähe in den Nordsommer. Dies bleibt nicht ohne Auswirkungen auf das Erdklima. Hinzu kommt, dass auch die numerische Exzentrizität der Erdbahn periodischen Änderungen unterliegt. Die Differenz von Sonnennähe und Sonnenferne der Erde beträgt zurzeit fünf Millionen Kilometer. Bei Abnahme der Exzentrizität wird die Erdbahn kreisähnlicher, die Differenz von Sonnennähe und Sonnenferne wird nur noch drei Millionen Kilometer betragen. Dann nimmt die Exzentrizität wieder zu, bis die Perihel-Aphel-Differenz 18 Millionen Kilometer betragen wird. Hinzu kommt, dass auch die Neigung der Erdachse periodischen Änderungen unterliegt. Sie schwankt von 21°55′ bis zu 24°18′ zur Senkrechten auf der Erdbahnebene. Ohne Achsenneigung gäbe es keine Jahreszeiten. Auf die Auswirkungen dieser periodischen Schwankungen der Erdbahnelemente auf das Klima hat bereits der serbische Astronom Milutin Milanković (1879–1958) hingewiesen. Dies ist nach wie vor ein lohnenswertes Betätigungsfeld für Klimaschützerinnen und Klimaschützer.

1.20 Während der Frühlingspunkt ♈ pro Jahr rückläufig 50,″2 zurücklegt, rückt das Erdbahnperihel jährlich um 11,″65 prograd vor. Nach 20954 Jahren Treffen Frühlingspunkt und Perihel wieder zusammen (Pythagoreïsches Jahr). Infolge der zusätzlichen planetaren Präzession ist das Pythagoreïsche Jahr nur 20934 Jahre lang.

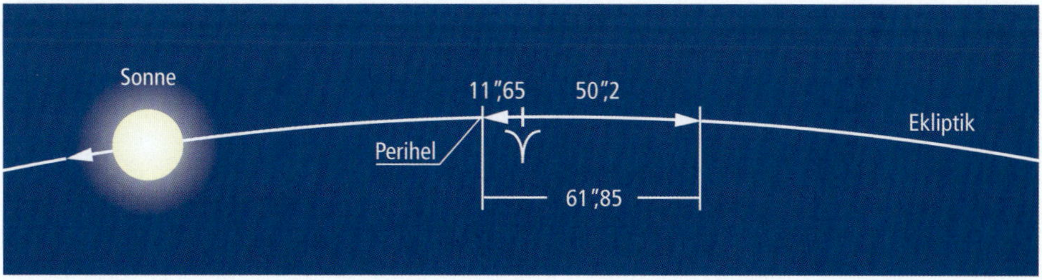

Februar 2024

- Die Venus ist weiterhin am Morgenhimmel zu sehen.
- Merkur bleibt unsichtbar.
- Mars kann sich noch nicht aus den Strahlen der Sonne befreien.
- Jupiter ist Planet der ersten Nachthälfte.
- Saturn hat sich vom Abendhimmel zurückgezogen und kommt am 28. in Konjunktion mit der Sonne.

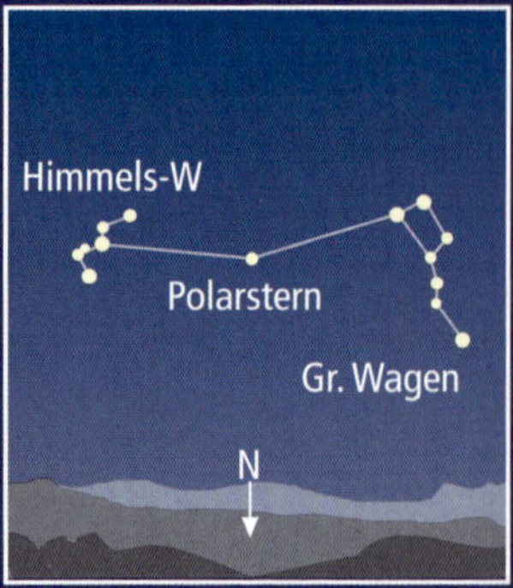

Großer Wagen und Himmels-W Anfang Februar um 22 Uhr MEZ

2.1 Anblick des abendlichen Westhimmels gegen 23h MEZ. Zu Jupiter gesellt sich am 14. Februar

1	Do	Mond bei Spica – morgens
2	Fr	
3	Sa	Letztes Viertel
4	So	
5	Mo	Mond bei Antares – morgens
6	Di	
7	Mi	
8	Do	
9	Fr	**Neumond**
10	Sa	
11	So	
12	Mo	
13	Di	
14	Mi	Aschermittwoch Mond bei Jupiter – Mitternacht
15	Do	

16	Fr	Erstes Viertel
17	Sa	
18	So	
19	Mo	
20	Di	Mond bei Pollux – Mitternacht
21	Mi	
22	Do	
23	Fr	Mond bei Regulus – Mitternacht
24	Sa	**Vollmond**
25	So	
26	Mo	
27	Di	
28	Mi	
29	Do	

SONNE – STERNBILDER

17.2. 2ʰ:
Sonne tritt in das Sternbild Wassermann

19.2. 5ʰ:
Sonne tritt in das Tierkreiszeichen Fische

Julianisches Datum am
1. Februar, 1ʰ MEZ: 2 460 341,5

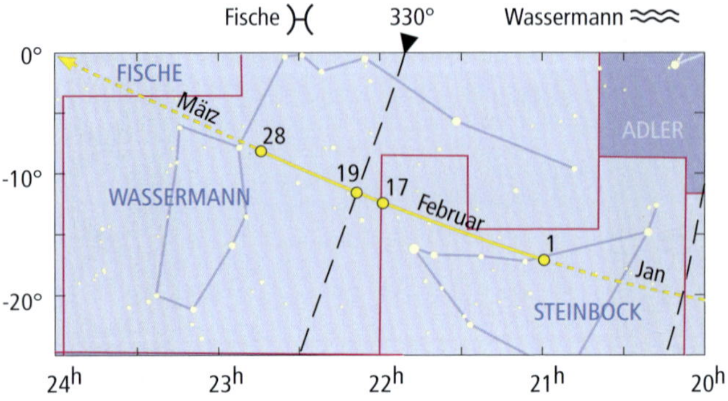

SONNENLAUF

Tag	Dämmerg. Anfang	Aufgang MEZ	Kulmination	Untergang MEZ	Dämmerg. Ende	Mittagshöhe	Zeitgleichg.	Rektaszension	Deklination
	h m	h m	h m	h m	h m	°	m	h m	°
1.	6 41	7 54	12 33	17 13	18 27	22,8	–13	20 55	–17,4
5.	6 35	7 48	12 34	17 20	18 33	24,0	–14	21 11	–16,2
10.	6 28	7 40	12 34	17 29	18 41	25,6	–14	21 31	–14,7
15.	6 20	7 32	12 34	17 37	18 49	27,2	–14	21 51	–13,0
20.	6 12	7 22	12 34	17 46	18 57	29,0	–14	22 10	–11,3
25.	6 03	7 13	12 33	17 54	19 05	30,8	–13	22 29	– 9,5
29.	5 55	7 05	12 32	18 01	19 11	32,3	–12	22 44	– 8,0

TAGES- UND NACHTSTUNDEN

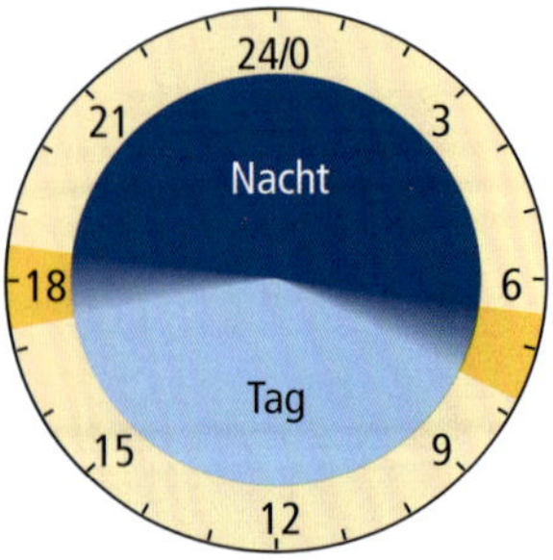

5. Februar

15. Februar

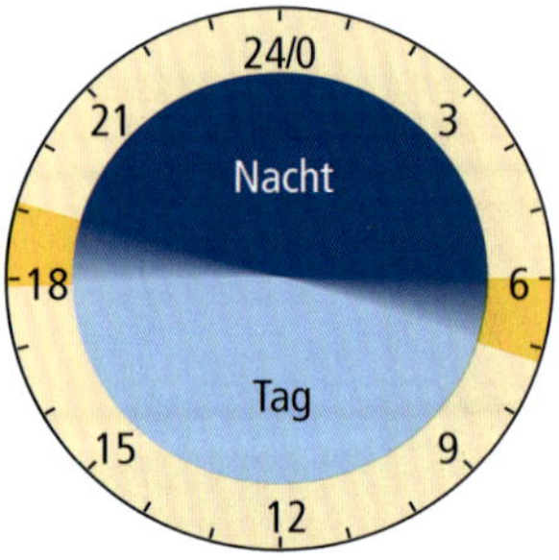

25. Februar

MONDLAUF

Datum		Aufg. MEZ	Kulmination	Unterg. MEZ	Rektaszension	Deklination		Sterne und Sternbilder	Phase	MEZ
		h m	h m	h m	h m	°				
Do	1.	–	4 56	10 16	13 11	− 7,7		Spica		
Fr	2.	0 34	5 38	10 30	13 55	−13,1		Jungfrau		
Sa	3.	1 48	6 23	10 47	14 42	−18,1		Waage	**Letztes Viertel**	**$0^h 18^m$**
So	4.	3 05	7 12	11 11	15 32	−22,4		Waage	Libration Ost	
Mo	5.	4 22	8 06	11 44	16 27	−25,8		Antares		
Di	6.	5 36	9 05	12 33	17 27	−27,8		Schlangenträger		
Mi	7.	6 38	10 08	13 41	18 30	−28,3		Kaus Borealis	Größte Südbreite	
Do	8.	7 25	11 11	15 05	19 35	−26,8		Schütze		
Fr	9.	7 59	12 12	16 37	20 38	−23,5		Steinbock	**Neumond Nr. 1251**	**$23^h 59^m$**
Sa	10.	8 23	13 10	18 10	21 39	−18,5		Steinbock	Erdnähe 358/33,′4	20^h
So	11.	8 42	14 04	19 41	22 37	−12,3	*	Wassermann		
Mo	12.	8 58	14 55	21 09	23 31	− 5,5		Wassermann		
Di	13.	9 13	15 45	22 35	0 24	+ 1,6		Fische	Aufsteigender Knoten	
Mi	14.	9 28	16 34	–	1 16	+ 8,4	*	Fische		
Do	15.	9 46	17 25	0 01	2 08	+14,7	*	Widder		
Fr	16.	10 07	18 18	1 25	3 02	+20,0	*	Widder	**Erstes Viertel**	**$16^h 01^m$**
Sa	17.	10 35	19 12	2 47	3 57	+24,2		Stier, Plejaden	Libration West	
So	18.	11 13	20 07	4 02	4 53	+27,0		Stier, Alnath		
Mo	19.	12 03	21 02	5 06	5 50	+28,3	*	Stier, Alnath		
Di	20.	13 04	21 55	5 57	6 47	+28,1		Zwillinge	Größte Nordbreite	
Mi	21.	14 14	22 45	6 34	7 42	+26,6	*	Kastor, Pollux		
Do	22.	15 26	23 32	7 01	8 34	+23,8		Krebs, Krippe		
Fr	23.	16 38	–	7 21	9 23	+20,0		Löwe		
Sa	24.	17 49	0 16	7 37	10 09	+15,4		Löwe, Regulus	**Vollmond**	**$13^h 30^m$**
So	25.	18 57	0 57	7 49	10 53	+10,3		Löwe	Erdferne 406/29,′4	16^h
Mo	26.	20 05	1 37	8 01	11 36	+ 4,8		Löwe		
Di	27.	21 13	2 15	8 12	12 18	− 0,8		Jungfrau	Absteigender Knoten	
Mi	28.	22 22	2 55	8 23	12 59	− 6,4		Spica		
Do	29.	23 34	3 35	8 36	13 43	−11,8		Spica		

DER MOND WANDERT AN POLLUX VORBEI

MERKUR eilt der Sonne nach und holt sie schließlich kurz vor Monatsende ein. Am 28. steht er in oberer Konjunktion mit der Sonne. Während des gesamten Monats bleibt der flinke Planet unbeobachtbar. Auch die enge Begegnung mit Saturn am 28. findet am Taghimmel unbeobachtbar statt.

Am 2. passiert Merkur das Aphel (sonnenfernster Punkt) seiner elliptischen Bahn. An diesem Tag trennen ihn 70 Millionen Kilometer (= 0,467 AE) von der Sonne.

VENUS ist weiterhin am Morgenhimmel vertreten, wenn auch ihre Sichtbarkeitsbedingungen deutlich ungünstiger werden. Ihr Rückzug vom Morgenhimmel kündigt sich an. Am 16. wechselt sie aus dem Sternbild Schütze in das des Steinbocks.

Die Venusaufgänge erfolgen am 1. um 6^h16^m, am 15. um 6^h24^m und am 29. um 6^h19^m. Die Venushelligkeit bleibt im Februar konstant bei $-3\overset{m}{,}9$. Die Begegnung mit Mars am 22. bleibt unbeobachtbar.

Im Fernrohr zeigt sich das Venusscheibchen klein und rundlich. Am Monatsende hat es nur noch einen scheinbaren Durchmesser von $11\overset{\prime\prime}{,}2$, wobei es zu 91 % beleuchtet ist.

KONSTELLATIONEN UND EREIGNISSE

Datum	MEZ	Ereignis
2.	18^h	Merkur im Aphel
7.	20	Mond bei Venus, Mond $5\overset{\circ}{,}4$ südlich
8.	8	Mond bei Mars, Mond $4\overset{\circ}{,}2$ südlich
8.	23	Mond bei Merkur, Mond $3\overset{\circ}{,}2$ südlich
11.	2	Mond bei Saturn, Mond $1\overset{\circ}{,}8$ südlich
12.	8	Mond bei Neptun, Mond $0\overset{\circ}{,}7$ südlich
15.	9	**Mond bei Jupiter**, Mond $3\overset{\circ}{,}2$ nördlich, **Abstand $5\overset{\circ}{,}5$ um 0^h**
16.	3	Mond bei Uranus, Mond $3\overset{\circ}{,}2$ nördlich
22.	17	Venus bei Mars, Venus $0\overset{\circ}{,}6$ nördlich
28.	10	Merkur in oberer Konjunktion mit der Sonne
28.	15	Merkur bei Saturn, Merkur $0\overset{\circ}{,}2$ südlich
28.	22	Saturn in Konjunktion mit der Sonne

MARS kann sich noch nicht aus den Strahlen der Sonne befreien. Der $1\overset{m}{,}3$ helle Planet bleibt weiterhin unsichtbar. Mars zieht seine Bahn durch das Sternbild Schütze und wechselt am 13. Februar in den Steinbock. Am 22. zieht Venus in nur 38′ nördlichem Abstand vorbei, ein Rendezvous, das unbeobachtbar bleibt. Beide Nachbarplaneten stehen zu nahe bei der Sonne, um in der schnell heller werdenden Morgendämmerung erkannt zu werden.

JUPITER beschleunigt seine rechtläufige Wanderung durch das Sternbild Widder (siehe Abb. 4.4 auf Seite 93). Er ist Planet der ersten Nachthälfte, verlegt aber seine Untergänge in die Zeit vor Mitternacht. Am 1. erfolgt der Untergang des Riesenplaneten um 1^h06^m, am 15. um 0^h20^m und am 29. schon um 23^h35^m. Die Jupiterhelligkeit sinkt leicht auf $-2^m{,}2$ ab.

Am 15. gesellt sich das Hörnchen des zunehmenden Mondes zum Riesenplaneten (siehe Abb. 2.1 auf Seite 50).

SATURN im Wassermann hat sich vom Abendhimmel zurückgezogen. Am 28. steht er in Konjunktion mit der Sonne. Allenfalls am 1. kann man den Ringplaneten noch am Abendhimmel mit einem lichtstarken Fernglas aufspüren. Der $1^m{,}0$ helle Ringplanet geht am 1. um 19^h22^m unter.

Die enge Begegnung mit Merkur am 28. kann nicht beobachtet werden. Zur Konjunktion ist Saturn 1602 Millionen Kilometer (= 10,71 AE) von der Erde entfernt. Von der Sonne trennen ihn 1453 Millionen Kilometer (= 9,71 AE).

URANUS hat Ende des Vormonats seine Oppositionsperiode beendet und wurde wieder rechtläufig. Zunächst scheint er sich kaum zu bewegen.

Nach Einbruch der Dunkelheit kann der grünliche Planet in den Abendstunden aufgefunden werden. Er hält sich im Sternbild Widder auf. Die Aufsuchkarte Abb. 11.6 auf Seite 235 soll helfen, den lichtschwachen Planeten mit einem Fernglas oder Teleskop aufzufinden. Wenn es dunkel genug ist, um Uranus mit guter Optik zu erkennen, hält er sich bereits in bester Beobachtungsposition in Meridiannähe auf. In 50° nördlicher Breite erreicht er eine Kulminationshöhe von gut 57°.

JUPITERMONDE

Tag	MEZ		Vorgang	
	h	m		
1.	17	54	I	DE
	19	13	I	SE
2.	19	56	II	VE
4.	19	29	III	SA
	21	06	III	SE
6.	23	11	I	DA
7.	20	23	I	BA
	22	41	II	DA
	23	52	I	VE
8.	19	00	I	SA
	19	51	I	DE
	21	09	I	SE
9.	18	21	I	VE
	19	55	II	BE
	20	13	II	VA
	22	35	II	VE
11.	18	02	III	DA
	20	02	III	DE
	23	31	III	SA
14.	22	20	I	BA
15.	19	39	I	DA
	20	56	I	SA
	21	49	I	DE
	23	05	I	SE
16.	20	13	II	BA
	20	17	I	VE
	22	38	II	BE
	22	51	II	VA
18.	19	32	II	SE
	22	14	III	DA
22.	18	58	III	VE
	21	38	I	DA
	22	52	I	SA
23.	18	48	I	BA
	22	12	I	VE
	22	58	II	BA
24.	19	30	I	SE
25.	19	47	II	DE
	19	48	II	SA
	22	08	II	SE
29.	21	20	III	VA
	23	00	III	VE

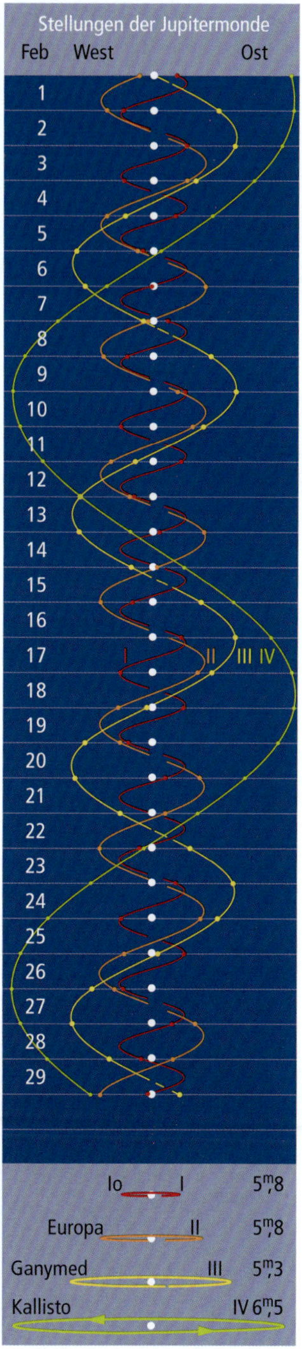

Am 1. erfolgt der Uranusuntergang um $2^{h}14^{m}$, am 15. um $1^{h}20^{m}$ und am 29. um $0^{h}27^{m}$. Der inzwischen mit $5\overset{m}{,}8$ Helligkeit um $0\overset{m}{,}1$ schwächer gewordene grünliche Planet geht am 1. um $18^{h}41^{m}$ durch den Meridian, am 29. aber schon um $16^{h}53^{m}$.

Im Teleskop zeigt der siebte Planet ein kleines, grünliches Scheibchen von nur $3\overset{''}{,}5$ scheinbarem Durchmesser, auf dem keinerlei Details zu erkennen sind.

Auf seiner monatlichen Runde durch den Tierkreis passiert die zunehmende Mondsichel am 16. Uranus rund $3\overset{\circ}{,}2$ nördlich (siehe Abb. 2.2 rechts).

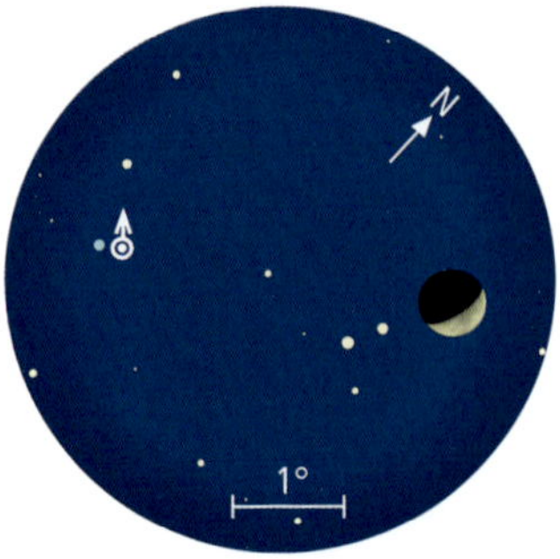

2.2 Die zunehmende Mondsichel zieht am 16. Februar an Uranus vorbei. Fernglasanblick gegen 23^{h} MEZ am 15. Februar.

NEPTUN kann nicht mehr am Abendhimmel aufgesucht werden. Der sonnenfernste und inzwischen nur mehr $8\overset{m}{,}0$ lichtschwache Planet geht am 1. um $21^{h}11^{m}$ unter, am 15. um $20^{h}18^{m}$ und am 29. bereits um $19^{h}26^{m}$. Der bläuliche Planet beschleunigt seine rechtläufige Wanderung durch die Fische ein wenig (siehe Abb. 9.6 auf Seite 196). Allenfalls Spezialisten, gut ausgerüstet mit lichtstarker Optik, mögen Neptun zu Monatsbeginn noch auffinden. Am 1. kulminiert der gerade noch $7\overset{m}{,}9$ helle Planet um $15^{h}21^{m}$.

PLANETOIDEN UND ZWERGPLANETEN

JUNO (3), rückläufig im Sternbild Löwe, beschleunigt ihren Lauf nach Nordwesten (siehe Abb. 3.5 auf Seite 75). Sie strebt ihrer Opposition zur Sonne entgegen, die sie Anfang März erreicht. Die nahende Opposition macht sich auch an ihrer zunehmenden Helligkeit bemerkbar. Sie steigert sich von $9\overset{m}{,}2$ auf $8\overset{m}{,}8$. Am 1. geht Juno um $20^{h}50^{m}$ auf und kulminiert um $2^{h}55^{m}$. Am 15. erfolgt ihr Meridiandurchgang um $1^{h}52^{m}$ und am 29. bereits um $0^{h}46^{m}$. Ende Februar geht Juno schon um $18^{h}21^{m}$ auf. Die geringste Entfernung von der Erde mit 251 Millionen Kilometer (= 1,68 AE) erreicht Juno schon am 24. Februar.

VESTA (4) verzögert ihren rückwärts erfolgenden Lauf durch den Stier. Am 8. wird sie stationär und dann wieder rechtläufig (siehe Abb. 2.3 unten). Damit beendet sie ihre Oppositionsperiode, was auch an ihrer um eine halbe Größenklasse sinkenden Helligkeit deutlich wird. Sie be-

2.3 Scheinbare Bahn des Kleinplaneten (4) Vesta im Gebiet der Sternbilder Stier und Zwillinge. Die Zahlen geben die Positionen von Vesta zum jeweiligen Monatsersten an (2 = 1. Februar).

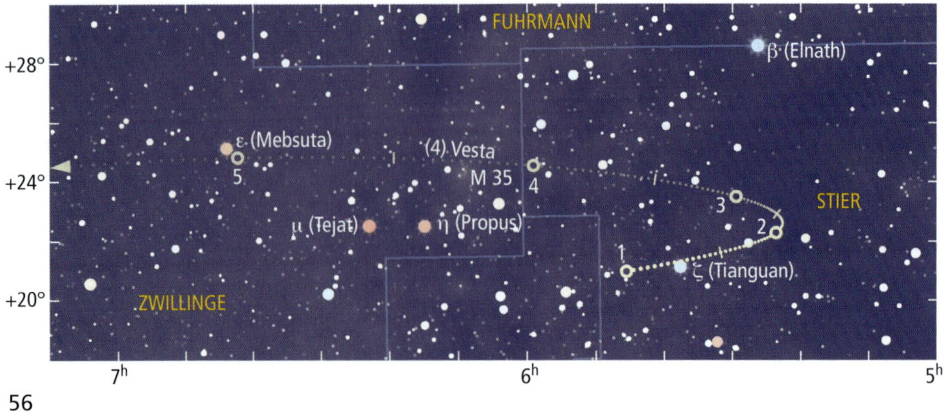

trägt Ende Februar nur noch 7$^{m}_{,}$7. Am 1. passiert Vesta schon um 20^{h}59^{m} den Meridian und geht um 5^{h}03^{m} unter. Sie kulminiert am 15. um 20^{h}04^{m} und am 29. bereits um 19^{h}15^{m}. Am Monatsletzten erfolgt ihr Untergang um 3^{h}26^{m}.

PERIODISCHE STERNSCHNUPPENSTRÖME

Im Februar sind die wenigsten Meteorströme zu erwarten. Allerdings sind im Februar schon recht helle Feuerkugeln oder Boliden gesichtet worden. Dazu gehört nicht nur der Superbolid vom 15. Februar 2013 mit teils verheerenden Folgen im Raum Tscheljabinsk. Auch 2023 gab es an drei aufeinanderfolgenden Tagen (13., 14. und 15.2.) sehr helle Feuerkugeln mit Meteoritenfällen in Frankreich, Italien und Texas (siehe auch *Kosmos Himmelsjahr 2014*, Seite 152).

Der **ANTIHELION**-Radiant verlagert sich weiter entlang der Ekliptik und erreicht zum Monatsende das Sternbild Jungfrau und damit geringere Höhen über dem Horizont. Bisher haben allerdings systematische Auswertungen keine weiteren Ströme im Februar erkennen lassen.

Die in den 1980er-Jahren in der ersten Monatshälfte beobachteten Aurigiden sind gegenwärtig offensichtlich inaktiv.

Das trifft auch auf Meteore aus dem Bereich der Sternbilder Kopf der Schlange und Waage am Monatsende zu, die sich derzeit nicht bestätigen lassen.

Seit einigen Jahren traten langsame Meteore (23 km/s) aus dem Bereich um Zosma (δ Leonis) auf, von denen es aber keine aktuellen Beobachtungen gibt.

Der Fixsternhimmel

Das Wintersechseck mit Kapella, Aldebaran, Rigel, Sirius, Prokyon und Pollux hat sich merkbar nach Westen verschoben. Zur Standardbeobachtungszeit, nämlich gegen 23^{h} zu Monatsbeginn beziehungsweise 22^{h} zur Monatsmitte, hat der Himmelsjäger Orion den Meridian bereits überschritten. Sirius zieht im Süden die Blicke auf sich. Auch die Zwillinge kulminieren eben.

Das Himmels-W sinkt langsam im Nordwesten herunter, während sich der Große Wagen im Nordosten immer höher schiebt. Fast senkrecht über unseren Köpfen leuchtet die gelbliche Kapella im Fuhrmann, der nördlichste Stern erster Größenklasse.

Hoch im Westen steht der Stier mit dem orange-roten Aldebaran und den beiden offenen Sternhaufen der Plejaden und Hyaden. Zwischen beiden Sternhaufen verläuft die scheinbare Sonnenbahn, die Ekliptik. Deshalb bezeichnet man die Region zwischen diesen beiden Sternhaufen auch als „Goldenes Tor der Ekliptik“.

Im Westen erinnern noch Perseus und tiefer Andromeda an vergangene Herbsttage. Die übrigen Herbstbilder sind unter dem Horizont verschwunden oder gerade im Untergang begriffen wie Pegasus, Fische und Walfisch.

Im Südosten ist der Löwe auf der Himmelsbühne erschienen. Er kündigt die kommende Jahreszeit an. Der Löwe ist das Leitsternbild des Frühlingshimmels. Sein hellster Stern wurde von Nikolaus Kopernikus „Regulus“ getauft, was so viel wie „Kleiner König“ heißt. Doch schon die alten Babylonier sahen im Löwenhauptstern einen König.

Hoch im Süden wandern gerade die Zwillinge durch den Meridian. Zwei Sternenketten stellen das ungleiche Brüderpaar Kastor und Pollux dar. So heißen auch die beiden hellsten und östlichsten Sterne der Ketten. Der griechischen Mythologie nach war Pollux unsterblich, Kastor wurde als Sterblicher jedoch einst im Kampf getötet. Da die nördlichsten Abschnitte der Ekliptik durch die Zwillinge verlaufen, so gehören sie wie Krebs und Löwe zum Tierkreis.

Der Krebs liegt zwischen den Zwillingen im Meridian und dem Löwen halbhoch über dem Osthorizont. Da sich keine hellen Sterne im Krebs finden, fällt er kaum auf. Zwar ist er dem Namen nach gut bekannt, da er ebenfalls ein Tierkreissternbild

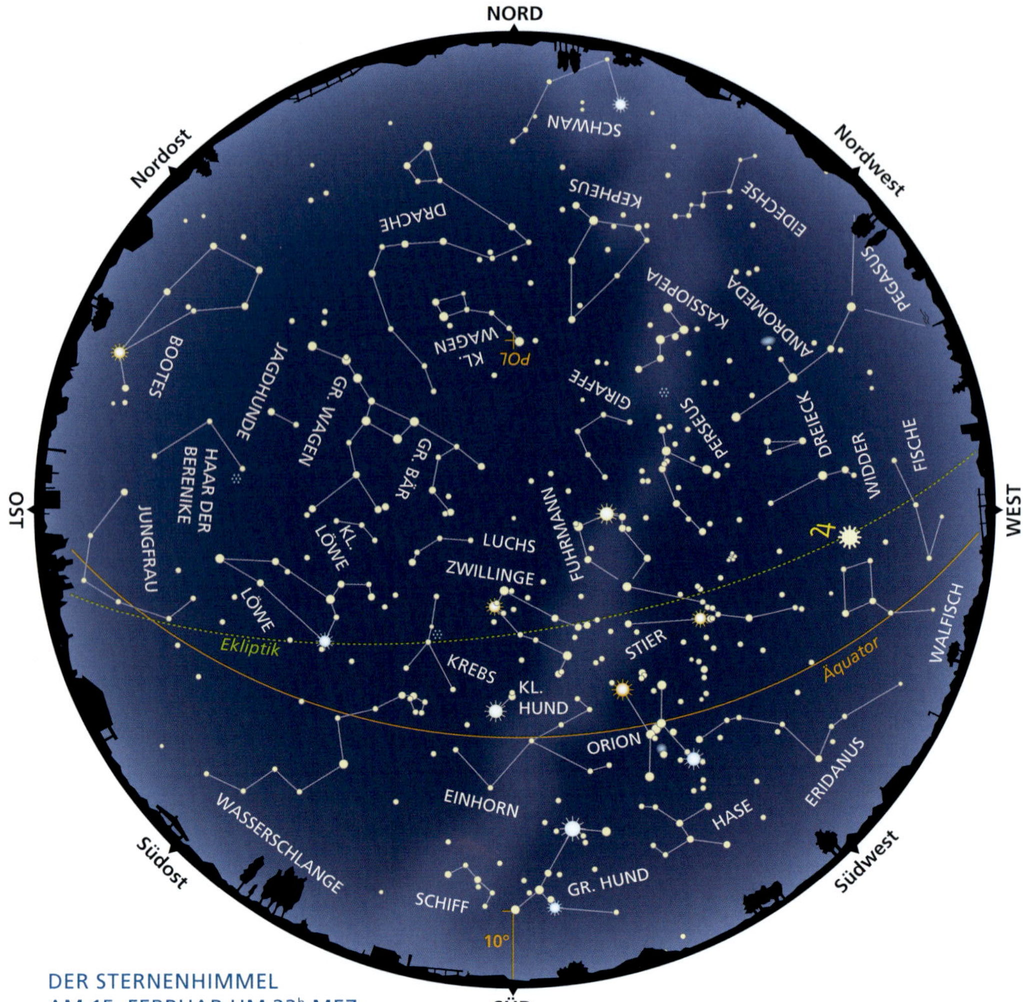

DER STERNENHIMMEL
AM 15. FEBRUAR UM 22^h MEZ

Die Sternkarte ist auch gültig für:

	MEZ	MESZ
1.11.	5^h	
15.11.	4	
1.12.	3	
15.12.	2	
1. 1.	1	
15. 1.	0	
1. 2.	**23**	
15. 2.	**22**	
28. 2.	**21**	
15. 3.	20	

ist, aber am Firmament findet man ihn nur unter sehr guten Sichtbedingungen, nicht aber in unseren licht- und schmutzverseuchten Dunstglocken über unseren Städten und Siedlungen.

Auch der offene Sternhaufen Praesepe (lat., die Krippe) liegt im Krebs und ist ein wunderschönes Fernglasobjekt. Die Katalogbezeichnung der Krippe lautet: M 44. Das M steht für Messier, den französischen Kometenjäger, der die auffälligsten Sternhaufen und Nebel in einem Katalog zusammengefasst hat.

Ein wenig bekanntes Sternbild ist die Wasserschlange, deren Kopf etwas südlich vom Krebs liegt und die sich nach Südosten hinunterschlängelt. Hydra ist die lateinische Bezeichnung für die weibliche Wasserschlange.

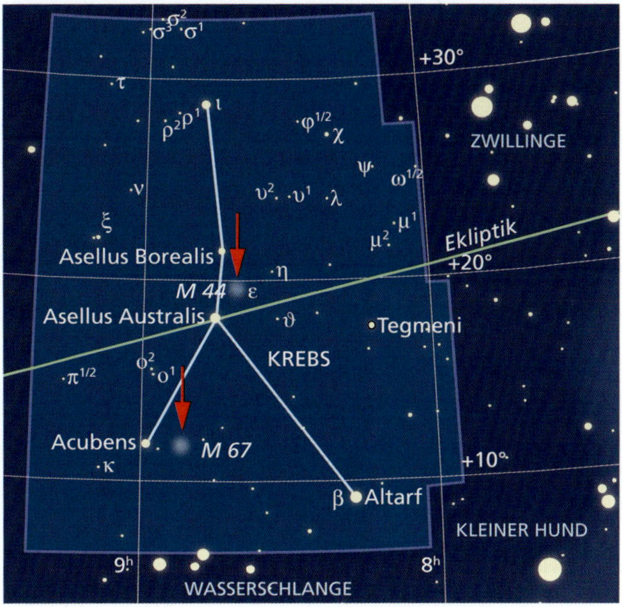

2.4 Skelettkarte des Sternbildes Krebs. Eingetragen sind die Positionen der offenen Sternhaufen M 44 und M 67.

Tief am Südhimmel, nahe dem Himmelssüdpol, gibt es das Sternbild Hydrus, die männliche oder kleine Wasserschlange.

Vergleichsweise auffallend ist der Hauptstern der Wasserschlange, Alphard oder α Hydrae genannt. Alphard steht in einer sonst an helleren Sternen armen Gegend und ist deshalb leicht zu identifizieren. Alphard markiert das Herz der Wasserschlange und ist $2^{m}{,}0$ hell. Die Wasserschlange ist das ausgedehnteste Sternbild am Himmel. Es zieht sich rund sieben Rektaszensionsstunden in Äquatornähe am Firmament entlang. Der Kopf der Wasserschlange liegt noch nördlich des Himmelsäquators und südwestlich von Regulus im Löwen. Außer Alphard sind alle übrigen Sterne der Wasserschlange schwächer als 3. Größenklasse. Südlich von Alphard knickt die Wasserschlange in Richtung Osten ab und zieht sich südlich von Becher, Rabe und Jungfrau bis zu ihrem Schwanz, der zwischen den Sternbildern Waage und Zentaur liegt.

OBJEKTE FÜR FELDSTECHER UND FERNROHR

Die beiden offenen Sternhaufen Hyaden und Plejaden im Stier gehören zu den prominenten Himmelsobjekten, die im Fernglas einen grandiosen Eindruck hervorrufen und auch Besucher einer Sternwarte immer wieder begeistern. Die Plejaden (M 45) erscheinen dichter gedrängt. Mit rund 440 Lichtjahren sind sie auch dreimal weiter entfernt als die Hyaden mit 150 Lichtjahren Distanz. Mitten in den Hyaden steht der orange Aldebaran (α Tauri). Er zählt aber nicht zu diesem Sternhaufen, sondern ist mit 67 Lichtjahren ein Vordergrundstern. Schon ein Fernglas trennt den Doppelstern $\vartheta_{1,2}$ Tauri in den Hyaden. Im Teleskop löst man den Zentralstern der Plejaden, die Alcyone, in vier einzelne Lichtpunkte auf.

Auch M 44, die Krippe im Sternbild Krebs, zählt zu den Juwelen am Winterhimmel. Mit bloßen Augen als mattes, aber deutliches Lichtfleckchen sichtbar, entpuppt sich M 44 im Fernglas als prächtiger offener Sternhaufen. Im Gesichtsfeld wimmelt es nur so von Sternen. Die Amerikaner nennen diesen Sternhaufen Beehive, der Bienenstock, weil sie den Eindruck haben, Sterne wie schwirrende Bienen zu sehen. Die lateinische Bezeichnung für Krippe lautet Praesepe. Die rund 300 Sterne des Haufens sind 600 Lichtjahre von uns entfernt. Im Fernglas sieht man aber nur die 50 hellsten Sonnen von M 44. Der hellste Einzelstern im Haufen ist ε Cancri mit $6^{m}{,}3$, ein weißer Stern (Spektraltyp A2).

Außer der Krippe im Krebs ist auch der Sternhaufen M 67 im Krebs ein beeindruckendes Objekt. M 67 liegt knapp 2° westlich von Acubens (α Cancri). In einem Teleskop ab 20 cm Öffnung

2.5 Der Große Orionnebel (M 42), eine Gas- und Staubwolke in 1400 Lichtjahren Entfernung. Er ist ein Sternentstehungsnest. Aufnahme Martin Gertz/Sternwarte Welzheim.

sieht man mehr als 200 einzelne Sterne, die relativ dicht gedrängt stehen. Im Fernglas hat man daher den Eindruck eines Nebelfleckchens von etwa 20′ Ausdehnung. Im Fernrohr lässt sich dieser Haufen gut auflösen. Seine Entfernung wurde aus dem Farben-Helligkeits-Diagramm (FHD) zu rund 2700 Lichtjahren bestimmt. Mit einem Alter von rund vier Milliarden Jahren zählt M 67 zu den ältesten offenen Sternhaufen.

Als weiterer offener Sternhaufen sei Caroline's Cluster (NGC 2360) empfohlen. Er liegt etwa 8° östlich von Sirius und $3\overset{\circ}{,}2$ östlich von Muliphein (γ CMa) im Großen Hund (siehe Sternkarte E8 im *Atlas für Himmelsbeobachter* von Erich Karkoschka). Im Fernglas erscheint er als Nebelfleck mit 12′ Ausdehnung. Erst im Fernrohr sind einzelne Sterne auszumachen. Man zählt etwa 80 Sterne, alle knapp 10^{m} und lichtschwächer. Der Haufen erscheint ziemlich kompakt und im Zentrum etwas länglich. Koordinaten: $\alpha = 07^{\mathrm{h}}17^{\mathrm{m}}44^{\mathrm{s}}$, $\delta = -15°38'30''$ (J2000.0). Die Entfernung wurde zu 3400 Lichtjahren bestimmt. Das Alter des Haufens wird auf zwei Milliarden Jahre geschätzt. Entdeckt wurde NGC 2360 von Caroline Herschel im Februar 1783.

Doppelsternbeobachter prüfen ihre Augen zunächst an Mizar und Alkor im Großen Wagen. Mizar ist der mittlere Deichselstern (ζ UMa). Halbwegs gute Augen sollten knapp neben Mizar ein Sternchen vierter Größe erkennen. Seine Distanz von Mizar beträgt knapp zwölf Bogenminuten. Der Begleiter heißt Alkor oder das Reiterlein. Alkor und Mizar sind ein sogenanntes optisches Paar, sie stehen nur zufällig in gleicher Richtung, sind aber nicht durch ihre Schwerkraft aneinandergefesselt. Mizar ist 78 Lichtjahre, Alkor hingegen 81 Lichtjahre von uns entfernt. Neuerdings wird vermutet, dass auch Mizar 81 Lichtjahre entfernt ist.

Bereits in einem kleinen Teleskop ab 5 cm Objektivöffnung gelingt es, Mizar als echten Doppelstern zu trennen. Zwei weiße, $2\overset{\mathrm{m}}{,}2$ und $3\overset{\mathrm{m}}{,}9$ helle Sterne stehen in 14″ Distanz voneinander. Inzwischen weiß man, dass sowohl beide Mizarsonnen als auch Alkor spektroskopische Doppelsterne sind. Man beobachtet hier also sechs Sonnen, sehen kann man aber lediglich drei Lichtpunkte.

Als Doppelstern sei auch Kastor in den Zwillingen (α Geminorum) empfohlen. Zwei weiße Sonnen (A2) mit $1\overset{\mathrm{m}}{,}9$ und $2\overset{\mathrm{m}}{,}9$ Helligkeit sind zurzeit $5\overset{''}{,}6$ voneinander getrennt. Sie umkreisen einander in 470 Jahren. Kastor ist 51 Lichtjahre entfernt. Tatsächlich ist Kastor jedoch ein Sechsfachstern.

VERÄNDERLICHE STERNE

Algol-Minima		β-Lyrae-Minima		δ-Cepheï-Maxima		Mira-Helligkeit	
1.	$21^{\mathrm{h}}06^{\mathrm{m}}$	6.	14^{h} N	1.	6^{h}	1.	9^{m}
4.	17 56	13.	1 H	6.	15	10.	9
19.	2 01	19.	13 N	11.	23	20.	9
21.	22 53	26.	0 H	17.	8	29.	9
24.	19 41			22.	17		
				28.	2		

Als Galaxie sei M 51 genannt, Paradebeispiel für einen Spiralnebel, auf den man fast senkrecht sieht. M 51 liegt in den Jagdhunden und gilt als einer der schönsten Spiralnebel, die häufig abgebildet und gerne bei Sternführungen gezeigt werden. Lord Rosse hat als Erster die Spiralform von M 51 erkannt. Wegen ihres Aussehens nennt man diese Galaxie auch „Strudelgalaxie" (engl.: Whirlpool Galaxy). Um die Spiralform deutlich zu erkennen, sollte man ein Teleskop mit mindestens 25 cm freier Öffnung (Zehnzöller) einsetzen. Am Ende eines Spiralarms zeigt sich eine Aufhellung, die von der Begleitgalaxie NGC 5195 stammt. Die mehr als 300 Milliarden Sterne von M 51 sind 25 Millionen Lichtjahre von uns entfernt.

Erfahrene Beobachter mögen einmal nach der Galaxie NGC 2357 in den Zwillingen Ausschau halten. Man findet sie ein wenig nord-nordwestlich von δ Geminorum. Man sieht sie von der Kante her als nadel- oder spindelförmiges Gebilde mit 2′ Längsausdehnung und einer Helligkeit von $13{,}^{\mathrm{m}}7$. Um NGC 2357 zu erkennen, sollte man ein Teleskop von mindestens 25 cm Öffnung bei einer Vergrößerung von 200- bis 300-fach einsetzen. Koordinaten: $\alpha = 07^{\mathrm{h}}17^{\mathrm{m}}41{,}0^{\mathrm{s}}$, $\delta = +23°21'24''$ (J2000.0).

Im Jahr 2010 fand ein Supernova-Ausbruch ($15{,}^{\mathrm{m}}3$) statt. Ein weiterer wurde 2015 in dieser Galaxie beobachtet (maximale Helligkeit: $14{,}^{\mathrm{m}}0$).

2.6 Sternkarte des Sternbildes Großer Hund (Canis Maioris). Eingetragen ist die Position des offenen Sternhaufens NGC 2360.

2.7 Lage der Strudelgalaxie M 51 im Sternbild Jagdhunde.

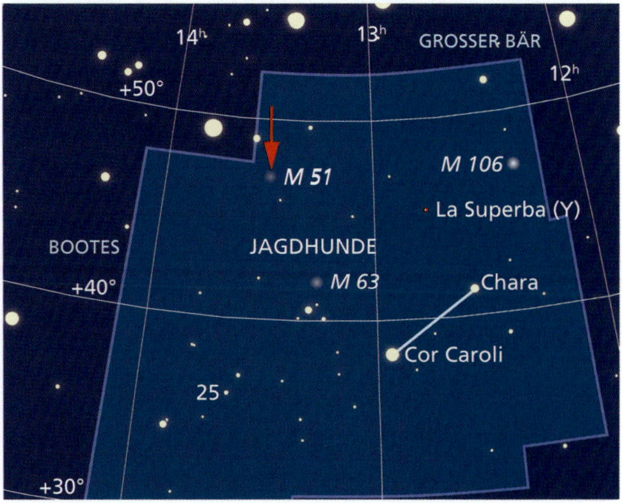

Die sieben Schwestern und der Stier

Zu den bekanntesten und ältesten Sternbildern zählt der Stier. Anfang Dezember erreicht der Stier um Mitternacht seine höchste Position im Süden. Anfang Februar erklimmt er bereits um 20 Uhr Ortszeit den Gipfel seiner täglichen Reise über das Firmament. Der Astronom sagt: Er kulminiert um 20 Uhr.

Der Stier ist nicht nur ein leicht erkennbares Wintersternbild, dessen Hauptstern Aldebaran einen Eckpunkt des Wintersechsecks bildet (siehe Abb. 1.12 auf Seite 43). Auch wegen seiner Zugehörigkeit zum Tierkreis ist er weithin in der Bevölkerung bekannt – auch denjenigen, die ihn noch nie mit eigenen Augen am Nachthimmel gesehen haben. Zum Tierkreis gehören jene dreizehn Sternbilder, durch die die Sonne im Laufe eines Jahres wandert. Auch Mond und Planeten laufen durch den Tierkreis.

Der lateinische Name lautet Taurus (Genitiv: Tauri). So wird Aldebaran auch als α Tauri bezeichnet. Die internationale Abkürzung lautet: Tau.

Der Stier gilt als Symbol der Fruchtbarkeit, des Lichtes und des aufstrebenden Lebens. Denn von 4500 bis 1700 vor Chr. lag der Frühlingspunkt im Sternbild Stier. Infolge der Präzession der Erde erreicht in heutiger Zeit die Sonne ihren Jahreshöchststand im Stier. Der Sommerpunkt liegt inzwischen im Stier knapp an der Grenze zum Sternbild Zwillinge, während der Frühlingspunkt sich gegenwärtig im Sternbild Fische befindet.

Sowohl für Einsteiger in die beobachtende Himmelskunde als auch für „alte Hasen" finden sich im Stier zwei prächtige Fernglasobjekte, nämlich die beiden offenen Sternhaufen Plejaden und Hyaden, auch Siebengestirn und Regengestirn genannt. Schon mit bloßen Augen sind sie leicht zu erkennen. Zwischen beiden Haufen

2.8 Aufnahme des Sternbildes Stier mit den offenen Sternhaufen Plejaden und Hyaden von Stefan Seip.

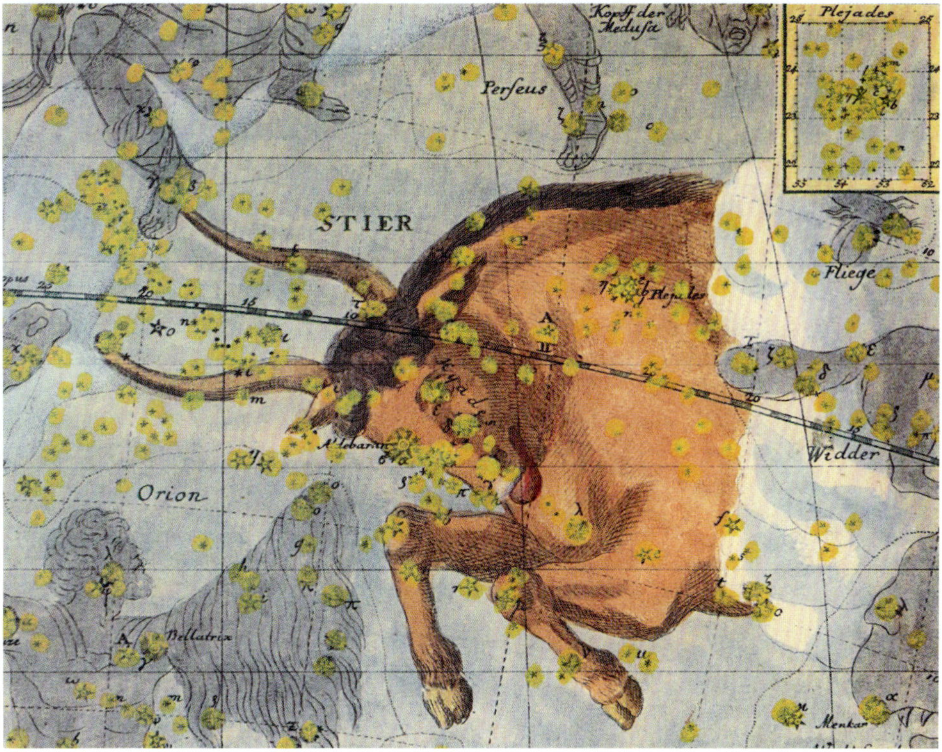

2.9 Das Sternbild Stier in einer figürlichen Darstellung im Sternatlas von Johann Elert Bode aus dem Jahre 1782.

verläuft die scheinbare Sonnenbahn, die Ekliptik. Plejaden und Hyaden bilden das „Goldene Tor der Ekliptik", das Sonne, Mond und Planeten passieren. Die Sonne läuft vom 14. Mai bis 21. Juni durch das Sternbild Stier.

Wer einen Blick zu den Plejaden wirft, kann schon mit freien Augen sechs Sterne sehen. Manche meinen dann, dies sei der Kleine Wagen. Doch so klein ist dieser wiederum nicht. Man merke sich: Der Kleine Wagen hängt mit der Deichsel am Polarstern, ist also stets hoch im Norden zu sehen.

Bei besonders guten Sichtbedingungen – klare Luft, keine Störung durch helles Mondlicht oder irdische Beleuchtung – kann man neun Plejadensterne freiäugig sehen. Weshalb nennt man diesen Sternhaufen dann „Siebengestirn"?

Dies ist der Mythologie geschuldet. Die Plejadensterne stellen die sieben Töchter des Titanen Atlas und seiner Gemahlin Pleione, einer Meeresnymphe, dar. Die sieben Schwestern heißen: Alcyone, Asterope, Electra, Celaeno, Maia, Merope und Taygeta. Sechs Schwestern sind stets zu sehen, doch Asterope zeigt sich nur, wenn auch die Eltern dabei sind.

Die sieben Plejadenschwestern galten als Nymphen, die jungfräuliche Dienerinnen der Mondgöttin Artemis waren. Doch die Jungfräulichkeit hielt nicht allzu lange. Alle hatten ihre Affären mit Göttern. Nur Merope ließ sich mit Sisyphos ein, einem Sterblichen.

Der Himmelsjäger Orion stellte sieben Jahre lang Pleione nach, der Mutter der sieben Schwestern. Schließlich wandte er sich den Töchtern zu.

2.10 Karte des Sternbildes Stier

Zu deren Schutz verwandelte Zeus die Plejadentöchter in Tauben, die täglich dem Götterboten die Götterspeise Ambrosia bringen mussten. Zu ihrer Sicherheit wurden die sieben Schwestern unter die Sterne versetzt. Doch auch Orion wurde an das gestirnte Firmament verbracht, wo er den sieben Plejaden weiterhin nachstellt – sie aber nie im täglichen Himmelsreigen erreichen kann. Vergeblich verfolgt Orion die sieben Schwestern auch heute noch, wie sich jeder beim Blick zum Sternenhimmel überzeugen kann. Bei vielen Völkern gibt es Sagen zu den Plejaden. In manchen Kulturen galten sie als eigenes Sternbild.

Im Japanischen heißen die Plejaden Subaru. So ist auch das 8,4-m-Teleskop der Japaner benannt, das auf dem Mauna Kea auf Big Island (Hawaii) steht. Auch eine japanische Automarke wurde nach den Plejaden „Subaru" benannt.

Aktuelle Entfernungsbestimmung

Im Fernglas sind Dutzende Plejadensterne zu erkennen. Bis zur 17. Größenklasse sind es mehr als 400 Sonnen. Nach Beobachtungen des Astrometriesatelliten Gaia gehören mehr als tausend Sonnen zum Plejadensternhaufen, der die Messier-Nummer 45 trägt.

Die mittlere Entfernung liegt bei 440 Lichtjahren. Eine Zeitlang hatte man eine Entfernung von 390 Lichtjahren favorisiert, wobei Daten des Hipparcos-Astrometriesatelliten herangezogen wurden. Nach neuesten Beobachtungen von Gaia sind 440 Lichtjahre für die mittlere Entfernung der beste Wert. Die hellen Plejadensterne sind junge, heiße Sterne vom Spektraltyp B. Der scheinbare Durchmesser des Plejadenhaufens liegt bei 2°, dies entspricht vier Vollmonddurchmessern. Die Plejaden sind ein junger Sternhaufen. Die ursprüngliche Altersangabe von 60 bis 70 Millionen Jahren musste korrigiert werden. Die neuen Altersbestimmungen ergeben einen Wert von 100 Millionen Jahren. Eventuell sind die Plejadensterne sogar vor 120 Millionen Jahren aus interstellaren Gas- und Staubwolken entstanden. Dies ist immer noch sehr jung im Vergleich zu unserer Sonne mit einem Alter von fast fünf Milliarden Jahren. Die Radialgeschwindigkeit von M 45 wurde zu +5,4 Kilometer pro Sekunde bestimmt.

Nach Trümpler sind die Plejaden klassifiziert als II 3 r (zur Trümpler-Klassifikation siehe *Kompendium der Astronomie* von H.-U. Keller, 6. Auflage, Seite 350).

Der mit $2^{\mathrm{m}}{,}8$ hellste Plejadenstern Alcyone (η Tauri) ist ein Vierfachstern und sitzt fast im Zentrum des Sternhaufens. Stern Pleione (28 Tauri, auch BU Tau) ist ein eruptiv Variabler, dessen Helligkeitsänderungen von $4^{\mathrm{m}}{,}8$ bis $5^{\mathrm{m}}{,}5$ unregelmäßig erfolgen.

Je nach Lage der Mondbahn kommt es zu Bedeckungen von Plejadensternen durch den Mond. Dies erfolgt in den nächsten vier Jahren jeden Monat, was ab und zu auch von Mitteleuropa aus beobachtbar ist (siehe auch Seite 290).

Bei sehr guten Sichtbedingungen und auf Aufnahmen sieht man bläuliche Nebelschwaden vor allem um den Stern Merope. Es handelt sich um einen Reflexionsnebel. Staubwolken reflektieren das blaue Licht der heißen, leuchtkräftigen und hellsten Plejadensterne. Man könnte meinen, dies sei der Rest der interstellaren Materie, aus der einst die Plejadensterne entstanden sind. Doch dem ist nicht so.

Die Staubwolken ziehen rein zufällig mit einer Geschwindigkeit von elf Kilometer pro Sekunde an den Plejadensternen vorbei. Von Merope sind die dichtesten Nebelgebiete 0,06 Lichtjahre, dies sind 568 Milliarden Kilometer, entfernt.

Das Regengestirn

Die Hyaden sind die sieben Halbschwestern der Plejaden. Ihr gemeinsamer Vater ist der Titan Atlas, Träger des Himmelsgewölbes. Aethra ist die Mutter der Hyaden. Die Namen der sieben Schwestern, die als Flussnymphen gelten, sind

2.11 Sternkarte der Plejaden – eingetragen sind die neun Hauptsterne.

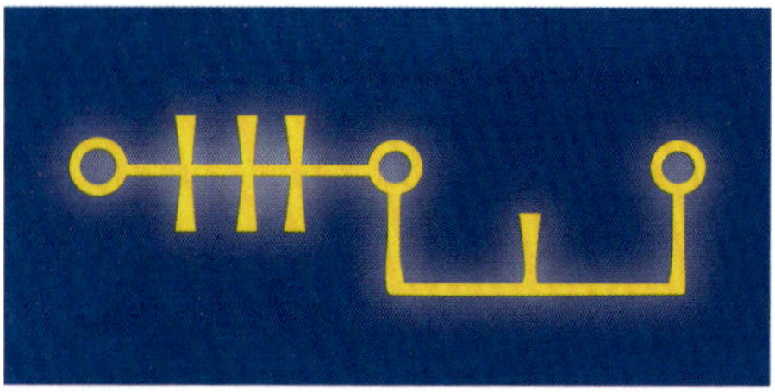

2.12 Das Symbol der Plejaden (1533)

nicht so bekannt wie die der Plejaden. Die Hyadenschwestern heißen: Klea, Eudora, Koronis, Phaeo, Phaesula, Dione und Thyene. Als deren Bruder Hya von einem wilden Löwen zerfleischt wird, weinen die sieben Schwestern bitterlich um ihren toten Bruder. Vom Götterboss Zeus werden sie ob ihrer großen Bruderliebe unter die Sterne versetzt. Ihre Tränen fallen als Regen auf die Erde. Griechisch heißt ὕειν – regnen.

Wenn der Sternhaufen der Hyaden im Oktober gegen 21^{h} Ortszeit im Osten erscheint, so setzt in manchen Landstrichen bald darauf Regen ein. Daher wohl die Bezeichnung Regengestirn. Die Hyadensterne sind in einem Umkreis von 4°5 verstreut. Mit 150 bis 160 Lichtjahren Entfernung sind die Hyaden nur ein Drittel so weit entfernt wie die Plejaden.

Mitten in den Hyaden steht Aldebaran (α Tauri), ein heller, orangerot leuchtender Stern. Mit 67 Lichtjahren Entfernung ist Aldebaran nur halb so weit entfernt wie die Hyaden. Er ist somit ein Vordergrundstern und gehört nicht dem offenen Sternhaufen der Hyaden an. Der römische Dichter Cicero nennt diesen Sternhaufen Suculae, die Schweinefamilie. Aldebaran ist dabei die Muttersau, um die sich die Hyadensterne als Ferkel scharen. Bei den Arabern markierten die Hyaden eine Herde von Kamelen.

Mit einem Alter von rund 600 Millionen Jahren sind die Hyadensterne deutlich älter als die Plejaden. Sie wandern gemeinsam durch das Weltall und steuern auf Beteigeuze im Orion zu. Sterne mit gemeinsamer Raumgeschwindigkeit bilden einen Bewegungshaufen. Die Entfernung eines solchen Sternhaufens wie der Hyaden lässt sich mit Hilfe der Sternstromparallaxe bestimmen. Die Sterne steuern auf einen virtuellen Konvergenzpunkt zu. Der auch als Vertex genannte Konvergenzpunkt der Hyaden liegt im Orion etwas östlich von Beteigeuze. Die Raumgeschwindigkeit der Hyaden liegt bei 40 Kilometer pro Sekunde.

DIE PLEJADEN (M 45) IN ZAHLEN

Name	fl.-Nr.	H	B–V	Sp + Lk	E	$L_{\odot}$	$M_{\odot}$	T
Celaeno	16	5^{m}5	0,0	B7 IV	440 Lj.	240	3,7	13 200 K
Electra	17	3,7	–0,1	B6 IIIe	405	1225	5	14 000
Taygeta	19	4,3	–0,1	B6 IV	410	750	4,5	13 400
Maia	20	3,9	–0,1	B8 III	360	660	3,77	12 600
Asterope	21	5,8	0,0	B8 V	445	100	2,93	11 000
Merope	23	4,2	–0,1	B6 IVe	380	630	4,25	14 000
Alcyone	25	2,9	–0,1	B7 IIIe	410	2400	6	13 000
Atlas	27	3,6	–0,1	B8 III	390	940	4,7	12 300
Pleione	28	4,9–5,2	–0,1	B8 III	450	190	3,4	12 000

fl.-Nr. – Flamsteed-Nummer / H - scheinbare Helligkeit im Visuellen / B–V – Farbindex /
Sp + Lk: Spektraltyp und Leuchtkraftklasse / E – Entfernung in Lichtjahren (auf ca. 5% genau) /
$L_{\odot}$ – Leuchtkraft in Sonnenleuchtkräften / $M_{\odot}$ – Masse in Sonnenmassen / T – Oberflächentemperatur
fl 25 ≙ η Tau / fl 28 ≙ BU Tau

2.13 Die offenen Sternhaufen der Plejaden (oben) und Hyaden, aufgenommen von Martin Gertz an der Sternwarte Welzheim.

Der Sage nach hat sich Zeus einst in einen weißen Stier verwandelt. Europa, die bildhübsche Tochter des Königs Agenor von Phönizien, reitet auf dem Stier, der in die Fluten des Mittelmeeres eintaucht und Europa schwimmend nach Kreta entführt. Man sieht daher in diesem Sternbild nur den Kopf mit den Hörnern, markiert von β Tauri (Elnath oder Alnath) und ζ Tauri, sowie die Schulter. Der Rumpf und die Beine des im Meer schwimmenden Stieres sind hingegen unsichtbar unter der Meeresoberfläche beziehungsweise unter dem Horizont verdeckt, wenn das Sternbild gerade aufgeht. Aldebaran ist ein roter Riesenstern der Spektralklasse K5 III und gehört mit $0\overset{m}{,}9$ zu den zwanzig hellsten Sternen.

Der arabische Name heißt so viel wie „der Nachfolgende". Denn er folgt im täglichen Himmelsreigen den Plejaden nach. Er ist leicht veränderlich mit unregelmäßiger Periode und einer Amplitude von $0\overset{m}{,}2$. Seine Leuchtkraft übertrifft die unserer Sonne um das 150-Fache. Der Aldebaran-Durchmesser entspricht dem von 45 Sonnendurchmessern, seine Masse beträgt 1,2 Sonnenmassen.

März 2024

- Die Sonne wechselt am 20. um 4^h06^m MEZ auf die Nordhalbkugel des Firmaments, der astronomische Frühling beginnt.
- Merkur bietet ab der Monatsmitte die beste Abendsichtbarkeit des ganzen Jahres.
- Venus verabschiedet sich vom Morgenhimmel.
- Mars bleibt weiterhin unbeobachtbar.
- Jupiter dominiert mit seinem Glanz den Abendhimmel.
- Saturn erscheint noch nicht am Morgenhimmel.

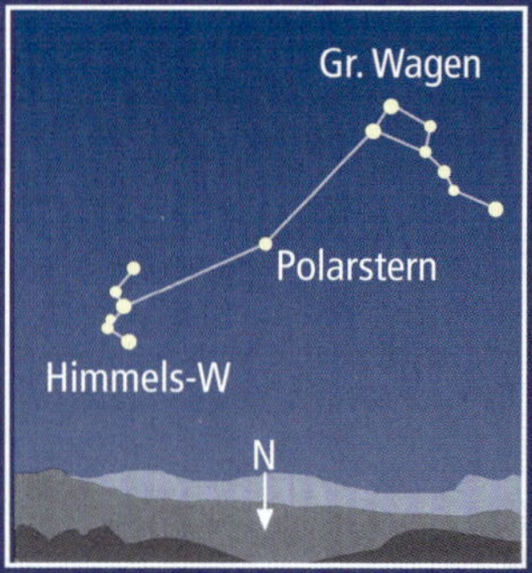

Großer Wagen und Himmels-W Anfang März um 22 Uhr MEZ

3.1 Himmelsanblick am 13. März gegen 19^h15^m MEZ. Knapp über dem Westhorizont ist Merkur zu erkennen. Höher steht Jupiter im Sternbild Stier, an dem die zunehmende Mondsichel vorbeizieht.

1 Fr	
2 Sa	
3 So	Letztes Viertel Mond bei Antares – morgens
4 Mo	
5 Di	
6 Mi	
7 Do	
8 Fr	
9 Sa	
10 So	**Neumond**
11 Mo	
12 Di	
13 Mi	Mond bei Jupiter – abends
14 Do	
15 Fr	

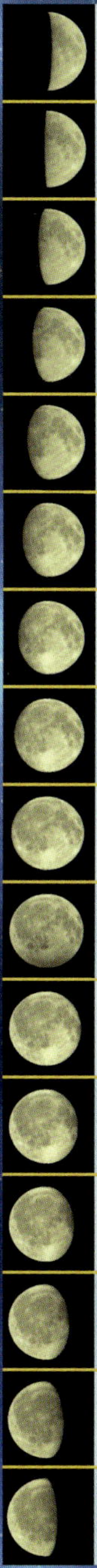

16 Sa	
17 So	Erstes Viertel
18 Mo	
19 Di	Mond bei Pollux – morgens
20 Mi	Frühlingsbeginn
21 Do	
22 Fr	Merkur – beste Abendsichtbarkeit des Jahres Mond bei Regulus – abends
23 Sa	
24 So	
25 Mo	**Vollmond**
26 Di	Mond bei Spica – abends
27 Mi	
28 Do	
29 Fr	Karfreitag
30 Sa	Karsamstag
31 So	Ostersonntag Beginn der Sommerzeit

SONNE – STERNBILDER

12. 3. 3^h:
Sonne tritt in das Sternbild Fische

20. 3. 4^h06^m:
Sonne tritt in das Tierkreiszeichen Widder

Julianisches Datum am
1. März, 1^h MEZ: 2460370,5

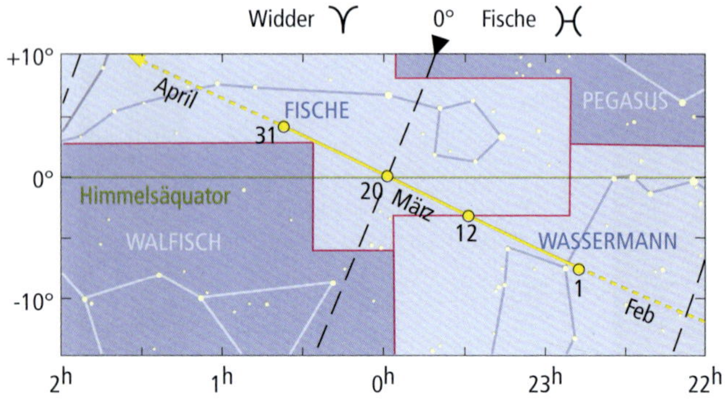

SONNENLAUF

Tag	Dämmerg. Anfang	Aufgang MEZ	Kulmination	Untergang MEZ	Dämmerg. Ende	Mittagshöhe	Zeitgleichg.	Rektaszension	Deklination
	h m	h m	h m	h m	h m	°	m	h m	°
1.	5 53	7 03	12 32	18 03	19 13	32,7	–12	22 48	–7,6
5.	5 45	6 54	12 31	18 09	19 19	34,2	–11	23 03	–6,1
10.	5 34	6 44	12 30	18 17	19 27	36,2	–10	23 22	–4,1
15.	5 23	6 33	12 29	18 26	19 36	38,2	– 9	23 40	–2,2
20.	5 12	6 22	12 27	18 34	19 44	40,1	– 7	23 58	–0,2
25.	5 00	6 11	12 26	18 41	19 53	42,1	– 6	0 16	+1,8
31.	4 46	5 58	12 24	18 51	20 03	44,4	– 4	0 38	+4,1

Achtung: Ab Sonntag, 31. März 2024, gilt die Sommerzeit. Zu allen im Himmelsjahr angegebenen Zeiten eine Stunde addieren!

TAGES- UND NACHTSTUNDEN

5. März

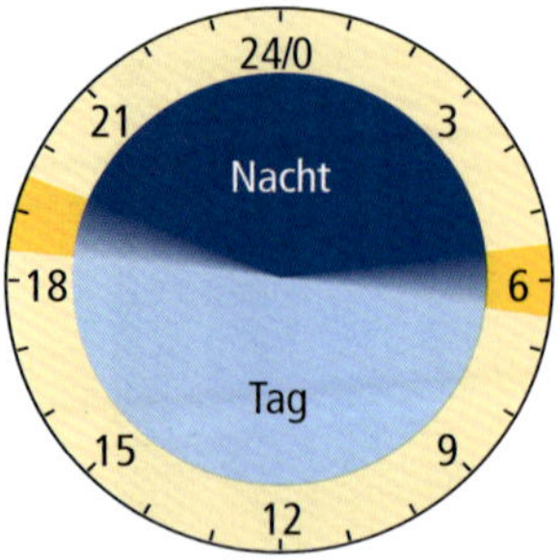

15. März

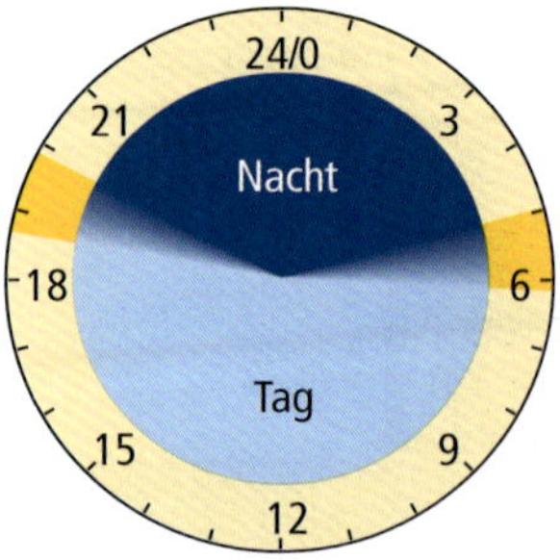

25. März

MONDLAUF

Datum	Aufg. MEZ	Kulmination	Unterg. MEZ	Rektaszension	Deklination	Sterne und Sternbilder	Phase	MEZ
	h m	h m	h m	h m	°			
Fr 1.	–	4 18	8 51	14 28	−16,9	Waage		
Sa 2.	0 49	5 05	9 12	15 17	−21,4	Waage		
So 3.	2 05	5 56	9 40	16 09	−25,0	Antares	**Letztes Viertel**	$16^h 23^m$
Mo 4.	3 19	6 51	10 20	17 05	−27,5	Schlangenträger	Libration Ost	
Di 5.	4 25	7 51	11 17	18 05	−28,5	Kaus Borealis		
Mi 6.	5 17	8 52	12 32	19 08	−27,8	Schütze, Nunki	Größte Südbreite	
Do 7.	5 55	9 52	13 59	20 10	−25,3	Steinbock		
Fr 8.	6 23	10 51	15 31	21 11	−21,0	Steinbock		
Sa 9.	6 44	11 46	17 04	22 10	−15,4	Wassermann		
So 10.	7 01	12 39	18 34	23 06	− 8,7	Wassermann	**Neumond Nr. 1252** Erdnähe 357/33′,5	$10^h 00^m$ 8^h
Mo 11.	7 17	13 31	20 04	0 00	− 1,5	Fische		
Di 12.	7 32	14 22	21 33	0 54	+ 5,7	Fische	Aufsteigender Knoten	
Mi 13.	7 49	15 14	23 01	1 47	+12,4	Widder		
Do 14.	8 09	16 08	–	2 42	+18,4	Widder		
Fr 15.	8 35	17 04	0 28	3 39	+23,1	* Stier, Plejaden		
Sa 16.	9 10	18 00	1 49	4 36	+26,5	Stier	Libration West	
So 17.	9 56	18 57	3 00	5 35	+28,2	Stier, Alnath	**Erstes Viertel**	$5^h 11^m$
Mo 18.	10 55	19 51	3 56	6 33	+28,4	Fuhrmann	Größte Nordbreite	
Di 19.	12 03	20 42	4 37	7 29	+27,2	Kastor, Pollux		
Mi 20.	13 15	21 30	5 07	8 22	+24,7	* Krebs, Krippe		
Do 21.	14 27	22 15	5 28	9 11	+21,1	Krebs, Krippe		
Fr 22.	15 38	22 56	5 45	9 58	+16,7	Löwe, Regulus		
Sa 23.	16 47	23 36	5 58	10 42	+11,7	* Löwe	Erdferne 406/29′,4	17^h
So 24.	17 55	–	6 10	11 25	+ 6,3	Löwe		
Mo 25.	19 03	0 15	6 21	12 07	+ 0,6	Jungfrau	**Vollmond**	$8^h 00^m$
Di 26.	20 13	0 54	6 32	12 49	− 5,0	Jungfrau	Absteigender Knoten	
Mi 27.	21 24	1 34	6 44	13 32	−10,6	Spica		
Do 28.	22 38	2 17	6 58	14 17	−15,8	Jungfrau		
Fr 29.	23 54	3 02	7 17	15 04	−20,4	Waage		
Sa 30.	–	3 51	7 42	15 55	−24,3	Antares		
So 31.	1 08	4 45	8 17	16 50	−27,1	Antares		

DER MOND NÄHERT SICH REGULUS

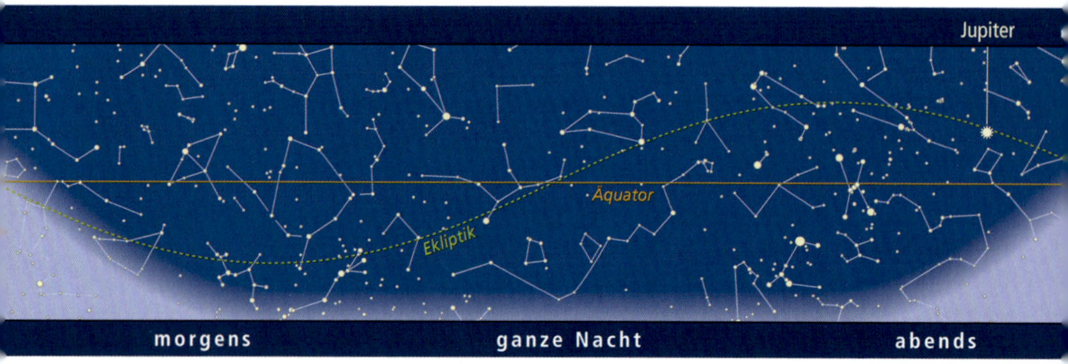

MERKUR bietet ab der Monatsmitte die beste Abendsichtbarkeit des ganzen Jahres. Wer noch nie den sonnennächsten Planeten mit eigenen Augen gesehen hat, sollte diesmal seine Chance nutzen. Ende des Vormonats stand Merkur in oberer Konjunktion mit der Sonne. Der flinke Planet entfernt sich rechtläufig von der Sonne und erreicht am 24. seine größte östliche Elongation von der Sonne, wobei sein Winkelabstand von ihr bescheidene 18°42′ beträgt. Die geringe Winkeldistanz folgt dem Umstand, dass Merkur nur eine Woche vorher sein Perihel (sonnennächster Bahnpunkt) passiert. Dabei trennen ihn am 17. nur 46,0 Millionen Kilometer (= 0,307 AE) von der Sonne. Trotz des relativ kleinen maximalen Elongationswinkels kommt es dennoch zu einer respektablen Abendsichtbarkeit, denn die abendliche Ekliptik (scheinbare Sonnenbahn) steht im Frühjahr in unseren Breiten steil zum Westhorizont.

Ab der Monatsmitte lohnt es sich, am Abendhimmel nach Merkur Ausschau zu halten (sie-

3.2 Stellung von Merkur über dem Westhorizont zu den angegebenen Daten. Die Pfeile geben die Bewegungen von Merkur und Sonne während der letzten halben Stunde an.

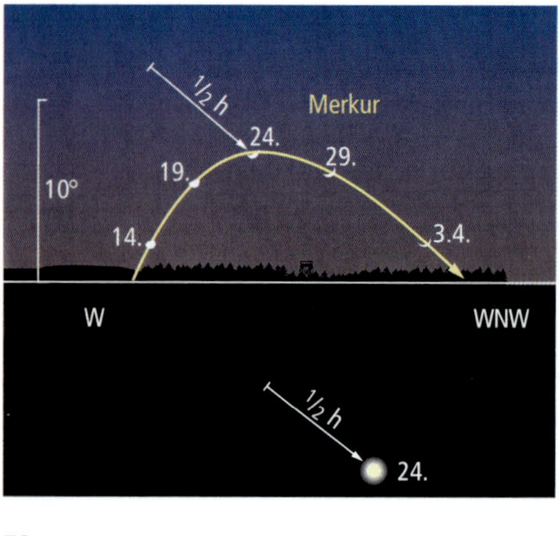

3.3 Sichtbarkeitsdiagramm für Merkur. Es gilt genau für 50° nördliche Breite und 10° östliche Länge. Dunkelgelbe Fläche: Unter günstigen Sichtbedingungen kann man Merkur mit bloßen Augen erkennen, hellgelbe Fläche: Merkur ist leicht zu sehen.

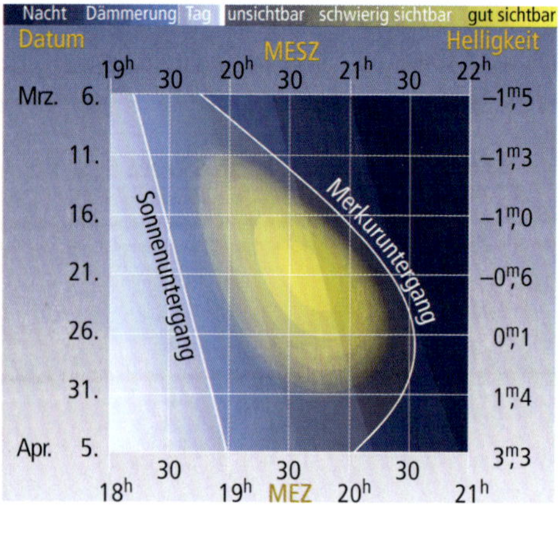

he auch Abb. 3.2 und Abb. 3.3 auf Seite 72). Am 15. geht der flinke Planet um 19^h48^m unter. Eine Viertelstunde vor 19^h macht sich der $-1^m{,}1$ helle Merkur tief im Westen bemerkbar (siehe Abb. 3.1 auf Seite 68). Erfahrene Beobachterinnen und Beobachter sollten den $-1^m{,}2$ hellen Planeten schon ab 12. auffinden, vor allem unter Einsatz eines Fernglases. Bis 26. ist der inzwischen nur noch $0^m{,}1$ helle Merkur noch relativ leicht zu erkennen. An diesem Tag wird er kurz nach 19^h sichtbar. Sein Untergang erfolgt um 20^h33^m. Etwa eine Viertelstunde vorher wird er im Horizontdunst unsichtbar. Letztmals dürfte man Merkur noch am 31. aufspüren können. Seine Untergangszeit bleibt mit 20^h30^m fast konstant. Allerdings sinkt seine Helligkeit auf $1^m{,}1$ um eine ganze Größenklasse ab. Am 11. zieht der Mond $1^\circ{,}0$ südlich an Merkur vorbei, was allerdings nicht beobachtbar ist. Auch die Begegnung mit Neptun am 8. entgeht uns.

Im Fernrohr erscheint das $7''{,}1$ große Merkurscheibchen am 23. halb beleuchtet (Dichotomie).

VENUS verabschiedet sich vom Morgenhimmel. Sie eilt der Sonne im Tierkreis nach, wobei sie rechtläufig durch die Sternbilder Steinbock und Wassermann wandert. Obwohl ihre Tagbögen größer werden, da sie im Tierkreis nach Norden strebt und sich dadurch ihre Aufgänge von 6^h18^m zu Monatsbeginn auf 5^h38^m (= 6^h38^m Sommerzeit) am Monatsende sogar verfrühen,

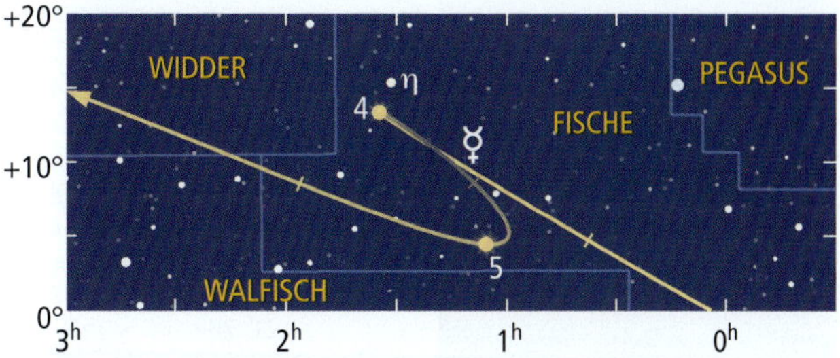

3.4 Konjunktionsschleife von Merkur im Sternbild Fische.

wird der $-3^m{,}9$ helle Planet im zweiten Monatsdrittel für das freie Auge unsichtbar. Die Begegnung mit Saturn am 22. bleibt unbeobachtbar. Im Fernrohr zeigt sich das nur noch 11″ große Planetenscheibchen fast voll beleuchtet (92 % am 10.).

Ihr Aphel (sonnenfernster Bahnpunkt) passiert Venus am 19. März, wobei ihre Sonnendistanz 109 Millionen Kilometer (= 0,729 AE) beträgt.

MARS wandert durch den Steinbock und wechselt bereits am 19. in das Sternbild Wassermann. Seine Deklinationen nehmen merklich zu, er eilt entlang dem aufsteigenden Ast der

KONSTELLATIONEN UND EREIGNISSE

Datum	MEZ	Ereignis
8.	6^h	Mond bei Mars, Mond $3^\circ{,}5$ südlich
8.	18	Mond bei Venus, Mond $3^\circ{,}3$ südlich
8.	19	Merkur bei Neptun, Merkur $0^\circ{,}5$ nördlich
9.	18	Mond bei Saturn, Mond $1^\circ{,}5$ südlich
10.	20	Mond bei Neptun, Mond $0^\circ{,}5$ südlich
11.	3	Mond bei Merkur, Mond $1^\circ{,}0$ südlich
14.	2	**Mond bei Jupiter**, Mond $3^\circ{,}6$ nördlich, **Abstand $3^\circ{,}5$ um 22^h am 13.**
14.	13	Mond bei Uranus, Mond $3^\circ{,}5$ nördlich
17.	12	Neptun in Konjunktion mit der Sonne
17.	18	Merkur im Perihel
19.	23	Venus im Aphel
20.	4^h06^m	**Sonne im Frühlingspunkt, Tagundnachtgleiche**
22.	3	Venus bei Saturn, Venus $0^\circ{,}3$ nördlich
24.	24	**Merkur in größter östlicher Elongation (19°)**
25.	8	Halbschattenfinsternis des Mondes – in Mitteleuropa unbeobachtbar

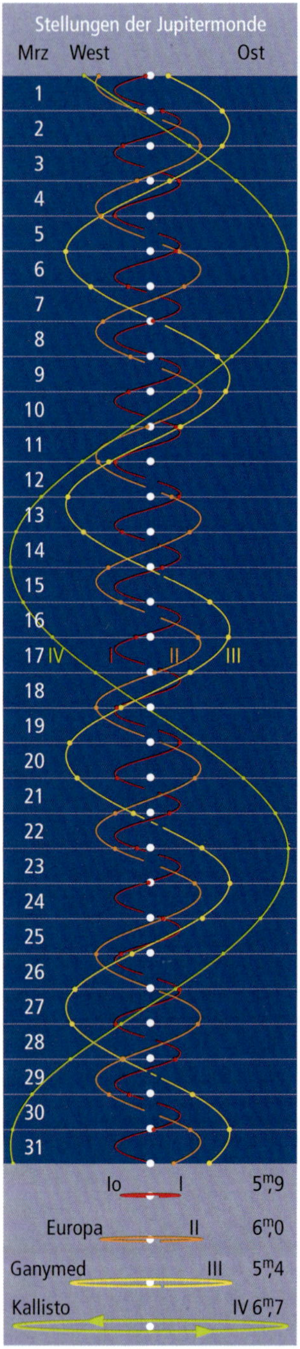

JUPITERMONDE

Tag	MEZ	Vorgang	
	h m		
1.	20 47	I	BA
2.	18 07	I	DA
	19 16	I	SA
	20 18	I	DE
	21 26	I	SE
3.	18 36	I	VE
	20 07	II	DA
	22 24	II	SA
	22 31	II	DE
5.	19 50	II	VE
7.	20 41	III	BA
	22 46	III	BE
8.	22 47	I	BA
9.	20 07	I	DA
	21 12	I	SA
	22 18	I	DE
10.	20 32	I	VE
	22 52	II	DA
11.	17 51	I	SE
12.	17 56	II	BA
	22 28	II	VE
16.	22 08	I	DA
17.	19 17	I	BA
	22 27	I	VE
18.	18 49	I	DE
	19 41	III	SA
	19 46	I	SE
	21 19	III	SE
19.	20 44	II	BA
21.	19 16	II	SE
24.	21 18	I	BA
25.	18 39	I	DA
	19 32	I	SA
	19 58	III	DA
	20 50	I	DE
	21 42	I	SE
	22 00	III	DE
26.	18 51	I	VE
28.	19 31	II	SA
	20 15	II	DE
	21 53	II	SE

Ekliptik. Seine Helligkeit nimmt leicht auf $1\overset{m}{,}2$ zu. Allerdings kann sich der rote Planet noch nicht am Morgenhimmel durchsetzen. Mars bleibt weiterhin unbeobachtbar.

JUPITER beschleunigt abermals seine rechtläufige Wanderung durch den Widder. Er dominiert mit seinem Glanz die ersten Nachtstunden. Als hellster Planet leuchtet er unübersehbar am Westhimmel. Die Helligkeit des Riesenplaneten geht fast unmerklich um $0\overset{m}{,}1$ auf $-2\overset{m}{,}1$ zurück. Die Sichtbarkeitsdauer von Jupiter verkürzt sich allerdings drastisch. Seine Untergänge verfrühen sich um rund eineinhalb Stunden. Die Abenddämmerung setzt außerdem immer später ein. Somit muss man immer länger warten, bis Jupiter in der zunehmenden Dunkelheit sichtbar wird.

Der Riesenplanet sinkt am 1. um $23^{h}32^{m}$ unter die Horizontlinie, am 15. um $22^{h}51^{m}$ und am 31. bereits um $22^{h}07^{m}$ (= $23^{h}07^{m}$ Sommerzeit).

Am Abend des 13. sieht man die zunehmende Mondsichel nahe dem Riesenplaneten (siehe Abb. 3.1 auf Seite 68).

SATURN im Wassermann stand Ende des Vormonats in Konjunktion mit der Sonne. Der Ringplanet kann sich aus den Strahlen der Sonne noch nicht befreien und bleibt unsichtbar. Die enge Begegnung mit Venus am 22. kann nicht verfolgt werden.

URANUS kann noch am Abendhimmel aufgefunden werden. Der grünliche Planet beschleunigt rechtläufig seine Bewegung durch das Sternbild Widder, was man gut an Botein (δ Arietis) verfolgen kann. Bei Einbruch der nun immer später einsetzenden Dunkelheit steht Uranus schon weit im Westen.

Am 1. geht der $5\overset{m}{,}8$ helle, siebente Planet um 0^h23^m unter, am 15. um 23^h27^m und am 31. schon um 22^h28^m (= 23^h28^m Sommerzeit).

NEPTUN kommt am 17. im Sternbild Fische in Konjunktion mit der Sonne. Er hält sich am Taghimmel auf und bleibt nachts unbeobachtbar unter dem Horizont. Auch die Begegnung mit Merkur am 8. kann nicht verfolgt werden.

Zur Konjunktion trennen Neptun 4622 Millionen Kilometer von der Erde, das sind 30,90 AE. Von der Sonne ist Neptun an diesem Tag 4473 Millionen Kilometer (= 29,90 AE) entfernt.

PLANETOIDEN UND ZWERGPLANETEN

JUNO (3) kommt am 3. in **Opposition** zur Sonne. Sie strebt im Sternbild Löwe nach Nordwesten. Dabei wandert sie vom 7. bis 15. durch die Nordostecke des Sternbildes Sextant (siehe Abb. 3.5 unten). Zur Opposition erreicht Juno eine scheinbare Helligkeit von $8\overset{m}{,}7$, die aber bis Ende März schnell wieder auf $9\overset{m}{,}5$ abfällt.

Von der Erde ist Juno zur Opposition 252 Millionen Kilometer (= 1,68 AE) entfernt. Dies entspricht einer Lichtlaufzeit von 14 Minuten. Ihre Sonnenentfernung beträgt am 3. immerhin 401 Millionen Kilometer (= 2,68 AE). Die geringste Entfernung zur Erde erreicht Juno bereits am 24. Februar mit 251 Millionen Kilometer (= 1,67 AE). Zur Opposition am 3. geht Juno um 18^h04^m (= 19^h04^m MESZ) auf, kulminiert in dieser Nacht um 0^h28^m und geht am Morgen um 6^h50^m unter. Ende März passiert sie bereits um 22^h18^m den Meridian.

VESTA (4) beschleunigt ihre rechtläufige Wanderung durch das Sternbild Stier. Am 31. befindet sie sich $1\overset{\circ}{,}1$ nördlich des Sommerpunktes an der Grenze zum Sternbild Zwillinge (siehe Abb. 2.3 auf Seite 56). Ihre Helligkeit nimmt weiter von $7\overset{m}{,}7$ auf $8\overset{m}{,}1$ ab. Zu Monatsanfang

3.5 Scheinbare Bahn des Kleinplaneten (3) Juno in den Sternbildern Löwe und Sextant.

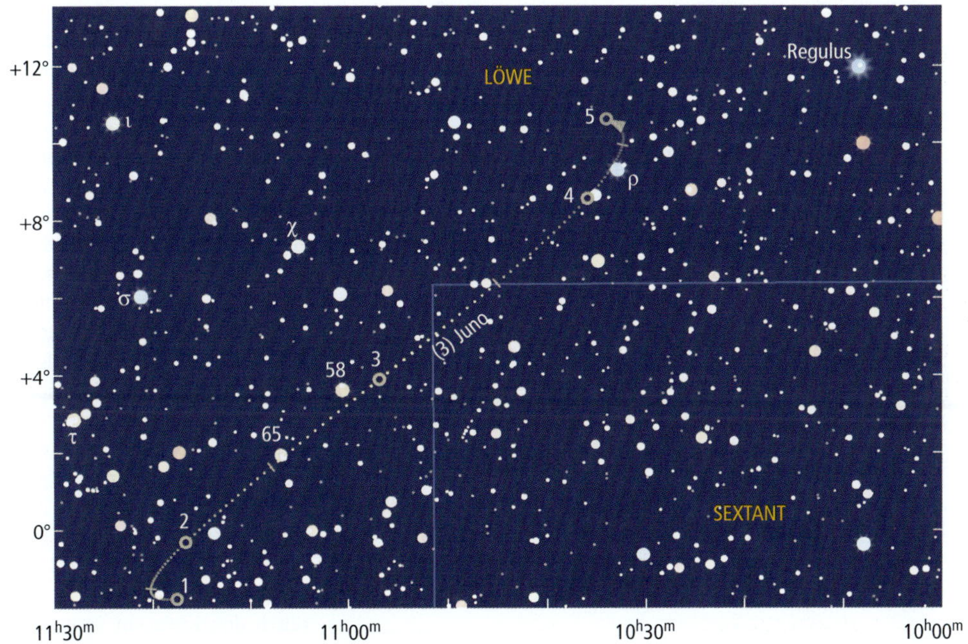

kulminiert sie um 19^h11^m und geht um 3^h23^m unter. Ihre Kulminationen erfolgen immer früher: am 15. um 18^h27^m und am 31. schon um 17^h42^m, also lange vor Sonnenuntergang. Ende März geht Vesta um 2^h00^m (= 3^h00^m MESZ) unter.

PERIODISCHE STERNSCHNUPPENSTRÖME

Auch im März bleibt die Sternschnuppentätigkeit eher bescheiden.

Weder aus dem Bereich der **ANTIHELION**-Quelle noch von anderen Radianten sind nennenswerte Aktivitäten bekannt. Die früher als Virginiden bezeichneten Meteore aus dem Oppositionsbereich liefern weniger als fünf Meteore pro Stunde. Ein größerer Anteil von Meteoren kommt im gesamten Jahr aus Richtung des Apex der Erdumlaufbewegung um die Sonne, der um 6 Uhr Ortszeit kulminiert.

Am Morgen, wenn der Erdapex (Fluchtpunkt des Erdumlaufes um die Sonne) kulminiert, kollidiert unser Planet mit etlichen Meteoroiden, die ihm in der Ekliptikebene entgegenkommen. Da im März die morgendliche Ekliptik über dem Südhorizont recht tief liegt, so ist die von unseren Breiten aus beobachtbare Zahl der frontal eintreffenden Sternschnuppen gering.

In Zeiten geringer Meteoraktivität ist die Chance für die Entdeckung schwacher Quellen günstig. Bisher haben aber systematische Auswertungen verschiedener Datensätze keine nachweisbaren Ströme gezeigt. Dies trifft auch für die Südhalbkugel zu.

Der Fixsternhimmel

Die Kassiopeia, das Himmels-W, ist zum Nordwesthorizont herabgesunken, während hoch im Nordosten, fast schon im Zenit, der Große Wagen hilft, den Polarstern zu finden.

Die hellen und auffälligen Winterbilder ziehen noch die Blicke auf sich. Sie sind aber allesamt schon weit in die westliche Himmelshälfte gerückt. Der Himmelsjäger Orion neigt sich zum Westhorizont und ist kaum zu übersehen. Sirius funkelt noch im Südwesten. Ein wenig höher leuchtet Prokyon, hellster Stern im Bild des Kleinen Hundes. Im Westen ist noch das Winterdreieck zu sehen. Es setzt sich aus Beteigeuze im Orion, Sirius im Großen Hund und Prokyon im Kleinen Hund zusammen. Bei uns ist der Begriff „Winterdreieck" weniger bekannt, in Nordamerika hingegen ist es jedem Sternfreund geläufig (engl.: Winter Triangle).

Zwischen Großem und Kleinem Hund ist das Einhorn (lat.: Monoceros) beheimatet, ein unauffälliges Sternbild, das bei sehr guten Sichtbedingungen zu erkennen ist.

Der Stier strebt im Westen dem Untergang entgegen. Sein roter Augenstern Aldebaran steht schon recht tief. Höher als den Stier sieht man die Zwillinge mit Kastor und Pollux sowie den Fuhrmann mit der hellen, gelblichen Kapella.

Zur Standardbeobachtungszeit geht der Himmelsmeridian genau zwischen dem lichtschwachen Krebs und dem markanten Bild des Löwen hindurch. Im Krebs findet sich der offene Sternhaufen Krippe. Die Krippe heißt lateinisch Praesepe (M 44). Der Krebs ist die wohl unscheinbarste Figur des gesamten Zodiacus (Tierkreis). In unserer Zeit wandert die Sonne vom 20. Juli bis zum 10. August bereits am absteigenden Ast ihrer Bahn durch den Krebs. In vergange-

VERÄNDERLICHE STERNE

Algol-Minima		β-Lyrae-Minima		δ-Cephei-Maxima		Mira-Helligkeit	
7.	6^h58^m	3.	11^h N	4.	11^h	1.	9^m
13.	0 37	9.	23 H	9.	19	10.	8
15.	21 27	16.	10 N	15.	4	20.	8
18.	18 15	22.	21 H	20.	13	31.	7
30.	5 33	29.	9 N	25.	22		
				31.	6		

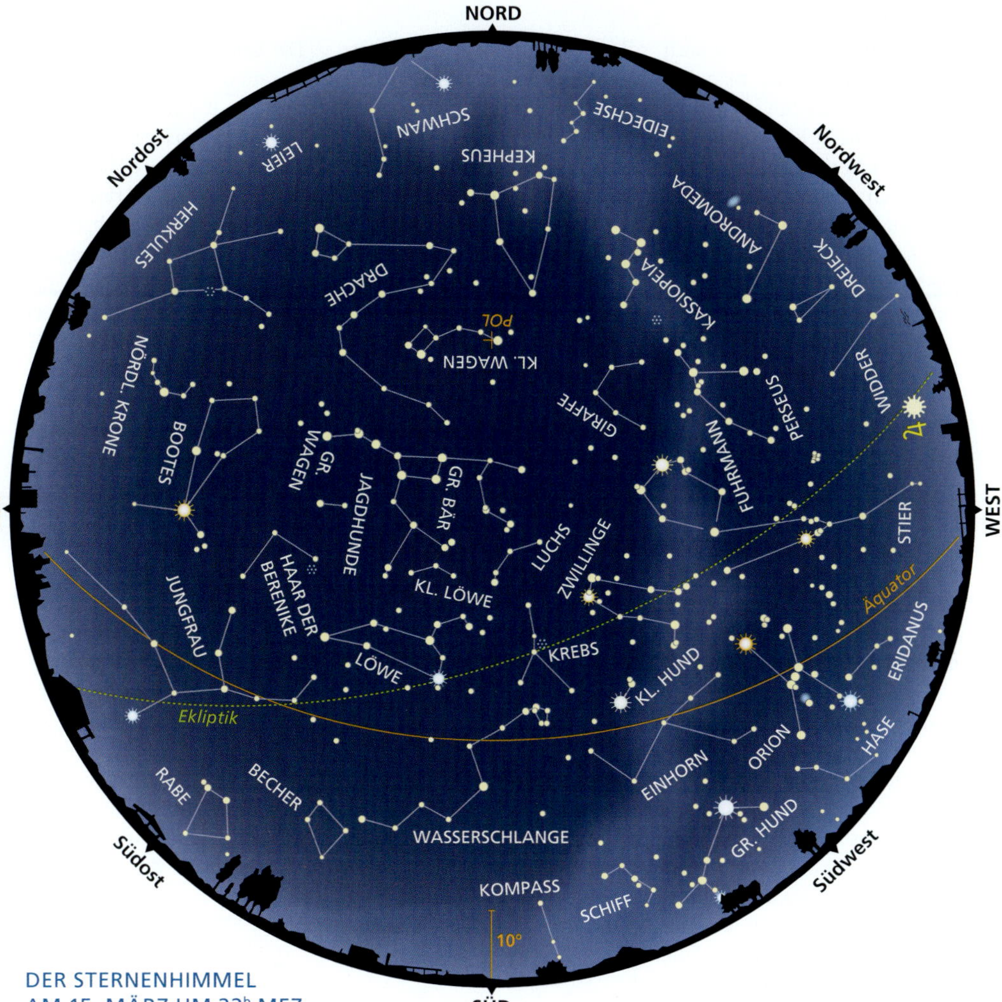

DER STERNENHIMMEL AM 15. MÄRZ UM 22^h MEZ

Die Sternkarte ist auch gültig für:		
	MEZ	MESZ
15.11.	6^h	
1.12.	5	
15.12.	4	
1. 1.	3	
15. 1.	2	
1. 2.	1	
15. 2.	0	
1. 3.	**23**	
15. 3.	**22**	
31. 3.	**21**	**22^h**

nen Jahrhunderten lag einst das Sommersolstitium (Sommerpunkt) im Krebs. Noch heute spricht man deshalb vom „Wendekreis des Krebses".

Das mächtige Sternentrapez des Löwen steht kurz vor seinem Meridiandurchgang. Der Löwe ist das typische Frühlingssternbild schlechthin. Ein großes Sternentrapez markiert den Rumpf dieses königlichen Tieres. Ein kleines, aufgesetztes Trapez bildet den Kopf des Löwen. Die Figur, die sich aus dem kleinen Löwentrapez sowie dem Halsstern Algieba (γ Leonis), dem Bruststern η Leonis und dem Herzstern Regulus (α Leonis) zusammensetzt, wird bei den Amerikanern gerne als „Sichel" (engl.: sickle) bezeichnet.

Im Südosten ist bereits die Jungfrau aufgegangen. Ihr Hauptstern, die bläuliche Spica, ist noch so horizontnah, dass man ihn kaum erkennen kann.

Tief im Osten leuchtet auffällig ein heller, orange-rötlicher Stern, nämlich Arktur im Bild des Rinderhirten (Bootes). Damit ist im Südosten das komplette Frühlingsdreieck vertreten. Das Frühlingsdreieck besteht aus Regulus im Löwen, Spica in der Jungfrau und Arktur im Bootes.

DAS STERNBILD GROSSER BÄR (URSA MAIOR)

Die sieben relativ hellen Sterne des Großen Wagens werden auch als Großer Bär angesehen. Dies ist nicht ganz korrekt, denn der Bär ist viel größer als der Wagen. Die drei Deichselsterne markieren den Schwanz und die vier Kastensterne den Schinken des Bären. Die übrigen Bärensterne sind recht lichtschwach und bei uns nur schwierig sichtbar. Die Schnauze des Bären wird durch o UMa (UMa = Ursa Maior, Größere Bärin), die Ohren von σ und ρ, die Vorderpfote durch ι und κ, die rechte Hinterpranke von λ und μ sowie die linke Hinterpranke von ν und ξ repräsentiert.

Der klassischen Sage nach handelt es sich um eine Bärin, nämlich um die unter die Sterne versetzte Geliebte des Göttervaters Zeus. Im Bergland von Arkadien verehrte man einst Artemis, die Göttin der Jagd. Sie galt als die Schönste, auf Griechisch Kalliste genannt. Davon abgeleitet fiel der Name Kallisto auf ein wunderschönes, aber sterbliches Mädchen, die Prinzessin von Arkadien, Tochter des Königs Lykaon. Um sie vor seiner eifersüchtigen Gattin Hera zu verbergen, verwandelte Zeus seine Geliebte Kallisto in eine Bärin und versetzte sie an den Sternenhimmel, wo sie ihm ganzjährig zur Verfügung steht. Denn als zirkumpolares Bild geht die Bärin bei uns nie unter.

Kallistos kleiner Sohn Arkas, der verzweifelt seine Mutter sucht, wird als Kleiner Bär (lat.: Ursa Minor) ebenfalls von Zeus unter die Sterne versetzt.

Bei den Arabern findet man die Bezeichnung Al Dub al Akbar, der große Bär. Später findet man die verkürzte Form Dubhelakbar (bei Bayer, 1603). Dieser Name ging später auf α UMa (Dubhe) über.

Die Ureinwohner Nordamerikas sahen in den vier Kastensternen (α, β, γ und δ UMa) einen Bären, dem drei Jäger (die Deichselsterne η, ζ und ε UMa) folgen. Der mittlere Jäger trägt dabei einen Kochtopf mit sich, dargestellt durch den lichtschwachen Begleiter namens Alkor des mittleren Deichselsterns, der mit Eigennamen Mizar heißt. Bei uns gilt Alkor als Augenprüfer und wird Reiterlein genannt, weil er gewissermaßen auf dem Bärenschwanz oder auf der Wagendeichsel reitet.

Bei den alten Römern hießen die sieben Wagensterne Septemtriones, was so viel wie die sieben Dreschochsen heißt. Denn die Wagensterne wandern ständig um den Polarstern wie weiland die Dreschochsen um den Göpel. Angetrieben werden sie von Boötes, dem Ochsentreiber, der als Sternbild dem Großen Wagen benachbart ist. Die Bezeichnung Septemtriones geht vermutlich auf die Perser zu-

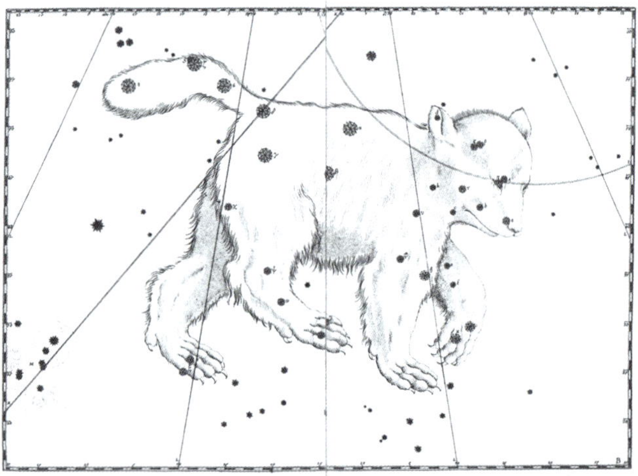

3.6 Figürliche Darstellung des Sternbildes Großer Bär im Sternatlas *Uranometria* von Johannes Bayer aus dem Jahre 1603.

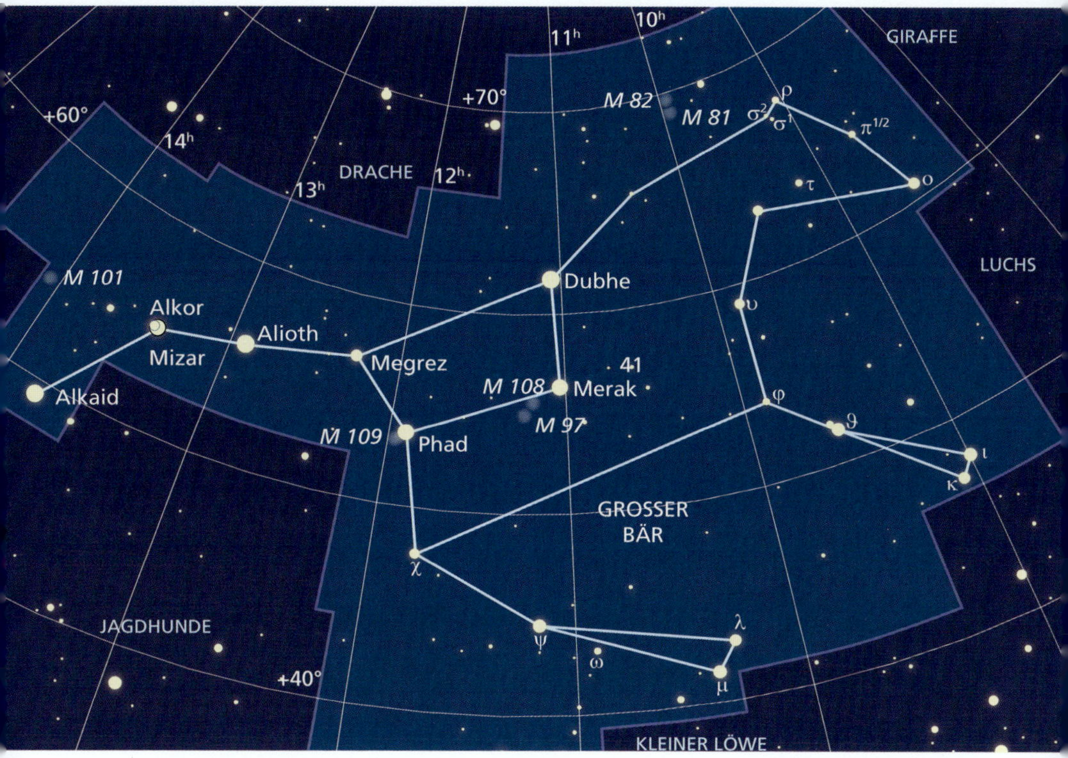

3.7 Skelettkarte des Sternbildes Großer Bär.

rück, bei denen die Wagensterne Haptoiringas, die sieben Bullen, hießen. Auch im alten Griechenland findet sich das Bild vom Ochsen vor dem Pflug, der von Boötes geleitet wird.

Die Bezeichnung Wagen kommt schon bei den Babyloniern vor, auch Homer gebraucht sie neben der Bärin. Im nordischen Sagenkreis gilt er als Wotanswagen. Der altmexikanische Name Hunrakan bedeutet einbeiniger Riese. Diesen Eindruck kann man gewinnen, wenn der Wagen im Nordosten hochsteigt. Und aus dem Norden kommen die kalten Stürme – davon abgeleitet verwenden wir heute noch „Hurrikan" und „Orkan" für Stürme.

Eine weitere arabische Bezeichnung lautet Banat-Na-asch al Kubra, die Töchter an der Totenbahre. In den vier Kastensternen sahen die Araber einen Sarg, dem die Klageweiber, drei Schwestern, weinend folgen. Der Name Benetnasch für den ersten Deichselstern (η UMa) geht darauf zurück.

Während die Sterne eines Bildes meist in keiner besonderen Beziehung zueinander stehen (sie sind in der Regel räumlich weit voneinander entfernt und nur in der Projektion an die Himmelskugel ergibt sich eine zufällige Konstellation), so gehören die Wagensterne mit Ausnahme von Dubhe (α UMa) und Benetnasch (η UMa) dynamisch gesehen zusammen: Sie haben gleichgerichtete Bewegungen mit gleich großen Geschwindigkeiten, also eine gemeinsame Raumbewegung. Man spricht vom sogenannten „Bärenstrom", zu dem noch die Sterne Sirius (α Canis Maioris), Zosma (δ Leonis), Beta im Kopf der Schlange (β Serpentis) und Gemma (α Coronae Borealis) gehören.

Was ist der Kuiper-Gürtel?

ESO/L. Calçada und Nick Risinger (skysurvey.org)

3.8 Der Zwergplanet Eris (Xena) – Konkurrent von Pluto (Illustration)

Schon früh war aufgefallen: Zwischen der Mars- und der Jupiterbahn klafft eine große Lücke. Während Mars in eineinhalb Erdentfernungen die Sonne umrundet, ist Jupiter fünfmal so weit wie die Erde von der Sonne entfernt. Noch bevor Neptun entdeckt wurde, konnte diese Lücke geschlossen werden. In der Neujahrsnacht von 1800 auf 1801 entdeckte Giuseppe Piazzi in Palermo den kleinen Planeten Ceres, der in 2,8 Astronomischen Einheiten (AE) die Sonne in 4,6 Jahren umrundet. Zur großen Überraschung vieler Astronomen wurden noch im ersten Jahrzehnt des 19. Jahrhunderts drei weitere Kleinplaneten gefunden: Pallas, Juno und Vesta. Dann trat eine Pause von einigen Jahrzehnten ein, bis schließlich 1845 der Postmeister Karl Ludwig Hencke den fünften Kleinplaneten oder Planetoiden, die Astraea, fand.

Kurz darauf, im September 1846, wurde schließlich Neptun als 8. großer Planet aufgespürt, nachdem seine Position am Schreibtisch errechnet worden war (siehe Monatsthema September „Die Entdeckung des Neptun" auf Seite 201). Er hatte sich durch seinen Schwerkrafteinfluss auf Uranus, den siebenten Planeten, verraten, der bereits 1781 per Zufall entdeckt wurde. Bald darauf wurden weitere Kleinplaneten entdeckt.

Ihre Zahl stieg und stieg, erst recht, als man die Himmelsfotografie einsetzte, um sie zu finden. Zu Beginn des 20. Jahrhunderts waren bereits von 493 Kleinplaneten die Bahnen bekannt. Bis zum Jahr 2000 nahm die Zahl der registrierten Planetoiden auf 19 910 zu. Inzwischen sind über 840 000 Asteroiden bis zu Größen von weniger als einem Kilometer Durchmesser bekannt.

„Asteroiden" sagt man auch zu Planetoiden, weil sie wegen ihrer geringen Größe im Teleskop auch bei starker Vergrößerung als winzige Lichtpunkte erscheinen. Selbst der mit knapp tausend Kilometer Durchmesser größte Kleinplanet unter ihnen, die Ceres, zeigt sich nur als Sternpünktchen im Okular eines Fernrohres.

Die allermeisten Planetoiden wandern im trauten Reigen in Bahnen zwischen der Mars- und der Jupiterbahn um die Sonne. Sie bilden gewissermaßen einen Gürtel um das innere Planetensystem. Man spricht daher vom Planetoidengürtel. Einige Kleinplaneten halten sich nicht an diese „Verkehrsregel" und laufen auf recht exzentrischen Bahnen. Diese Außenseiter kreuzen dabei auch Planetenbahnen. Manche von ihnen zählen zu den Erdbahnkreuzern, wobei sie unserem Globus recht nahekommen können. Die Kollisionswahrscheinlichkeit ist dennoch gering. Nur alle paar Millionen Jahre trifft ein kosmischer Hammerschlag die Erde.

Außer der Sonne, den Planeten samt ihren Monden und den zahlreichen Planetoiden gehören noch die Kometen, die Meteoroide sowie die interplanetare Materie in Form von Gas und Staub zu unserem Sonnensystem. Kometen sind eisige Boten aus fernen Bezirken. Ihre Kerne setzen sich aus mineralischen Partikeln, gefrorenen Kohlenwasserstoffverbindungen und Wassereis zusammen. Kometenkerne sind nur wenige Kilometer groß. Kommen sie auf ihren langgestreckten Ellipsenbahnen in die Nähe der Sonne, so sublimiert infolge der Erwärmung ein Teil des Materials, geht also von der festen unmittelbar in die gasförmige Phase über. Um den Kometenkern bildet sich eine Gaswolke, gewissermaßen die Atmosphäre des Kometen, auch Koma genannt.

Der Druck des Sonnenlichtes, insbesondere aber der Sonnenwind treibt die Gasmoleküle (überwiegend Ionen) und Staubteilchen vom Kern weg, es bildet sich ein bis zu einigen Millionen Kilometer langer Schweif (siehe auch Monatsthema Juli „Weltraumwetter und Sonnenstürme" auf Seite 157).

Woher kommen die Kometen?

Kometenkerne sind die tiefgekühlten Fossilien des Sonnensystems. Sie lassen Rückschlüsse auf das ursprüngliche Material zu, aus dem sich unser Planetensystem vor fast fünf Milliarden Jahren gebildet hat. Mitte des 20. Jahrhunderts hat der niederländische Astronom Jan Hendrik Oort (1900–1992) vermutet, dass die zahllosen Kometenkerne eine riesige, zirkumsolare Wolke bilden. Der mittlere Radius dieser kugelschalenförmigen Wolke beträgt nach Oorts Vorstellung rund 50 000 AE, dies sind rund siebeneinhalb Billionen ($7{,}5 \times 10^{12}$) Kilometer. Die Umlaufzeiten der Kometen liegen bei Tausenden und Millionen Jahren.

Bei genauer Analyse der Bahnelemente aller bekannter Kometen kam der Verdacht auf, es müsse noch eine zweite Vorratskammer an Kometenkernen existieren. Nicht alle kurzperiodischen Kometen mit Umlaufzeiten bis zu 200 Jahren können von eingefangenen langperiodischen Kometen stammen.

3.9 Jan Hendrik Oort (1900–1992)

National Archief

National Archief

3.10 Gerard Peter Kuiper (1905–1973)

Kurz nach der Entdeckung von Pluto im Februar 1930 meinte Frederick Charles Leonard (1896–1960), Pluto sei der erste aufgefundene von mehreren „Ultra Neptunian Bodies". Schon 1943 publizierte der irische Astronom Kenneth Essex Edgeworth (1880–1972) im *Journal of the British Astronomical Association* die Hypothese, jenseits von Neptun gäbe es einen Bereich, in dem sich aus interplanetarem Staub und gefrorenen Gasen stets neue Kometenkerne bildeten. Die Vermutung, jenseits der Neptunbahn gäbe es weitere Kleinplaneten, äußerte 1951 auch Gerard Kuiper. Diese sollen einen Gürtel aus Trans-Neptunian Objects (TNOs) bilden. Damals wurde Pluto noch als Planet von Erdgröße mit einem Durchmesser von 14 000 Kilometer angesehen.

Entdeckungen im Sonnensystem

Gerard Peter Kuiper war einer der renommiertesten Erforscher des Sonnensystems, eines Fachgebietes, das Mitte des 20. Jahrhunderts von seinen Fachkollegen nicht besonders geschätzt wurde. Kuiper wurde am 7. Dezember 1905 in Harenkarspel (Niederlande) geboren. Schon früh zeigten sich seine scharfen Augen, als er als Schüler die Plejaden zeichnete und mehr Sterne erfasste, als normalerweise mit bloßen Augen erkannt werden. Er studierte an der Universität Leiden Naturwissenschaften, dabei insbesondere Astronomie. Im Jahre 1933 promovierte er bei Ejnar Hertzsprung mit einer Arbeit über Doppelsterne. Im gleichen Jahr emigrierte er in die USA. Er erhielt eine Anstellung am Lick-Observatorium in San José (Kalifornien), wo er von 1933 bis 1935 tätig war. Von 1935 bis 1936 forschte er am Harvard-Observatorium, bis er schließlich ab 1936 als Assistant Professor an der Universität von Chicago lehrte und am dazugehörigen Yerkes-Observatorium in Williams Bay beobachtete.

Kuiper entdeckte 1944 die Atmosphäre des Saturnmondes Titan und erkannte 1947, dass die Marsatmosphäre fast ausschließlich aus Kohlendioxid (CO_2) besteht. 1948 fand er den fünften Uranusmond, die Miranda, und ein Jahr später die Nereïde, den zweiten Neptunmond.

Er heiratete 1936 Sarah Parker Fuller, die ihm zwei Kinder schenkte. 1937 wurde ihm die US-Staatsbürgerschaft verliehen. 1960 ging er an die University of Arizona in Tucson, wo er das Lunar and Planetary Laboratory gründete.

Kuiper prägte den Begriff „contact binary" für enge Doppelsterne. Schließlich regte er den Bau eines Flugzeugobservatoriums an, das sogenannte Kuiper Airborne Observatory (KAO). Mit dem 92-cm-Reflektor des KAO wurden im März 1977 die Uranus-Ringe entdeckt. Das KAO war auch der Vorläufer von SOFIA, dem Infrarot-Flugzeugobservatorium der NASA und dem DLR.

Zu seinen Schülern zählten Tom Gehrels, Tobias Owen und Carl Sagan, die alle bedeutende Beiträge zur Physik des Sonnensystems geliefert haben.

Kuiper war auch Mitherausgeber eines Mondatlasses zur Vorbereitung der bemannten Mondlandungen. Ferner publizierte er den neunbändigen *Atlas of the Solar System*, der erst nach seinem frühen Tod fertiggestellt wurde und dessen neunter Band nie erschien.

3.11 Neptunbahn und Kuiper-Gürtel

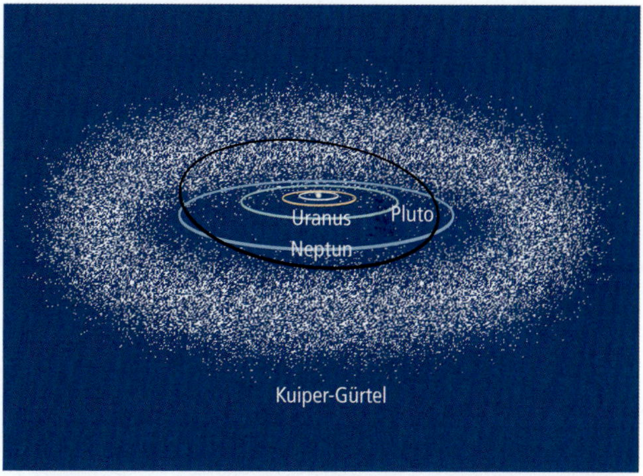

Kuiper erhielt zahlreiche Auszeichnungen und Ehrungen. Unter anderem wurde er auch Member of the United States Academy of Science. Der Tod ereilte ihn am 24. Dezember 1973 auf einer Tagung in Mexico City, wo er einen Herzanfall erlitt.

Weit entfernte Kleinplaneten

Als im Jahre 1977 mit (2060) der erste Planetoid im äußeren Planetensystem entdeckt wurde, lebte die Diskussion um Kuipers Hypothese eines Planetoidengürtels wieder auf. Planetoid Nr. 2060, Chiron getauft, wandert auf einer Bahn um die Sonne, deren sonnennächster Punkt knapp innerhalb der Saturnbahn liegt (Periheldistanz: 8,5 AE). Der sonnenfernste Punkt kommt nahe an die Uranusbahn heran (Apheldistanz: 18,9 AE). Eine Sonnenumrundung von Chiron dauert 51 Jahre.

Nach Chirons Entdeckung begann die Suche nach Kleinplaneten im äußeren Sonnensystem. Bald wurden weitere Planetoiden entdeckt, deren große halbe Bahnachsen in die fernen Bezirke des Sonnensystems ragen. Zu ihnen zählt auch Asteroid (5145) Pholus, ein extrem rötliches Objekt, der als zweiter Zentaur entdeckt wurde. Die Kleinplaneten in den äußeren Bezirken zählt man zur Gruppe der Zentauren nach Chiron, dem erstentdeckten Zentauren. Chiron ist ein weiser und gutmütiger Zentaur.

Nur ein Jahr nach Chirons Auffinden entdeckte James W. Christy den vergleichsweise großen Plutomond Charon. Damit wurde klar: Pluto ist viel kleiner als ursprünglich geschätzt. Sein Durchmesser wurde inzwischen recht genau zu 2373 Kilometer gemessen und der von Charon zu 1212 Kilometer. Auf Grund dieses Größenverhältnisses sieht man nun das System Pluto – Charon als doppelten Zwergplaneten an.

Wahrscheinlich sind die vier äußersten Jupitermonde (XII Ananke, XI Carme, VIII Pasiphae und IX Sinope), die den Riesenplaneten retrograd, also rückläufig umrunden, eingefangene Kleinplaneten aus den äußeren Bezirken des Planetensystems. Auch Triton, der größte Neptunmond, umkreist seine Mutterplaneten retrograd. Man vermutet, dass er von Neptun einst eingefangen wurde.

Die Zentauren-Bahnen sind instabil. Nur wenige Millionen Jahre können sich die Zentauren auf ihnen halten, denn sie kreuzen ständig die Planetenbahnen und werden früher oder später von den großen Planeten eingefangen oder weit jenseits der Neptunbahn hinausgeschleudert.

Körper jenseits von Neptun

Groß war die Sensation, als am 30. August 1992 mit dem 2,24-m-Reflektor der Universität von Hawaii auf dem Mauna Kea das Objekt 1992 QB1 von David Jewitt und Jane Luu entdeckt wurde, der erste Planetoid, dessen Bahn vollständig außerhalb der Neptunbahn verläuft. 1992 QB1 erhielt die definitive Planetoiden-Nummer (15760) und wurde erst im Januar 2018 auf den Namen Albion getauft.

Die Entdeckung blieb nicht lange eine Sensation. Bald wurden weitere Objekte gefunden, die jenseits der Neptunbahn laufen. Damit war die

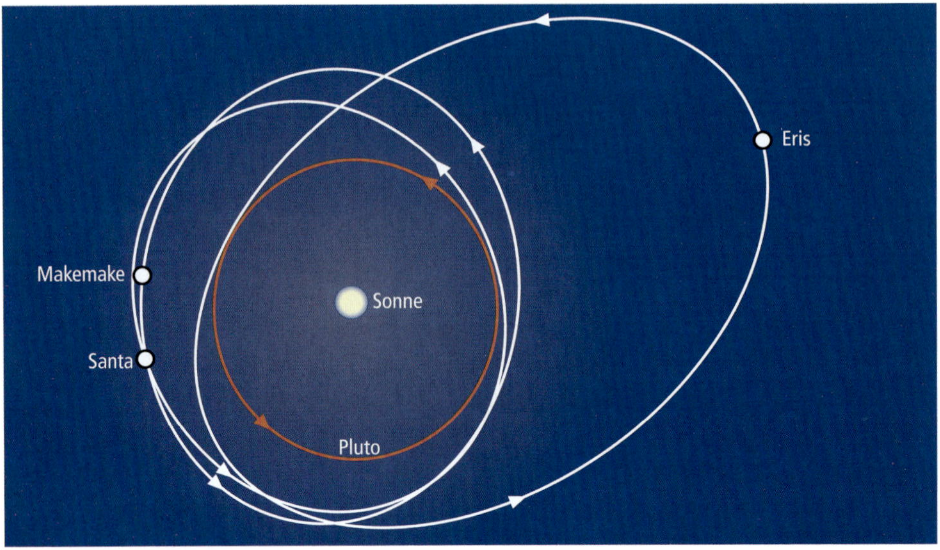

3.12 Die heliozentrischen Bahnen von Pluto, Santa, Makemake und Eris

Existenz eines äußeren Planetoidengürtels nachgewiesen und die Vermutungen von Edgeworth und Kuiper bestätigt. Fortan sprach man vom Edgeworth-Kuiper Belt (EKB) und von den EKOs, den Edgeworth-Kuiper Objects, alles TNOs, also Trans-Neptunian Objects. Doch der Name Edgeworth-Kuiper Belt hat sich nicht durchgesetzt und wird heutzutage nur noch sporadisch in der englischen Fachliteratur verwendet. Auf Vorschlag von Scott Tremaine wird heute fast ausschließlich vom Kuiper Belt oder zu Deutsch vom Kuiper-Gürtel gesprochen. Er erstreckt sich von etwa 30 AE bis 50 AE und hat rund 100 000 Asteroiden von hundert Kilometern Durchmesser und größer, dabei mindestens acht mit tausend Kilometern Größe und noch größeren Dimensionen. Bisher sind mehr als 2000 dieser KBOs (Kuiper Belt Objects) dingfest gemacht worden. Die meisten Bahnen der Planetoiden im Kuiper-Gürtel sind zur Ekliptik orientiert, nur wenige haben größere Neigungen zu ihr wie beispielsweise Eris (44°).

Die Gesamtmasse des Kuiper-Gürtels beträgt etwa das Hundertfache der Masse des inneren Planetoidengürtels zwischen der Mars- und der Jupiterbahn.

Im Juni 2002 wurde ein Kuiper-Gürtel-Objekt entdeckt, das etwas mehr als den halben Plutodurchmesser aufweist und das mit 1300 Kilometern Durchmesser an Größe selbst Ceres übertrifft. Zunächst mit der vorläufigen Bezeichnung 2002 LM60 versehen, wurde dieses KBO schließlich Quaoar getauft nach dem Schöpfergott des Stammes der Tongva. Bald wurde Quaoar übertrumpft. Am 14. November 2003 wurde mit dem Samuel-Oschin-Teleskop (mit lediglich 1,2 m freier Öffnung) auf dem Palomar-Observatorium das KBO mit der Bezeichnung 2003 VB12 aufgespürt, das den Namen Sedna erhielt. Sedna ist die Meeresgöttin der Inuit. Sedna war bei ihrer Entdeckung immerhin 90 AE, das ist die dreifache Neptunentfernung von der Sonne, weit weg. Damit ist Sedna Rekordhalter, was ihre Sonnendistanz betrifft. Mit 0,86 numerischer Exzentrizität entfernt sich Sedna im Aphel enorme 950 AE, das sind 142 Milliarden Kilometer von der Sonne. Für eine Sonnenumrundung auf ihrer langgestrecken Ellipsenbahn benötigt Sedna 11 500 Jahre. Selbst in Sonnennähe ist Sedna noch 76 AE (= 11 400 Millionen Kilometer) von der Sonne entfernt, also fast die doppelte Plutodistanz.

Konkurrenz für Pluto?

Am 21. Oktober 2003 wurde mit dem KBO 2003 UB313 ein echter Konkurrent von Pluto entdeckt. Xena, wie man ihn zunächst nannte, hatte nach ersten Schätzungen 2700 bis 3000 Kilometer Durchmesser. Da der Plutodurchmesser damals mit 2300 Kilometer firmierte, war Xena beziehungsweise Eris eindeutig größer. Die IAU (International Astronomical Union) hatte den Namen Xena nicht anerkannt, den das Entdeckungsteam von Mike Brown ihm gab, sondern ihm Eris verpasst, die Göttin der Rachsucht, des Streites und des Zankes.

Was nun? Wenn Eris größer als Pluto ist, dann muss sie wohl ebenfalls ein Planet sein, nämlich der zehnte. War endlich der lange gesuchte zehnte Planet, also Planet X (römisches Zahlzeichen für 10) gefunden? Doch wie sieht es mit den anderen KBOs mit Größen über 1000 Kilometer Durchmesser aus? Wie viele große KBOs sind im Kuiper-Gürtel noch vorhanden? Brown inszenierte eine Abstimmung. Soll Pluto ein Planet bleiben? Er tanzte mit 17° Bahnneigung und einer hohen Exzentrizität schon immer aus der Reihe. Argumente pro und contra wurden gesammelt. Auf der Generalversammlung der IAU im August 2006 in Prag kam es zum Showdown. Brown war nicht anwesend. Als Nichtmitglied der IAU wäre er auch gar nicht abstimmungsberechtigt gewesen.

Kurz: Die IAU führte die neue Objektklasse „Zwergplaneten“ ein. Danach sind Pluto, Eris und auch Ceres nunmehr Zwergplaneten. Es gab heftige Reaktionen in der Öffentlichkeit und in den Medien. Inzwischen hat sich die Aufregung und teils Empörung wieder gelegt, man ist zur Tagesordnung übergegangen. Neueste Messungen haben ergeben: Eris ist doch nicht größer als Pluto, sondern eine Spur kleiner. Plutos Durchmesser beträgt 2373 km, der von Eris hingegen 2326 km. Pluto bleibt somit „König des Kuiper-Gürtels“.

Noch einem anderen KBO widerfuhr das Schicksal von Xena und wurde umgetauft: 2005 FY9 – aus Easterbunny wurde Makemake, ein Fruchtbarkeitsgott aus der Kultur der Rapa Nui auf der Osterinsel.

Die Planetoiden im Kuiper-Gürtel lassen sich in drei Gruppen einteilen. Die erste Gruppe umfasst die klassischen KBOs (Typbezeichnung Classical KBOs – CKBOs). Sie laufen in Bahnen geringer Exzentrizität, die auch nur relativ wenig

3.13 Die großen Kuiper-Gürtel-Objekte im Vergleich

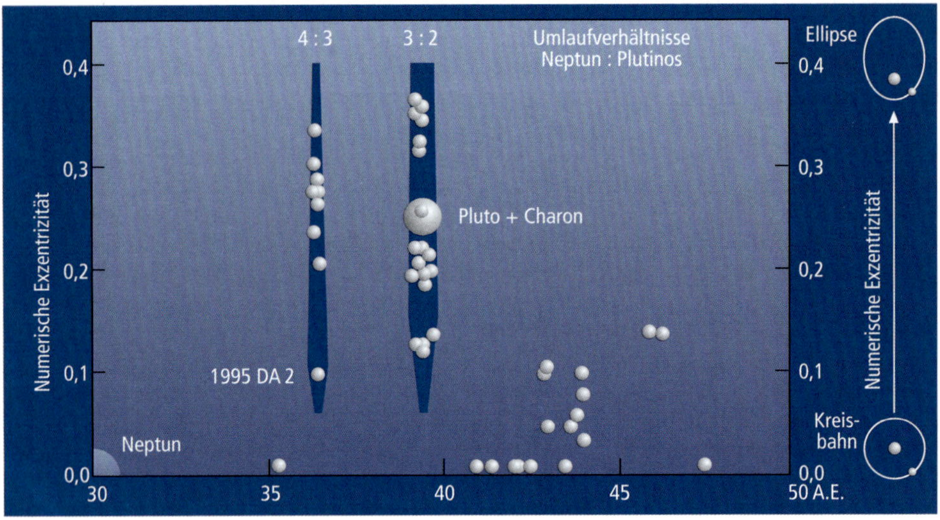

3.14 Bahnresonanzen von Pluto, Neptun und Plutinos

zur Ekliptik geneigt sind. Sie sind direkt aus dem Urnebel des Sonnensystems geformt worden und haben im Wesentlichen ihre primordialen Bahnen behalten. Sie kreisen alle noch innerhalb von 50 AE um die Sonne.

Die zweite Gruppe hat recht exzentrische Bahnen (Exzentrizitäten um e = 0,5), die sie weit hinausführen in die fernen Bezirke des Sonnensystems. Man nennt sie „gestreute" (scattered) KBOs (Typbezeichnung: Scattered KBOs – SKBOs). Dazu zählt 1996 TL66, dessen Bahn eine große Halbachse von a = 85 AE und eine numerische Exzentrizität von e = 0,59 aufweist. Das Aphel liegt damit bei 130 AE (= 19,4 Milliarden Kilometer), das ist mehr als die vierfache Neptunentfernung von der Sonne. Im Perihel kommt 1996 TL66 bis auf 35 AE (= 5,2 Milliarden Kilometer) an die Sonne heran.

Die dritte Gruppe von KBOs wurde von Neptun in Umlaufresonanzen gezwungen. Die Umlaufzeiten dieser KBOs stehen im Verhältnis von 3:2 zur Umlaufzeit von Neptun oder auch 4:3. In einem solchen Resonanzverhältnis stehen auch Pluto und Neptun. Eine Plutorevolution dauert 248 Jahre, während Neptun in 165,5 Jahren die Sonne umkreist. Drei Neptunumläufe entsprechen somit zwei Plutojahren (Typbezeichnung: Resonant KBOs – RKBOs).

Man nennt solche Verhältnisse von kleinen ganzen Zahlen bei Umlaufzeiten Resonanzen. KBOs, die dem entsprechen, heißen Plutinos. Solche Resonanzen sind nicht zufällig entstanden, sondern himmelsmechanisch bewirkt.

Auch Kometenkerne wird der Kuiper-Gürtel enthalten. Wegen ihrer viel geringeren Größe sind sie vorläufig zumindest noch nicht direkt zu beobachten.

Die Erforschung des Kuiper-Gürtels und seiner Objekte ist eine dringende Aufgabe der beobachtenden Astronomie. Vermutlich die überwiegende Zahl der KBOs sind noch nicht entdeckt! Einige von ihnen könnten eines mehr oder minder fernen Tages das irdische Leben auslöschen. Verglichen mit der Lebensdauer eines einzelnen Menschen sind kosmische Kollisionen extrem selten.

Im Vergleich zur fünf Milliarden Jahre alten Geschichte unseres Sonnensystems sind sie aber gewissermaßen an der Tagesordnung. Man blicke nur zum Mond!

April 2024

- Merkur hat sich vom Abendhimmel zurückgezogen und bleibt unsichtbar.
- Venus wiederum hat den Morgenhimmel verlassen und bleibt ebenfalls unbeobachtbar.
- Mars erscheint noch nicht am Morgenhimmel.
- Jupiter gibt seine Abschiedsvorstellung am Abendhimmel.
- Saturn ist unter extrem günstigen Sichtbedingungen zu Beginn der Morgendämmerung auszumachen.

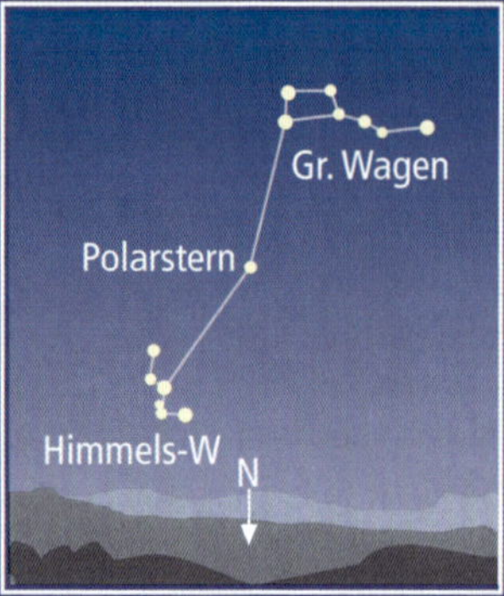

Großer Wagen und Himmels-W Anfang April um 22 Uhr MEZ

4.1 Abendlicher Himmelsanblick gegen 20h MEZ (= 21h MESZ). Über dem Westhorizont steht der Riesenplanet Jupiter. Zu ihm gesellt sich am 10. April die Sichel des zunehmenden Mondes.

1 Mo	Ostermontag
2 Di	Letztes Viertel
3 Mi	
4 Do	
5 Fr	
6 Sa	
7 So	
8 Mo	**Neumond**
9 Di	
10 Mi	Mond bei Jupiter – abends
11 Do	
12 Fr	
13 Sa	
14 So	
15 Mo	Erstes Viertel
16 Di	
17 Mi	
18 Do	
19 Fr	
20 Sa	
21 So	
22 Mo	
23 Di	Mond bei Spica – morgens
24 Mi	**Vollmond**
25 Do	
26 Fr	Mond bei Antares – Mitternacht
27 Sa	
28 So	
29 Mo	
30 Di	

SONNE – STERNBILDER

18.4. 15h:
Sonne tritt in das Sternbild Widder

19.4. 15h:
Sonne tritt in das Tierkreiszeichen Stier

Julianisches Datum am
1. April, 1h MEZ: 2460401,5

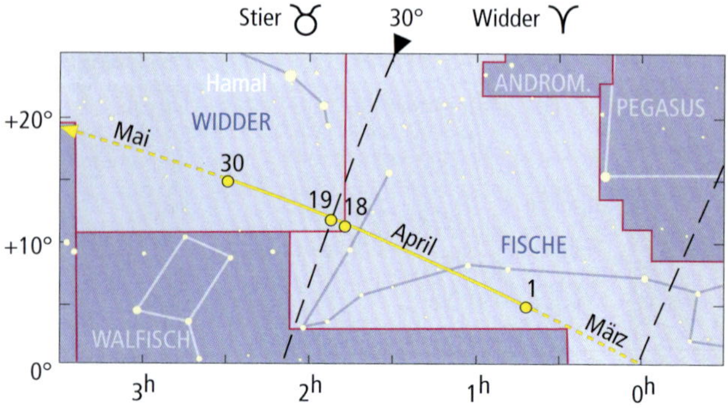

SONNENLAUF

Tag	Dämmerg. Anfang	Aufgang MEZ	Kulmination	Untergang MEZ	Dämmerg. Ende	Mittagshöhe	Zeitgleichg.	Rektaszension	Deklination
	h m	h m	h m	h m	h m	°	m	h m	°
1.	4 44	5 56	12 24	18 52	20 05	44,8	–4	0 42	+ 4,5
5.	4 34	5 47	12 23	18 59	20 12	46,4	–3	0 57	+ 6,0
10.	4 22	5 37	12 21	19 07	20 22	48,2	–1	1 15	+ 7,9
15.	4 10	5 26	12 20	19 14	20 31	50,0	0	1 33	+ 9,7
20.	3 58	5 16	12 19	19 22	20 41	51,8	+1	1 52	+11,5
25.	3 46	5 07	12 18	19 30	20 51	53,4	+2	2 11	+13,2
30.	3 35	4 58	12 17	19 38	21 01	55,0	+3	2 30	+14,8

TAGES- UND NACHTSTUNDEN

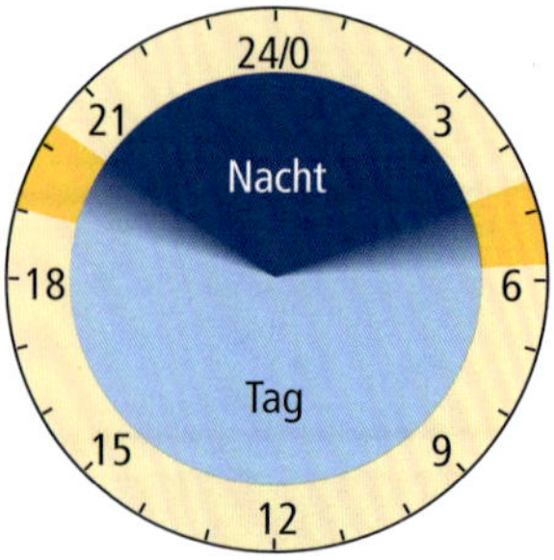

5. April

15. April

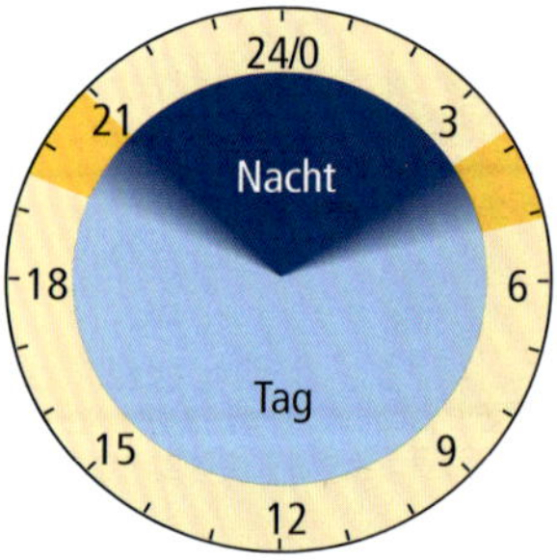

25. April

MONDLAUF

Datum		Aufg. MEZ	Kulmination	Unterg. MEZ	Rektaszension	Deklination		Sterne und Sternbilder	Phase	MEZ
		h m	h m	h m	h m	°				
Mo	1.	2 16	5 41	9 06	17 48	−28,5		Schütze	Libration Ost	
Di	2.	3 12	6 40	10 12	18 48	−28,3		Schütze, Nunki	**Letztes Viertel** Größte Südbreite	**$4^h 15^m$**
Mi	3.	3 53	7 39	11 32	19 49	−26,4		Schütze		
Do	4.	4 24	8 36	12 59	20 49	−22,9		Steinbock		
Fr	5.	4 47	9 31	14 29	21 46	−17,9		Steinbock		
Sa	6.	5 05	10 24	15 59	22 42	−11,8		Wassermann		
So	7.	5 20	11 15	17 28	23 36	− 4,9		Wassermann	Erdnähe 359/33′,3	19^h
Mo	8.	5 35	12 06	18 57	0 29	+ 2,3		Walfisch	**Neumond Nr. 1253** Aufsteigender Knoten	**$19^h 21^m$**
Di	9.	5 51	12 58	20 27	1 22	+ 9,4		Fische		
Mi	10.	6 10	13 52	21 57	2 18	+15,9		Widder		
Do	11.	6 33	14 49	23 24	3 15	+21,3	*	Stier, Plejaden		
Fr	12.	7 04	15 47	–	4 14	+25,4		Stier, Plejaden		
Sa	13.	7 47	16 46	0 43	5 14	+27,8		Stier, Alnath	Libration West	
So	14.	8 43	17 43	1 47	6 14	+28,6		Fuhrmann	Größte Nordbreite	
Mo	15.	9 49	18 36	2 35	7 12	+27,7	*	Kastor, Pollux	**Erstes Viertel**	**$20^h 13^m$**
Di	16.	11 01	19 26	3 10	8 07	+25,5		Pollux		
Mi	17.	12 15	20 12	3 34	8 58	+22,2		Krebs, Krippe		
Do	18.	13 26	20 55	3 52	9 46	+17,9		Löwe, Regulus		
Fr	19.	14 36	21 35	4 06	10 31	+13,1		Löwe, Regulus		
Sa	20.	15 44	22 14	4 18	11 14	+ 7,8		Löwe	Erdferne 406/29′,5	3^h
So	21.	16 52	22 53	4 29	11 56	+ 2,2		Jungfrau		
Mo	22.	18 01	23 33	4 40	12 37	− 3,5		Jungfrau	Absteigender Knoten	
Di	23.	19 12	–	4 52	13 20	− 9,1		Spica		
Mi	24.	20 26	0 15	5 06	14 05	−14,5		Jungfrau	**Vollmond**	**$0^h 49^m$**
Do	25.	21 42	0 59	5 23	14 52	−19,3		Waage		
Fr	26.	22 58	1 48	5 46	15 43	−23,4		Waage		
Sa	27.	–	2 40	6 18	16 37	−26,5		Antares		
So	28.	0 08	3 36	7 02	17 35	−28,2		Schlangenträger	Libration Ost	
Mo	29.	1 08	4 34	8 03	18 34	−28,4		Schütze, Nunki	Größte Südbreite	
Di	30.	1 53	5 33	9 18	19 34	−27,0		Schütze		

DER MOND KOMMT KNAPP AN SPICA HERAN

MERKUR hat sich vom Abendhimmel zurückgezogen und bleibt unsichtbar. Schon am 1. wird er stationär und nähert sich rasch rückläufig der Sonne, die ihm im Tierkreis entgegenkommt. Der Umkehrpunkt liegt 2°,0 südöstlich von η Piscium (3^{m},6; Alpherg). Schon am 11. steht Merkur in unterer Konjunktion mit der Sonne. Die Konjunktionsschleife liegt im Sternbild Fische (siehe Abb. 3.4 auf Seite 73). Zur unteren Konjunktion ist Merkur 87 Millionen Kilometer (= 0,58 AE) von der Erde entfernt.

Am 24. beendet Merkur seine Rückläufigkeit und wandert anschließend wieder rechtläufig durch den Tierkreis. Bis Monatsende wächst der westliche Win-

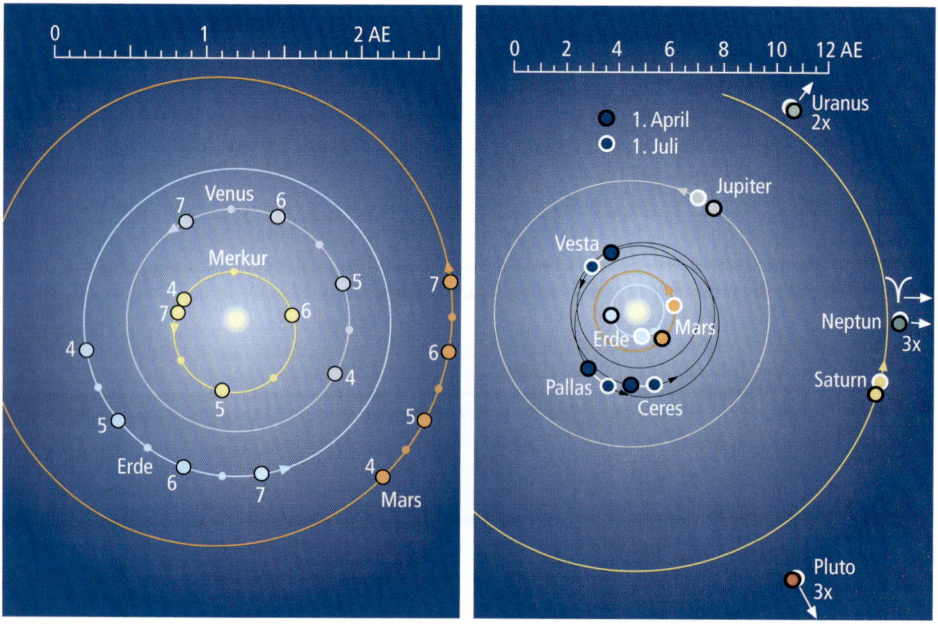

4.2 Heliozentrischer Anblick des Planetensystems im zweiten Jahresviertel 2024. Eingetragen sind links die Positionen der inneren Planeten für den 1. April (4), 1. Mai (5), 1. Juni (6) und 1. Juli (7). Der rechte Teil zeigt das äußere Planetensystem zu Anfang und Ende des zweiten Jahresviertels. Die Pfeile deuten die Richtungen zu den ferneren Planeten sowie zum Frühlingspunkt an.

kelabstand von der Sonne bis auf $24\overset{\circ}{,}0$ an. Für eine Morgensichtbarkeit des nur $1\overset{m}{,}0$ hellen Merkurs reicht dies nicht aus. Im April wird man vergeblich nach Merkur Ausschau halten. Am 30. geht Merkur durch das Aphel seiner Bahn.

VENUS hat sich im Vormonat vom Morgenhimmel zurückgezogen und bleibt unbeobachtbar. Sie eilt der Sonne nach, die ihr im Tierkreis vorausläuft. Bis Ende April nimmt ihr westlicher Winkelabstand (Elongation) von der Sonne auf gut neun Grad ab.

Ihre Begegnungen mit Neptun am 3. sowie mit Merkur am 18. bleiben unbeobachtbare Ereignisse.

MARS wechselt am 24. aus dem Sternbild Wassermann in das der Fische. Er nähert sich dem Himmelsäquator, den er Anfang des nächsten Monats überschreitet.

Noch kann der rote Planet nicht am Morgenhimmel in Erscheinung treten. Mars bleibt weiterhin unsichtbar. Am 29. zieht er in nur 2′04″ südlich an Neptun vorbei. Die enge Begegnung bleibt unbeobachtbar.

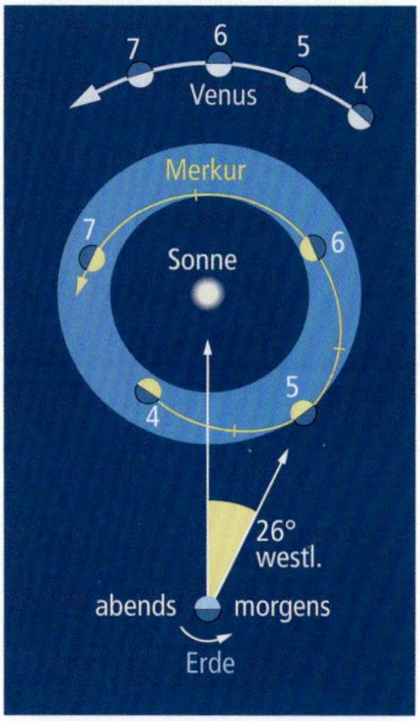

4.3 Heliozentrische Bewegungen von Merkur und Venus *relativ* zur Erde. In den dicker ausgezogenen Bahnteilen sind die Planeten beobachtbar. Die Zahlen markieren die Positionen jeweils zum Monatsersten. Östlicher Winkelabstand bedeutet Abendsichtbarkeit, westliche Elongation: Planet steht am Morgenhimmel.

JUPITER gibt seine Abschiedsvorstellung am Abendhimmel. Der Riesenplanet wandert rechtläufig durch das Sternbild Widder und wechselt am 28. in den Stier (siehe Abb. 4.4 unten). Jupiter wird von der Sonne verfolgt. Mitte Mai wird sie ihn im „Goldenen Tor der Eliptik" einholen.

Am 10. ergibt sich noch gegen 20^h (= 21^h Sommerzeit) ein netter Himmelsanblick: Knapp über dem Westhorizont steht Jupiter, daneben leuchtet die extrem schmale Sichel des jungen Mondes (siehe Abb. 4.1 auf Seite 88).

Die nahende Konjunktion mit der Sonne lässt die Jupiterhelligkeit nochmals leicht um $0\overset{m}{,}1$ auf $-2\overset{m}{,}0$ absinken. Damit wird der Riesenplanet relativ bald in der Abenddämmerung bei fortschreitender Dunkelheit sichtbar. Letztmals wird man Jupiter Ende April freiäugig sehen können. Am 1. geht Jupiter um 22^h04^m unter, am 15. um 21^h26^m und am 30. schon um 20^h46^m (= 21^h46^m Sommerzeit).

4.4 Die scheinbare Bahn von Jupiter im Gebiet der Sternbilder Widder und Stier im Jahr 2024. Die Zahlen geben die Planetenposition zum jeweiligen Monatsbeginn an (5 = 1. Mai).

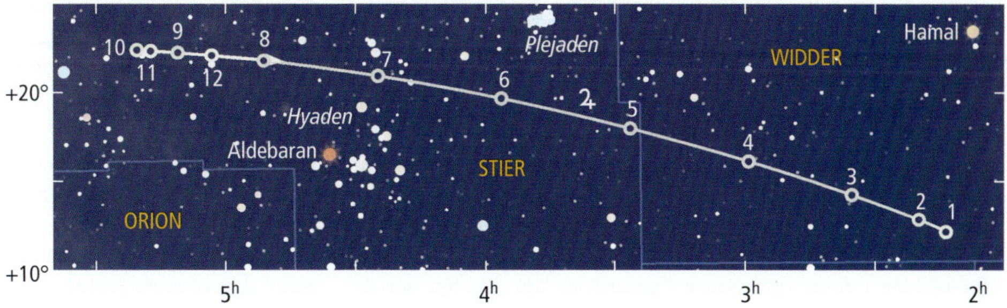

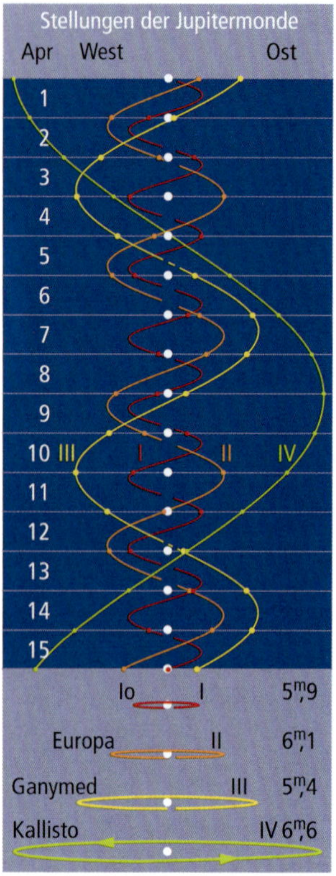

SATURN, rechtläufig im Wassermann, kann unter sehr guten Sichtbedingungen am Monatsende tief am Osthimmel in der beginnenden Morgendämmerung aufgefunden werden. Am 1. erfolgt der Aufgang des $1^m{,}1$ hellen Ringplaneten um 5^h17^m (= 6^h17^m Sommerzeit). Am 30. geht Saturn bereits um 3^h29^m (= 4^h29^m Sommerzeit) auf.

Am 11. zieht Mars eine Vollmondbreite nördlich an Saturn vorbei, der allerdings kaum zu beobachten ist.

URANUS, rechtläufig im Sternbild Widder, nähert sich seiner

JUPITERMONDE

Tag	MEZ h	m	Vorgang	
1.	20	41	I	DA
	21	28	I	SA
2.	20	46	I	VE
4.	20	38	II	DA
6.	19	39	II	VE
9.	19	51	I	BA
10.	20	02	I	SE
12.	20	53	III	BE

Konjunktion mit der Sonne, die er Mitte nächsten Monats einnimmt. Vom Abendhimmel zieht sich der grünliche Planet vollends zurück. Erfahrene Beobachter mögen Uranus noch zu Monatsbeginn mit lichtstarken Ferngläsern oder Teleskopen aufspüren.

Der Untergang des $5^m{,}8$ hellen Uranus erfolgt am 1. um 22^h24^m (= 23^h24^m Sommerzeit), am 15. um 21^h33^m und am 30. bereits um 20^h39^m.

Die Begegnung von Jupiter mit Uranus, der am 20. Uranus in 32′ südlichem Abstand überholt, ist kaum zu beobachten.

NEPTUN stand Mitte des Vormonats in Konjunktion mit der Sonne. Der bläuliche Planet wandert rechtläufig durch das Sternbild Fische (siehe Abb. 9.6 auf Seite 196). Seine Helligkeit nimmt von $8^m{,}0$ leicht auf $7^m{,}9$ zu. Noch bleibt er in den Strahlen der Sonne verborgen.

Am 3. zieht Venus in nur 17′ südlich an Neptun vorbei, was ebenfalls unbeobachtbar bleibt. Zu einer Begegnung mit Mars kommt es am 29., bei der der rote Planet nur 2′14″ südlich an Neptun vorbeiwandert. Auch dieses Ereignis entgeht uns.

PLANETOIDEN UND ZWERGPLANETEN

PALLAS – Planetoid Nr. 2 – wird am 4. im Sternbild Herkules stationär. Das „stationär" bezieht sich lediglich auf ihre Bewegung in Rektaszension. Danach ist sie anschließend rückläufig, die Rektaszensionen nehmen ab. In Deklination eilt sie nordwärts (sieh Abb. 5.3 auf Seite 114). Ihre Helligkeit nimmt von $9^m{,}2$ auf $9^m{,}0$ leicht zu. Nächsten Monat kommt sie in Opposition zur Sonne.

Am 1. geht Pallas um 21^h00^m (= 22^h00^m MESZ) auf und kulminiert um 4^h31^m. Ihre Kulminationen verfrühen sich auf 3^h35^m am 15. und 2^h29^m am Monatsletzten. Ihr Aufgang erfolgt am 30. schon um 18^h18^m.

JUNO (3) wird am 18. im Sternbild Löwe stationär und ist anschließend wieder rechtläufig (siehe Abb. 3.5 auf Seite 75). Am 1. kulminiert die nur mehr $9^m{,}5$ helle Juno um 22^h14^m (= 23^h14^m MESZ).

Bis 15. sinkt ihre Helligkeit weiter auf $9^m{,}8$ ab und bis Ende April gar auf $10^m{,}1$. Ihre Meridiandurchgänge erfolgen am 15. um 21^h16^m und am 30. schon um 20^h18^m.

VESTA (4) überschreitet am 2. rechtläufig die Grenze vom Stier zu den Zwillingen. Am 8. passiert sie in 0,°4 nördlichem Abstand den offenen Sternhaufen

M 35 im Sternbild der Zwillinge (siehe Abb. 2.3 auf Seite 56). Ihre Helligkeit geht weiter leicht von $8^{\mathrm{m}}{,}1$ auf $8^{\mathrm{m}}{,}3$ zurück. Mit Einbruch der Dunkelheit hat sie längst den Meridian passiert, am 1. um $17^{\mathrm{h}}39^{\mathrm{m}}$ (= $18^{\mathrm{h}}39^{\mathrm{m}}$ MESZ) und am 30. schon um $16^{\mathrm{h}}27^{\mathrm{m}}$. Am 1. geht Vesta um $1^{\mathrm{h}}58^{\mathrm{m}}$ unter, am 15. um $1^{\mathrm{h}}23^{\mathrm{m}}$ und am 30. bereits um $0^{\mathrm{h}}47^{\mathrm{m}}$ (= $1^{\mathrm{h}}47^{\mathrm{m}}$ MESZ).

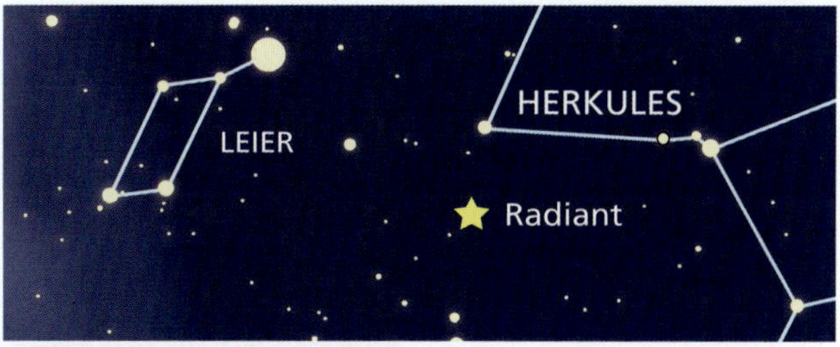

4.5 Der Radiant der Lyriden liegt zwischen Herkules und Leier.

PERIODISCHE STERNSCHNUPPENSTRÖME

Mit den **LYRIDEN** durchquert die Erde nach längerer Pause wieder einen auffallenden Meteorstrom. Erste Meteore lassen sich ab dem 16. April finden. Das Maximum wird am Morgen des 23. erreicht. Rund 20 Meteore, darunter einige helle Exemplare, leuchten dann pro Stunde auf. Der Radiant befindet sich zum Maximum etwa 7° südwestlich von Wega und ist somit nach Mitternacht hoch am Himmel.

Die Lyriden sind schnelle Objekte. Im Mittel liegen ihre Eintrittsgeschwindigkeiten um 49 Kilometer pro Sekunde. Die Lyriden stammen von dem langperiodischen Kometen C/1861 G1 (Thatcher), dessen Umlaufzeit 415 Jahre beträgt.

Der **ANTIHELION**-Komplex wandert durch das Sternbild Jungfrau auf die Waage zu und erreicht somit immer südlichere Abschnitte der Ekliptik. Stündlich sind kaum fünf Meteore zu erwarten.

Ein weit südlicher Strom sind die regelmäßig aufflammenden π-**PUPPIDEN**. Sie erscheinen um den 23. April. Ihr Radiant liegt, wie der Name sagt, im Sternbild Puppis (Hinterdeck des Argonautenschiffes), das in unseren Breiten nur zum Teil sichtbar ist. Wegen der südlichen Lage des Ausstrahlungspunktes sind sie erst südlich von 30° nördlicher Breite zu beobachten. In manchen Jahren erscheinen recht viele Puppiden. Ihr Radiant ist nur am Abendhimmel sichtbar. Es handelt sich um recht langsame Meteore mit Eintrittsgeschwindigkeiten von rund 15 Kilometer pro Sekunde. Als Ursprungskomet wurde 26P/Grigg-Skjellerup ausgemacht.

Im letzten Aprildrittel tauchen die ersten **ETA-AQUARIIDEN** auf (siehe „Sternschnuppenströme im Mai" auf Seite 114).

KONSTELLATIONEN UND EREIGNISSE

Datum	MEZ	Ereignis
1.	21^{h}	Merkur im Stillstand, anschließend rückläufig
3.	11	Venus bei Neptun, Venus 0°,3 südlich
6.	5	Mond bei Mars, Mond 2°,0 südlich
6.	10	Mond bei Saturn, Mond 1°,2 südlich
7.	9	Mond bei Neptun, Mond 0°,4 südlich
7.	18	Mond bei Venus, Mond 0°,4 nördlich
8.	19	Totale Sonnenfinsternis – in Mitteleuropa unbeobachtbar
9.	2	Mond bei Merkur, Mond 2°,2 südlich
10.	22	**Mond bei Jupiter**, Mond 4°,0 nördlich, **Abstand 3°,3 um 21^{h}**
11.	1	Mond bei Uranus, Mond 3°,6 nördlich
11.	4	Mars bei Saturn, Mars 0°,5 nördlich
11.	24	Merkur in unterer Konjunktion mit der Sonne
18.	24	Merkur bei Venus, Merkur 2°,0 nördlich
20.	9	Jupiter bei Uranus, Jupiter 0°,5 südlich
24.	9	Merkur stationär, anschließend rechtläufig
29.	5	Mars bei Neptun, Mars 0°,04 südlich
30.	17	Merkur im Aphel

Zur abendlichen Stunde (Standardbeobachtungszeit am 1. um 23^h MEZ = 24^h Sommerzeit, am 15. um 22^h MEZ = 23^h Sommerzeit) steht jetzt der Große Wagen mit seinen sieben Sternen direkt über unseren Köpfen. Er ist nur ein Teil der viel größeren Sternenfigur des Großen Bären (Ursa Maior). Zurzeit ist die Gelegenheit günstig, den Großen Bären als Sternbild in seiner Gesamtheit zu erfassen. Denn sein Kopf und seine Tatzen werden von relativ lichtschwachen Sternen markiert, während der Wagenkasten den Schinken des Bären bildet und die Deichsel seinen zoologisch gesehen viel zu langen Schwanz.

Durch den Meridian wandert gerade der Löwe. Er hat nun seine Gipfelposition erreicht und ist auch für Anfänger leicht auszumachen. Ein großes Sternentrapez deutet den Rumpf an, ein kleines, an der Nordwestecke („rechts oben" in unseren Breiten) aufgesetztes Trapez den Kopf dieses königlichen Tieres. Der Löwe ist Mitglied im ausgewählten Zirkel der Tierkreisbilder. Sein Hauptstern Regulus liegt fast genau auf der Ekliptik. Regulus (α Leonis) wird deshalb von Zeit zu Zeit vom Mond bedeckt, gelegentlich sogar auch von einem Planeten. Die Entfernung von Regulus misst nach neuesten Beobachtungen 79 Lichtjahre.

Nördlich des Löwen und südlich der Tatzen des Großen Bären liegt das unscheinbare Sternbild Kleiner Löwe (lat.: Leo Minor). Nur drei Sterne des Kleinen Löwen sind heller als $4\overset{m}{,}5$.

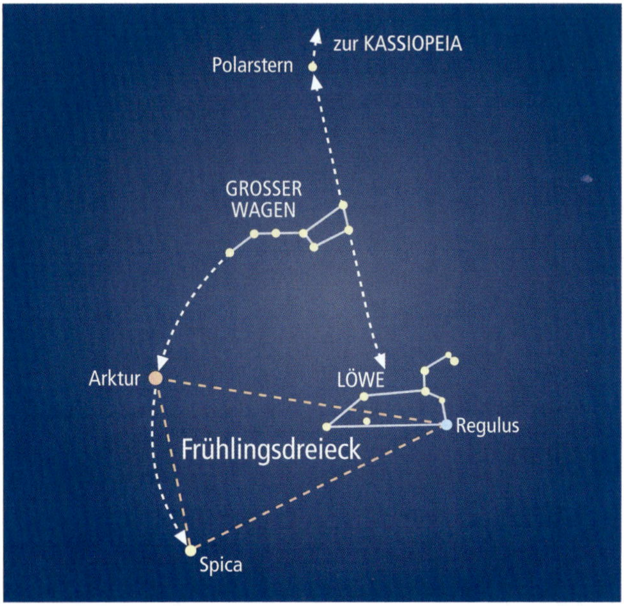

4.6 Das Frühlingsdreieck setzt sich aus den drei hellen Sternen Arktur im Bootes, Regulus im Löwen und Spica in der Jungfrau zusammen.

Im Westen versinken die Wintersternbilder. Sirius im Großen Hund ist bereits untergegangen. Orion befindet sich gerade im Untergang, ebenso der Stier mit dem roten Aldebaran. Hoch im Westen sind die Zwillinge zu sehen. Zwischen Zwillingen und Löwe liegt der unscheinbare Krebs.

Im Südwesten fällt Prokyon im Kleinen Hund auf. Halbhoch im Nordwesten strahlt die gelbe Kapella im Sternenpolygon des Fuhrmanns. Die Kassiopeia, das Himmels-W, bereitet sich auf die untere Kulmination vor. Der Kepheus geht gerade zwischen Himmelsnordpol und Nordpunkt am Horizont durch den

VERÄNDERLICHE STERNE

Algol-Minima		β-Lyrae-Minima			δ-Cephei-Maxima		Mira-Helligkeit	
4.	23^h11^m	4.	20^h	H	5.	15^h	1.	7^m
7.	20 00	11.	7	N	11.	0	10.	6
22.	4 06	17.	19	H	16.	9	20.	4
27.	21 44	24.	6	N	21.	18	30.	4
30.	18 32	30.	17	H	27.	2		

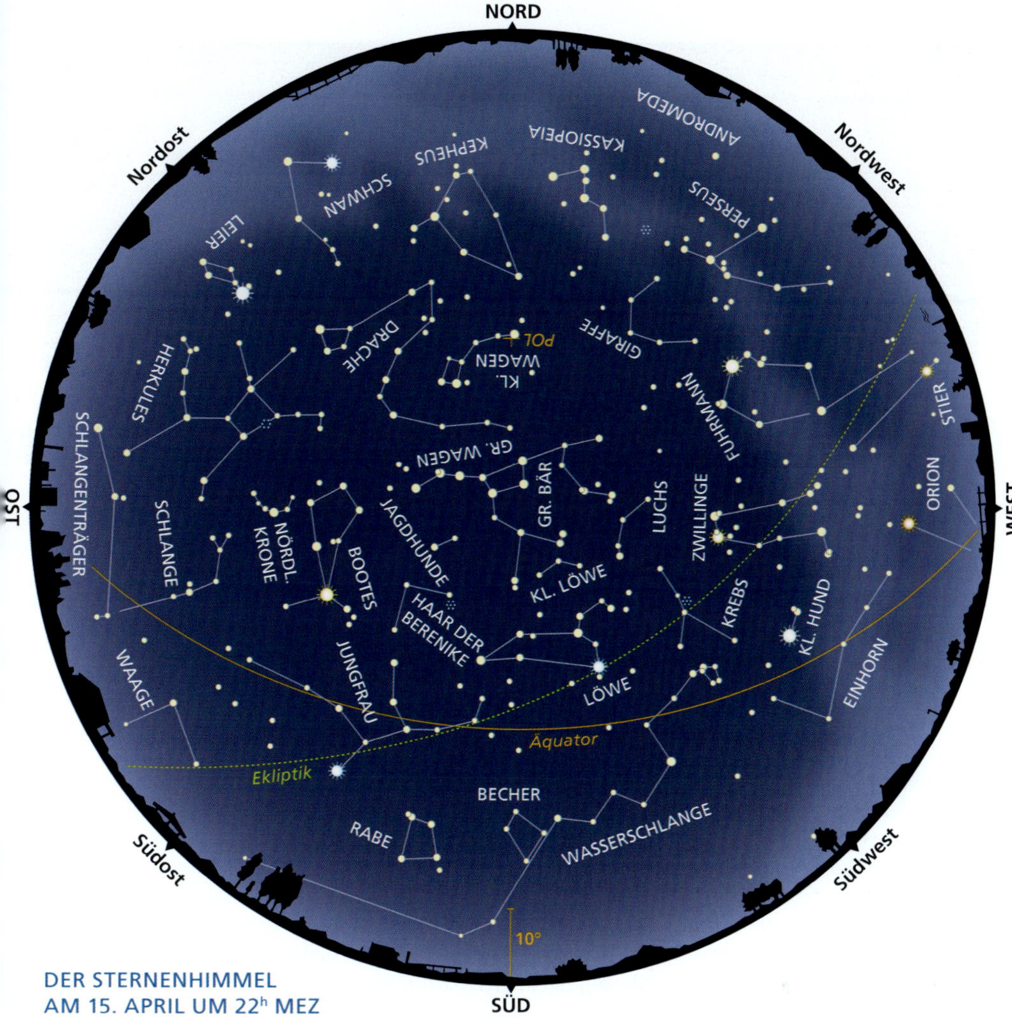

DER STERNENHIMMEL AM 15. APRIL UM 22^h MEZ

Die Sternkarte ist auch gültig für:

	MEZ	MESZ
15.12.	6^h	
1. 1.	5	
15. 1.	4	
1. 2.	3	
15. 2.	2	
1. 3.	1	
15. 3.	0	
1. 4.	**23**	**24^h**
15. 4.	**22**	**23**
30. 4.	**21**	**22**

Meridian. Diese Stellung bezeichnet man als „untere Kulmination". Nur Sterne, die zirkumpolar sind, können auch in unterer Kulmination beobachtet werden. Alle anderen Sterne bleiben in unterer Kulmination unter dem Horizont und sind daher in dieser Position unbeobachtbar.

Ein intensiv orange-rot strahlender Stern fällt hoch im Südosten auf. Es handelt sich um Arktur, den Hauptstern im Sternbild Boötes. In Sternkarten ist er als α Boötis vermerkt. Mit $0^{m}{,}0$ scheinbarer Helligkeit gehört Arktur zu den fünf hellsten Fixsternen am irdischen Firmament. Arktur ist 37 Lichtjahre von uns entfernt. Arktur heißt so viel wie Bärenhüter. Im täglichen Himmelsumschwung folgt Arktur permanent dem Großen Bären. Er treibt damit gewisser-

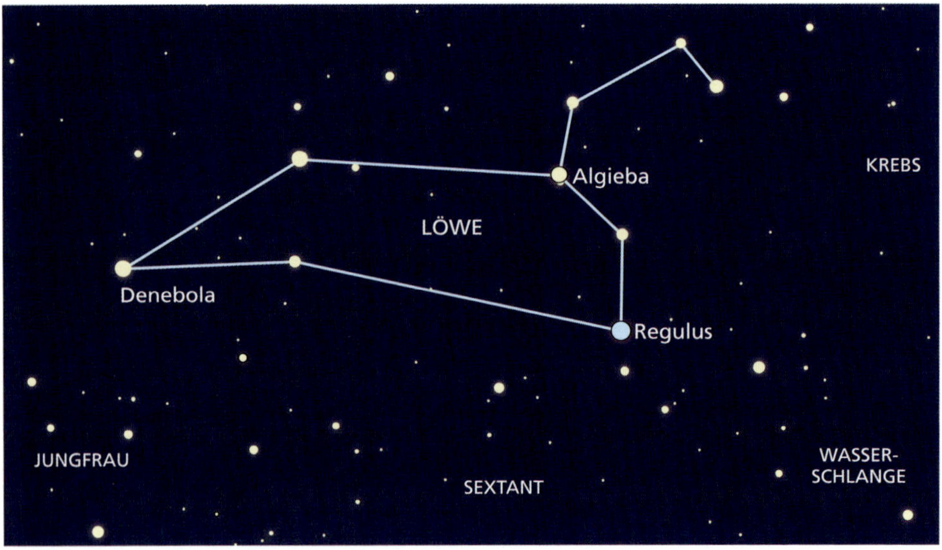

4.7 Das Sternbild Löwe ist leicht zu finden.

maßen den Bären um den Polarstern herum.

Boötes bedeutet so viel wie Rinderhirt. Die alten Römer sahen in den sieben Wagensternen sieben Dreschochsen (Septemtriones), die um den Polarstern als Göpel herumwandern. Und Boötes, der fleißige Rinderhirt, treibt sie an, indem er ihnen ständig folgt.

Südlich der Deichsel des Großen Wagens und dem Kleinen Löwen im Osten benachbart, stößt man auf das kleine und unscheinbare Sternbild der Jagdhunde (lat.: Canes Venatici, abgekürzt: CVn). Die Jagdhunde sind ein neuzeitliches Sternbild. Es war daher im Altertum und Mittelalter unbekannt. Eingeführt hat es der Danziger Ratsherr und aktive Amateurastronom mit eigener Sternwarte Johannes Hevelius im Jahre 1687. Es erschien in seinem Sternatlas *Prodromus Astronomiae*, der von seiner Frau Elisabeth herausgegeben wurde. Die Jagdhunde werden von Boötes an zwei Leinen festgehalten. Der Hauptstern (α CVn) heißt Cor Caroli (lat., Herz Karls; nach König Charles I. von England benannt).

Den Platz im Südosten nimmt die Jungfrau (lat.: Virgo) ein. Ihr hellster Stern (α Virginis) heißt Spica mit Eigennamen. Spica ist Lateinisch und bedeutet „Kornähre". Sie ist ein Symbol für die Fruchtbarkeit der Jungfrau. Im Gegensatz zum rötlichen Arktur leuchtet Spica in bläulicher Farbe. Spica ist eine ganze Größenklasse lichtschwächer als Arktur. Dies betrifft allerdings nur ihre scheinbare Helligkeit. Im Gegensatz zu Arktur, der nur knapp 37 Lichtjahre entfernt ist, braucht das Licht 250 Jahre, um von Spica zur Erde zu gelangen. Dass wir sie trotz dieser relativ großen Distanz noch als Stern erster Größe am irdischen Himmel sehen, liegt an ihrer gewaltigen Leuchtkraft. Spica strahlt so hell wie 2200 unserer Sonnen zusammengenommen. Stünde Spica in gleicher Distanz wie Arktur, so erschiene sie uns fast so hell wie die Venus!

Die drei hellen Sterne Arktur im Boötes, Regulus im Löwen und Spica in der Jungfrau bilden ein großes Dreieck, das als Frühlingsdreieck bekannt ist, gewissermaßen als Gegenstück zum Sommerdreieck, Herbstviereck und Wintersechseck.

Südlich der Jungfrau sind das Sternenviereck des Raben (lat.: Corvus) und der Becher (lat.: Crater) auszumachen. Während der Rabe relativ leicht zu erkennen ist, so ist der lichtschwache Becher ein schwieriges Sternbild, das man nur unter sehr guten Sichtbedingungen wahrnehmen kann.

Im Nordosten ist bereits der Herkules über den Horizont gestiegen, ein recht ausgedehntes Sternbild ohne hellere Sterne. Im Herkules stößt man auf den prominenten Kugelsternhaufen M 13. Ein weiterer, aber lichtschwächerer Kugelsternhaufen, nämlich M 92, findet sich ebenfalls im Herkules.

Halbhoch im Osten, nahe des Boötes, springt der Sternenhalbkreis der Nördlichen Krone förmlich ins Auge. Er ist zwar nicht besonders hell, aber in seiner Anordnung recht auffällig. Der deutlich hellere Stern im Halbkreis mit der Katalogbezeichnung α Coronae Borealis heißt Gemma, der Edelstein. Der offizielle Name nach der IAU-Liste lautet Alphecca. α CrB ist ein weißer, heißer Riesenstern (A0 IV) in 75 Lichtjahren Entfernung. In der Nördlichen Krone findet sich auch der Eruptiv-Variable R Coronae Borealis, ein rußender Stern.

Am Nordosthorizont künden Wega in der Leier und Deneb im Schwan den kommenden Sommer an.

4.8 Skelettkarte des Sternbildes Herkules. Eingetragen sind die Positionen der Kugelsternhaufen M 13 und M 92.

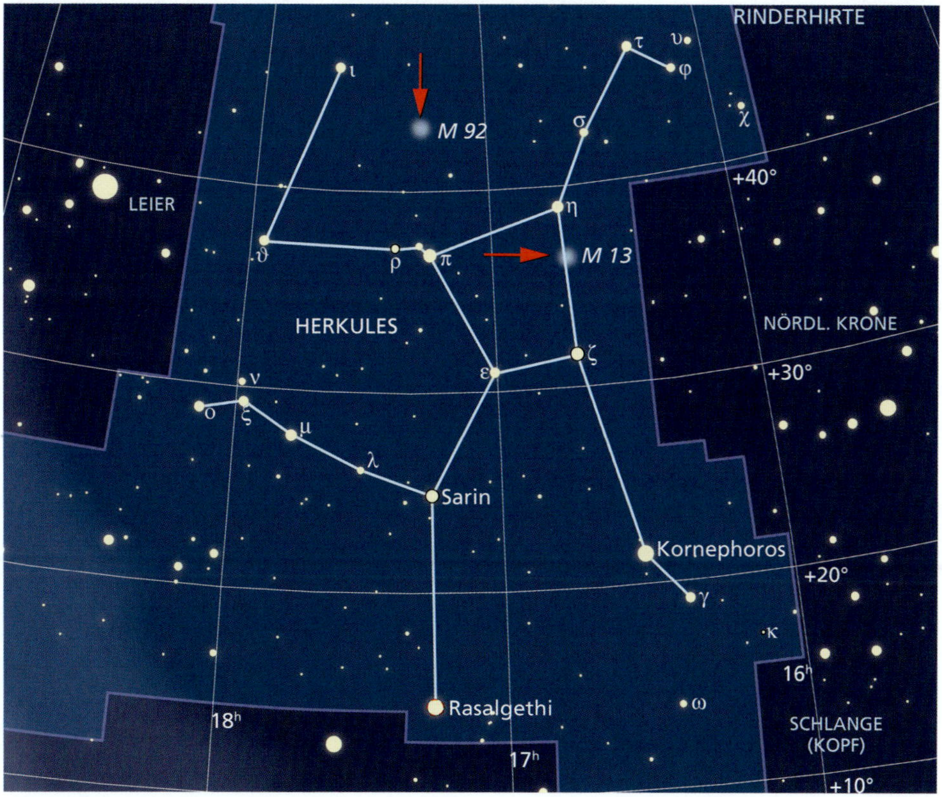

Die totale Sonnenfinsternis vom 8. April 2024

4.9 Bei einer totalen Sonnenfinsternis zeigt sich die Korona. Sie ist die äußerste Schicht der Sonnenatmosphäre. Aufnahme der totalen Sonnenfinsternis vom 29. März 2006, gewonnen von Martin Gertz/Sternwarte Welzheim.

Schon bereiten sich viele Finsternisenthusiasten – vor allem in der westlichen Hemisphäre des Erdglobus – auf die totale Sonnenfinsternis von Montag, 8. April 2024 vor, um die „große amerikanische Finsternis“ zu verfolgen. Auch weltweit werden Vorbereitungen getroffen, um in die Totalitätszone zu reisen.

Der Kernschatten des Mondes zieht vom Pazifik herkommend über Mexiko, den Osten der USA und Kanada und endet im Atlantischen Ozean. Zum Höhepunkt um 18^h17^m UTC (Weltzeit) wird die Sonne vom dunklen Neumond für vier Minuten und 28 Sekunden vollständig verdeckt. Plötzlich wird es zappenduster und die hellsten Sterne leuchten auf, während Vögel ihren Gesang einstellen. Auch viele Menschen verstummen angesichts dieses Naturwunders, es herrscht mancherorts eine fast andachtsvolle, manchmal beklemmende Stille.

In alten Zeiten gerieten die Menschen gelegentlich in Panik, vielerorts fürchtete man sich. Noch heute sehen Abergläubische in einer Sonnen- oder Mondfinsternis ein böses Omen. Im alten China glaubte man einst, ein Drache wolle die Sonne für immer verschlingen. Doch der mächtige Kaiser von China befahl jedes Mal dem Drachen, die Sonne wieder auszuspeien.

Dabei sind Finsternisse völlig harmlose kosmische Schattenspiele. Naturwunder sind sie sicher nicht, aber dennoch beeindrucken sie vor allem, weil sie seltene Himmelsereignisse sind. Dies gilt insbesondere für totale und ringförmige Sonnenfinsternisse für einen vorgegebenen Ort. Es kann hunderte Jahre dauern, bis wieder dieser Ort vom Kernschatten des Mondes getroffen wird. Nur wenige Menschen erleben in ihrem kurzen Erdendasein eine totale Sonnenfinsternis. Wer je Zeuge eines solchen Himmelsschauspiels wurde, kann die oft begeisterten Berichte von Zeitgenossen verstehen.

Eine Sonnenfinsternis kommt zustande, wenn sich der Mond vor die Sonne schiebt und sie für die Bewohner auf der Erde verdeckt. Genau genommen ist dies keine „Finsternis". Denn die Sonne wird nicht finster, sondern der Mond bedeckt sie. Es handelt sich somit um eine Sternbedeckung. Astrophysikalisch gesehen ist die Sonne nämlich ein Stern.

Eine Sonnenfinsternis kann nur eintreten, wenn der Mond in Neumondstellung kommt. Denn dann steht er von der Erde aus gesehen in Richtung der Sonne und kehrt uns seine unbeleuchtete Seite zu. Es kommt aber nicht bei jedem Neumond zu einer Sonnenfinsternis. Da die Mondbahn um 5° zur Erdbahnebene geneigt ist, so wandert der Neumond meist nördlich oder südlich an der Sonnenscheibe vorbei.

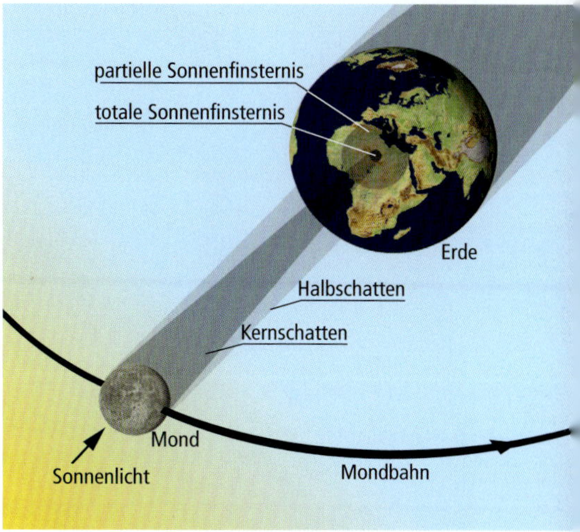

4.10 Entstehung einer Sonnenfinsternis: Eine Sonnenfinsternis tritt ein, wenn der Neumond vor die Sonne tritt.

Seltenes Himmelsschauspiel

Die Kernschattenspitze des Mondes überstreicht zwar einen viele tausend Kilometer langen Streifen auf der Erdoberfläche, dessen Breite allerdings zum Höhepunkt nur maximal dreihundert Kilometer erreicht. (In Ausnahmefällen bei schrägem Auftreffen auf der Erdoberfläche des 300 Kilometer im Durchmesser großen Kernschattenkegels kann die Totalitätszone knapp über 800 Kilometer Breite erreichen.) Nur in diesem schmalen Korridor bedeckt die Mondscheibe die Sonne vollständig, weshalb man von einer Totalitätszone spricht.

Wesentlich größer, nämlich einige tausend Kilometer breit, ist das Gebiet, in dem der Mond die Sonne nur teilweise verfinstert. Die partiellen Phasen einer Sonnenfinsternis zu erleben, ist daher viel wahrscheinlicher, als eine totale Sonnenfinsternis zu sehen. Allerdings sind partielle Sonnenfinsternisse längst nicht so spektakulär wie totale. Selbst wenn 99% der Sonne vom Mond bedeckt sind, ist es noch zu hell, um am Tage Sterne zu sehen.

Trifft der Kernschatten des Mondes die Erdoberfläche, so spricht man von einer totalen Sonnenfinsternis. Geht er an der Erde vorbei, so handelt es sich um eine partielle Finsternis. Für keinen Punkt auf der Erde ist die Finsternis total. Es kann jedoch vorkommen, dass die Achse des Kernschattenkegels zwar die Erdkugel trifft, aber der Mond sich in Erdferne befindet, so dass die Kernschattenspitze die Erdoberfläche gar nicht erreicht. In einer Zone um die Zentrallinie (die Linie, die die Achse des Kernschattenkegels auf der Erdoberfläche beschreibt) sieht man dann einen hellen Ring um den dunklen Neumond. Eine solche ringförmige Sonnenfinsternis tritt im Winterhalbjahr öfters ein als im (Nord-)Sommerhalbjahr. Denn Anfang Januar passiert die Erde ihr Perihel (sonnennächster Bahnpunkt). Die Sonnenscheibe erscheint dann etwas größer als im Sommer. Durch die Erdkrümmung tritt auch gelegentlich der Fall ein, dass eine Sonnenfinsternis anfangs oder am Ende ringförmig ist, dazwischen aber total. Man nennt diese Kombination eine hybride Sonnenfinsternis.

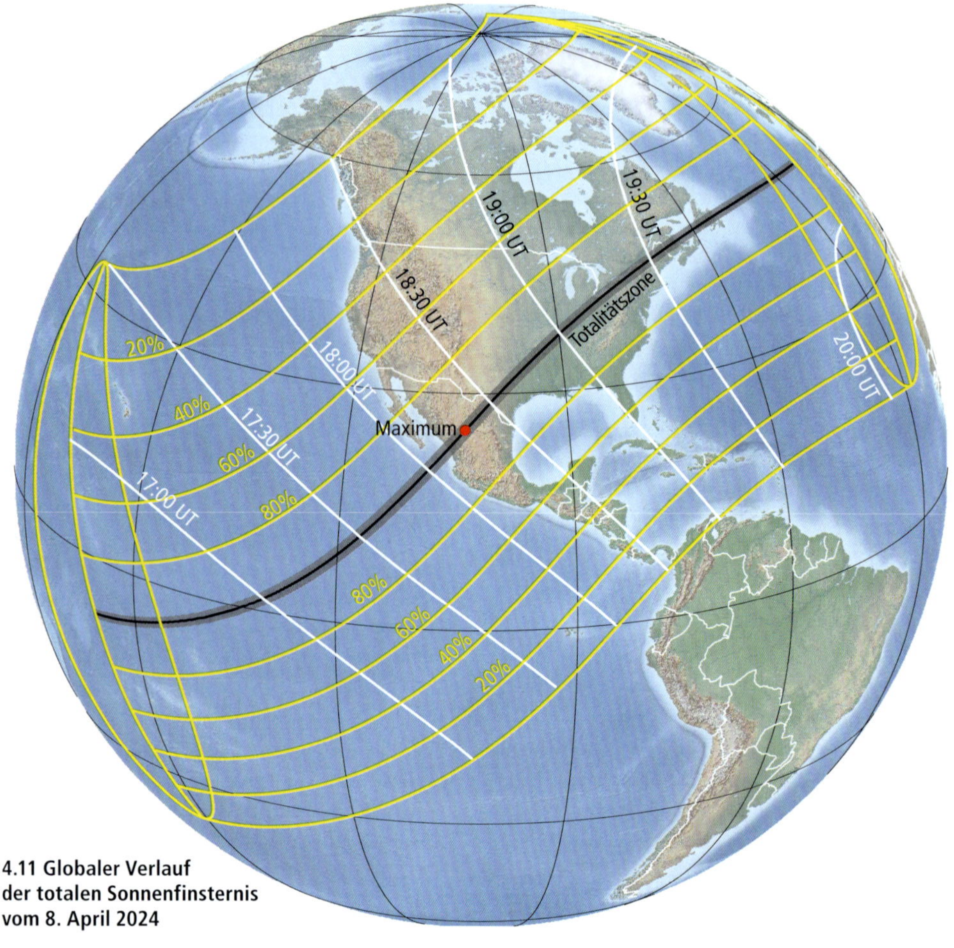

4.11 Globaler Verlauf der totalen Sonnenfinsternis vom 8. April 2024

Die nächste von Deutschland aus sichtbare totale Sonnenfinsternis findet am Mittwoch, 3. September 2081 statt. Die Totalitätszone streift dabei die südwestlichsten Gebiete Deutschlands (Bodenseegebiet). Dann folgt die totale Sonnenfinsternis vom Freitag, 7. Oktober 2135, bei der die Totalitätszone über Hamburg und Berlin verläuft. Die nächste von Stuttgart aus sichtbare totale Sonnenfinsternis ereignet sich am Montag, 14. Juni 2151.

Um eine totale Sonnenfinsternis zu erleben, muss man sich daher meist auf eine Fernreise begeben. Doch häufig ist es gar nicht so einfach, in die Totalitätszone zu gelangen. Meist zieht der Kernschatten des Mondes über Ozeane, unwegsame Wüsten, dichte Urwälder und einsame Gebirge. Man muss dann regelrechte Expeditionen ausrüsten, um eine totale Sonnenfinsternis außerhalb zivilisatorisch erschlossener Gebiete zu verfolgen.

Wer noch nie eine totale Sonnenfinsternis erlebt hat, dem bietet sich im April 2024 eine relativ günstige Gelegenheit, solch ein beeindruckendes Himmelsspektakel zu verfolgen.

Denn am Montag, 8. April 2024 ergibt sich die Möglichkeit, in einem verkehrstechnisch erschlossenen Land eine Sonnenfinsternis zu erleben. Um 12^h18^m UTC passiert der Mond seinen aufsteigenden Knoten, also den Schnittpunkt des aufsteigenden Teils seiner Bahn mit der Ekliptik. Er befindet sich dann in der Erdbahnebene. Um 18^h21^m UTC am 8. April tritt die Neumondphase ein. Unser Nachbar im Weltall schiebt sich somit zwischen Erde und Sonne. Dabei fällt sein Schatten auf unseren Planeten, es kommt zu einer Sonnenfinsternis.

Da der Mond einen Tag zuvor, nämlich am 7., sein Perigäum (erdnächster Bahnpunkt) durcheilt, fällt sein scheinbarer Durchmesser mit 33′13″ recht groß aus. Der scheinbare Durchmesser der Sonne ist an diesem Tag mit 31′57″ deutlich kleiner. Somit ereignet sich an diesem Tag eine totale Sonnenfinsternis, die auch von den gesamten USA in ihren partiellen Phasen zu beobachten ist.

Globaler Verlauf

Der Kernschatten des Mondes trifft die Erde erstmals zu Sonnenaufgang Mitten im Pazifik um 16^h40^m UTC. Die Totalitätszone beginnt dort mit einer Breite von 144 Kilometer. Auf der Zentrallinie dauert die totale Phase 2^m06^s.

Der Höhepunkt der Finsternis wird in Nazas (Durango, Mexiko) am Ort 104°08′ westlicher Länge und 25°17′ nördlicher Breite um $18^h17^m18^s$ UTC (= $13^h17^m18^s$ Ortszeit) erreicht, wobei die Sonne 69,°8 hoch über dem Südhorizont steht. Die Totalität erreicht hier ihr Maximum mit 4^m28^s Dauer und einer Breite des Kernschattens von 198 Kilometer.

Der Kernschatten des Mondes verlässt schließlich wieder die Erdoberfläche um 19^h55^m UTC mitten im Nordatlantik am Ort 19°47′ westlicher Länge und 47°37′ nördlicher Breite. Die Totalität dauert dort auf der Zentrallinie 2^m04^s bei einer Breite der Kernschattenzone von 142 Kilometer.

Etwa 14800 Kilometer lang und maximal 198 Kilometer breit ist der Pfad der Kernschattenachse des Mondes, die sie in nur drei Stunden und fünfzehn Minuten zurücklegt.

Die maximale Breite der Totalitätszone und die maximale Dauer der Totalität fallen übrigens weder räumlich noch zeitlich exakt zusammen, liegen aber nahe beieinander.

Verlauf in Mexiko, USA und Kanada

Vom Pazifik herkommend, trifft der Kernschatten bei Mazatlán in Mexiko auf den amerikanischen Kontinent. Hier dauert die Totalität 4^m18^s. Kurz darauf überstreicht der Kernschatten Na-

VERLAUF DER TOTALEN SONNENFINSTERNIS VOM 8. APRIL 2024

Ort	Westl. Länge	Nördl. Breite	Beginn (Ortszeit)	Maximum (Ortszeit)	Dauer	Höhe	Ende (Ortszeit)
Mazatlán (Mexiko)	106,°41	23,°24	$09^h51^m28^s$	$11^h09^m39^s$	4^m18^s	69°	$12^h32^m12^s$
Piedras Negras (Mexiko)	100,52	28,70	12 10 11	13 29 41	4 24	69°	14 51 21
Austin (Texas)	97,75	30,28	12 17 15	13 37 04	1 41	67°	14 58 09
Dallas (Texas)	96,82	32,78	12 23 18	13 42 38	3 51	65°	15 02 40
Little Rock (Arkansas)	92,28	34,75	12 33 33	13 52 52	2 17	61°	15 11 35
Carbondale (Illinois)	89,22	37,73	12 43 02	14 01 22	4 08	57°	15 18 11
Cleveland (Ohio)	81,57	41,50	13 59 34	15 15 51	3 49	49°	16 29 08
Buffalo (New York)	78,88	42,88	14 04 56	15 20 14	3 45	46°	16 32 10
Rochester (New York)	77,62	43,17	14 07 02	15 21 59	3 39	44°	16 33 26
Niagarafälle	79,05	43,10	14 04 55	15 20 07	3 30	46°	16 32 01
Montréal (Québec)	73,57	45,32	14 14 29	15 27 34	1 26	40°	16 36 52
Fredricton (New Brunswick)	66,64	45,96	15 23 43	16 34 58	2 13	35°	17 41 55
Port Rexton (Neufundland)	53,32	48,40	15 08 46	16 15 12	2 48	24°	17 17 15

4.12 Pfad des Mondschattens über die Erdoberfläche. Die Totalitätszone zieht sich vom Pazifik herkommend über Mexiko, südliche und östliche USA, Kanada und endet im Nordatlantik.

zas, wo die maximale Dauer der totalen Phase mit $4^{m}28^{s}$ erreicht wird, wie schon erwähnt. Bei Piedras Negras wird die Grenze zur USA erreicht, die Totalitätsdauer beträgt hier $4^{m}24^{s}$. Austin in Texas liegt am südlichen Rand der Totalitätszone mit $1^{m}41^{s}$ totaler Verfinsterung. Nacheinander werden folgende Städte vom Kernschatten überstrichen (Totalitätsdauer in Klammern): Dallas, Texas ($3^{m}51^{s}$), Little Rock, Arkansas ($2^{m}17^{s}$), Carbondale, Illinois ($4^{m}08^{s}$). Die Stadt liegt nahe dem Kreuzungspunkt mit der Kernschattenzone der totalen Sonnenfinsternis vom 21. August 2017. Es folgt im Kernschattenlauf Cleveland, Ohio ($3^{m}49^{s}$), Buffalo, New York ($3^{m}45^{s}$), Rochester, New York ($3^{m}39^{s}$). Bei den Niagarafällen ($3^{m}30^{s}$) wird die Grenze zu Kanada passiert. Montréal, Québec ($1^{m}26^{s}$) liegt am nördlichen Rand der Totalitätszone. Weiter geht es nach Fredericton, New Brunswick ($2^{m}13^{s}$). Bei Terra Nova, Neufundland ($2^{m}54^{s}$) steht die Sonne am Spätnachmittag nur noch 24° hoch. Die letzte Landmarke ist Bonavista ($2^{m}54^{s}$). Dann geht es mit 7500 Kilometer pro Stunde auf den Nordatlantik hinaus. Nach 2450 Kilometern über die atlantische Wasserwüste verlässt der Kernschatten des Mondes schließlich die Erdoberfläche.

Himmelsanblick zur Totalität

Wer in die Totalitätszone reist, kann bei klarem Himmel während der kurzen Zeit der totalen Phase Sterne zweiter Größe und heller sehen. In Abb. 4.13 ist der Himmelsanblick zum Maximum der Finsternis um $18^{h}17^{m}$ MEZ (= $1^{h}17^{m}$ p.m. CDT – Central Daylight Time), wie er von der Zentrallinie aus erscheint, dargestellt.

Als Erstes wird Venus südwestlich der total verfinsterten Sonne zu erkennen sein. Mit $-3\overset{m}{,}9$ scheinbarer Helligkeit ist sie das bei weitem auffälligste Gestirn am Finsternishimmel. Gut erkennbar ist auch Jupiter, der mit $-2^{m}{,}1$ halbhoch im Osten leuchtet. Mars, der rote Planet, mit $1^{m}{,}2$ und Saturn mit $1^{m}{,}1$ stehen nahe beieinander im Südwestquadranten. Merkur mit $3^{m}{,}2$ steht kurz vor seiner unteren Konjunktion und damit vor der Phase „Neumerkur". Er verbirgt sich in der Korona und bleibt unsichtbar. Allenfalls mit einem Fernglas ist der flinke Planet auszumachen.

Die gelbliche Kapella flackert halbhoch im Nordosten. Über dem Osthorizont steht Aldebaran, tief im Nordwesten leuchtet die bläuliche Wega und ebenfalls horizontnah ist Atair zu erkennen. Fomalhaut im Südlichen Fisch sieht man im Südwestquadranten. Knapp über dem Südhorizont hält sich Achernar im Fluss Eridanus auf.

Im Osten geht gerade das Sternbild Orion auf. Beteigeuze und Rigel sollte man erkennen, auch wenn sie knapp über dem Horizont stehen.

Am besten prägt man sich die gesamte Konstellation vor Beginn der Totalität ein, denn in der kurzen Zeitspanne der Totalität kann man nicht lange eine Sternkarte studieren. Auch orientiere man sich vorher: Wo ist Norden, Osten, Süden und Westen?

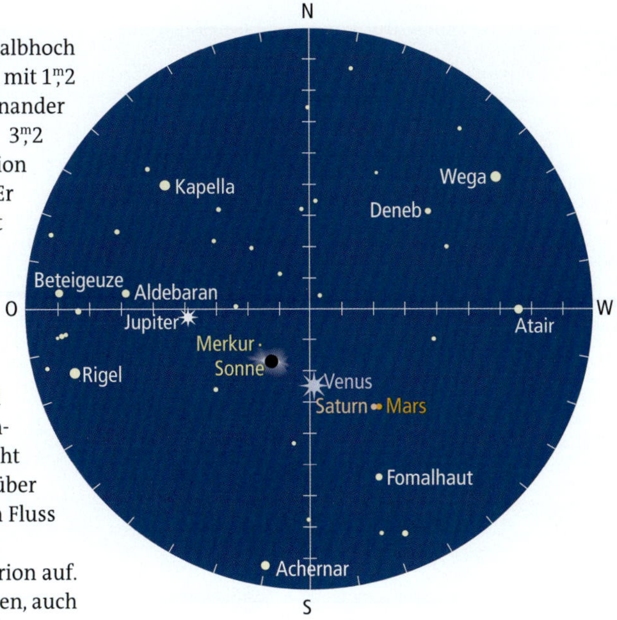

4.13 Himmelsanblick während der totalen Sonnenfinsternis am 8. April 2024

Klassifikation der Finsternis

Die totale Sonnenfinsternis vom Montag, 8. April 2024 ist die 30. Finsternis des Saros-Zyklus 139. Dieser Zyklus umfasst insgesamt 71 Sonnenfinsternisse in einem Zeitraum von 1262 Jahren, die alle nahe des aufsteigenden Mondbahnknotens stattfanden beziehungsweise noch stattfinden werden. Dieser Zyklus oder diese Serie enthält 16 partielle, 43 totale und 12 hybride (ringförmig-totale), aber keine einzige rein ringförmige Sonnenfinsternis. Die erste Finsternis der Saros-Serie 139 fand am 17. Mai 1639 mit nur 0,0905 Größe als partielle statt. Nach sieben partiellen folgten zwölf hybride Finsternisse. Am 21. Dezember 1843 fand die erste totale Sonnenfinsternis im Saros-Zyklus 139 mit einer Totalitätsdauer von nur einer Minute und 43 Sekunden statt.

Die längste Sonnenfinsternis der Serie 139 wird am 26. Juli 2186 mit $7^{m}29^{s}$ Dauer der Totalität stattfinden. Die letzte totale Sonnenfinsternis wird am 26. März 2648 mit nur 35^{s} Totalitätsdauer eintreten. Dann folgen neun weitere partielle Finsternisse. Am 3. Juli 2763 wird sich die letzte Finsternis dieses Saros-Zyklus als partielle mit 0,0562 Größe ereignen.

Die Größe der Sonnenfinsternis vom 8. April 2024 beträgt 1,0566, was einem Bedeckungsgrad von 1,1163 entspricht.

Bedeckungsgrad und *Größe* einer Sonnenfinsternis sind nicht miteinander zu verwechseln. Ersterer gibt an, wie viel Prozent der Sonnenscheiben*fläche* vom Neumond bedeckt werden. Unter der *Größe* der Finsternis (Phase) versteht man die Eindringtiefe der Neumondscheibe in Einheiten des scheinbaren Sonnendurchmessers. Bedeckt beispielsweise der Neumond die Hälfte des Sonnenscheibendurchmessers (der Mondrand geht dann durch den Sonnenschei-

4.14 Das Diamantringphänomen: Kurz vor und kurz nach der Totalität bahnt sich Sonnenlicht seinen Weg durch ein Mondtal. Aufnahme vom 2. Juli 2019 von P. Horálek/ESO.

benmittelpunkt), so hat diese Finsternisphase die Größe 0,5. Dabei werden 39 % der Sonnenscheibe vom Mond bedeckt (unter der Voraussetzung, dass beide den gleichen scheinbaren Durchmesser aufweisen, was in erster Näherung stets zutrifft).

Der Gamma-Wert der Finsternis beträgt +0,3431. Er gibt die geringste Entfernung der Achse des Kernschattenkegels des Mondes vom Geozentrum (Erdmittelpunkt) in Einheiten des Äquatorradius der Erde an. Positiver Wert bedeutet, die Achse des Kernschattens geht nördlich am Geozentrum vorbei. Mit dem Neumond vom 8. April 2024 beginnt die Braunsche Lunation Nr. 1253.

Die hier vermerkten Daten für die totale Sonnenfinsternis vom 8. April 2024 basieren auf Kalkulationen von Fred Espenak und Jay Anderson (Astropixels Publishing, Portal, Arizona, USA). Die Autoren verwenden ein $\Delta T = 69{,}18^s$ (siehe Seite 14 unter „Dynamische Zeit") für ihre Rechnungen. Das Nautical Almanac Office des U.S. Naval Observatory in Washington, D.C., gibt für 2024 als extrapolierten Wert $\Delta T = 70^s$ an.

NACHSCHLAGEWERK
— ZUM ZEITGESCHEHEN

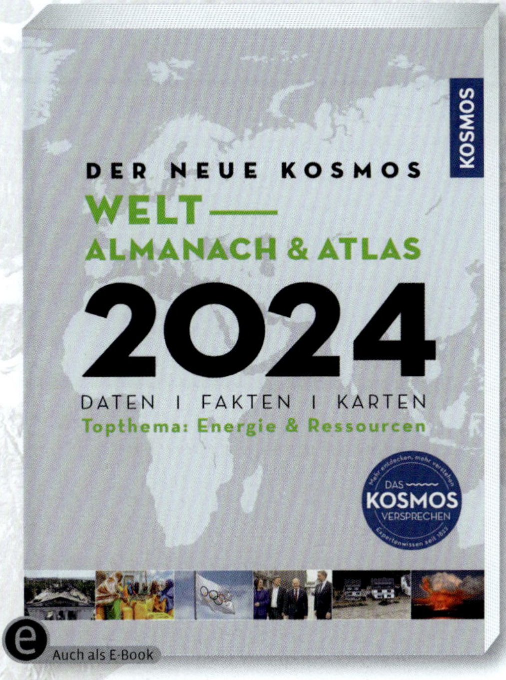

Henning Aubel u. a.
Der neue KOSMOS Welt-Almanach & Atlas 2024
720 Seiten, €/D 28,–
ISBN 978-3-98904-012-0

Aktuell, zuverlässig, unentbehrlich. „Der neue KOSMOS Welt-Almanach & Atlas 2024" liefert Zahlen, Daten und Fakten aus Politik, Wirtschaft, Umwelt. Das Jahrbuch enthält einen Staatenteil, in dem alle Staaten der Welt aufgeführt sind. Dort finden sich zu jedem Land Informationen, unter anderem zu Fläche und Einwohnern sowie zu Amtssprache(n), Bruttoinlandsprodukt, Währung und Botschaften des Landes. Der Almanach enthält außerdem weitere Informationen zur Landesstruktur, Bevölkerung, Staats- und Regierungsform, Regierung und Parteien sowie Wirtschaft. Zu jedem Land gibt es einen Rückblick, der die Ereignisse im Berichtszeitraum wiedergibt. Ein kompletter Weltatlas erleichtert die Orientierung.

kosmos.de

Mai 2024

- Merkur kann nicht erspäht werden.
- Venus hat sich längst vom Morgenhimmel zurückgezogen und strebt ihrer oberen Konjunktion mit der Sonne entgegen.
- Mars taucht im letzten Monatsdrittel am Morgenhimmel auf.
- Jupiter steht am 18. in Konjunktion mit der Sonne und bleibt nachts unbeobachtbar unter dem Horizont.
- Saturn im Sternbild Wassermann ist Planet am Morgenhimmel.

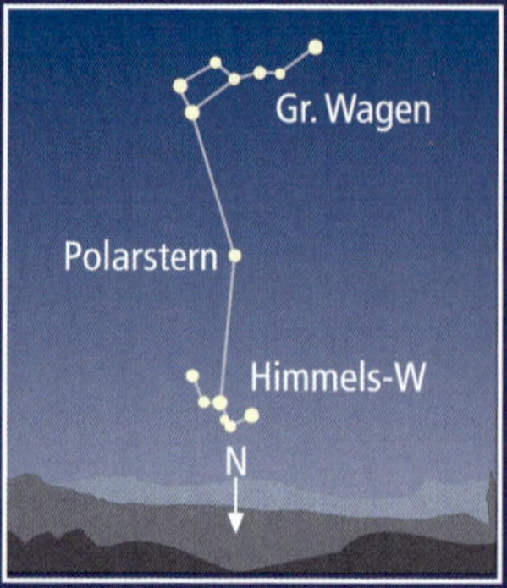

Großer Wagen und Himmels-W Anfang Mai um 22 Uhr MEZ

5.1 Anblick des Osthimmels am 31. Mai gegen 2^h30^m MEZ (= 3^h30^m MESZ). Saturn und der abnehmende Halbmond halten sich im Sternbild Wassermann auf.

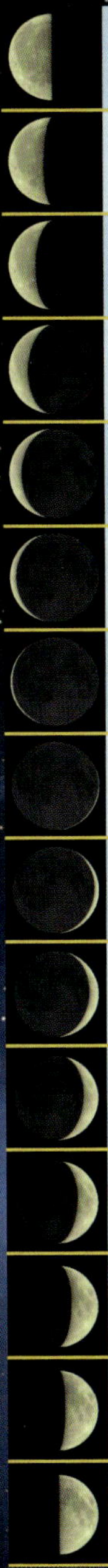

1	Mi	Maifeiertag Letztes Viertel
2	Do	
3	Fr	
4	Sa	
5	So	
6	Mo	
7	Di	
8	Mi	Neumond
9	Do	Christi Himmelfahrt
10	Fr	
11	Sa	
12	So	Mond bei Pollux – abends
13	Mo	
14	Di	
15	Mi	Erstes Viertel Mond bei Regulus – Mitternacht

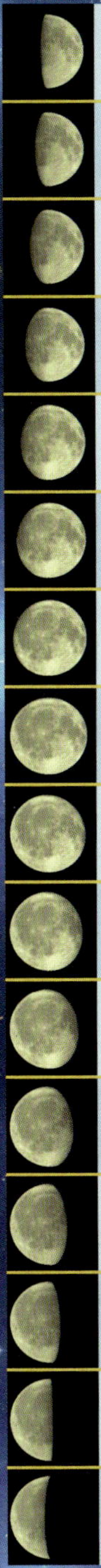

16	Do	
17	Fr	
18	Sa	
19	So	Pfingstsonntag
20	Mo	Pfingstmontag Mond bei Spica – abends
21	Di	
22	Mi	
23	Do	Vollmond
24	Fr	Mond bei Antares – morgens
25	Sa	
26	So	
27	Mo	
28	Di	
29	Mi	
30	Do	Fronleichnam Letztes Viertel
31	Fr	Mond bei Saturn – morgens

SONNE – STERNBILDER

14. 5. 3ʰ:
Sonne tritt in das Sternbild Stier

20. 5. 14ʰ:
Sonne tritt in das Tierkreiszeichen Zwillinge

Julianisches Datum am
1. Mai, 1ʰ MEZ: 2 460 431,5

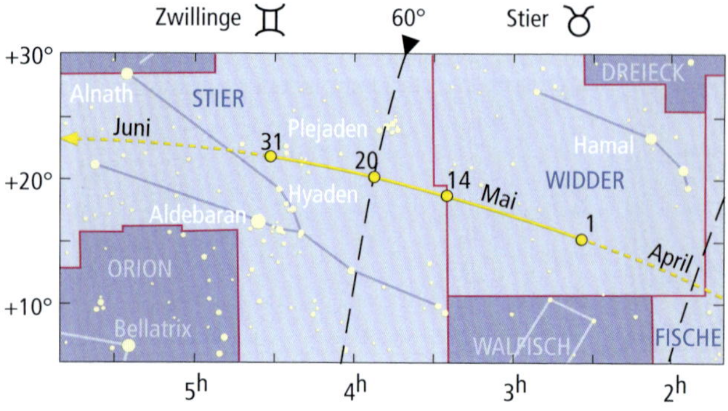

SONNENLAUF

Tag	Dämmerg. Anfang	Aufgang MEZ	Kulmination	Untergang MEZ	Dämmerg. Ende	Mittagshöhe	Zeitgleichg.	Rektaszension	Deklination
	h m	h m	h m	h m	h m	°	m	h m	°
1.	3 32	4 56	12 17	19 39	21 03	55,3	+3	2 33	+15,1
5.	3 23	4 49	12 17	19 45	21 12	56,5	+3	2 49	+16,2
10.	3 12	4 41	12 16	19 53	21 22	57,8	+4	3 08	+17,6
15.	3 02	4 34	12 16	20 00	21 33	59,0	+4	3 28	+18,9
20.	2 52	4 27	12 17	20 07	21 43	60,1	+3	3 48	+20,0
25.	2 43	4 22	12 17	20 13	21 53	61,1	+3	4 08	+20,9
31.	2 34	4 16	12 18	20 20	22 03	62,0	+2	4 32	+21,9

TAGES- UND NACHTSTUNDEN

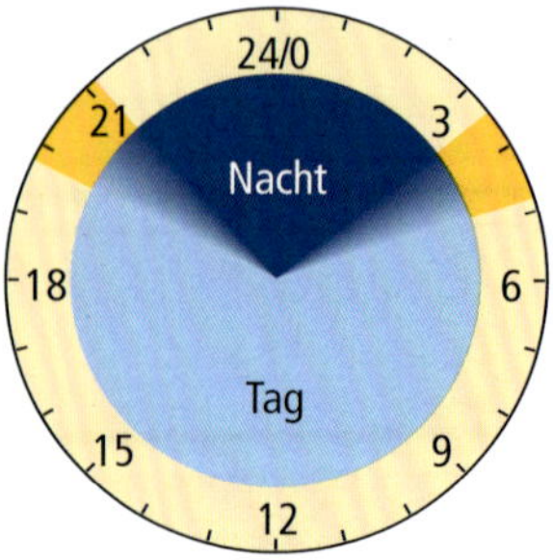

5. Mai

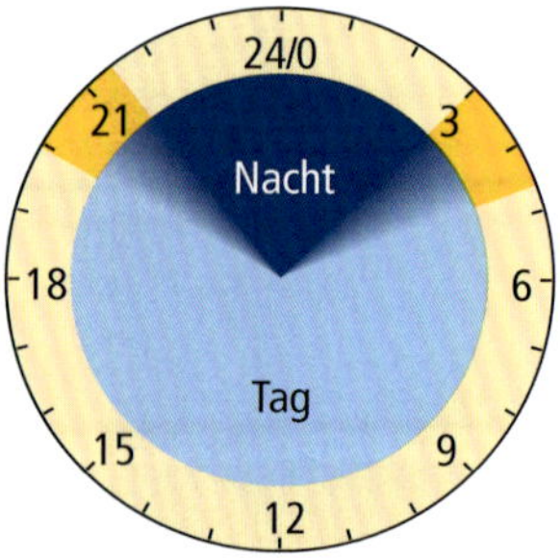

15. Mai

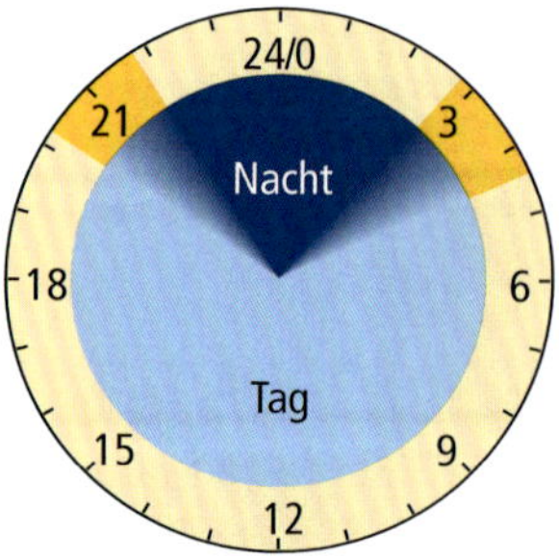

25. Mai

MONDLAUF

Datum	Aufg. MEZ	Kulmination	Unterg. MEZ	Rektaszension	Deklination	Sterne und Sternbilder	Phase	MEZ
	h m	h m	h m	h m	°			
Mi 1.	2 27	6 29	10 41	20 33	−23,9	Steinbock	**Letztes Viertel**	**$12^h 27^m$**
Do 2.	2 51	7 23	12 07	21 30	−19,4	Steinbock		
Fr 3.	3 10	8 14	13 34	22 24	−13,8	Wassermann		
Sa 4.	3 25	9 04	15 00	23 16	− 7,4	Wassermann		
So 5.	3 40	9 54	16 26	0 08	− 0,4	Fische	Erdnähe 363/32,′9 Aufsteigender Knoten	23^h
Mo 6.	3 55	10 44	17 53	1 00	+ 6,5	Fische		
Di 7.	4 11	11 36	19 22	1 54	+13,2	Widder		
Mi 8.	4 32	12 31	20 52	2 49	+19,1	Widder	**Neumond Nr. 1254**	**$4^h 22^m$**
Do 9.	4 59	13 30	22 17	3 48	+23,8	Stier, Plejaden		
Fr 10.	5 37	14 30	23 30	4 49	+26,9	* Stier		
Sa 11.	6 28	15 29	–	5 50	+28,4	Stier, Alnath	Libration West	
So 12.	7 32	16 26	0 27	6 50	+28,1	Zwillinge	Größte Nordbreite	
Mo 13.	8 44	17 18	1 08	7 48	+26,3	* Kastor, Pollux		
Di 14.	9 58	18 07	1 36	8 41	+23,3	Krebs, Krippe		
Mi 15.	11 12	18 51	1 57	9 31	+19,2	Löwe	**Erstes Viertel**	**$12^h 48^m$**
Do 16.	12 23	19 32	2 13	10 17	+14,5	Löwe, Regulus		
Fr 17.	13 31	20 12	2 26	11 01	+ 9,3	Löwe	Erdferne 405/29,′5	20^h
Sa 18.	14 39	20 51	2 37	11 43	+ 3,8	Jungfrau		
So 19.	15 48	21 30	2 48	12 25	− 1,8	Jungfrau	Absteigender Knoten	
Mo 20.	16 58	22 11	2 59	13 07	− 7,5	Spica		
Di 21.	18 11	22 55	3 12	13 51	−12,9	Spica		
Mi 22.	19 27	23 42	3 28	14 38	−18,0	Waage		
Do 23.	20 44	–	3 49	15 28	−22,3	Waage	**Vollmond**	**$14^h 53^m$**
Fr 24.	21 58	0 34	4 18	16 22	−25,7	Antares		
Sa 25.	23 02	1 30	4 59	17 20	−27,8	Schlangenträger	Libration Ost	
So 26.	23 52	2 28	5 56	18 20	−28,4	Kaus Borealis	Größte Südbreite	
Mo 27.	–	3 27	7 07	19 20	−27,3	Schütze, Nunki		
Di 28.	0 29	4 25	8 29	20 20	−24,6	Steinbock		
Mi 29.	0 56	5 19	9 54	21 17	−20,4	Steinbock		
Do 30.	1 16	6 11	11 20	22 11	−15,1	Wassermann	**Letztes Viertel**	**$18^h 13^m$**
Fr 31.	1 32	7 00	12 43	23 03	− 8,9	Wassermann		

DER MOND KOMMT KNAPP AN ANTARES HERAN

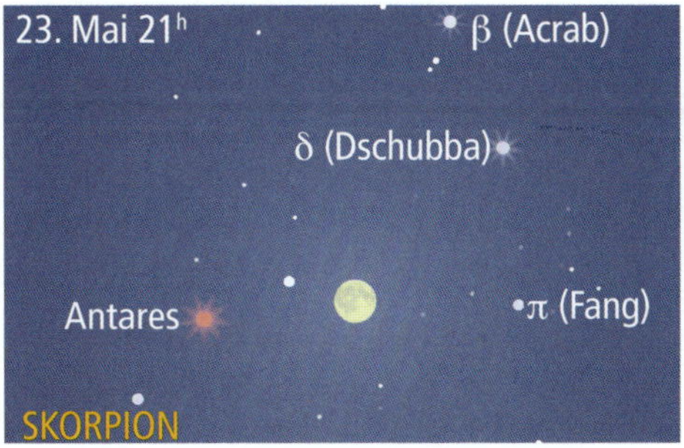

MERKUR erreicht am 9. spätabends seine größte westliche Elongation von der Sonne. Trotz eines respektablen Winkelabstandes von 26°22′ – am letzten Tag des Vormonats passierte er sein Aphel – kommt es nicht zu einer Morgensichtbarkeit, da die morgendliche Ekliptik recht flach zum Osthorizont verläuft. Am Tag der größten westlichen Elongation geht der nur $0^{m},4$ helle Merkur um $4^{h}07^{m}$ (= $5^{h}07^{m}$ Sommerzeit) auf. Bevor er sich über die dichtesten Dunstschichten am Horizont erhoben hat, ist die Morgendämmerung bereits so hell, dass der flinke Planet nicht mehr erkannt werden kann. In südlichen Gegenden (unter 37° nördlicher Breite) und in den Tropen bietet Merkur jedoch eine Morgensichtbarkeit. Die Dichotomie tritt am 15. ein. Urlaubern in den Mittelmeergebieten zeigt sich Merkur im Teleskop halb beleuchtet. Die Begegnung mit Uranus in der Nacht vom 30. auf 31. Mai bleibt unbeobachtbar.

KONSTELLATIONEN UND EREIGNISSE

Datum	MEZ	Ereignis
3.	24^{h}	**Mond bei Saturn**, Mond 0°,8 südlich, **Abstand 3°,0 um 4^{h} am 4.**
4.	4	Pluto im Stillstand, anschließend rückläufig
4.	20	Mond bei Neptun, Mond 0°,3 südlich
5.	3	**Mond bei Mars**, Mond 0°,2 nördlich, **Abstand 1°,0 um 4^{h}** (Fernglas!)
6.	9	Mond bei Merkur, Mond 3°,8 nördlich
7.	17	Mond bei Venus, Mond 3°,5 nördlich
8.	12	Mars im Perihel
8.	14	Mond bei Uranus, Mond 3°,6 nördlich
8.	19	Mond bei Jupiter, Mond 4°,3 nördlich
9.	23	Merkur in größter westlicher Elongation (26°)
13.	10	Uranus in Konjunktion mit der Sonne
18.	10	Venus bei Uranus, Venus 0°,5 südlich
18.	20	Jupiter in Konjunktion mit der Sonne
24.	0	Venus bei Jupiter, Venus 0°,2 nördlich
31.	2	Merkur bei Uranus, Merkur 1°,4 südlich
31.	9	**Mond bei Saturn**, Mond 0°,4 südlich, **Abstand 3°,9 um 3^{h}**

VENUS strebt ihrer oberen Konjunktion mit der Sonne entgegen. Erst Anfang Juni wird sie die Sonne einholen. Ende Mai ist sie nur noch ein Grad westlich der Sonne. Unser innerer Nachbarplanet hat sich vom Morgenhimmel längst zurückgezogen. Venus hält sich mit der Sonne am Taghimmel auf und bleibt nachts unbeobachtbar unter dem Horizont. Am 18. zieht sie an Uranus vorbei und am 24. begegnet sie Jupiter. Beide Konjunktionen bleiben unbeobachtbar.

MARS taucht endlich im letzten Monatsdrittel am Morgenhimmel auf. Am 5. überschreitet er den Himmelsäquator in nördlicher Richtung, seine Deklinationen werden positiv. Am 9. tritt er in das Sternbild Walfisch, das er bereits am 13. wieder verlässt, um in die Fische zurückzukehren. Ab 20. kann der $1^m{,}1$ helle Mars in der beginnenden Morgendämmerung tief am Osthimmel aufgespürt werden.

Am 20. geht der rote Planet um 2^h58^m (= 3^h58^m Sommerzeit) auf. Zu der Zeit hat die Morgendämmerung gerade begonnen. Gegen 3^h40^m verblasst er in der zunehmenden Morgenhelle. Am 31. erfolgt der Marsaufgang bereits um 2^h30^m (= 3^h30^m Sommerzeit).

Die schmale Sichel des abnehmenden Mondes zieht am 5. knapp nördlich an Mars vorbei. Diese Konjunktion kann allenfalls mit einem lichtstarken Fernglas von versierten Beobachterinnen oder Beobachtern verfolgt werden. Im Indischen Ozean, in Madagaskar, im Südosten Asiens, Indonesien und Japan wird am 5. der rote Planet vom Mond bedeckt.

Das Perihel seiner Bahn passiert Mars am 8. zu Mittag. Dabei trennen ihn 206,6 Millionen Kilometer von der Sonne, dies entspricht 1,381 AE.

JUPITER wird am 18. im Sternbild Stier von der Sonne eingeholt und steht in Konjunktion mit ihr. Er hält sich am Taghimmel auf und bleibt nachts unbeobachtbar unter dem Horizont.

Zur Konjunktion erreicht Jupiter seine größte Entfernung von der Erde, nämlich 902 Millionen Kilometer (= 6,03 AE). Die enge Begegnung mit Venus, die am 24. nur 12′ nördlich an Jupiter vorbeizieht, bleibt unbeobachtbar.

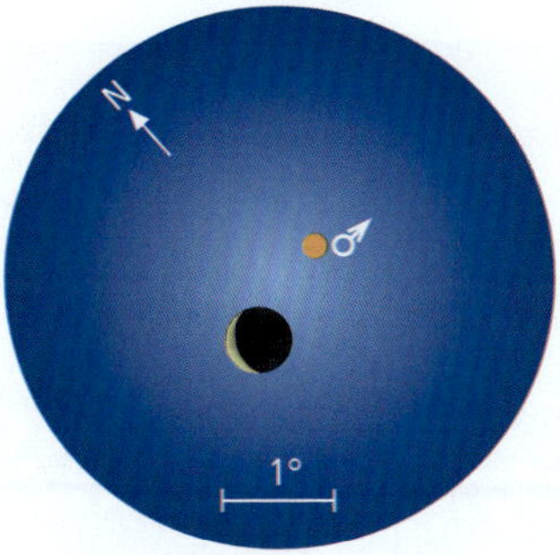

5.2 Die abnehmende Mondsichel begegnet Mars am 5. Mai. Fernglasanblick gegen 4^h MEZ (= 5^h MESZ).

SATURN im Wassermann ist Planet am Morgenhimmel. Seine ohnehin langsame rechtläufige Bewegung im Tierkreis wird allmählich gebremst. Am 1. steigt der $1^m{,}1$ helle Ringplanet um 3^h25^m (= 4^h25^m Sommerzeit) über die östliche Horizontlinie, am 15. um 2^h32^m und am 31. um 1^h31^m (siehe auch scheinbare Saturnbahn Abb. 9.5 auf Seite 195). Die Saturnhelligkeit nimmt leicht um $0^m{,}1$ auf $1^m{,}0$ zu.

Zweimal begegnet der Mond im Mai dem Ringplaneten, am 3. und am 31., wenn der abnehmende Halbmond morgens fast 4° südlich zu sehen ist (siehe Abb. 5.1 auf Seite 108).

URANUS kommt am 13. im Sternbild Widder in Konjunktion mit der Sonne. Der ferne Planet hält sich am Taghimmel auf und bleibt nachts unbeobachtbar unter dem Horizont. Auch die extrem enge Begegnung mit Venus, die am 18. nur 28′ südlich an Uranus vorbeizieht, bleibt ebenso unbeobachtbar wie das Zusammentreffen mit Merkur am 31., wo Merkur den grünlichen Planeten 1°24′ südlich überholt. Am 23. überschreitet Uranus die Grenze vom Widder zum Stier (siehe Abb. 11.6 auf Seite 235).

Am Tag der Konjunktion ist Uranus 3082 Millionen Kilometer (= 20,60 AE) von der Erde entfernt. Dies ist seine größte Entfernung von uns in diesem Jahr.

NEPTUN, rechtläufig in den Fischen, kann noch nicht am Morgenhimmel beobachtet werden. Der mit $7^m{,}9$ sonnenfernste Planet bleibt weiterhin unbeobachtbar. Seine scheinbare Bahn ist in Abb. 9.6 auf Seite 196 eingetragen.

PLANETOIDEN UND ZWERGPLANETEN

PLUTO kommt am 4. im Sternbild Steinbock zum Stillstand und ist anschließend rückläufig (siehe Abb. 7.5 auf Seite 151). Am 4. geht Pluto um 1^h46^m auf und kulminiert um 5^h50^m (= 6^h50^m MESZ). In Opposition zur Sonne kommt der $14^m{,}4$ helle Zwergplanet am 23. Juli.

CERES (1) wird am 16. im Sternbild Schütze in Rektaszension stationär und eilt anschließend rückläufig und in südwestlicher Richtung weit südlich durch den

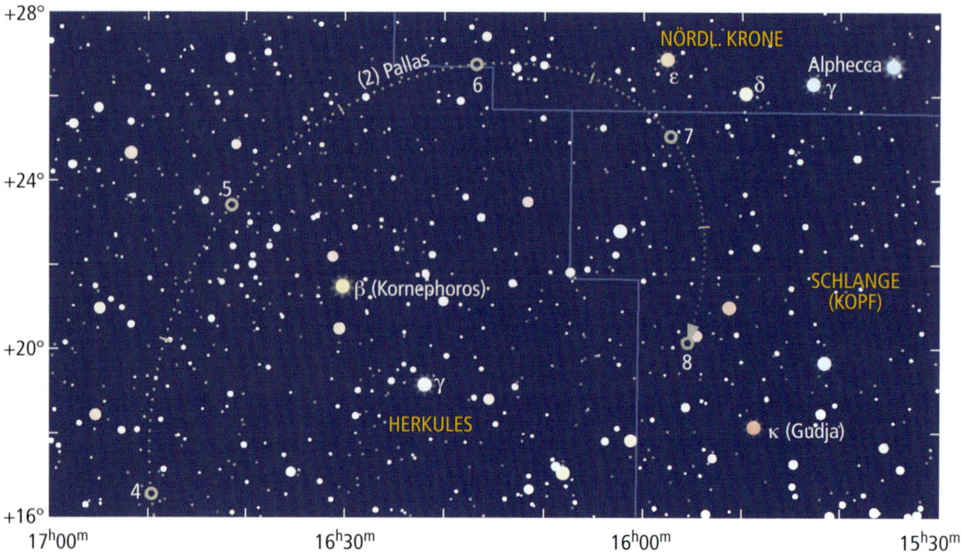

5.3 Scheinbare Bahn des Kleinplaneten (2) Pallas in den Sternbildern Herkules und Nördliche Krone.

Schützen (siehe Abb. 7.6 auf Seite 152). Ihre Helligkeit nimmt im Laufe des Mai von $8^{m},5$ auf $8^{m},0$ deutlich zu. Am 1. geht sie um 1^h20^m auf und kulminiert um 5^h14^m (= 6^h14^m MESZ). Am 15. erfolgt ihr Meridiandurchgang um 4^h22^m, am 31. bereits um 3^h17^m.

PALLAS (2), rückläufig im Herkules, kommt am 19. in **Opposition** zur Sonne (siehe Abb. 5.3 oben). Ihre Oppositionshelligkeit erreicht lediglich $9^{m},0$, was für ein Aufsuchen schon einige Beobachtungserfahrung erfordert. Bis Monatsende geht die Pallashelligkeit ein wenig auf $9^{m},1$ zurück. Anfang Mai kulminiert Pallas um 2^h25^m (= 3^h25^m MESZ). Bis zur Opposition verfrüht sich die Kulmination auf 1^h00^m. In 50° nördlicher Breite erreicht Pallas eine Kulminationshöhe von 66°, was ihr Auffinden erleichtert. Allerdings stört Mondlicht. Der Pallasaufgang erfolgt am Oppositionstag um 16^h30^m (= 17^h30^m MESZ). Bis 31. verfrüht sich die Aufgangszeit auf 15^h28^m, die Kulminationszeit auf 0^h03^m. Zur Opposition geht Pallas um 9^h26^m unter, am 31. dann um 8^h33^m. Am 29. wechselt Pallas aus dem Herkules in die Nördliche Krone.

Von der Erde ist Pallas zur Opposition 324 Millionen Kilometer (= 2,17 AE) entfernt. Die kürzeste Entfernung von der Erde erreicht Pallas schon am 6. mit 2,15 AE oder 322 Millionen Kilometer. Dies entspricht einer Lichtlaufzeit von 18 Minuten. Von der Sonne trennen Pallas am 19. immerhin 442 Millionen Kilometer (= 2,95 AE).

PERIODISCHE STERNSCHNUPPENSTRÖME

Die **ETA-AQUARIIDEN**, auch **MAI-AQUARIIDEN** genannt, flammen von Ende des Vormonats bis etwa Mitte Mai auf. Die letzten Aquariiden tauchen bis 28. Mai auf. Ihr Radiant liegt bei η Aquarii. Das ausgeprägte Maximum wird am 6. Mai erreicht. Die Rate lag in den letzten Jahren um 60 bis 70 Objekte pro Stunde. 2013 wurden sogar Raten über 100 beobachtet. Für Beobachter in Mitteleuropa sind die Bedingungen jedoch ungünstig, da der Radiant erst kurz vor der Morgendämmerung aufgeht. Je weiter südlich, desto länger wird die verfügbare Beobachtungszeit, auch durch den späteren Dämmerungsbeginn. Für Beobachter im Mittelmeerraum und weiter südlich gehört der Strom zu den aktivsten des Jahres. Die beste Beobachtungszeit ist ab etwa 3^h am Morgenhimmel in den Tropen. Ursprungsobjekt ist der Komet 1P/Halley. Es handelt sich bei diesem Meteorstrom um schnelle Objekte (um 60 Kilometer pro Sekunde), die auffallend lange Leuchtspuren hinterlassen.

Zwischen dem 3. und 14. Mai erscheinen die **ETA-LYRIDEN.** Dieser recht schwache Strom konnte erst in den letzten Jahren einigermaßen sicher nachgewiesen werden. Bei seinem flachen Maximum am 8. Mai sind kaum mehr als fünf Sternschnuppen pro Stunde zu registrieren.

Der Radiant befindet sich zwischen Wega und Fawaris (δ Cygni). Somit steht er im Mai die gesamte Nacht hoch am Firmament. Als Ursprungskomet wurde C/1983 H1 (IRAS-Araki-Alcock) identifiziert.

Im südlichsten Bereich der Ekliptik findet man den **ANTIHELION**-Radianten. In einigen Listen sind Scorpiiden und Sagittariiden extra aufgeführt – dies sind etwas aktivere Bereiche innerhalb des ausgedehnten Radianten aus dem ganzjährig aktiven Bereich wenige Grad östlich des Oppositionspunktes zur Sonne.

Der Fixsternhimmel

Blickt man nun abends senkrecht nach oben, so erkennt man den Himmelswagen. Folgt man mit den Augen dem Schwung der Wagendeichsel, so trifft man hoch im Süden auf den orangeroten Arktur, den Hauptstern des Boötes. Das Sternbild Boötes ist recht markant und lässt sich leicht einprägen. Es sieht aus wie ein Drache, den man bei günstigem Wind steigen lässt.

Von den Winterbildern sind nur noch die Zwillinge und der Kleine Hund tief im Westen zu finden.

Der Löwe hat seinen Meridiandurchgang schon hinter sich. Das große Löwentrapez neigt sich leicht zum Horizont. Zwischen dem Löwen und dem Großen Bären liegt das weniger bekannte Bild des Kleinen Löwen. Der unscheinbare Krebs steht noch im Westen, eingerahmt von Zwillingen und Löwe.

In der Osthälfte des Himmelsgewölbes fällt neben dem Boötes ein markanter Sternenhalbkreis ins Auge. Er deutet die Nördliche Krone, lateinisch Corona Borealis (CrB), an.

Im Nordosten strahlen Wega in der Leier und Deneb im Schwan, zwei Eckpunkte des Sommerdreiecks. Der dritte im Bunde, Atair im Adler, ist allerdings zur Standardbeobachtungszeit noch nicht erschienen. Auf der Verbindungslinie Arktur – Wega liegt ein wenig östlich des Sternenhalbkreises der Nördlichen Krone das lichtschwache, aber ausgedehnte Sternbild Herkules. In ihm ist der berühmte Kugelsternhaufen M 13 zu finden.

Im Süden schreitet die Jungfrau mit ihrem hellen, bläulichen Hauptstern Spica eben durch die Mittagslinie. Südwestlich von Spica fällt das markante Sternentrapez des Raben auf, der seine Meridianpassage gerade hinter sich hat. Der Jungfrau folgt im Tierkreis das nicht besonders auffällige Sternbild Waage.

Tief im Nordwesten funkelt Kapella im Fuhrmann. Sie ist der hellste Stern, der bei uns zirkumpolar ist.

Der Skorpion schickt sich eben an aufzugehen. Sein heller Hauptstern Antares überschrei-

VERÄNDERLICHE STERNE

Algol-Minima		β-Lyrae-Minima		δ-Cepheï-Maxima		Mira-Helligkeit	
12.	5^h49^m	7.	5^h N	2.	11^h	1.	4^m
15.	2 38	13.	16 H	7.	20	10.	3
20.	20 15	20.	3 N	13.	5	20.	3
		26.	15 H	18.	14	31.	3
				23.	22		
				29.	7		

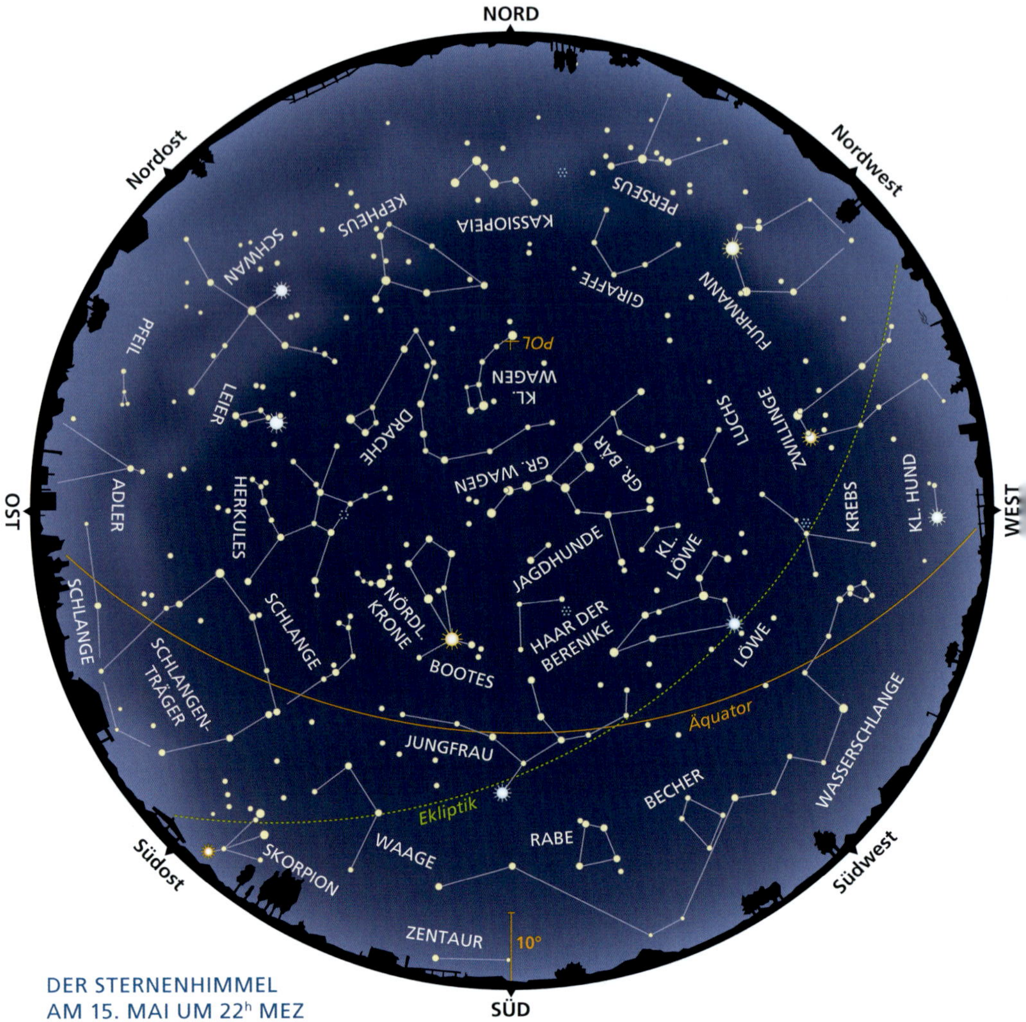

DER STERNENHIMMEL AM 15. MAI UM 22^h MEZ

Die Sternkarte ist auch gültig für:		
	MEZ	MESZ
15. 1.	6^h	
1. 2.	5	
15. 2.	4	
1. 3.	3	
15. 3.	2	
1. 4.	1	2^h
15. 4.	0	1
1. 5.	**23**	**24**
15. 5.	**22**	**23**
31. 5.	**21**	**22**

tet gerade die Horizontlinie. Im Osten steigt der Schlangenträger (lat.: Ophiuchus) mit der Schlange (lat.: Serpens) empor. Von der Schlange, deren Kopf bis an die Nördliche Krone heranreicht, ist allerdings nur der Vorderteil (lat.: Serpens Caput) schon über dem Horizont. Zieht man von Denebola (β Leonis), dem Schwanzstern im Löwen, zu Arktur eine Linie, so tangiert sie das Sternbild Haar der Berenike (lat.: Coma Berenices, meist nur Coma genannt). Das Haar der Berenike hat jetzt seine Höchststellung erreicht. Es gehört zu den lichtschwächsten und darum unauffälligen Sternbildern. Es setzt sich nur aus Sternen vierter Größe und schwächer zusammen. In sehr dunkler, mondloser und klarer Nacht mit guter Durchsicht bemerkt man

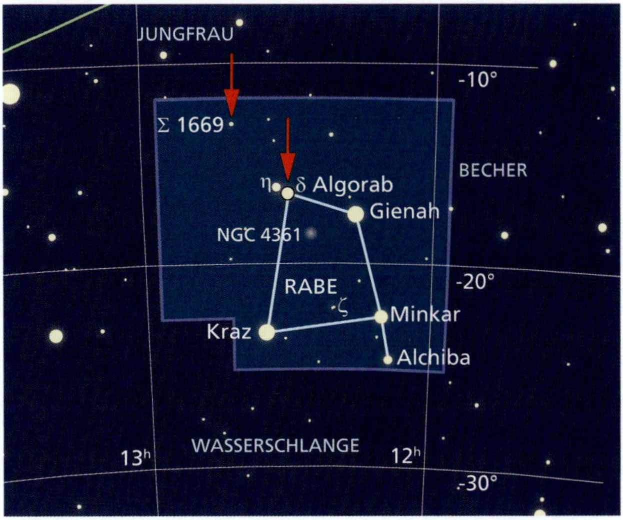

5.4 Skelettkarte des Sternbildes Rabe (lat.: Corvus). Eingetragen sind die Doppelsterne δ Corvi, Σ 1669 sowie NGC 4361.

wohl eine etwas höhere Konzentration an schwächeren Sternen zwischen Löwe und Boötes. Im Norden wird das Haar der Berenike von den Jagdhunden und im Süden von der Jungfrau begrenzt. Etwas Fantasie vorausgesetzt, kann man sich unter dieser Ansammlung von schwächeren Sternen das vom Wind zerzauste Haupthaar einer Frau vorstellen. Im Sternbild Haar findet sich auch der prominente Coma-Galaxienhaufen. Er ist nicht zu verwechseln mit dem offenen Coma-Sternhaufen. Während der Sternhaufen 280 Lichtjahre entfernt ist, so trennen uns 330 Millionen Lichtjahre vom Galaxienhaufen im Sternbild Coma (siehe auch Monatsthema Mai „Der Coma-Galaxienhaufen“ auf Seite 120).

OBJEKTE FÜR FELDSTECHER UND FERNROHR

Als Doppelstern sei Izar (ε Bootis) empfohlen. Bei einer Distanz seiner Komponenten von $2'',9$ empfiehlt sich ein Vierzöller (Fernrohr mit 10 cm Öffnung), um das Paar einwandfrei aufzulösen, vor allem wegen der großen Helligkeitsdifferenz beider Komponenten. ε Boo A ist mit $2^{\mathrm{m}},5$ wesentlich heller als ε Boo B mit nur $4^{\mathrm{m}},8$. Nett anzusehen ist der deutliche Farbkontrast. Die hellere Komponente leuchtet orange-gelb, der Begleiter scheint in einem weißen Licht. Von dem Sternenpaar trennen uns 200 Lichtjahre.

Algorab (δ Corvi) ist ein ausgesprochen leichter Doppelstern im Raben, wenn auch der Helligkeitskontrast erheblich ist. Die blauweiße, $2^{\mathrm{m}},9$ helle Hauptkomponente (Spektraltyp B9) hat in $25''$ Distanz einen nur $9^{\mathrm{m}},5$ hellen Begleiter. Der Positionswinkel beträgt 217°. Diese Doppelsonne trennen 87 Lichtjahre von der Erde.

Als weiterer Doppelstern im Raben sei Σ 1669 (Struve-Nr. 1669) genannt. Die beiden weißen, fast gleich hellen Komponenten ($5^{\mathrm{m}},9$ und $6^{\mathrm{m}},0$ hell, beide vom Typ F5 V), stehen $5'',3$ voneinander ab. Schon im Dreizöller lässt sich ab 40-facher Vergrößerung Σ 1669 leicht auflösen. Seine Entfernung misst 280 Lichtjahre.

In den Jagdhunden findet sich ferner der Doppelstern 25 CVn. Er wurde schon 1827 von Friedrich Wilhelm Struve als Doppelstern erkannt. Er steht in einer relativ sternarmen Gegend. Die beiden Komponenten sind $5^{\mathrm{m}},0$ und $7^{\mathrm{m}},0$ hell und nur $1'',7$ voneinander getrennt (Positionswinkel: 96°). Beide Sterne erscheinen weiß (Spektraltyp: A7). Ihre Umlaufzeit beträgt 228 Jahre. Zurzeit nimmt die Distanz ab. Das Periastron von $0'',2$ (mit P = 356°) werden sie im Jahre 2191 erreichen. Das Sternenpaar ist 190 Lichtjahre entfernt.

Denebola („Schwänzchen des Löwen“) oder β Leonis ist ein gut zu trennender Doppelstern, allerdings ist auch hier der Helligkeitsunterschied enorm – elf Größenklassen! Die Hauptkomponente ist ein weißer Hauptreihenstern (A3 V) mit $2^{\mathrm{m}},1$, während der Begleiter in immerhin $80''$ Distanz lediglich $13^{\mathrm{m}},2$ Helligkeit aufweist. Um den Begleiter zu erkennen, benötigt man ein Linsenteleskop von mindes-

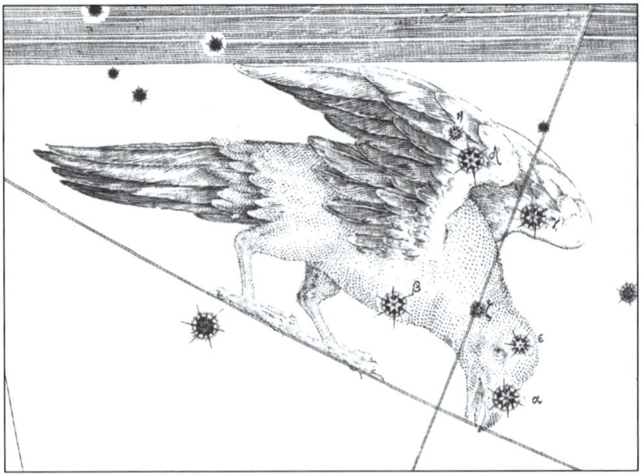

5.5 Figürliche Darstellung des Sternbildes Rabe im Sternatlas *Uranometria* von Johannes Bayer aus dem Jahre 1603.

tens 20 cm Öffnung oder ein Spiegelteleskop ab 25 cm Objektivdurchmesser aufwärts.

Eine echte Herausforderung ist ω Leonis. Um ihn zu trennen, sind die gleichen Mindestgrößen an Öffnungen wie bei Denebola einzusetzen. In 112 Lichtjahren Entfernung umkreisen einander zwei weiße Sonnen (beide F9) in 117 Jahren einmal. Die beiden $5\overset{\mathrm{m}}{,}9$ und $6\overset{\mathrm{m}}{,}5$ hellen Komponenten sind nur $0\overset{\prime\prime}{,}8$ separiert, P = 93°. Um ω Leo zu finden, gehe man von Regulus aus und schwenke das Teleskop nach Westen, wo man auf ο Leo ($3\overset{\mathrm{m}}{,}5$) trifft. Etwa die halbe Strecke α – ο Leo nochmals nach Westen bewegt, kommt ω Leo ins Blickfeld.

Für die Benutzer von GoTo-Montierungen seien die Koordinaten angegeben: $\alpha = 9^{\mathrm{h}}28\overset{\mathrm{m}}{,}5$ und $\delta = 9°\ 03'$ (J2000.0).

Ein schwieriger Doppelstern ist ι (Iota) Leonis. Ihn zu trennen erfordert schon ein Instrument von mindestens 15 cm freier Öffnung, wobei ein Refraktor ein besseres Auflösungsvermögen als ein Spiegel gleicher Größe bietet. Unter guten Sichtbedingungen (ruhige Luft!) kann man ι Leonis schon im 10-cm-Refraktor auflösen. Die beiden $4\overset{\mathrm{m}}{,}1$ und $6\overset{\mathrm{m}}{,}7$ hellen Komponenten stehen in einem Abstand von $1\overset{\prime\prime}{,}9$. Beide Sterne zeigen eine leicht gelbliche Farbe. Um ι Leonis zu finden, benutze man die Sternkarte E11 im *Atlas für Himmelsbeobachter* von Erich Karkoschka. Mit einer Entfernung von 77 Lichtjahren gehört ι Leonis noch zu den näheren Doppelsternen.

Zu den prominenten Kugelhaufen zählt M 13 im Herkules. In mondlosen Nächten und bei guten Sichtverhältnissen kann man M 13 sogar mit bloßen Augen als mattes Lichtfleckchen ausmachen. Im Fernglas ist M 13 auf alle Fälle gut erkennbar. Allerdings, um die Randpartien dieses Kugelhaufens in einzelne Sterne aufzulösen, benötigt man schon ein Fernrohr. So richtig zur Geltung kommt M 13 aber erst in größeren Teleskopen von zehn Zoll Öffnung aufwärts (also ab 25 cm Objektivdurchmesser). M 13 befindet sich in 23 000 Lichtjahren Entfernung.

Weitere Kugelhaufen, die schon im Fernglas erkennbar sind, sind M 3 in den Jagdhunden und M 5 in der Schlange. M 3 liegt auf der Verbindungslinie Arktur – Cor Caroli (α Canum Venaticorum), an der Grenze zum Boötes. M 5 liegt im westlichen Teil des Schlangenkopfes (Serpens Caput) an der Grenze zur Jungfrau und nördlich der Waage. M 3 und M 5 sind in dem schon erwähnten *Atlas für Himmelsbeobachter* in der Karte E15 eingetragen. M 3 ist 34 000 Lichtjahre und M 5 rund 24 000 Lichtjahre entfernt.

In den Jagdhunden findet man auch den Spiralnebel M 51. Man sieht fast senkrecht auf diese Spiralgalaxie, die Lord Rosse als Whirlpool Galaxy (engl., Strudelgalaxie) getauft hat. M 51 war das erste Milchstraßensystem, bei dem man eine Spiralform erkannt hat. Die Entfernung der Strudelgalaxie beträgt rund 25 Millionen Lichtjahre. Viele an der Astronomie Interessierte kennen M 51 von prächtigen Fotos in Astronomiebüchern oder im Internet. Im Amateurtele-

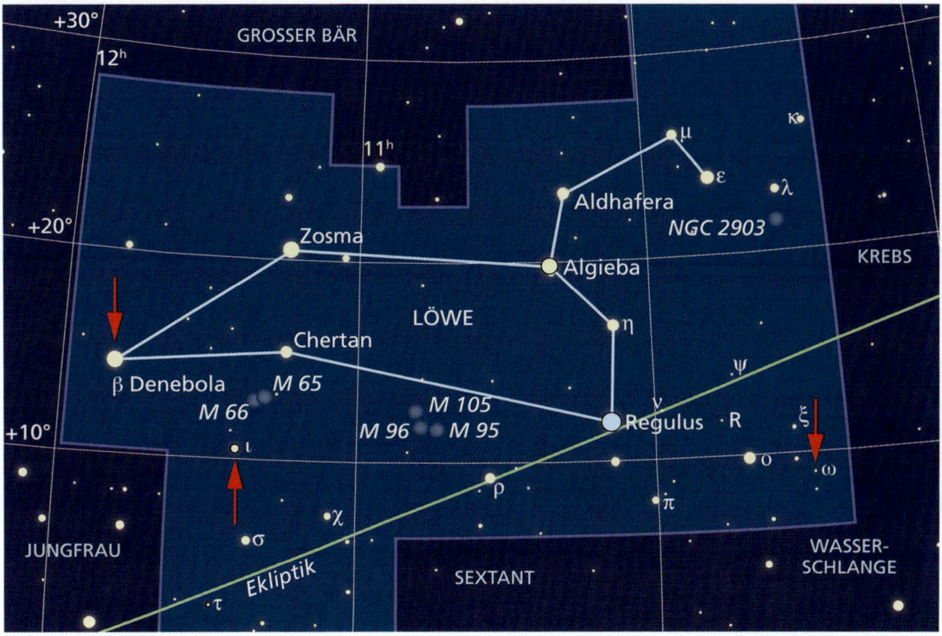

5.6 Skelettkarte des Sternbildes Löwe mit den Doppelsternen β Leonis, ω Leonis und ι Leonis.

skop entpuppt sich M 51 allerdings nur als ein mattes Lichtfleckchen. Erst in größeren Instrumenten zeigen sich die Spiralarme. Die Strudelgalaxie ist leicht zu entdecken, wenn man vom letzten Deichselstern im Großen Wagen (Benetnasch oder η UMa) ausgeht. Schwenkt man von M 51 dann weiter in Richtung α Canum Venaticorum (Cor Caroli), so trifft man auf eine weitere Galaxie, nämlich M 63. Sie ist längst nicht so spektakulär wie M 51. Im Amateurfernrohr erkennt man den hellen Galaxienkern kaum und die Spiralarme bleiben kleineren Instrumenten verborgen. Von M 63 trennen uns 30 Millionen Lichtjahre.

Eine echte Herausforderung für erfahrene Beobachter stellt der lichtschwache Planetarische Nebel NGC 4361 im Sternbild Rabe dar. Er ist knapp 6000 Lichtjahre von uns entfernt. Seine Gesamthelligkeit beträgt nur $10\overset{m}{,}3$, der heiße Zentralstern leuchtet mit $13\overset{m}{,}2$. Der Nebel zeigt eine Quadrupol-Struktur mit Ausdehnungen von 68″ × 90″. Dies lässt auf zwei getrennte Massenausstöße schließen, einen vor 5000 und einen vor 10 000 Jahren. Um die Struktur besser zu erkennen, sollte man stärker vergrößern. Die Koordinaten lauten:

$\alpha = 12^{h}\,24\overset{m}{,}5$ und $\delta = -18°47'$.

Im Raben sind die beiden „Antennengalaxien“ NGC 4038 und NGC 4039 beheimatet, die ein ungewöhnliches Aussehen zeigen. Sie sind zwei miteinander verschmelzende Milchstraßensysteme. Die Gezeitenkräfte haben riesige Streifen von Milliarden von Sternen und interstellarer Materie aus diesen Galaxien herausgerissen. Daher sieht es aus, als ob das Galaxienpaar zwei Tentakel hätte. Daher auch die Bezeichnung „Antennengalaxien“.

NGC 4038 und NGC 4039 sind vom Typ her Balkenspiralen. Durch die Verschmelzungsprozesse kommt es zu Verdichtungen der interstellaren Materie, was eine intensive Sternentstehungsrate bedingt. Die Entfernung der Tentakelgalaxien misst 70 Millionen Lichtjahre.

Der Coma-Galaxienhaufen

NASA, ESA, and the Digitized Sky Survey 2/ Davide De Martin

5.7 Aufnahme des Sternbildes Coma Berenices mit zahlreichen fernen Galaxien.

Das Sternbild Haar der Berenike gehört zu den unscheinbarsten Bildern am Himmel. Es liegt zwischen dem Löwen im Westen und dem Boötes im Osten. Im Süden grenzt es an das Sternbild Jungfrau und im Norden liegen die Jagdhunde. Anfang April kulminiert es um Mitternacht Ortszeit. Lateinisch nennt sich dieses Bild Coma Berenices mit der internationalen Abkürzung Com. Meist spricht man nur von Coma, wenn man das Haar der Berenike meint. Nur Sterne vierter Größe und lichtschwächer gehören zum Sternbild Coma. Es ist das einzige Sternbild, das nach einem einst lebenden Menschen benannt wurde. Berenike war die Ehefrau des ägyptischen Königs Ptolemaios III., Euergetes genannt. Das Königspaar herrschte im dritten vorchristlichen Jahrhundert über Ägypten. Als ihr Gemahl unbeschadet aus einer Schlacht zurückkehrt, opfert Berenike als Dank ihr schönes, blondes Haupthaar im Tempel der Aphrodite den Göttern. Zur ewigen Erinnerung wurde es unter die Sterne versetzt.

Da der galaktische Nordpol nahe dem Stern β Comae liegt, blickt man hier senkrecht aus der Milchstraße hinaus in die Tiefen des intergalaktischen Raumes. Weder der zur Milchstraßenhauptebene konzentrierte interstellare Staub noch die Fülle eines Sternenvorhangs hindern oder trüben den Blick auf extragalaktische Objekte.

Zahlreiche Galaxien wie M 64, M 85, M 88, M 99, M 100 und NGC 4565 finden sich deshalb im Sternbild Haar der Berenike. Ihre Entfernungen liegen zwischen 20 Millionen und 50 Millionen Lichtjahren. Der Coma-Galaxienhaufen, eine riesige Ansammlung von Milchstraßensystemen, ist mit einer mittleren Entfernung von 330 Millionen Lichtjahren jedoch deutlich weiter entfernt. Er enthält Dutzende großer Galaxien. Insgesamt setzt er sich aus 11 000 Mitgliedern zusammen, davon etwa 1000 hellere Galaxien.

Häufig sprechen die Astronomen schlicht vom Coma-Haufen. Doch damit bezeichnet man in der Regel den offenen Sternhaufen Melotte 111 in nur 280 Lichtjahren Entfernung. Er erscheint den bloßen Augen eher als Nebelfleck, im Fernglas sieht man einzelne Sterne. Melotte 111 liegt südlich von γ Comae ($4\overset{\mathrm{m}}{,}4$). Als hellster Stern im Coma-Sternhaufen ist 12 Comae mit $4\overset{\mathrm{m}}{,}8$ zu nennen. Nach Robert Julius Trümpler gehören 37 Sterne bis $10\overset{\mathrm{m}}{,}5$ sicher zu Melotte 111. Sieben weitere Sterne sind vermutlich ebenfalls Mitglieder dieses offenen Sternhaufens.

Galaxien bilden Gruppen und Haufen

Sind große Galaxien schon gewaltige Sternsysteme mit Durchmessern von 100 000 Lichtjahren und mehr sowie mit hunderten von Milliarden Sonnen, so sind ganze Haufen von Milchstraßen so enorm groß, dass sie sich unseren anschaulichen Vorstellungen völlig entziehen. Fast alle Galaxien, große, kleine und Zwerggalaxien gehören einer Gruppe an, meist Galaxienhaufen (engl.: galaxy cluster) genannt. Unsere Milchstraße, die Andromedagalaxie, die Triangulumgalaxie sowie rund fünf Dutzend Zwerggalaxien bilden die Lokale Gruppe (Local Group). Der nächste Milchstraßenhaufen ist der Virgo-Cluster in 65 Millionen Lichtjahren Entfernung im Sternbild Jungfrau.

Wesentlich weiter entfernt ist der Galaxienhaufen im Sternbild Haar der Berenike. Seine Galaxien sind zwischen 310 Millionen und 350 Millionen Lichtjahren weit weg. Der Haufen ist recht kompakt und enthält eine große Zahl von Milchstraßensystemen, die eine Fläche von 3° mal 5° einnehmen. Neben einem Dutzend großer Galaxien und etwa 800 hellerer Mitglieder bis $16\overset{\mathrm{m}}{,}5$ sind etwa 11 000 Galaxien bis zu $19\overset{\mathrm{m}}{,}5$ als zum Coma-Haufen gehörig erfasst worden. Manche Durchmusterungen des Feldes lassen sogar die Gesamtzahl von knapp 30 000 Mitgliedern vermuten. Noch ist nicht sicher bekannt, wie viele Objekte dabei Hintergrundgalaxien sind, die wesentlich weiter entfernt sind.

Der lineare Durchmesser des Coma-Haufens beträgt rund 20 Millionen Lichtjahre. Zwei riesige elliptische Galaxien finden sich im Zentrum des Coma-Haufens, nämlich NGC 4874 und NGC 4889. Mit $11\overset{\mathrm{m}}{,}7$ und $11\overset{\mathrm{m}}{,}5$ scheinbarer Helligkeit

5.8 Karte des Sternbildes Haar der Berenike mit dem Coma-Galaxienhaufen.

liegen sie damit im Bereich, der auch Amateurteleskopen zugänglich ist. NGC 4874 misst 2′,3 × 2′,3 und NGC 4889 hat eine Ausdehnung von 2′,2 × 2′,8 und erscheint somit länglich. NGC 4874 ist etwa 320 Millionen Lichtjahre entfernt und zählt zum Galaxientyp cD (core Dominant). In ihrem Halo wurden rund 30 000 Kugelsternhaufen detektiert. Entdeckt wurde diese Galaxie bereits 1864 von Heinrich Ludwig d'Arrest (1822–1875).

NGC 4874 liegt nur 7′,2 westlich von NGC 4889. Diese Galaxie wurde bereits 1785 von Wilhelm Herschel entdeckt. D'Arrest erwähnt die beiden elliptischen Galaxien, die „eingebettet sind in einem Schwarm kleinerer und lichtschwächerer Galaxien, die im Teleskop aussehen wie Schneeflocken". D'Arrest gilt als Entdecker des Coma-Galaxienhaufens.

Für NGC 4889 wurde eine Entfernung von 330 Millionen Lichtjahren ermittelt. NGC 4889 ist im Übrigen identisch mit NGC 4884.

Systematik der Galaxienhaufen

Der Coma-Galaxienhaufen trägt die Katalognummer AGC 1656, wobei AGC für Abell Galaxy Cluster steht. George Ogden Abell (1927–1983) hat für seine Doktorarbeit (PhD-Thesis) die mit dem 48-Zoll-Schmidt-Teleskop des Palomar-Mountain-Observatoriums aufgenommenen Platten des POSS (Palomar Observatory Sky Survey) äußerst akribisch nach Galaxienhaufen durchsucht. Das Ergebnis publizierte Abell 1958 in seiner Arbeit *The Distribution of Rich Clusters of Galaxies*. Der Abell-Katalog listet 2712 Galaxienhaufen nördlich von −27° Deklination auf. Weiter südlich reicht der POSS nicht. Erst 1989 wurde der Abell-Katalog um 1361 Galaxienhaufen auf den restlichen Südhimmel erweitert.

Die kosmologische Rotverschiebung gemittelt für den gesamten Coma-Haufen beträgt $z = 0{,}0232$. Für den normierten Hubble-Parameter $h = 0{,}71$ ($h = H$ [km/s × Mpc]/100) ergibt sich eine Entfernung von 320 Millionen Lichtjahren. Wird für $h = 0{,}68$ angenommen, dann erhält man als Distanz des Coma-Haufens von unserem Sonnensystem 340 Millionen Lichtjahre.

5.9 Der zentrale Bereich des Coma-Galaxienhaufens. Aufnahme des Hubble-Weltraumteleskops.

NASA, ESA, and the Hubble Heritage Team (STScI/AURA)

NASA, ESA, J. Mack, and J. Madrid et al.

5.10 Die riesige elliptische Galaxie NGC 4889 nahe dem Zentrum des Coma-Galaxienhaufens. Diese Galaxie wurde bereits 1785 von Wilhelm Herschel entdeckt. Aufnahme des Hubble-Weltraumteleskops.

Der schweizerisch-amerikanische Galaxienforscher Fritz Zwicky (geb. 1898 in Varna, Bulgarien, und gest. 1974 in Pasadena, USA), der seine meiste Beobachtungszeit am Mt.-Wilson-Observatorium und später am Palomar Mountain Observatory verbrachte, hat die Galaxienhaufen in drei Klassen eingeteilt – in Haufen, Wolken und Gruppen.

Die Haufen besitzen Tausende von Mitgliedern, zeigen eine starke Konzentration und heben sich deutlich vom Hintergrund ab. Die Wolken sind irreguläre Gruppen von Galaxien ohne eine auffällige Konzentration zu einem Zentrum hin. Als Gruppe bezeichnet Zwicky lose Ansammlungen von Galaxien, die sich kaum vom Hintergrund abheben, und ohne Bildung eines Zentrums. Nach dieser Einteilung ist Abell 1656 ein echter Galaxienhaufen.

Eine etwas differenziertere Klassifikation haben Herbert Jesse Rood (1937–2005) und Gummuluru N. Sastry (1937–2008) im Jahre 1971 vorgeschlagen. Sie unterscheiden sechs Typen von Galaxienhaufen:

cD (core Dominant): Eine dominierende, große elliptische Galaxie (E) sitzt im Zentrum

B: Zwei bis drei auffallend große elliptische Galaxien bilden den zentralen Bereich (Coma-Haufen)

L: Die Galaxien sind länglich angeordnet (Perseus-Haufen)

C: Haufen mit einer zentralen Verdichtung

F: Die Galaxien sind in einer Ebene angeordnet

I: Irregulärer Haufen ohne erkennbare zentrale Verdichtung

Danach ist Abell 1656 ein Galaxienhaufen vom Typ B.

Eine genauere Einteilung der Abell-Haufen nach dem Reichtum an Galaxien ist folgendermaßen definiert: Die Reichtumsklassen werden nach der Zahl n der Galaxien bis zur Helligkeit $m_3 + 2^m$ eingeteilt, wobei m_3 die dritthellste Galaxie ist. Die Mitglieder müssen in einem definierten Umkreis mit dem Abell-Radius liegen: $R_{Abell} = 1{,}5$ Mpc/h. Hier ist h wieder der normierte Hubble-Parameter (h = H/100). Für den Coma-Galaxienhaufen beträgt somit der Abell-Radius 2,1 bis 2,2 Millionen Lichtjahre. Die Reichtumsklassen gelten für Galaxienhaufen 30° nördlich und südlich des galaktischen Äquators (ab |b| > 30°), siehe Tabelle unten.

Das Problem der fehlenden Masse

Fritz Zwicky gelang noch eine hochinteressante Entdeckung, deren Bedeutung erst viel später erkannt und gewürdigt wurde. Er vermaß die pekuliaren Radialgeschwindigkeiten etlicher Haufenmitglieder. Sie lagen teils weit über 6000 km/s. (F. Zwicky: „Die Rotverschiebung von extragalaktischen Nebeln", 1933 in *Helvetica Physica Acta*). Danach müsste sich der Coma-Galaxienhaufen längst aufgelöst haben. Denn die Galaxien im Haufen von Galaxien plus dem intergalaktischen extrem heißen Plasma haben viel zu geringe Massen, um die Haufenmitglieder gravitativ zu fesseln. Um einen Sternhaufen oder einen Galaxienhaufen stabil zu halten, muss die Bedingung des Virialsatzes erfüllt sein (siehe Kasten Virialtheorem auf Seite 125). Er besagt: Die doppelte kinetische Energie T muss der potentiellen Energie V die Waage halten, also 2T + V = 0. Da V eine anziehende Komponente beschreibt, ist ein negatives Vorzeichen angebracht. Ist |V| > 2T, so siegt die Schwerkraft und der Haufen stürzt in sich zusammen. Ist 2T = –V, so herrscht Gleichgewicht. Ist jedoch 2T > |V|, so zerstreut sich der Haufen, die Mitglieder fliehen in alle Richtungen, der Haufen löst sich auf.

Zwicky stellte fest: Die Massen aller stellaren und intergalaktischen Materie ergeben nur etwa 20 Prozent jener Masse, die erforderlich wäre, um den Coma-Galaxienhaufen zu stabilisieren. Damit war das „Missing Mass Problem" in die Welt gesetzt. Die fehlende Masse kann nicht baryonischer Natur sein. Denn sie spürt offensichtlich keine elektromagnetische Wechselwirkung. Sie übt keinen Druck aus und sendet keine Strahlung aus. Sie macht sich lediglich durch ihre Schwerkraftwirkung bemerkbar. Ohne diese „Missing Mass" wäre der Coma-Cluster längst nicht mehr vorhanden. Heute spricht man von „Dunkler Materie", die immerhin 27 % der Gesamtmasse des Universums ausmacht, während die beobachtbare Materie in Form von Sternen und interstellarem Gas und Staub gerade 5 % zur Gesamtmasse beisteuert. Dass es die Dunkle Materie gibt, dazu gibt es zahlreiche Beobachtungen ihrer Schwerkraftwirkung. Aber woraus sie besteht, das weiß bis heute niemand.

Viele Forscherinnen und Forscher bemühen sich, das Rätsel der Dunklen Materie zu lösen, bisher allerdings vergebens. Als Zwicky seine Entdeckung des Missing Mass Problem 1933 publizierte, war die Fachwelt daran wenig interessiert. Erst als immer mehr Indizien auf die Dunkle Materie hinwiesen, begann sich das Forschungskarussell zu drehen.

Im Jahre 1971 entdeckte man Röntgenstrahlung, die der Coma-Haufen aussendet. Mit neueren Röntgenteleskopen wie Chandra und XMM-Newton konnten genauere Untersuchungen über die Verteilung und Herkunft der Röntgen-

REICHTUMSKLASSEN VON GALAXIENHAUFEN

R	n	N
0	30– 49	$>10^3$
1	50– 79	1224
2	80–129	383
3	130–199	68
4	200–299	6
5	>300	1

R – Reichtumsklasse

n – Zahl der Galaxien m_3 bis $m_3 + 2^m$

N – Anzahl der Haufen.

strahlung durchgeführt werden. Sie stammt vorwiegend nicht aus den Mitgliedsgalaxien, sondern wird von intergalaktischem Plasma ausgesandt. Es besteht aus extrem heißem und deshalb vollständig ionisiertem Wasserstoffgas, dem primordialen Substrat im Universum und Baustoff von Sternen und damit auch von Galaxien und Galaxienhaufen. Die Temperaturen des intergalaktischen Gases betragen von zehn Millionen bis zu hundert Millionen Grad ($T \approx 10^7$ bis 10^8 K). Aus den Röntgenemissionen lassen sich Rückschlüsse auf die Verteilung und Dynamik der Galaxien im Coma-Haufen ziehen. Die kosmische Hintergrundstrahlung (3K-Strahlung oder CMB), ein Relikt des heißen Beginns unseres Universums vor 13,8 Milliarden Jahren, durchdringt das intergalaktische Plasma. Dabei werden die Photonen durch Streuung energiereicher, was zu einer Verminderung der Photonen geringerer Energie führt. Dies macht sich im Spektrum der Hintergrundstrahlung bemerkbar. Es handelt sich dabei um eine Art inverser Compton-Effekt. Im Fall von intergalaktischem Plasma, bei dem die Photonen des CMB zu höheren Frequenzen durch die hochenergetischen Protonen des heißen Wasserstoffplasmas gepuscht werden, spricht man vom Sunyajev-Zeldovich-Effekt. Die Gesamtleuchtkraft des Coma-Haufens im Röntgenlicht beträgt etwa 140 Milliarden Sonnenleuchtkräfte ($= 5{,}32 \times 10^{37}$ Watt).

Der Coma-Galaxienhaufen liegt im Zentrum des Coma-Superhaufens, einer noch größeren Struktur, zu der auch der Herkules-Galaxienhaufen sowie zahlreiche Galaxiengruppen gehören. Die großräumige Struktur dieser Galaxienhaufenansammlung ist länglich und zieht sich über einen Bereich von einer Milliarde Lichtjahren hin, genannt „die große Mauer“.

DAS VIRIALTHEOREM

Das Virialtheorem – auch Virialsatz genannt – wurde von dem Physiker Rudolph (auch Rudolf) Julius Emanuel Clausius (1822–1888) im Jahr 1870 in der Thermodynamik (Wärmelehre) eingeführt. Es macht eine statistische Aussage über die Stabilität eines Vielteilchensystems.

In der Astronomie lässt sich das Virialtheorem auf Sternhaufen und Galaxienhaufen anwenden. In diesem Fall ist das Vielteilchensystem ein Mehrkörpersystem. Verglichen wird der zeitliche Mittelwert der pekuliaren Geschwindigkeiten der Sterne beziehungsweise der Galaxien und der mittleren potenziellen Energie der einzelnen Objekte aufgrund ihrer gravitativen Anziehung. Ein Haufen bleibt in einem stabilen Gleichgewicht, wenn gilt:

$$E_{kin} = -0{,}5\ E_{pot}$$

Allgemein wird die mittlere kinetische Energie aller Haufenmitglieder mit T bezeichnet, wobei man davon ausgeht, dass die Geschwindigkeiten der Haufenmitglieder einer Gaußschen Normalverteilung entsprechen.

V bezeichnet die zeitliche mittlere potenzielle Energie. Somit lautet der Virialsatz:

$$2\,T + V = 0$$

Ist diese Relation erfüllt, so bleibt der Haufen stabil. Ist jedoch $2\,T > V$, so expandiert der Haufen.

Im Falle von $2\,T < V$ kollabiert er.

Um dies in einem konkreten Fall beurteilen zu können, müssen die Massen, die Größe des Haufens und die Geschwindigkeiten der Haufenmitglieder ermittelt werden. Genau genommen muss die Massendichte des Haufens bekannt sein. Allein aus der Messung der pekuliaren Radialgeschwindigkeiten der Galaxien im Coma-Galaxienhaufen (die Raumgeschwindigkeiten sind im Mittel doppelt so groß), die von Fritz Zwicky gemessen wurden, ergab sich: Der Coma-Haufen muss expandieren. Da er aber offensichtlich nicht expandiert (sonst hätte er sich längst aufgelöst), schloss Zwicky auf das Vorhandensein nicht sichtbarer, aber gravitativ wirkender Materie (heute als „Dunkle Materie“ bezeichnet).

Juni 2024

- Die Sonne erreicht am 20. um 21^h51^m MEZ den Gipfel ihrer Jahresbahn – der astronomische Sommer beginnt.
- Venus holt am 4. die Sonne im Sternbild Stier ein. Sie wird in oberer Konjunktion von der Sonne bedeckt.
- Mars kann am Morgenhimmel gefunden werden.
- Auch Jupiter kann ab der Monatsmitte am Morgenhimmel gesehen werden.
- Saturn ist Planet der zweiten Nachthälfte.
- Merkur kommt am 14. in obere Konjunktion mit der Sonne und bleibt unbeobachtbar.

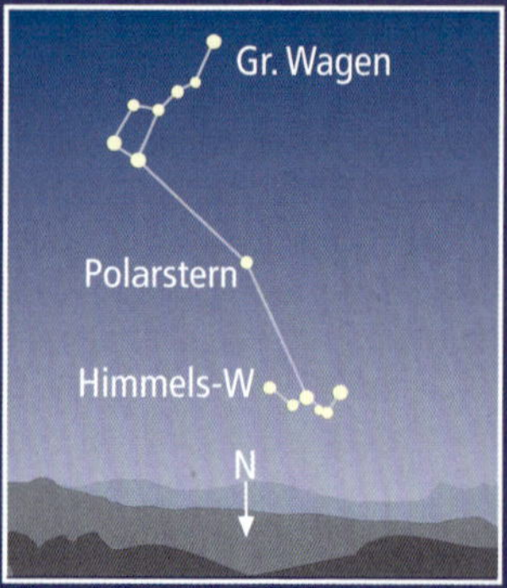

Großer Wagen und Himmels-W Anfang Juni um 22 Uhr MEZ

6.1 Anblick des Osthimmels am 28. Juni gegen 2^h MEZ (= 3^h MESZ). Saturn erhält Besuch vom abnehmenden Halbmond. Knapp über dem Horizont zeigt sich Mars.

1 Sa	
2 So	
3 Mo	
4 Di	
5 Mi	
6 Do	Neumond
7 Fr	
8 Sa	
9 So	
10 Mo	
11 Di	Mond bei Regulus – abends
12 Mi	
13 Do	
14 Fr	Erstes Viertel
15 Sa	

16 So	Mond bei Spica – abends
17 Mo	
18 Di	
19 Mi	
20 Do	Sommerbeginn
21 Fr	
22 Sa	Vollmond
23 So	
24 Mo	
25 Di	
26 Mi	
27 Do	Mond bei Saturn – Mitternacht
28 Fr	Letztes Viertel
29 Sa	
30 So	

SONNE – STERNBILDER

20. 6. 21h51m:
Sonne tritt in das Tierkreiszeichen Krebs

21. 6. 10h:
Sonne tritt in das Sternbild Zwillinge

Julianisches Datum am
1. Juni, 1h MEZ: 2 460 462,5

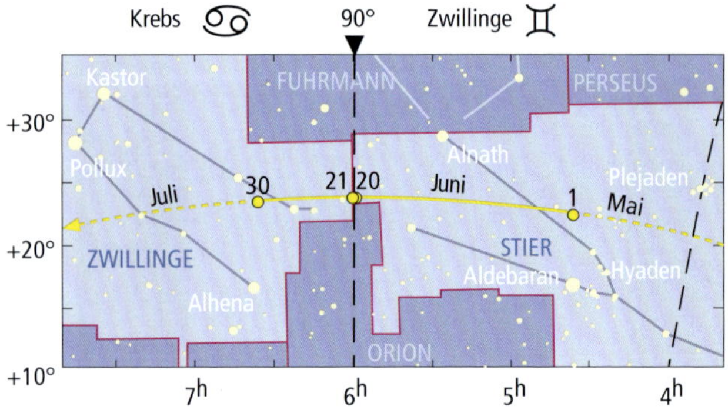

SONNENLAUF

Tag	Dämmerg. Anfang	Aufgang MEZ	Kulmination	Untergang MEZ	Dämmerg. Ende	Mittagshöhe	Zeitgleichg.	Rektaszension	Deklination
	h m	h m	h m	h m	h m	°	m	h m	°
1.	2 32	4 16	12 18	20 21	22 05	62,2	+2	4 36	+22,0
5.	2 27	4 13	12 19	20 25	22 11	62,6	+1	4 53	+22,5
10.	2 23	4 11	12 20	20 28	22 17	63,1	0	5 13	+23,0
15.	2 21	4 10	12 21	20 31	22 21	63,3	−1	5 34	+23,3
20.	2 20	4 11	12 22	20 33	22 23	63,4	−2	5 55	+23,4
25.	2 22	4 12	12 23	20 33	22 23	63,4	−3	6 16	+23,4
30.	2 26	4 15	12 24	20 33	22 21	63,1	−4	6 36	+23,2

TAGES- UND NACHTSTUNDEN

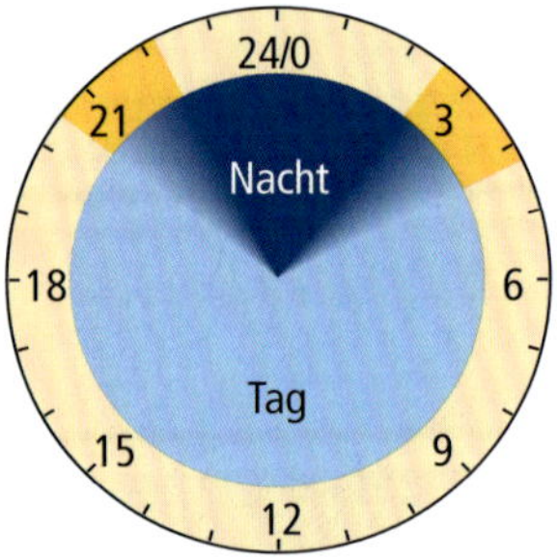

5. Juni

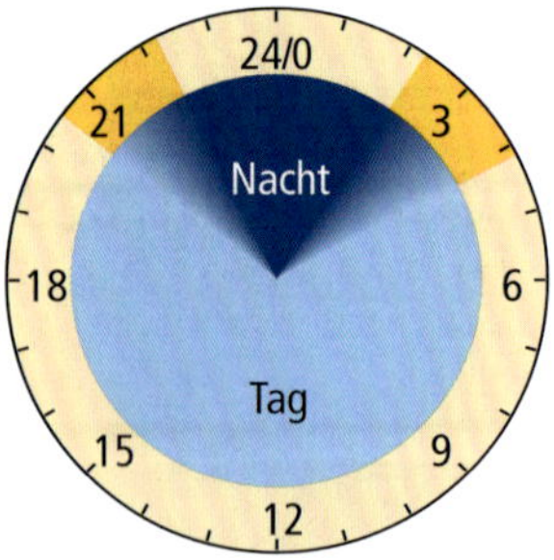

15. Juni

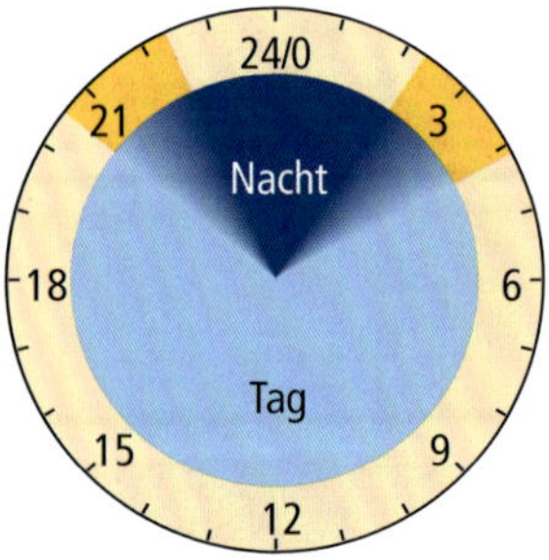

25. Juni

MONDLAUF

Datum	Aufg. MEZ	Kulmination	Unterg. MEZ	Rektaszension	Deklination	Sterne und Sternbilder	Phase	MEZ
	h m	h m	h m	h m	°			
Sa 1.	1 46	7 48	14 07	23 53	− 2,3	Fische		
So 2.	2 01	8 36	15 31	0 44	+ 4,5	Fische	Erdnähe 368/32′,5	8^h
							Aufsteigender Knoten	
Mo 3.	2 16	9 26	16 57	1 35	+11,1	Fische		
Di 4.	2 34	10 19	18 24	2 29	+17,1	Widder		
Mi 5.	2 58	11 15	19 50	3 25	+22,2	Stier, Plejaden		
Do 6.	3 30	12 13	21 09	4 25	+25,9	Stier	**Neumond Nr. 1255**	**$13^h 38^m$**
Fr 7.	4 15	13 13	22 14	5 26	+28,0	Stier, Alnath		
Sa 8.	5 13	14 12	23 02	6 27	+28,3	* Fuhrmann	Größte Nordbreite	
							Libration West	
So 9.	6 24	15 07	23 36	7 26	+27,0	Kastor, Pollux		
Mo 10.	7 39	15 58	24 00	8 22	+24,4	Krebs, Krippe		
Di 11.	8 54	16 45	–	9 13	+20,6	Krebs		
Mi 12.	10 07	17 28	0 17	10 01	+16,0	Löwe, Regulus		
Do 13.	11 17	18 08	0 32	10 46	+10,9	Löwe		
Fr 14.	12 25	18 47	0 44	11 29	+ 5,4	Löwe	**Erstes Viertel**	**$6^h 18^m$**
							Erdferne 404/29′,6	15^h
Sa 15.	13 33	19 26	0 55	12 11	− 0,2	* Jungfrau	Absteigender Knoten	
So 16.	14 42	20 06	1 06	12 53	− 5,8	Jungfrau		
Mo 17.	15 53	20 48	1 18	13 36	−11,3	Spica		
Di 18.	17 07	21 34	1 33	14 21	−16,4	Waage		
Mi 19.	18 24	22 24	1 51	15 10	−21,0	Waage		
Do 20.	19 41	23 19	2 17	16 03	−24,7	Antares	Libration Ost	
Fr 21.	20 50	–	2 53	17 00	−27,3	Antares		
Sa 22.	21 47	0 18	3 45	18 01	−28,4	Kaus Borealis	**Vollmond**	**$2^h 08^m$**
							Größte Südbreite	
So 23.	22 29	1 18	4 53	19 02	−27,7	Schütze, Nunki		
Mo 24.	22 59	2 18	6 14	20 04	−25,3	Schütze		
Di 25.	23 21	3 14	7 40	21 02	−21,4	Steinbock		
Mi 26.	23 39	4 08	9 07	21 58	−16,2	Steinbock		
Do 27.	23 53	4 58	10 32	22 51	−10,1	Wassermann	Erdnähe 369/32′,4	13^h
Fr 28.	–	5 46	11 55	23 42	− 3,6	Wassermann	**Letztes Viertel**	**$22^h 53^m$**
Sa 29.	0 07	6 33	13 18	0 32	+ 3,2	Fische	Aufsteigender Knoten	
So 30.	0 22	7 22	14 41	1 22	+ 9,7	Fische		

DER MOND STEHT NAHE BEI SPICA UND ENTFERNT SICH

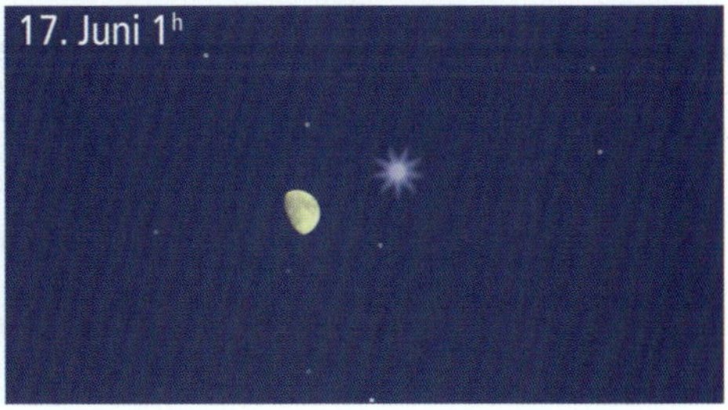

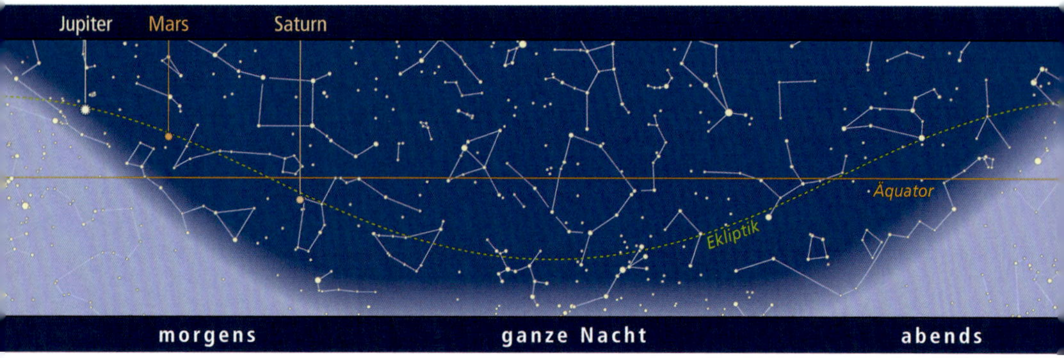

MERKUR kommt am 14. in obere Konjunktion mit der Sonne. Einen Tag vorher passiert der flinke Planet das Perihel seiner Bahn, das er mit 59 Kilometer pro Sekunde (= 212 400 Kilometer pro Stunde) durchrast. Dies ist die höchste Geschwindigkeit, die ein Planet unseres Sonnensystems erreichen kann. Im Perihel ist Merkur 46 Millionen Kilometer (= 0,307 AE) von der Sonne entfernt. Am Tag der oberen Konjunktion erreicht Merkur mit 198 Millionen Kilometer (= 1,32 AE) seine größte Entfernung von der Erde. Die enge Begegnung mit Jupiter am 4., wobei Merkur nur 7′ südlich am Riesenplaneten vorbeizieht, bleibt unbeobachtbar, ebenso seine Konjunktion mit Venus am 17., denn beide Begegnungen erfolgen am Taghimmel nahe der Sonne.

VENUS holt am 4. die Sonne im Sternbild Stier ein. Sie steht an diesem Tag nachmittags in oberer Konjunktion mit ihr. Da sie am 6. Juni den aufsteigenden Knoten ihrer Bahn passiert, befindet sie sich zur oberen Konjunktion fast in der Ekliptik (Erdbahnebene). Somit verschwindet sie hinter der grellen Sonnenscheibe, es kommt zu einer **Venusbedeckung durch die Sonne**. Ein solches Ereignis bleibt mit den Mitteln der Amateurastronomen unsichtbar. Letztmals verschwand Venus am 6. Juni 2016 hinter der Sonne. Das nächste derartige Ereignis findet am 2. Juni 2032 statt.

Zur oberen Konjunktion ist Venus von der Erde 260 Millionen Kilometer (= 1,74 AE) entfernt.

MARS strebt immer nördlicheren Bezirken des Tierkreises zu. Er wandert zunächst durch das Sternbild Fische und wechselt

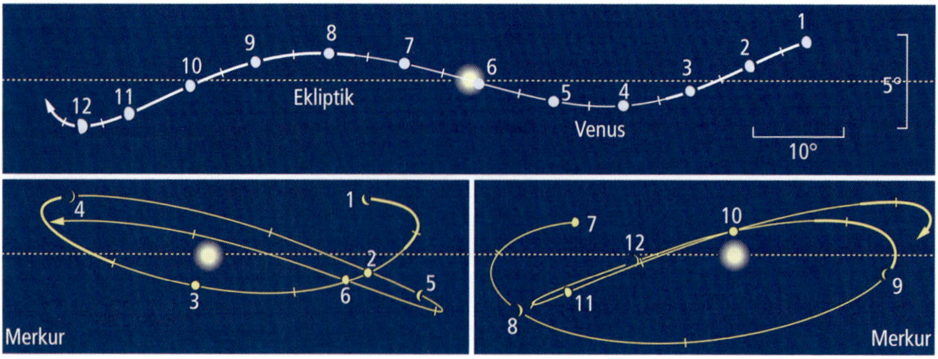

6.2 Bewegungen von Merkur und Venus relativ zur Sonne im Laufe des Jahres 2024. Die Zahlen geben die Position zum jeweiligen Monatsbeginn an (3 = 1. März).

am 10. in den Widder. Der rote Planet kann am Morgenhimmel gefunden werden. Seine Morgensichtbarkeit verbessert sich allerdings nur geringfügig, da ihm die Sonne im Tierkreis vorausläuft und am 21. den Gipfel ihrer Jahresbahn erreicht. Die Tagbögen des Mars bleiben daher kleiner als die der Sonne.

Am 1. geht der rote Planet um 2^h27^m (= 3^h27^m Sommerzeit) auf, am 15. um 1^h52^m und am 30. bereits um 1^h17^m.

Die Marshelligkeit steigt leicht von $1\overset{\mathrm{m}}{,}1$ auf $1\overset{\mathrm{m}}{,}0$ an. Im Fernrohr erkennt man ein winziges Planetenscheibchen von 5″ scheinbarem Durchmesser.

Am 3. besucht der abnehmende Halbmond den roten Planeten. Nach Mondaufgang beträgt der Abstand des weiter nördlich stehenden Mondes von Mars knapp 3°.

Auf der Nordhalbkugel des Mars beginnt am 7. der Winter.

JUPITER stand Mitte des Vormonats in Konjunktion mit der Sonne. Mitte Juni taucht der Riesenplanet wieder am Morgenhimmel auf. Er wandert durch das „Goldene Tor der Ekliptik“ im Sternbild Stier (siehe Abb. 4.4 auf Seite 93).

Am 15. geht der $-2\overset{\mathrm{m}}{,}0$ helle Jupiter um 3^h07^m (= 4^h07^m Sommerzeit) auf. Die Sonne folgt um 4^h10^m. Um Jupiter bereits in der angebrochenen Dämmerung zu entdecken, ist ein Fernglas hilfreich. Bis Ende Juni verfrüht sich der Jupiteraufgang auf 2^h18^m (= 3^h18^m Sommerzeit). Am 4. zieht Merkur nur 7′ südlich am Riesenplaneten vorbei. Diese Konjunktion kann nicht verfolgt werden.

SATURN ist Planet der zweiten Nachthälfte. Der Ringplanet verlagert seine Aufgänge in die Zeit vor Mitternacht. Am 1. geht Saturn um 1^h28^m (= 2^h28^m Sommerzeit) auf, am 15. um 0^h34^m und am 30. bereits um 23^h32^m.

Am 30. kommt der Ringplanet zum Stillstand und setzt zu seiner Oppositionsschleife an. Ab diesem Datum bewegt er sich rückläufig durch den Wassermann (siehe Abb. 9.5 auf Seite 195). Während des Monats nimmt die Saturnhelligkeit leicht um $0\overset{\mathrm{m}}{,}1$ auf $0\overset{\mathrm{m}}{,}9$ zu.

Am 27. begegnet der abnehmende Halbmond dem Ringplaneten. Der Mond zieht recht knapp nördlich an Saturn vorbei. Um Mitternacht ist allerdings der Abstand schon auf rund fünf Grad angewachsen (siehe Abb. 6.1 auf Seite 126).

URANUS, rechtläufig im Sternbild Stier, stand Mitte des Vormonats in Konjunktion mit der Sonne. Der grünliche Planet bleibt auch im Juni unsichtbar.

NEPTUN bremst seine ohnehin recht träge Wanderung durch das Sternbild Fische zum Monatsende fast vollends ab. Sein Stillstand steht kurz bevor. Noch ist es nicht leicht, ihn aufzuspüren. Ende des Monats sollten ihn versierte Beobachter und Beobachterinnen jedoch finden. Die Sternkarte Abb. 9.6 auf Seite 196 kann dabei behilflich sein.

Am 30. geht der nur $7\overset{\mathrm{m}}{,}9$ helle Neptun um 23^h46^m auf und kulminiert am 30. Juni schon um 5^h47^m (= 6^h47^m Sommerzeit). Um diese Zeit steht die Sonne längst am Himmel. Am ehesten lässt sich Neptun zwischen 1^h30^m und 2^h30^m (= 3^h30^m Sommerzeit) erhaschen.

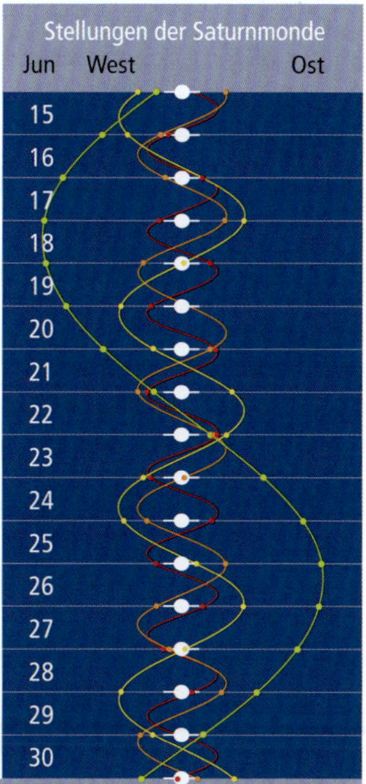

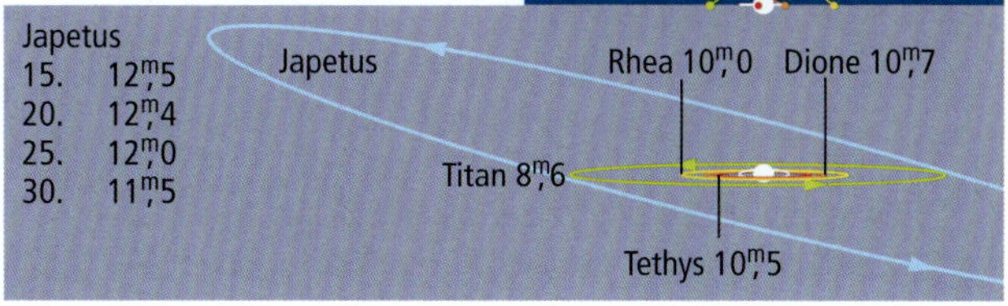

PLANETOIDEN UND ZWERGPLANETEN

CERES, Planetoid Nr. 1, ist rückläufig im Schützen und nähert sich ihrer Opposition zur Sonne, die sie zu Anfang des nächsten Monats erreicht. Ihre Helligkeit steigert sich von $8\overset{\mathrm{m}}{,}0$ auf $7\overset{\mathrm{m}}{,}4$, was sie an und für sich zu einem Fernglasobjekt werden lässt. Allein ihre immer südlicheren Positionen lassen das Aufsuchen schwierig werden. Während des Monats geht ihre Deklination von −26° auf −29° zurück (siehe Abb. 7.6 auf Seite 152).

Ceres verlegt ihre Aufgänge von $23^{\mathrm{h}}28^{\mathrm{m}}$ zu Monatsbeginn auf $21^{\mathrm{h}}32^{\mathrm{m}}$ (= $22^{\mathrm{h}}32^{\mathrm{m}}$ MESZ) am Monatsende. Ihre Kulminationszeiten lauten: am 1. um $3^{\mathrm{h}}12^{\mathrm{m}}$ (= $4^{\mathrm{h}}12^{\mathrm{m}}$ MESZ), am 15. um $2^{\mathrm{h}}09^{\mathrm{m}}$ und am 30. um $0^{\mathrm{h}}58^{\mathrm{m}}$.

PALLAS (2) stand im Vormonat in Opposition zur Sonne. Sie wandert rückläufig durch die Nördliche Krone, bis sie am 25. in das Sternbild Kopf der Schlange wechselt.

Dabei strebt sie nach Süden (siehe Abb. 5.3 auf Seite 114). Ihre Helligkeit nimmt von $9\overset{\mathrm{m}}{,}1$ auf $9\overset{\mathrm{m}}{,}4$ deutlich ab.

Am 1. kulminiert Pallas um $23^{\mathrm{h}}53^{\mathrm{m}}$, am 15. um $22^{\mathrm{h}}48^{\mathrm{m}}$ (= $23^{\mathrm{h}}48^{\mathrm{m}}$ MESZ) und am 30. schon um $21^{\mathrm{h}}41^{\mathrm{m}}$. Ihr Untergang erfolgt um $6^{\mathrm{h}}04^{\mathrm{m}}$ am Monatsletzten.

PERIODISCHE STERNSCHNUPPENSTRÖME

Seit etwa 25 Jahren werden die **JUNI-LYRIDEN** in der Zeit vom 11. bis 21. Juni beobachtet. Ihr Ausstrahlungspunkt liegt in der Leier. Ein Ursprungskomet ist noch nicht bekannt.

Im letzten Junidrittel sind die **JUNI-BOÖTIDEN** zu beobachten. Sie sind seit 1916 bekannt, als sie eine große Aktivität entfalteten. Auch in den Jahren 1998 und 2004 waren sie recht aktiv mit rund hundert Meteoren pro Stunde.

Ursache dafür sind Teilchen, die sich recht konzentriert in der Nähe einer 2:1-Resonanz zum Jupiterumlauf befinden, also die doppelte Umlaufzeit von Jupiter haben.

Bisherige Maxima traten zwischen dem 23. und dem 28. Juni auf. Auch wenn Modellrechnungen für 2024 keine hohe Aktivität erwarten lassen, kann man in den kurzen Nächten nach eventueller Aktivität Ausschau halten.

Der Radiant dieser sehr langsam (18 km/s) in die Atmosphäre eindringenden Objekte befindet sich ganz im Norden des Bootes. Komet 7P/Pons-Winnecke gilt als Quelle dieses Stromes.

Zwischen dem 25. Juni und dem 2. Juli tauchen die Meteore der **CORVIDEN** auf, deren Radiant im Sternbild Rabe liegt. Am 27. Juni erreicht die diesjährige Corvidenaktivität ihr Maximum.

Um den 16. Juni waren bis vor 30 Jahren die **JUNI-DRACONIDEN** zu erwarten, ein schwacher Strom, der in den letzten Jahren allerdings nicht zu beobachten war. Der Radiant liegt im Sternbild Drache, also hoch im Norden.

KONSTELLATIONEN UND EREIGNISSE

Datum	MEZ	Ereignis
1.	4^{h}	Mond bei Neptun, Mond $0\overset{\circ}{,}02$ südlich
3.	1	**Mond bei Mars**, Mond $2\overset{\circ}{,}4$ nördlich, **Abstand $2\overset{\circ}{,}9$ um 3^{h}**
4.	11	Merkur bei Jupiter, Merkur $0\overset{\circ}{,}1$ südlich
4.	17	Venus in oberer Konjunktion
5.	2	Mond bei Uranus, Mond $3\overset{\circ}{,}7$ nördlich
5.	15	Mond bei Jupiter, Mond $4\overset{\circ}{,}7$ nördlich
5.	17	Mond bei Merkur, Mond $4\overset{\circ}{,}7$ nördlich
6.	15	Mond bei Venus, Mond $4\overset{\circ}{,}5$ nördlich
13.	17	Merkur im Perihel
14.	18	Merkur in oberer Konjunktion
17.	14	Merkur bei Venus, Merkur $0\overset{\circ}{,}9$ nördlich
20.	$21^{\mathrm{h}}51^{\mathrm{m}}$	**Sonne im Sommerpunkt, Sommersonnenwende**
27.	16	**Mond bei Saturn**, Mond $0\overset{\circ}{,}08$ nördlich, **Abstand $5\overset{\circ}{,}0$ um 24^{h}**
28.	10	Mond bei Neptun, Mond $0\overset{\circ}{,}3$ nördlich
30.	22	Saturn im Stillstand, anschließend rückläufig

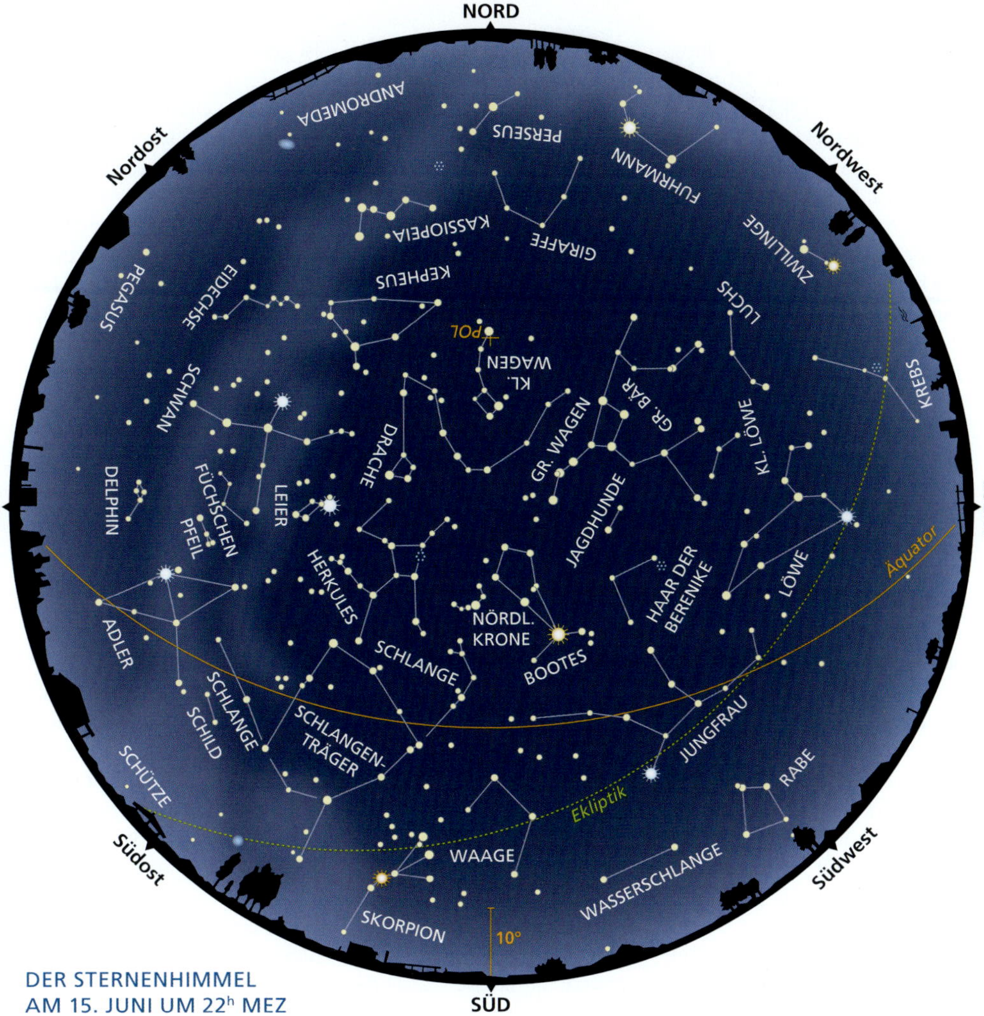

DER STERNENHIMMEL AM 15. JUNI UM 22^h MEZ

Die Sternkarte ist auch gültig für:		
	MEZ	MESZ
15. 2.	6^h	
1. 3.	5	
15. 3.	4	
1. 4.	3	4^h
15. 4.	2	3
1. 5.	1	2
15. 5.	0	1
1. 6.	**23**	**24**
15. 6.	**22**	**23**
30. 6.	**21**	**22**

Als erstes fällt in der nun spät einsetzenden Abenddämmerung hoch im Südwesten ein heller, deutlich orange-roter Stern auf. Es ist Arktur im Sternbild Boötes. Fast zeitgleich taucht in der hereinbrechenden Dunkelheit schon hoch im Osten die bläulich-weiß strahlende Wega auf. Die Wega ist der Hauptstern der Leier. Arktur und Wega sind somit die ersten Sterne, die in der beginnenden Dämmerung zu sehen sind.

Bei vielen Völkern wurde das Sternbild Boötes mit den sieben Sternen des Großen Wagens in Verbindung gebracht. Dies wird verständlich, wenn man einmal mit den Augen dem Schwung der Wagendeichsel folgend auf den hellen Arktur gestoßen ist.

Das Frühlingsdreieck, das sich aus Arktur im Boötes, Regulus im Löwen und Spica in der Jungfrau zusammensetzt, ist in die westliche Hemisphäre des Firmaments gerückt. Im Osten ist dagegen das Sommerdreieck mit Wega, Deneb und Atair bereits komplett aufgegangen. Der Große Wagen steht immer noch hoch über unseren Köpfen. Seinen Meridiandurchgang hat er allerdings schon hinter sich. Er bereitet sich auf seinen Abstieg vor. Tief im Norden zeigt sich die in unseren Breiten zirkumpolare Kapella.

Im Westen neigt sich der Löwe dem Untergang zu. Die Basislinie Regulus – Denebola steht schräg zum Horizont. Das Feld im Südwesten wird von der Jungfrau (lat.: Virgo) besetzt gehalten. Ihr Hauptstern Spica leuchtet leicht erkennbar in bläulichem Licht halbhoch über dem Südwesthorizont.

Tief im Süden krabbelt eben der Skorpion den Horizont entlang. Sein tiefroter Hauptstern Antares ist mit 1^{m} scheinbarer Helligkeit kaum zu übersehen. Seine Helligkeit variiert ein wenig von $0{,}^{m}9$ bis $1{,}^{m}1$. Antares, α Scorpii, ist ein roter Überriesenstern. Er wird manchmal als Cor Scorpii (lat., Herz des Skorpions) bezeichnet. Sein Spektraltyp ist M1 Iab. Seine Distanz beträgt um 550 Lichtjahre.

Nördlich des Skorpions, also „oberhalb" von unseren Breiten aus gesehen, wenn der Skorpion gerade im Süden steht, stößt man auf das umfangreiche, aber nur aus lichtschwachen Sternen bestehende Bild des Schlangenträgers (lat.: Ophiuchus) mit der Schlange. Das Sternbild Schlange wird durch ihren Träger in zwei Teile zerlegt. Der östliche Teil markiert den Schwanz der Schlange (lat.: Serpens Cauda). Er wird durch eine Sternenkette markiert, die auf Atair im Adler deutet. Der westliche Teil bildet den Kopf (lat.: Serpens Caput). Der Schlangenkopf passiert gerade den Meridian und blickt nach Norden zum kleinen, aber einprägsamen Sternbild Nördliche Krone. Der hellste Stern in der Schlange, α Serpentis, leuchtet orange-rötlich ($2{,}^{m}6$), gehört zur Spektralklasse K2 III und ist 74 Lichtjahre entfernt. Sein Eigenname ist Unukalhai, was „Hals der Schlange" heißt.

DAS STERNBILD SCHLANGENTRÄGER (OPHIUCHUS)

Der Schlangenträger ist ein ausgedehntes, aber nicht sehr markantes Sternbild, vor allem, weil Sterne erster Größe fehlen. Er liegt in der Äquatorzone südlich vom Herkules und nördlich vom Skorpion und Schützen. Vom 29. November bis 18. Dezember wandert die Sonne durch den Schlangenträger, der damit zu den Tierkreisbildern gehört. Er ist gewissermaßen das 13. Tierkreissternbild. Der Schlangenträger (lat.: Ophiuchus) hält die Schlange (lat.: Serpens) in seinen Armen, die ebenfalls als Sternbild vertreten ist. Die Schlange ist das einzige Sternbild, das in zwei voneinander getrennte Teile zerfällt: Der westliche Teil heißt Serpens Caput (lat., Kopf der Schlange), der östliche Serpens Cauda (lat., Schwanz der Schlange).

Schon im alten Babylon wird diese Figur „der Fürst der Schlangen" genannt. In Griechenland findet man dann die Bezeichnung Οφιούχος (Ophiuchos), im Römischen Serpentarius, ein heute kaum mehr gebrauchter Ausdruck für Schlangenträger. Bei Eudoxos von Knidos (etwa 406–365 vor Chr.) wird der Schlangenträger mit Asklepios, oder lateinisch Aesculapius, mit dem Gott der Heilkunst identifiziert, wobei die Schlange als Symbol der Klugheit, Weisheit und Erneuerung gilt.

Die Schlange hat auch die Fähigkeit, Heilkräuter zu entdecken. Auf antiken Darstellungen findet man Äskulap mit einem Stab, um den sich eine Schlange

VERÄNDERLICHE STERNE

Algol-Minima		β-Lyrae-Minima		δ-Cepheï-Maxima		Mira-Helligkeit	
4.	$4^{h}20^{m}$	2.	2^{h} N	3.	16^{h}	1.	3^{m}
7.	1 09	8.	13 H	9.	1	10.	4
27.	2 50	15.	1 N	14.	10	20.	4
29.	23 40	21.	12 H	19.	18	30.	4
		27.	23 N	25.	3		
				30.	12		

6.3 Figürliche Darstellung des Sternbildes Schlangenträger im Sternatlas *Firmamentum Sobiescianum* von Johannes Hevelius aus dem Jahre 1690.

windet. Noch heute gilt der Äskulapstab als Symbol für die Heilkunde. Das Sinnbild des Heilgottes geht auf die alten Ägypter zurück. Vor rund 4900 Jahren lebte in Ägypten der Arzt und Architekt Imhotep, der wohl das Urbild des altgriechischen Gottes der Heilkunst wurde.

Der klassischen Mythologie nach ist Äskulap, der Schlangenträger, ein direkter Nachkomme des Gottes Apoll, der sich in die Koronis, ein wunderschönes Mädchen, verliebt. Apoll vermählt sich mit ihr und beide führen ein Leben in Harmonie. Apoll muss jedoch zurück zum Olymp zu einer Götterversammlung. Er lässt aber einen weißen Raben zurück, der auf Koronis aufpassen soll. Koronis wird die Zeit lang. Als ein schöner, fremder Jüngling namens Ischys, ein Sterblicher, im Dorf auftaucht, gibt sich Koronis voll unbefriedigter Leidenschaft ihm hin. Der Rabe, der alles beobachtet hat, fliegt eilends zum Olymp, um Apoll von der Schandtat zu berichten. Apoll ist wütend, zunächst auch auf den Raben, der statt der erwarteten Belohnung zur Strafe ein schwarzes Gefieder erhält, weil er dem Nebenbuhler nicht die Augen ausgehackt hat. Seit damals haben alle Raben ein pechschwarzes Federkleid und gelten als Unglücksraben.

Apoll eilt zornbebend zu Koronis zurück und durchbohrt sie mit einem seiner Pfeile. Einer anderen Version nach schickt er seine Schwester Artemis, die Koronis mit einem Pfeil tötet. Doch damit ist Apolls Rachedurst nicht gestillt, Koronis wird auf dem Scheiterhaufen verbrannt, damit ihre Schönheit für immer vernichtet wird. Kaum lodern die ersten Flammen auf, entsinnt sich Apoll an das Kind, das Koronis von ihm empfangen hat. Er entreißt es im letzten Augenblick ihrem Schoß und bringt es zu Chiron, dem weisen Zentauren im Pelikon-Gebirge. Chiron ist als Sternbild Schütze ebenfalls am Himmel verewigt. Chiron erzieht den Knaben, der von Apoll Asklepios genannt wird. Asklepios erweist sich als gelehriger Schüler. Vor allem lernt er alle nützlichen Heilkräuter kennen und wird bald zu einem berühmten Arzt, der sogar mit einem speziellen Heilkraut Tote wieder zum Leben erwecken kann. Dies erzürnt Hades, den Gott der Unterwelt, der sich nicht gerne seine Schatten aus dem Totenreich entreißen lässt. Er beklagt sich bei Zeus, dem Götterboss, der durch Asklepios die Ordnung der Welt bedroht sieht. Zeus schleudert einen seiner Blitze gen Asklepios, der tödlich getroffen zu Boden sinkt. Zeus gedachte aber auch der guten Taten, die Asklepios für seine Mitmenschen vollbrachte. Zur ewigen Erinnerung versetzt er ihn unter die Sterne, wo man ihn heute noch als Schlangenträger bewundern kann.

Der christliche Sternbilderhimmel sieht im Schlangenträger den heiligen Benedikt, den Gründer des Benediktinerordens. Der mit $2^{m}{,}1$ hellste Stern, α Ophiuchi, wurde von den Arabern Ras Alhague genannt, was Kopf des Schlangenbeschwörers bedeutet. α Oph ist 49 Lichtjahre entfernt. Alle anderen Sterne sind dritter

6.4 Skelettkarte des Sternbildes Schlangenträger (Ophiuchus) mit den Positionen von 70 Ophiuchi und Barnards Pfeilstern.

Größe und schwächer, was den Schlangenträger zu einem unauffälligen Sternbild macht. Am 17. Oktober 1604 beobachtete Johannes Kepler nahe ϑ Oph die berühmte nach ihm benannte Nova.

Berühmt ist auch der Doppelstern 70 Ophiuchi. Der Schlangenträger beherbergt auch Barnards Pfeilstern, der mit 10,″3 zurückgelegter Wegstrecke pro Jahr die größte Eigenbewegung aller bekannten Fixsterne aufweist. In 180 Jahren verschiebt er damit seine Position um eine Vollmondbreite. Mit 5,9 Lichtjahren Entfernung ist Barnards Pfeilstern nach α Centauri der zweitnächste Stern. Als rote Zwergsonne hat er aber eine scheinbare Helligkeit von nur $9^{m}_{,}5$, so dass er mit bloßen Augen nicht gesehen werden kann. Ferner sei RS Ophiuchi erwähnt, der zur Klasse der wiederkehrenden Novae gehört. Lichtausbrüche wurden 1898, 1933, 1958 und 1967 beobachtet.

Nach F. W. Argelander gehören insgesamt 73 mit bloßen Augen erkennbare Sterne zum Schlangenträger.

Das heiße Herz unserer Milchstraße

ESO/S. Guisard (www.eso.org/~sguisard)

6.5 Aufnahme der Milchstraße im Bereich des Schützen. Eingetragen ist die intensive Radioquelle Sagittarius A*.

Nur noch selten erlebt der Zivilisationsmensch von heute das faszinierende Naturschauspiel der Milchstraße, ein zart schimmerndes Lichtband, das sich über den gesamten Himmel zieht. Lichtsmog und Luftverschmutzung rauben uns den Anblick eines klaren Sternenhimmels. Im Hochgebirge, an einsamen Stränden, auf hoher See und in fernen Ländern kann man noch ungestört einen sternenübersäten Nachthimmel betrachten und das eindrucksvolle, glitzernde Band der Milchstraße erleben.

Schon im Altertum wurde vermutet, dass die Milchstraße von vielen, weit entfernten Sternen gebildet wird, die man mit bloßen Augen nicht als einzelne Lichtpunkte erkennen kann. Nach Erfindung des Fernrohrs bestätigte sich diese Vermutung. Heute kann sich jeder mit einem Fernglas oder kleinem Teleskop überzeugen: Beim Blick durch die Optik löst sich die Milchstraße in tausende feine Lichtpunkte auf, alles Sterne in den Tiefen des Weltalls.

Da die Sterne in Form eines Streifens oder Bandes am Himmel erscheinen, bilden sie offensichtlich eine riesige Scheibe. Thomas Wright (1711–1786) hatte dies wohl als Erster bemerkt, indem er behauptete: Die Galaxis hat die Form eines riesigen Mühlsteins mit der Sonne in oder fast in der Mitte. Galaxis ist die aus dem Griechischen stammende Bezeichnung für das Milchstraßensystem.

Wilhelm Herschel, bekannt als Uranusentdecker, hat als erster Stellarstatistik betrieben. Er unternahm ausführliche Sternzählungen und zeichnete umfangreiche Sternkarten. Er kam zum Schluss, dass die Sonne in oder nahe der Mitte der Galaxis stehen müsse. Denn in jeder Richtung in der Ebene der Milchstraße fand er etwa gleich viele Sterne. Ähnlich sah es auch der niederländische Astronom Jacobus Kapteyn (1851–1922). Er betrieb ausführliche Sternenstatistik und teilte das Firmament in Eichfelder (Selected Areas) ein. Kapteyn postulierte: Die

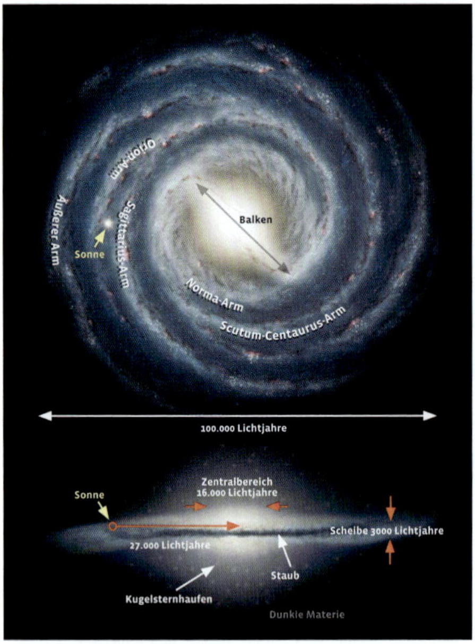

Gunther Schulz

6.6 Aufsicht und Seitenansicht der Milchstraße

Sterne der Galaxis bilden eine Art Diskusscheibe mit rund 2000 Lichtjahren Durchmesser und mit der Sonne nahe der Mitte sowie Sirius im Zentrum. Doch sein Modell des Milchstraßensystems war viel zu klein. Der amerikanische Astronom Harlow Shapley (1885–1972) studierte die Verteilung der Kugelsternhaufen am irdischen Firmament. Diese sind offensichtlich ungleichmäßig über den Himmel verteilt. Fast alle Kugelhaufen finden sich in einer Hälfte des Himmels rund um das Sternbild Schütze. Nachdem Shapley die Distanzen der meisten Kugelhaufen gemessen hatte, trug er die Positionen in das von Kapteyn entworfene Milchstraßenmodell ein. Da fiel auf, dass die Kugelhaufen einen viel größeren Raumbereich einnehmen als das System von Kapteyn, das außerdem nicht im Zentrum des von den Kugelhaufen eingenommenen Raums liegt, sondern mehr am Rande. Kapteyns System stellt nichts anderes dar als die weitere Umgebung der Sonne. Die Galaxis ist jedoch viel größer. Die heute bekannten rund 150 Kugelhaufen nehmen einen sphärischen Raum ein, den galaktischen Halo. Die Sterne der Milchstraße sind in einer diskusförmigen Scheibe von 100 000 Lichtjahren Durchmesser versammelt. Die Sonne liegt mehr am Rande dieser Scheibe, etwa 26 000 Lichtjahre vom Mittelpunkt entfernt. Sie liegt ferner fast in der Ebene der riesigen Scheibe, etwa 50 Lichtjahre nördlich der galaktischen Hauptebene der Milchstraße.

Die Sterne der Milchstraße bilden gewaltige Spiralarme. Wir leben also in einem Spiralnebel, wie man viele im Weltall vorfindet. Da die Erde mit der Sonne und den anderen Planeten mitten in der Milchstraßenebene sitzt, war es nicht einfach, die Spiralstruktur der Galaxis zu ermitteln. Die galaktische Scheibe rotiert um das Milchstraßenzentrum. Ein voller Umlauf der Sonne um das Zentrum dauert etwa 200 Millionen Jahre. Die Zahl der Sterne liegt allein bei 200 Milliarden. Rechnet man noch die roten Zwergsterne, die Weißen Zwerge, Neutronensterne und Schwarzen Löcher hinzu, so dürfte die Gesamtzahl der stellaren Objekte in der Galaxis bei 400 Milliarden liegen.

Überraschende Entdeckungen im Zentrum

Als in den 1930er-Jahren die Radioastronomie aufkam, registrierte Karl Guthe Jansky (1905–1950) drei intensive extraterrestrische Radioquellen: die Sonne, Planet Jupiter und eine im Sternbild des Schützen. Niemand wusste damals, was da aus dem Schützen zur Erde funkt. Von Shapley wusste man jedoch, das Milchstraßenzentrum liegt im Schützen. Doch ein Blick ins galaktische Zentrum bleibt verwehrt, denn die interstellaren Staubmassen in der Hauptebene der Milchstraße absorbieren das Sternenlicht. Es wird im Mittel um 23 Größenklassen geschwächt. Auch ultraviolettes Licht und weiches Röntgenlicht werden absorbiert. Harte Röntgenstrahlung, Gammastrahlen, infrarotes Licht, Millimeter- und Submillimeter-Wellen sowie längere Radiowellen erreichen die Erde jedoch trotz eines Weges von 26 000 Lichtjahren.

6.7 Ein supermassereiches Schwarzes Loch, umgeben von einer Akkretionsscheibe.

Wie in der Radioastronomie üblich, wird die stärkste Quelle einer Radiostrahlung in einem Sternbild mit „A" bezeichnet, die zweitstärkste mit „B". So erhielt die Radioquelle im Schützen die Bezeichnung Sagittarius A, abgekürzt Sgr A. Anfangs war die Auflösung, die mit Radioteleskopen erreicht wurde, grottenschlecht. Sie lag bei einem halben Grad, also dem Durchmesser der Mondscheibe. Doch mit fortschreitender Technik wurde das Auflösungsvermögen immer besser. Robert Brown erkannte, dass die Radioquelle Sgr A sehr klein, nahezu punktförmig ist. Er bezeichnete sie daher mit Sgr A*. Der Stern deutet darauf hin, dass diese Quelle eigentlich ein „Radiostern" ist. Hinzu kommt, dass die Quelle flackert. Sie muss also sehr klein sein.

Beobachtungen mit den beiden 10-m-Keck-Teleskopen auf dem Mauna Kea (Big Island, Hawaii) und den vier 8-m-VLT-Teleskopen der ESO auf dem Cerro Paranal (Chile) im infraroten Spektralbereich haben erkennen lassen: Im galaktischen Zentrum wimmelt es von Sternen. In einem Bereich von nur 20 Lichtjahren Durchmesser finden sich Millionen Sterne, und zwar jeden Alters. Normalerweise sind Sterne in einem Sternhaufen alle ungefähr gleich alt. Das galaktische Zentrum aber beherbergt alte Rote Riesen ebenso wie junge Wolf-Rayet-Sterne (siehe auch Monatsthema Juni „Was sind Wolf-Rayet-Sterne?" im *Kosmos Himmelsjahr 2017* auf Seite 145).

Sterne und Staub kreisen um das massereiche Zentrum. Dabei ist es gelungen, einzelne Sterne mehrere Jahre zu beobachten und ihre Bahnen zu bestimmen. Aus der Größe der Bahn und der Umlaufperiode lässt sich nach dem 3. Kepler-Gesetz die Masse des Zentralkörpers bestimmen. Das Ergebnis der Beobachtung der umlaufenden Sterne: Die gewaltige zentrale Masse konzentriert sich auf einen Raumbereich, der kleiner ist als der Durchmesser der Erdbahn. In diesem Bereich sind vier Millionen Sonnenmassen kon-

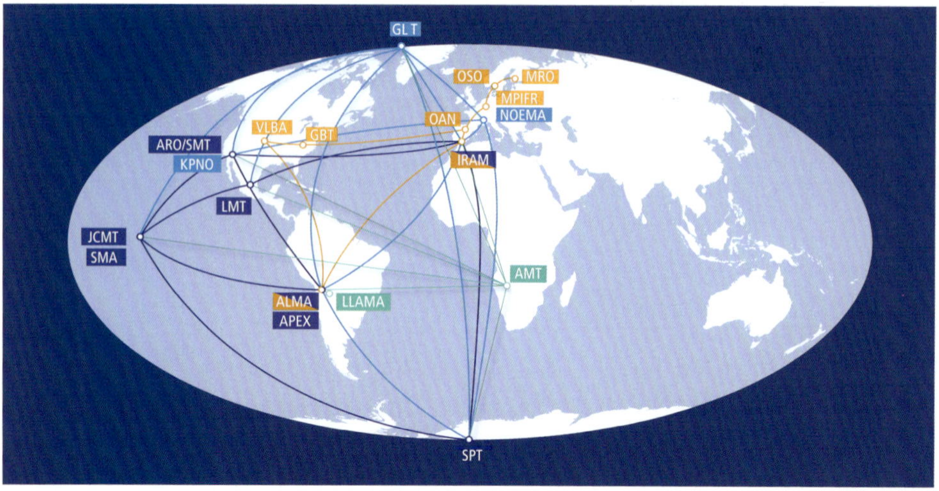

EHT Collaboration

6.8 Das Event Horizon Telescope (EHT) – ein virtueller Zusammenschluss von bis zu elf weltweit verstreuten Radioteleskopen.

zentriert. Dies kann kein Sternhaufen sein, denn vier Millionen Sterne passen niemals in einen kugelförmigen Raum mit einem Radius von nur einer Astronomischen Einheit (= 150 Millionen Kilometer).

Wie kann eine so riesige Masse in einem vergleichsweise kleinen Bereich untergebracht sein? Das kann vermutlich nur ein supermassereiches Schwarzes Loch sein, auch als Black Hole bezeichnet. Solche Schwerkraftmonster und ihre Eigenschaften beschreibt die Allgemeine Relativitätstheorie von Albert Einstein.

Wenn das 4,3 Millionen Sonnenmassen schwere Schwarze Loch tatsächlich im Zentrum der Galaxis haust, dann hat es einen Durchmesser von 26 Millionen Kilometer. Man muss davon ausgehen, dass dieses zentrale Schwarze Loch nicht statisch ist, sondern rotiert – und zwar sehr schnell. Denn alles im Weltall dreht sich: Planeten, Sterne, Galaxien... Und ein physikalisches Gesetz besagt: Der Drehimpuls bleibt erhalten. Bei einem Zusammenstoß kann er jedoch teilweise übertragen werden. Bei rotierenden Schwarzen Löchern wird die Berechnung ihrer Eigenschaften komplizierter. Statt der einfachen Schwarzschild-Metrik muss man sich der Kerr-Metrik bedienen, so benannt nach ihrem Schöpfer, dem neuseeländischen Mathematiker Roy Kerr (*1934).

Ein Schwarzes Loch in der Mitte der Milchstraße?

Ist die große Masse, die im Herz der Milchstraße auf kleinsten Raum komprimiert ist, wirklich ein supermassereiches Schwarzes Loch? Sehen kann man es grundsätzlich nicht, denn es ist absolut schwarz. Nicht nur kein Licht, überhaupt keine Strahlung, weder Radiowellen noch Röntgenstrahlen, kann ein Schwarzes Loch verlassen – auch sonst absolut nichts.

Ein Schwarzes Loch ist definiert als jene Kugelfläche, auf der die gravitative Oberflächenbeschleunigung so groß ist, dass die Entweich- oder Fluchtgeschwindigkeit gleich der Lichtgeschwindigkeit ist. Daher kann nichts mehr von dieser Kugelfläche entfliehen, nicht einmal mehr Licht. Deshalb spricht man vom Ereignishorizont. Den Radius, bei dem eine Masse zu einem Schwarzen Loch wird, hat als erster Karl Schwarzschild 1916 berechnet. Deshalb nennt man ihn auch Schwarzschild-Radius.

Schwarze Löcher kann man zwar nicht sehen, aber massereiche Schwarze Löcher sind meist von einer Scheibe aus glühend heißem Gas umgeben. Wenn Materie in ein Schwarzes Loch stürzt, so fällt es nicht senkrecht durch den Ereignishorizont, sondern spiralisiert sich um das Schwarze Loch, bis es in ihm verschwindet. Die Materie bildet eine sogenannte Akkretionsscheibe. Sie stammt von interstellarem Gas und Sternen, die durch die enormen Gezeitenkräfte zerrissen worden sind. Die Akkretionsscheibe erhitzt sich durch Reibungs- und Beschleunigungskräfte enorm, und zwar auf mehrere Millionen Grad. Dabei glüht sie auf und sendet elektromagnetische Strahlung aus, vom Röntgenlicht über UV, sichtbares Licht, infraroter Strahlung bis zu Mikrowellen und sonstiger Radiostrahlung.

Wie aber eine Akkretionsscheibe in 26000 Lichtjahren zu sehen beziehungsweise ein Foto von ihr zu schießen ist, das ist die Frage. Dazu bedarf es schon sehr großer Teleskope mit hinreichend großem Auflösungsvermögen. Sichtbares Licht erreicht uns wegen interstellarer Absorption nicht. Im Bereich sehr kurzer Radiowellen (Zentimeterwellen) braucht man große

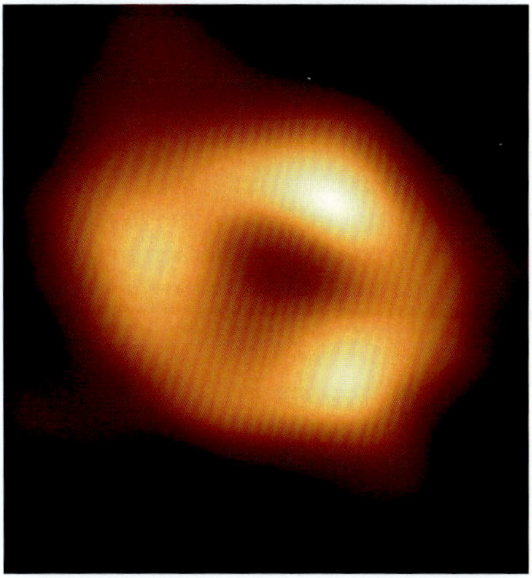

EHT Collaboration

6.9 Das Herz unserer Milchstraße. Der Schatten des supermassereichen Schwarzen Loches von 4,3 Millionen Sonnenmassen fällt auf die extrem heiße Akkretionsscheibe.

6.10 ALMA – Das Atacama Large Millimeter/Submillimeter Array. Eine Radioteleskop-Anlage der Superlative in Chile.

ESO/Yuri Beletsky

Objektivdurchmesser, um die erforderliche Auflösung zu erhalten. Bei Radioteleskopen entspricht der Objektivdurchmesser dem Durchmesser der schüsselförmigen Empfangsantenne.

Welcher Durchmesser ist dabei erforderlich, um das Milchstraßenherz Sgr A* nicht nur zu erkennen, sondern ein Bild von ihm zu gewinnen? Richtig, sehr, sehr groß, nämlich so groß wie fast der Erddurchmesser. Aber eine so große Schüssel kann man nicht anfertigen. Jedoch kann man zwei oder auch mehrere Radioteleskope virtuell miteinander zusammenschalten. Man benutzt dabei die Methode der Interferometrie. Die Distanz der beiden Radioteleskope wird als Basisstrecke benutzt. Sie entspricht dann dem Objektivdurchmesser, was die erreichbare Auflösung betrifft (nicht aber der gewonnenen Energiemenge).

Eine Beschreibung der interferometrischen Beobachtungsmethode findet sich im Monatsthema „Erfolgreiche Zusammenschlüsse" im *Kosmos Himmelsjahr 2021* auf Seite 63.

So hat man, um ein Bild vom Schwarzen Loch beziehungsweise der umgebenden Akkretionsscheibe zu erhalten, das Event Horizon Telescope (EHT) benutzt. Seine Basislängen betragen mehrere tausend Kilometer. Man schaltete zunächst acht, später elf über den ganzen Globus verstreute Radioteleskope zusammen. Das EHT benutzte dabei die Methode der Very Long Baseline Interferometry (VLBI, Interferometrie mit sehr langer Basislinie). Die gegenseitigen Distanzen der Radioteleskope müssen dabei sehr genau bekannt sein – nämlich auf wenige Zentimeter. Die simultanen Radiobeobachtungen erfolgten vom 5. bis 11. April 2017 bei einer Frequenz von 230 GHz (λ = 1,3 mm), nachdem schon 2012 die Planungen für diese aufwändigen Beobachtungen begonnen hatten.

Bereits Jahre zuvor hatten Theoretiker gemäß der Allgemeinen Relativitätstheorie (ART) kalkuliert, wie ein Bild eines Schwarzen Loches aussehen müsste.

Die Beobachtung und Auswertung stellen eine technische und informationstheoretische Höchstleistung dar. Erst mit Hilfe von Radioteleskopen der neuesten Generation, die in der Lage sind, im Millimeter- und sogar im Submillimeter-Bereich zu beobachten, bestand eine Chance, vom innersten Herz der Galaxis ein Bild zu empfangen. Eine ungeheure Datenmenge von acht Gigabyte pro Sekunde wurde während der 65 Stunden langen Empfangszeit auf mehr als tausend Acht-Terabyte-Festplatten gespeichert. Nicht ein einzelnes Bild, sondern 9000 Bilder wurden schließlich vom galaktischen Zentrum generiert.

Der Schatten des Schwarzen Lochs

Fünf Jahre dauerte die Auswertung der Daten. Das schließlich kompilierte Abbild des Millionen Sonnenmassen reichen Schwarzen Loches samt Akkretionsscheibe dürfte weitgehend dem wahren Aussehen des heißen Zentrums entsprechen.

Das Schwarze Loch im Zentrum ist – natürlich – absolut schwarz! Was man sieht, ist die Abschattung der leuchtenden Akkretionsscheibe durch das Schwarze Loch. Das enorm starke Gravitationsfeld krümmt und verzerrt die Umgebung. Die Akkretionsscheibe ist deshalb bis zur Unkenntlichkeit gekrümmt und verbogen. Das freut die Theoretiker, denn das Bild entspricht weitgehend ihren Berechnungen gemäß den Formeln der ART. Das Schwarze Loch erscheint wegen der großen Distanz extrem klein mit nur 52 µas (Microarcseconds – Mikrobogensekunden).

Alle empfangenen Daten wurden mit Zeitmarken von Atomuhren versehen, ohne die eine interferometrische Auswertung nicht möglich wäre. Die rekonstruierten Bilder sind in Falschfarben dargestellt, denn Radiosignale sind für menschliche Augen unsichtbar. Je heller die Farbe, desto heißer die Materie. Weiße Flecke sind somit die heißesten Bereiche, dunkelrote die kühlsten. Allerdings sind sich nicht alle Experten sicher, ob die weißen Flecke nicht Artefakte des Imageprocessing und keineswegs real sind. Doch was ist kühl bei den dunkelroten Bereichen? Die Temperatur reicht von einigen hunderttausend bis drei Millionen Grad – wahrlich ein heißes Milchstraßenherz. Bei diesen hohen Temperaturen wird die meiste Energie im Röntgenbereich

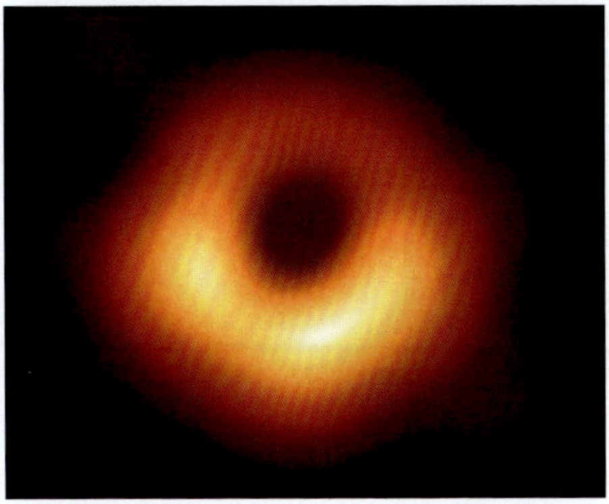

EHT Collaboration

6.11 **Das supermassereiche Schwarze Loch mit fast sieben Milliarden Sonnenmassen in der Galaxie M 87 mit seiner Akkretionsscheibe.**

NASA, ESA, and the Hubble Heritage Team (STScI/AURA)

6.12 Die elliptische Riesengalaxie M 87 im Sternbild Jungfrau beherbergt ein supermassereiches Schwarzes Loch. Aus dem Zentrum schießen zwei Jets. Man sieht aber nur einen der beiden von der Akkretionsscheibe ausgeschleuderten Jets.

abgestrahlt. Das Herz der Milchstraße leuchtet am hellsten im Röntgenlicht.

Zwar ist Sgr A* eine intensive Röntgenquelle, leider kann man die Röntgenstrahlung nur in toto, also als einzelne Punktquelle empfangen. Es gibt mit der heutigen Technik keine Möglichkeit, aus dem Röntgenlicht von Sgr A* Bilder zu gewinnen. Sie wären ungleich schärfer und vor allem detailreicher als die aus der Radiostrahlung generierten. Aber immerhin ist geplant, die Beobachtungen im Radiobereich bei höherer Frequenz zu wiederholen – statt bei 230 GHz bei 345 GHz ($\lambda = 0{,}87$ mm).

In krassem Gegensatz zur Millionen Grad heißen Akkretionsscheibe ist das zentrale Schwarze Loch extrem kalt. Seine Temperatur liegt bei nur einem Billionstel (10^{-12}) Grad über dem absoluten Nullpunkt der thermodynamischen Temperaturskala. Der exakte Nullpunkt ist gemäß dem 3. Hauptsatz der Thermodynamik grundsätzlich nie erreichbar.

Die Akkretionsscheibe rotiert extrem schnell. In nur wenigen Minuten umkreisen die Plasmamassen das zentrale Schwarze Loch. Dies erschwert die Erzeugung eines Bildes, denn der Anblick der Akkretionsscheibe verändert sich alle paar Minuten. Erschwerend kommt hinzu, dass die Signale aus dem Herzen der Milchstraße die lange Strecke bis zur Erde in der Milchstraßenhauptebene zurücklegen müssen, wo das ionisierte interstellare Gas die Radiowellen streut. Im Optischen ist dies vergleichbar mit einem Blick durch ein Milchglasfenster.

Die Akkretionsscheibe um das Schwarze Loch ist mit einem Radius von etwa 40 Millionen Kilometern etwa so groß wie der Abstand des Merkurbahnperihels von der Sonne.

Das zentrale Black Hole in unserer Milchstraße war nicht das erste Bild eines supermassereichen Schwarzen Loches, das mit dem EHT gewonnen wurde. Bereits zuvor wurde vom zentralen Schwarzen Loch in der elliptischen Riesengalaxie M 87 im Sternbild Jungfrau mit der VLBI-Methode ein Bild gewonnen. Das Black Hole im Zentrum von M 87 hat rund 1600-mal mehr Masse als das im Herzen unserer Milchstraße. Zwar ist es mit 55 Millionen Lichtjahren erheblich weiter entfernt, da aber die Rotation seiner Akkretionsscheibe etliche Tage dauert, ändert sich ihr Anblick auch viel langsamer. Auch sieht man in Richtung von M 87 aus unserer Milchstraße hinaus, so dass kaum interstellares Plasma die Daten verfälscht. Auf weitere Beobachtungserfolge darf man gespannt sein.

Juli 2024

- Mit 152 Millionen Kilometer Abstand befindet sich die Erde am 5. in Sonnenferne.
- Venus stand im Vormonat in oberer Konjunktion mit der Sonne. Sie erscheint noch nicht am Abendhimmel.
- Mars baut seine Morgensichtbarkeit aus. Der rote Planet wandert durch das „Goldene Tor der Ekliptik" im Stier.
- Jupiter kann am Morgenhimmel gesehen werden.
- Saturn wird langsam zum Planeten der gesamten Nacht.
- Merkur bleibt unsichtbar.

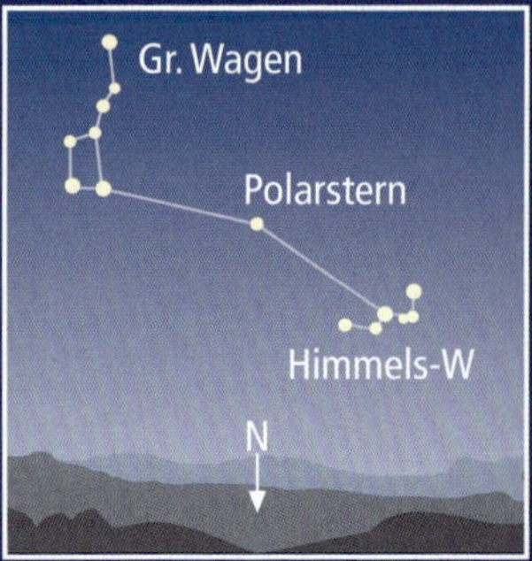

Großer Wagen und Himmels-W Anfang Juli um 22 Uhr MEZ

7.1 Himmelsanblick gegen 2ʰ MEZ (= 3ʰ MESZ) am 31. Juli. Über dem Osthorizont strahlt Jupiter im Stier, zu dem sich die abnehmende Mondsichel gesellt. Mars ergänzt das Dreigestirn.

1 Mo	
2 Di	
3 Mi	Mond bei Jupiter – morgens
4 Do	
5 Fr	**Neumond** Erde in Sonnenferne
6 Sa	
7 So	
8 Mo	
9 Di	Mond bei Regulus – abends
10 Mi	
11 Do	
12 Fr	
13 Sa	Erstes Viertel Mond bei Spica – abends
14 So	
15 Mo	

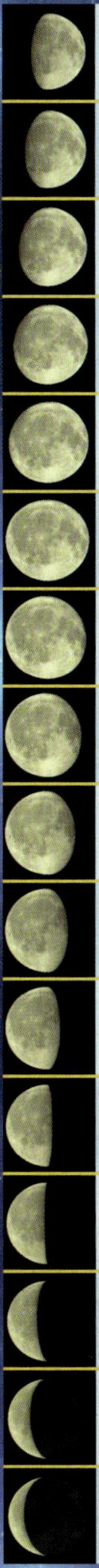

16 Di	
17 Mi	Mond bei Antares – abends
18 Do	
19 Fr	
20 Sa	
21 So	**Vollmond**
22 Mo	
23 Di	
24 Mi	Mond bei Saturn – Mitternacht
25 Do	
26 Fr	
27 Sa	
28 So	Letztes Viertel
29 Mo	
30 Di	Mond bei Mars – morgens Mond bei Jupiter – Mitternacht
31 Mi	

SONNE – STERNBILDER

20.7. 15^{h}:
Sonne tritt in das Sternbild Krebs

22.7. 9^{h}:
Sonne tritt in das Tierkreiszeichen Löwe

Julianisches Datum am
1. Juli, 1^{h} MEZ: 2 460 492,5

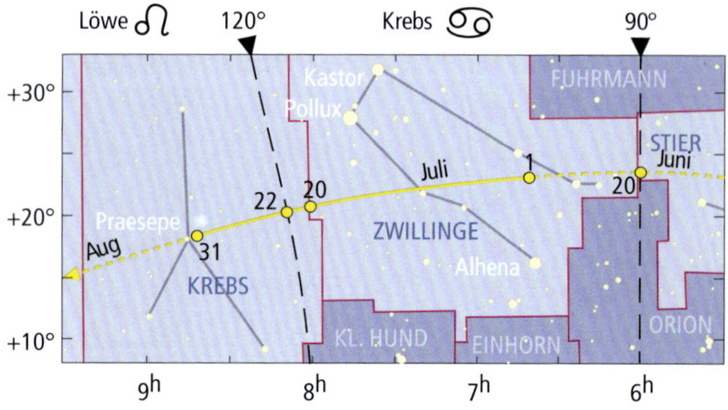

SONNENLAUF

Tag	Dämmerg. Anfang	Aufgang MEZ	Kulmination	Untergang MEZ	Dämmerg. Ende	Mittagshöhe	Zeitgleichg.	Rektaszension	Deklination
	h m	h m	h m	h m	h m	o	m	h m	o
1.	2 27	4 15	12 24	20 32	22 20	63,1	–4	6 41	+23,1
5.	2 32	4 18	12 25	20 31	22 17	62,7	–5	6 57	+22,8
10.	2 39	4 23	12 25	20 28	22 11	62,1	–5	7 18	+22,2
15.	2 47	4 28	12 26	20 23	22 04	61,4	–6	7 38	+21,5
20.	2 56	4 34	12 26	20 18	21 55	60,5	–6	7 58	+20,7
25.	3 06	4 40	12 27	20 12	21 45	59,5	–7	8 18	+19,7
31.	3 18	4 48	12 26	20 03	21 33	58,1	–6	8 41	+18,3

TAGES- UND NACHTSTUNDEN

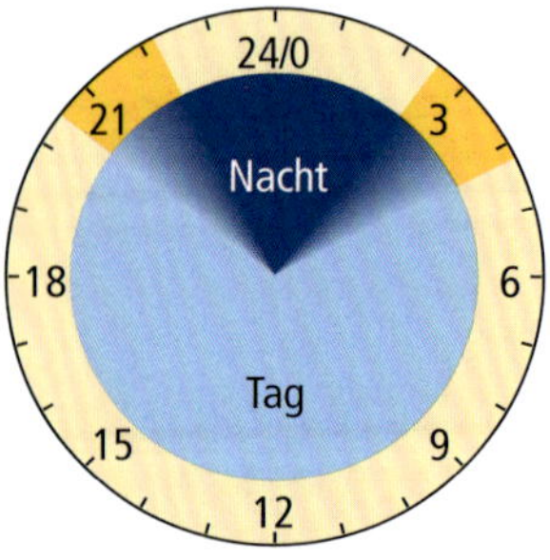

5. Juli

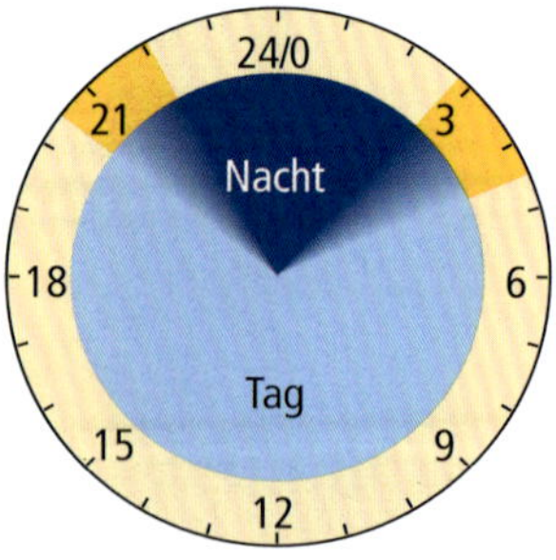

15. Juli

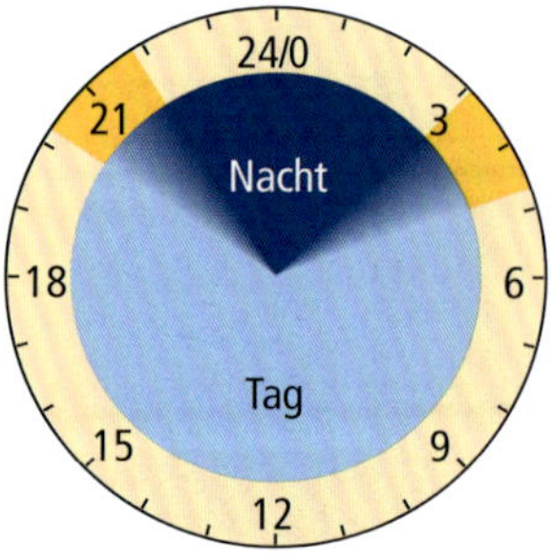

25. Juli

MONDLAUF

Datum	Aufg. MEZ	Kulmination	Unterg. MEZ	Rektaszension	Deklination	Sterne und Sternbilder	Phase	MEZ
	h m	h m	h m	h m	°			
Mo 1.	0 39	8 12	16 06	2 14	+15,8	Widder		
Di 2.	1 00	9 06	17 31	3 09	+21,0	Widder		
Mi 3.	1 28	10 02	18 52	4 06	+25,0	Stier, Plejaden		
Do 4.	2 07	11 01	20 01	5 06	+27,5	Stier, Alnath		
Fr 5.	3 00	12 00	20 55	6 06	+28,4	Fuhrmann	**Neumond Nr. 1256** Größte Nordbreite Libration West	$23^h 57^m$
Sa 6.	4 05	12 56	21 34	7 06	+27,6	Kastor, Pollux		
So 7.	5 19	13 49	22 01	8 03	+25,3	Pollux		
Mo 8.	6 35	14 38	22 22	8 56	+21,9	Krebs, Krippe		
Di 9.	7 50	15 22	22 37	9 45	+17,5	Löwe, Regulus		
Mi 10.	9 01	16 04	22 50	10 31	+12,4	* Löwe, Regulus		
Do 11.	10 10	16 43	23 01	11 14	+ 7,0	Löwe		
Fr 12.	11 18	17 22	23 12	11 56	+ 1,4	* Jungfrau	Erdferne 404/29′,6 Absteigender Knoten	9^h
Sa 13.	12 26	18 01	23 23	12 38	− 4,2	Jungfrau	**Erstes Viertel**	$23^h 49^m$
So 14.	13 36	18 42	23 37	13 21	− 9,7	Spica		
Mo 15.	14 48	19 26	23 53	14 05	−14,9	Jungfrau		
Di 16.	16 04	20 14	–	14 52	−19,7	Waage		
Mi 17.	17 20	21 06	0 15	15 43	−23,7	Waage		
Do 18.	18 33	22 03	0 46	16 38	−26,6	Antares	Libration Ost	
Fr 19.	19 36	23 03	1 31	17 37	−28,2	Schlangenträger		
Sa 20.	20 24	–	2 32	18 39	−28,2	Schütze, Nunki	Größte Südbreite	
So 21.	20 59	0 04	3 50	19 42	−26,4	Schütze	**Vollmond**	$11^h 17^m$
Mo 22.	21 25	1 03	5 17	20 43	−22,8	Steinbock		
Di 23.	21 44	1 59	6 47	21 41	−17,8	Steinbock		
Mi 24.	22 00	2 52	8 15	22 36	−11,8	Wassermann	Erdnähe 365/32′,7	7^h
Do 25.	22 14	3 42	9 41	23 28	− 5,1	Wassermann		
Fr 26.	22 29	4 31	11 05	0 19	+ 1,8	Fische	Aufsteigender Knoten	
Sa 27.	22 45	5 19	12 30	1 10	+ 8,5	Fische		
So 28.	23 04	6 09	13 55	2 02	+14,7	Widder	**Letztes Viertel**	$3^h 52^m$
Mo 29.	23 29	7 02	15 19	2 56	+20,1	Widder		
Di 30.	–	7 57	16 41	3 52	+24,3	Stier, Plejaden		
Mi 31.	0 04	8 54	17 53	4 51	+27,2	Stier, Alnath	Libration West	

DER MOND STEHT NAHE BEI SATURN UND ENTFERNT SICH

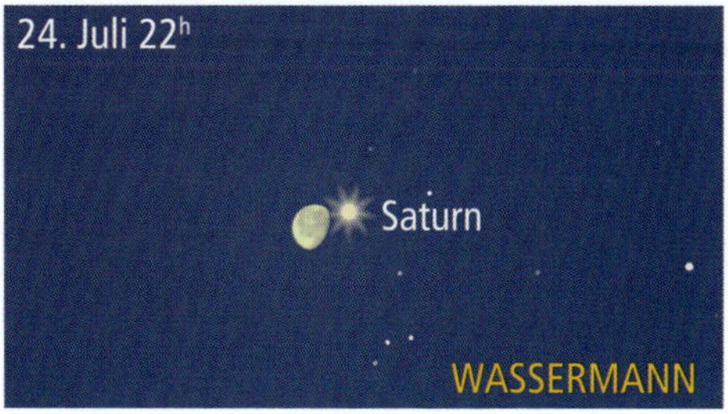

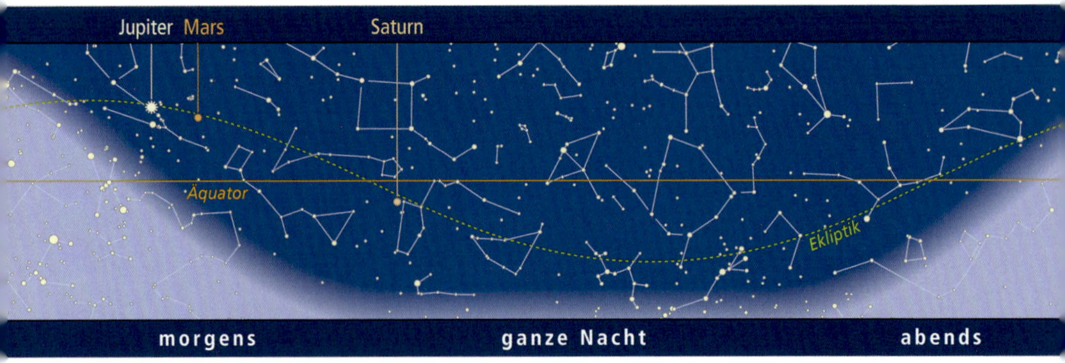

MERKUR eilt der Sonne voraus, wobei seine östlichen Winkelabstände nur langsam anwachsen. Am 22. schließlich steht er mit 26°56′ Winkelabstand in größter östlicher Elongation. Der maximale Elongationswinkel fällt diesmal so groß aus, weil Merkur nur fünf Tage später, nämlich am 27., seinen sonnenfernsten Bahnpunkt (Aphel) passiert, wobei ihn fast 70 Millionen Kilometer (0,467 AE) von der Sonne trennen. Trotz des großen Winkelabstandes kommt es nicht zu einer Abendsichtbarkeit, da die Sonne eine nördlichere Deklination als Merkur aufweist und somit den größeren Tagbogen beschreibt. Am 22. erfolgt der Merkuruntergang um 21^h12^m (= 22^h12^m Sommer-

7.2 Heliozentrischer Anblick des Planetensystems im dritten Jahresviertel 2024. Eingetragen sind im linken Teil die Positionen der inneren Planeten für den 1. Juli (7), 1. August (8), 1. September (9) und 1. Oktober (10). Der rechte Teil zeigt das äußere Planetensystem samt einigen Planetoiden zu Anfang und Ende des dritten Jahresviertels. Die Pfeile deuten die Richtungen zu den ferneren Planeten sowie zum Frühlingspunkt an.

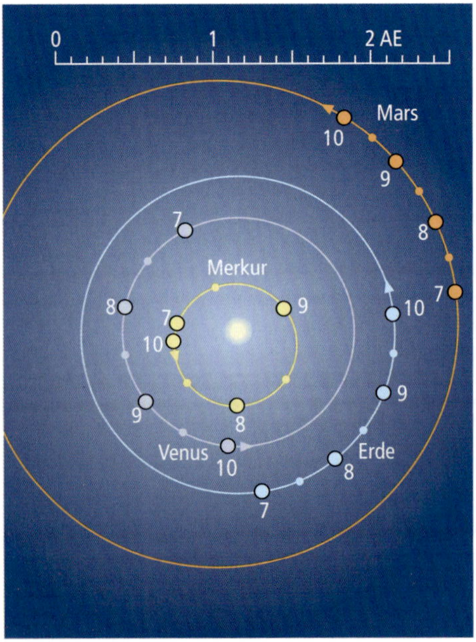

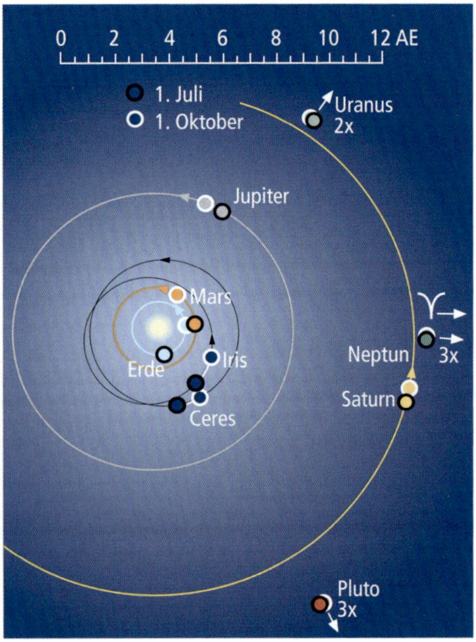

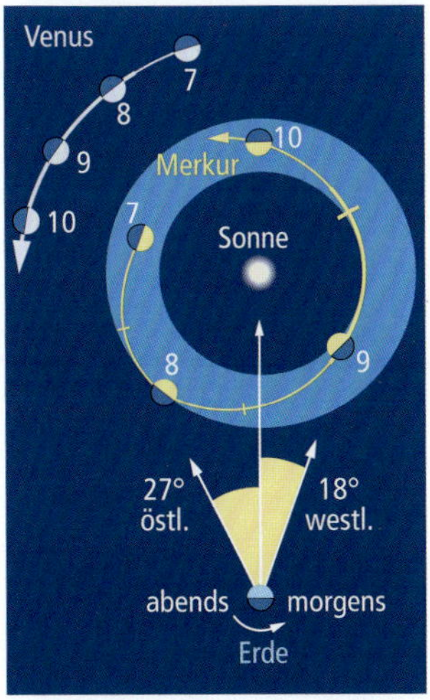

7.3 Heliozentrische Bewegungen von Merkur und Venus *relativ* zur Erde. In den dicker ausgezogenen Bahnteilen sind die Planeten beobachtbar. Die Zahlen geben die Positionen jeweils zum Monatsersten an. Östlicher Winkelabstand bedeutet Abendsichtbarkeit; westliche Elongation: Planet steht am Morgenhimmel.

zeit), die Sonne geht aber erst um $20^{h}16^{m}$ (= $21^{h}16^{m}$ Sommerzeit) unter. Der $0^{m},3$ helle Merkur kann sich in der Abenddämmerung nicht durchsetzen und bleibt unsichtbar.

Südlich von 47° nördlicher Breite kann man ihn jedoch mit einem Fernglas aufspüren, die Phase Halbmerkur tritt am 19. ein (Dichotomie).

VENUS stand zu Beginn des Vormonats in oberer Konjunktion mit der Sonne. Ihr östlicher Winkelabstand nimmt nur langsam zu, da sich Sonne und Venus in gleicher Richtung, nämlich rechtläufig durch den Tierkreis bewegen. Bis Monatsende wächst ihre östliche Elongation von der Sonne erst auf knapp 16° an. Da der Tagbogen der Venus kleiner ausfällt als der der Sonne, erscheint unser innerer Nachbarplanet noch nicht am Abendhimmel.

Am 10. passiert Venus das Perihel ihrer fast kreisförmigen Bahn. An diesem Tag trennen sie 107 Millionen Kilometer, das sind 0,715 AE von der Sonne.

MARS baut seine Morgensichtbarkeit kräftig aus. Er wandert in das „Goldene Tor der Ekliptik“ hinein, das von den beiden offenen Sternhaufen Hyaden und Plejaden im Stier gebildet wird. Damit erreicht er nun die nördlichsten Bezirke des Tierkreises, während die Sonne bereits mit ihrem Abstieg zum Himmelsäquator begonnen hat.

Am 1. erfolgt der Marsaufgang um $1^{h}15^{m}$ (= $2^{h}15^{m}$ Sommerzeit), am 15. um $0^{h}44^{m}$ und am 31. bereits um $0^{h}12^{m}$.

Die Marshelligkeit nimmt weiter leicht auf $0^{m},9$ zu. Am 15. zieht Mars eine Vollmondbreite südlich an Uranus vorbei (siehe Abb. 7.4 oben). An den wesentlich helleren Jupiter pirscht sich der rote Planet heran, er holt ihn allerdings erst Mitte des nächsten Monats ein. Am 31. ergibt sich ein spannendes Viergestirn aus Mars, Jupiter, Aldebaran und der abnehmenden Mondsichel am frühen Morgen über dem Osthorizont (siehe Abb. 7.1 auf Seite 144).

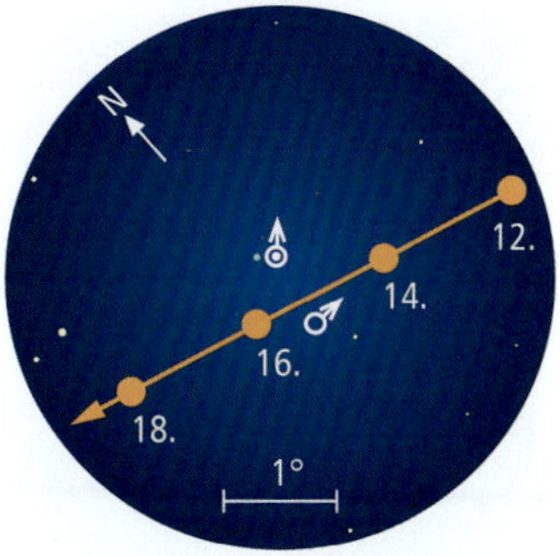

7.4 Vom 12. bis 18. Juli 2024 zieht Mars am fernen Uranus vorbei. Morgendlicher Fernglasanblick bei 5° Gesichtsfelddurchmesser.

JUPITER kann am Morgenhimmel gesehen werden. Der Riesenplanet verlässt das „Goldene Tor der Ekliptik“ und steuert die höchsten Bereiche des Tierkreises an. Am 13. passiert er Aldebaran (α Tauri), den Hauptstern des Stiers in 4,°8 nördlichem Abstand.

Zweimal erhält Jupiter Besuch von der abnehmenden Mondsichel. Sowohl am 3. als auch am 31. sieht man den Mond bei Jupiter. Mars vervollständigt am 31. das Dreigestirn Jupiter mit Mars und Mond. Nimmt man noch Aldebaran hinzu, so sieht man ein Viergestirn (siehe Abb. 7.1 auf Seite 144).

Jupiter steigert seine Helligkeit während des Julis leicht um $0^{m},1$ auf $-2^{m},1$. Der Riesenplanet geht immer früher auf und erscheint am Nordosthimmel. Am 1. erfolgt der Jupiteraufgang um $2^{h}15^{m}$ (= $3^{h}15^{m}$ Sommerzeit), am 15. um $1^{h}30^{m}$ und am Monatsletzten schon um $0^{h}37^{m}$.

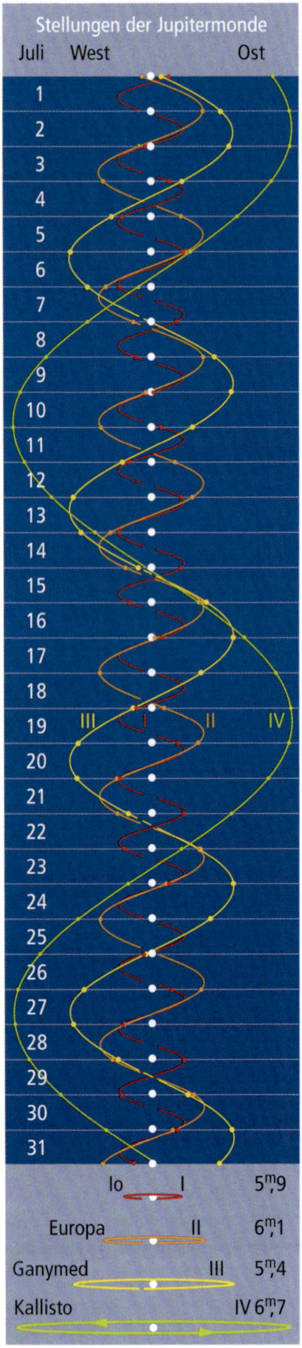

JUPITERMONDE

Tag	MEZ		Vorgang	
	h	m		
1.	3	50	I	SA
	4	15	II	BE
	4	32	I	DA
2.	3	55	I	BE
8.	2	50	III	BE
	2	58	II	VA
9.	2	55	I	VA
10.	2	22	I	SE
	3	12	I	DE
15.	1	38	III	VA
	3	27	III	VE
16.	4	49	I	VA
17.	1	56	II	DA
	2	06	I	SA
	2	30	II	SE
	3	01	I	DA
	4	16	I	SE
	4	26	II	DE
18.	2	27	I	BE
24.	2	40	II	SA
	4	00	I	SA
	4	44	II	DA
	5	00	I	DA
	5	07	II	SE
25.	1	12	I	VA
	4	26	I	BE
26.	1	40	I	DE
	1	55	II	BE
	2	00	III	DE
31.	5	17	II	SA

SATURN, rückläufig im Wassermann, wird zum Planeten der gesamten Nacht, die in diesen Tagen ohnehin spät beginnt. Die Helligkeit des Ringplaneten steigt abermals leicht um $0^{\mathrm{m}}{,}1$ an und erreicht $0^{\mathrm{m}}{,}8$. Sein Aufgang verfrüht sich von $23^{\mathrm{h}}28^{\mathrm{m}}$ am 1. auf $22^{\mathrm{h}}33^{\mathrm{m}}$ am 15. und auf

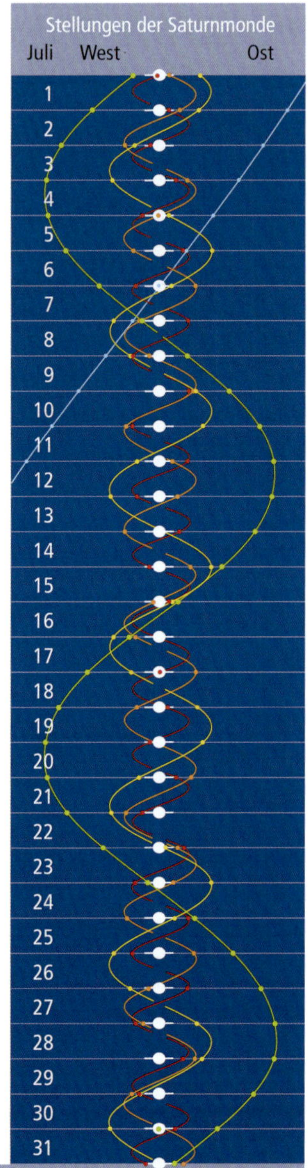

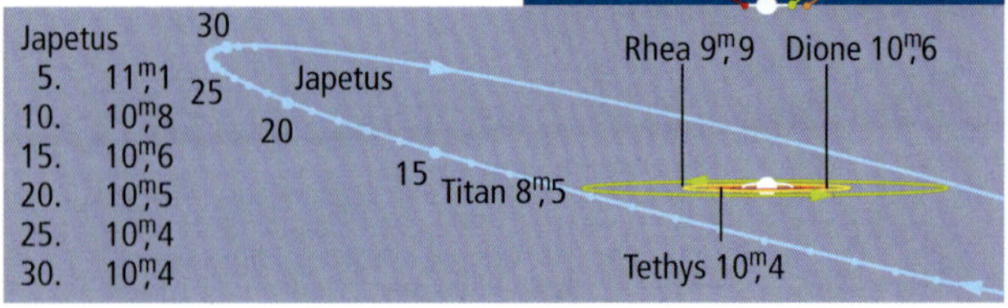

21^h29^m (= 22^h29^m Sommerzeit) am 31. Juli. In der Nacht vom 24. auf 25. wandert der abnehmende Mond rund $1{,}^{\circ}3$ nördlich an Saturn vorbei (siehe Mondlaufgrafik auf Seite 147).

URANUS, rechtläufig im Sternbild Stier, kann etwa ab der Monatsmitte mit geeigneter Optik am Morgenhimmel aufgespürt werden. Am 1. geht der $5{,}^{m}8$ helle, grünliche Planet um 1^h35^m (= 2^h35^m Sommerzeit) auf. Etwa eine Stunde nach seinem Aufgang kann man mit Aussicht auf Erfolg nach dem lichtschwachen Planeten suchen. Die Uranusaufgänge verfrühen sich bis 15. auf 0^h41^m und auf 23^h36^m am Monatsende.

Am 15. zieht der rötliche Planet Mars in 0°33′ südlichem Abstand an Uranus vorbei (siehe Abb. 7.4 auf Seite 149).

NEPTUN wird am 3. im Sternbild Fische stationär und setzt zu seiner Oppositionsschleife an. Der Umkehrpunkt befindet sich $1{,}^{\circ}3$ südlich vom Frühlingspunkt (siehe Abb. 9.6 auf Seite 196). Nach dem 3. wandert der sonnenfernste Planet rückläufig durch die Fische, wobei seine Bewegung kaum auffällt.

Am 1. geht Neptun um 23^h42^m auf und kulminiert um 5^h43^m (= 6^h43^m Sommerzeit). Bis 15. verfrühen sich seine Kulminationen auf 4^h48^m. Die günstigste Zeit, um den bläulichen Planeten zu finden, ist etwa zwei Stunden nach seinem Aufgang, der am 15. um 22^h47^m (= 23^h47^m Sommerzeit) erfolgt. Die Neptunhelligkeit nimmt leicht von $7{,}^{m}9$ auf $7{,}^{m}8$ zu. Am 31. geht Neptun bereits um 21^h44^m auf und passiert den Meridian um 3^h44^m.

PLANETOIDEN UND ZWERGPLANETEN

PLUTO, größter aller Zwergplaneten, steht am 23. morgens im Sternbild Steinbock in **Opposition** zur Sonne. Mit einer scheinbaren Helligkeit von $14{,}^{m}4$ ist er nur größeren Teleskopen zugänglich (siehe Abb. 7.5 unten).

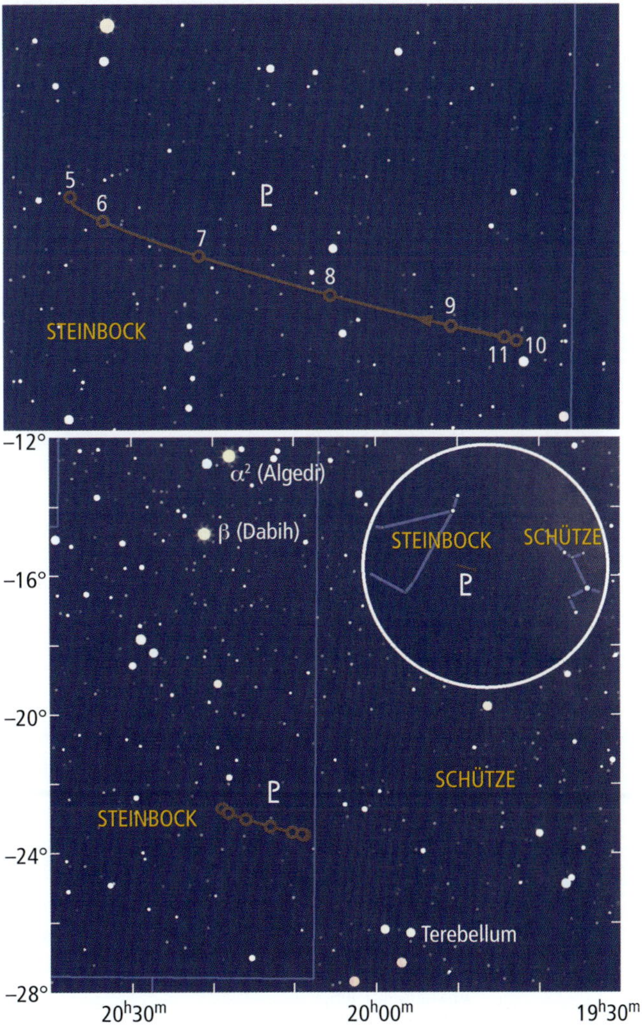

7.5 Scheinbare Bahn des Zwergplaneten Pluto im Gebiet der Sternbilder Schütze/Steinbock von Mai bis November 2024.

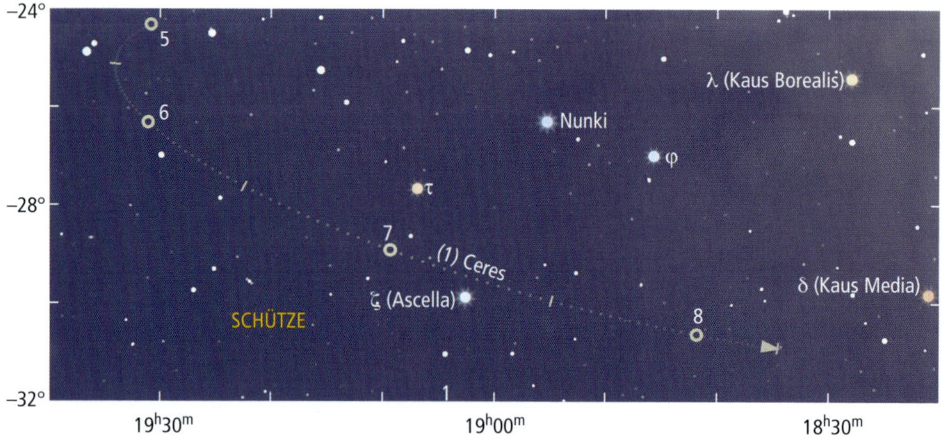

7.6 Scheinbare Bahn des Zwergplaneten (1) Ceres durch das Sternbild Schütze von Mai bis August 2024.

KONSTELLATIONEN UND EREIGNISSE

Datum	MEZ	Ereignis
1.	19ʰ	Mond bei Mars, Mond 4,°1 nördlich
2.	11	Mond bei Uranus, Mond 4,°0 nördlich
3.	4	Neptun im Stillstand, anschließend rückläufig
3.	9	**Mond bei Jupiter**, Mond 5,°0 nördlich, **Abstand 4,°4 um 4ʰ**
5.	6	Erde im Aphel (Sonnenferne), Abstand Erde – Sonne 152,100 Millionen Kilometer
6.	16	Mond bei Venus, Mond 3,°9 nördlich
7.	20	**Mond bei Merkur**, Mond 3,°2 nördlich, **Abstand 2,°3 um 21ʰ** (Fernglas!)
10.	6	Venus im Perihel
15.	10	**Mars bei Uranus**, Mars 0,°6 südlich, **Abstand 0,°6 um 2ʰ am 16.**
22.	8	Merkur in größter östlicher Elongation (27°)
23.	7	**Pluto in Opposition** zur Sonne
24.	22	**Mond bei Saturn**, Mond 0,°4 nördlich, **Abstand 1,°3 um 23ʰ**
25.	16	Mond bei Neptun, Mond 0,°6 nördlich
27.	16	Merkur im Aphel
29.	19	Mond bei Uranus, Mond 4,°2 nördlich
30.	12	**Mond bei Mars**, Mond 5,°0 nördlich, **Abstand 5,°0 um 4ʰ**
31.	1	**Mond bei Jupiter**, Mond 5,°4 nördlich, **Abstand 4,°7 um 1ʰ**

Genau genommen bezieht sich die Helligkeitsangabe auf den doppelten Zwergplaneten Pluto + Charon.

In der Oppositionsnacht geht Pluto um 20^h25^m (= 21^h25^m MESZ) auf, kulminiert um 0^h27^m und geht morgens um 4^h28^m unter.

Zur Opposition ist Pluto 5092 Millionen Kilometer (= 34,04 AE) von der Erde entfernt. Dies entspricht einer Lichtlaufzeit von vier Stunden und 43 Minuten. Seine Sonnendistanz beträgt am Oppositionstag 5244 Millionen Kilometer (= 35,05 AE).

CERES (1) kommt in der Nacht vom 5. auf 6. im Sternbild Schütze in **Opposition** zur Sonne. Einen Tag später passiert sie ζ Sgr (Ascella; $2^m,6$) nur 0,°4 nördlich (siehe Abb. 7.6 oben).

Zur Opposition erreicht sie eine Helligkeit von $7^m,3$. Allerdings hält sie sich mit einer Deklination von −29,°3 weit südlich auf. Am Oppositionstag geht

Ceres um $21^{\mathrm{h}}07^{\mathrm{m}}$ (= $22^{\mathrm{h}}07^{\mathrm{m}}$ MESZ) auf und kulminiert um $0^{\mathrm{h}}28^{\mathrm{m}}$. Bis Ende Juli verfrühen sich ihre Kulminationen auf $22^{\mathrm{h}}24^{\mathrm{m}}$, die Cereshelligkeit geht auf $7^{\mathrm{m}}{,}8$ zurück.

PALLAS (2) wird am 18. im Kopf der Schlange stationär, was ihre Bewegung in Rektaszension betrifft. In Deklination läuft sie nach Süden (siehe Abb. 5.3 auf Seite 114).

Am 18. kulminiert die nur noch $9^{\mathrm{m}}{,}7$ helle Pallas um $20^{\mathrm{h}}23^{\mathrm{m}}$ (= $21^{\mathrm{h}}23^{\mathrm{m}}$ MESZ) und geht um $4^{\mathrm{h}}27^{\mathrm{m}}$ unter.

IRIS – Planetoid Nr. 7 – eilt rückläufig durch das Sternbild Wassermann (siehe Abb. 8.6 auf Seite 171). Ihre Helligkeit steigert sich von $9^{\mathrm{m}}{,}2$ um eine ganze Größenklasse und erreicht Ende des Monats $8^{\mathrm{m}}{,}2$. Damit wird sie für Planetoidenjägerinnen und -jäger interessant.

Ihre Opposition erreicht Iris Mitte des nächsten Monats. Am 15. kulminiert sie um $2^{\mathrm{h}}06^{\mathrm{m}}$, am 31. bereits um $0^{\mathrm{h}}50^{\mathrm{m}}$ (= $1^{\mathrm{h}}50^{\mathrm{m}}$ MESZ).

PERIODISCHE STERNSCHNUPPENSTRÖME

Um den 10. Juli kann man eine schwache Aktivität der **PEGASIDEN** beobachten, die mit hoher Geschwindigkeit in die Atmosphäre eindringen.

Vom 12. Juli bis 19. August leuchten die **DELTA-AQUARIIDEN** als stärkster Strom im Juli auf. Sie heißen auch **JULI-AQUARIIDEN**. Die Meteore sind zwischen 3^{m} und 5^{m} hell, also nicht besonders auffällig. Ihr Radiant liegt etwa 3° westlich von Skat (δ Aquarii). Das Maximum ist nicht in jedem Jahr am selben Tag zu erwarten. In diesem Jahr dürfte es in den Stunden nach Mitternacht am 30. Juli auftreten. Im Maximum sind etwa 20 bis 25 Sternschnuppen pro Stunde zu erwarten. Wegen der südlichen Position des Radianten sind aber von Deutschland aus nur etwa 10 bis 15 in der Zeit nach Mitternacht zu sehen. Die Eintauchgeschwindigkeit der Sternschnuppen liegt um 40 Kilometer pro Sekunde.

Vom 3. Juli bis 15. August treten die **ALPHA-CAPRICORNIDEN** (Radiant im Steinbock) auf. Sie sind die ganze Nacht über beobachtbar. Der Ursprungskomet ist 45P/Honda-Mrkoš-Pajdušáková. Um das Maximum am 30. Juli sind nur etwa fünf Objekte pro Stunde zu erwarten. Es handelt sich um recht langsame Meteore (im Mittel 23 Kilometer pro Sekunde).

Auch der permanente **ANTIHELION**-Komplex ist weiter aktiv. Der Radiant verlagert sich stetig ostwärts und durchquert im Juli das Sternbild Capricornus. Die Meteore der Alpha-Capricorniden und der Antihelion-Quelle sind hauptsächlich durch ihre Geschwindigkeit unterscheidbar: langsame 23 km/s gegenüber „mittleren" 30 km/s. Die Radianten sind nicht einmal 10° voneinander entfernt.

Ab dem 16. Juli ist mit den ersten **PERSEÏDEN** zu rechnen, dem weithin bekanntesten Sternschnuppenstrom.

Sein Radiant liegt zunächst südlich der Kassiopeia und wandert bis zum Maximum im August in die nördlichen Gebiete des Perseus.

Der Fixsternhimmel

Der Große Wagen hat mit seiner Abwärtsfahrt begonnen. Seine Deichsel zeigt nach oben, der Wagenkasten hängt nach unten. Das Himmels-W, die Kassiopeia, hat ihre untere Kulmination hinter sich und beginnt mit dem Aufstieg zum Zenit.

Das Sommerdreieck, bestehend aus Wega, Deneb und Atair hat zwar seine Meridianstellung noch nicht ganz erreicht, aber die Sommerbilder sind bereits allesamt über dem Horizont, während sich die Frühlingsbilder im Westen verabschieden. Der Löwe ist im Untergang begriffen. Sein Hauptstern Regulus ist bereits unter den Horizont gesunken. Damit ist auch das Frühlingsdreieck aufgelöst, dessen beide anderen Eckpunkte allerdings noch zu sehen sind: Tief im Südwesten steht die bläulich-weiße Spica in der Jungfrau. Ihr Licht wird deutlich von den horizontnahen Dunstschichten geschwächt. Wesentlich höher findet man im Südwesten den hellen, orangeroten

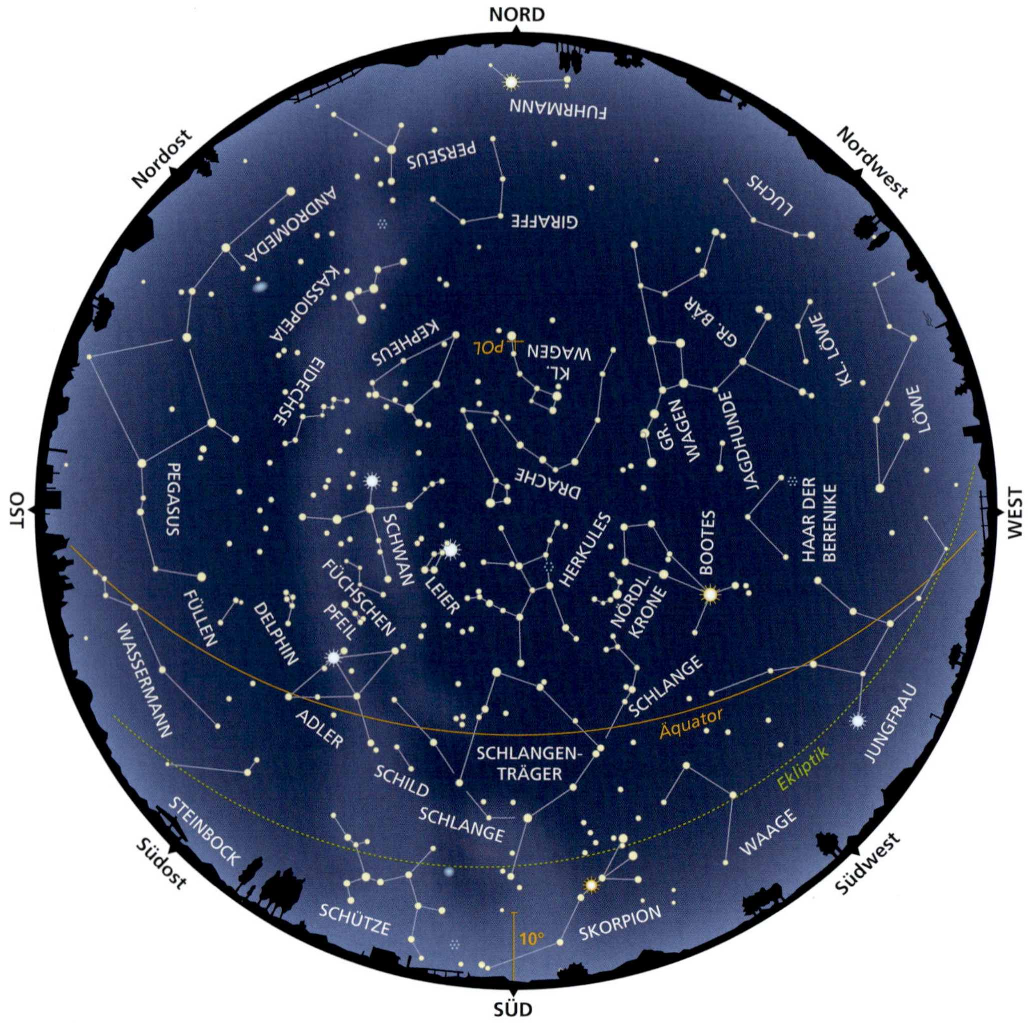

DER STERNENHIMMEL AM 15. JULI UM 22^{h} MEZ

Die Sternkarte ist auch gültig für:

	MEZ	MESZ
15. 4.	4^{h}	5^{h}
1. 5.	3	4
15. 5.	2	3
1. 6.	1	2
15. 6.	0	1
1. 7.	**23**	**24**
15. 7.	**22**	**23**
31. 7.	**21**	**22**

Arktur im Bootes, der den Helligkeitsschwerpunkt in der westlichen Hemisphäre bildet.

Zwischen Zenit, Kleinem Wagen und Großem Wagen schlängelt sich der Drache (lat.: Draco) hindurch. Der Drache ist nicht leicht auszumachen. Am ehesten ist noch der Drachenkopf zu erkennen, der von einem kleinen Sternenviereck gebildet wird, das zur abendlichen Beobachtungsstunde fast exakt im Zenit steht.

Blickt man vom Zenit zum Südpunkt am Horizont hinunter, lässt also seinen Blick den Meridian hinabgleiten, so kommen nacheinander die Sternbilder Herkules und Schlangenträger mit der Schlange ins Gesichtsfeld. Der hellste Stern im Schlangenträger, α Ophiuchi, steht an der Nordspitze knapp

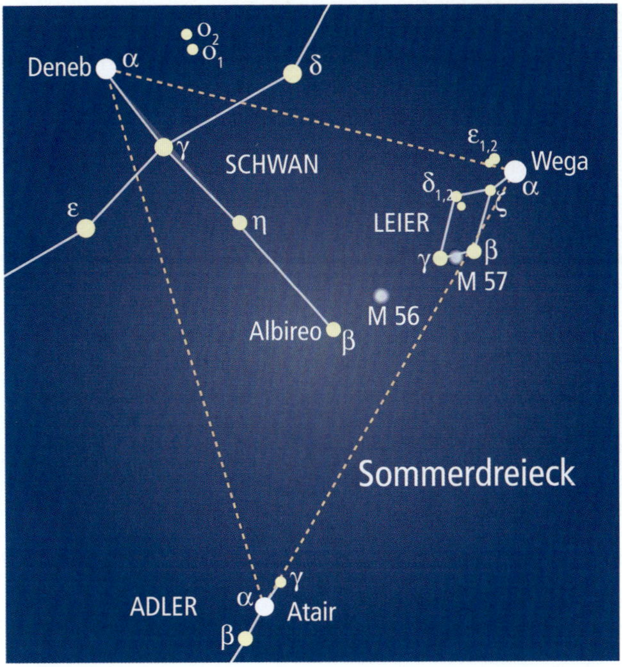

7.7 Das Sommerdreieck setzt sich aus den drei hellen Sternen Wega in der Leier, Deneb im Schwan und Atair im Adler zusammen.

südlich vom Herkules und heißt Ras Alhague, was Arabisch ist und so viel wie Kopf des Schlangenträgers bedeutet. Mit 2^m1 ist er relativ leicht zu sehen. Er leuchtet in einem weißen Licht und ist 49 Lichtjahre von uns entfernt.

Der Skorpion hat seinen Meridiandurchgang bereits absolviert und hält sich knapp über dem Südhorizont ein wenig westlich vom Südpunkt auf. Sein hellster Stern Antares ist kaum zu übersehen. Er leuchtet in einem rötlichen Licht und gehört zu den Überriesensternen (M1 Iab). Antares ist so riesengroß, dass bequem unsere Sonne samt der Erdbahn in seinem Inneren Platz fände. Die Bezeichnung Antares stammt aus dem Griechischen und bedeutet so viel wie Gegenspieler des Mars, weil er ihm an Farbe ähnlich ist und außerdem im Tierkreis steht, so dass es gelegentlich zu Verwechslungen mit dem roten Planeten kommt. Antares ist 550 Lichtjahre von uns entfernt.

Der nördliche Teil des Skorpions gehört heute zum Sternbild Schlangenträger, durch den auch ein Teil der Ekliptik (scheinbare Sonnenbahn) verläuft. Somit gibt es insgesamt dreizehn Tierkreissternbilder, aber nur zwölf Tierkreiszeichen.

In der östlichen Himmelshälfte wird der Helligkeitsschwerpunkt vom Sommerdreieck mit Wega in der Leier, Deneb im Schwan und Atair im Adler bestimmt. Die Leier ist ein leicht einprägsames Sternbild und nicht besonders groß.

Nach der klassischen griechischen Sage ist die Leier das Musikinstrument des Gottes Apoll. Wega, der Hauptstern der Leier, auch als α Lyrae bekannt, gehört mit 0^m0 zu den fünf hellsten Sternen am irdischen Firmament. Mit dem praktisch gleich hellen Arktur ist Wega der hellste Stern am nördlichen Himmel. Mit 25 Lichtjahren Distanz gehört Wega noch zur Nachbarschaft unserer Sonne. α Lyr ist ein typischer Hauptreihenstern der Spektralklasse A0 V. Wega leuchtet weiß mit einem bläulichen Schimmer. Die wahre

VERÄNDERLICHE STERNE

Algol-Minima		β-Lyrae-Minima		δ-Cepheï-Maxima		Mira-Helligkeit	
17.	4^h31^m	4.	11^h H	5.	21^h	1.	4^m
20.	1 20	10.	22 N	11.	5	10.	4
22.	22 09	17.	9 H	16.	14	20.	5
		23.	21 N	21.	23	31.	5
		30.	8 H	27.	8		

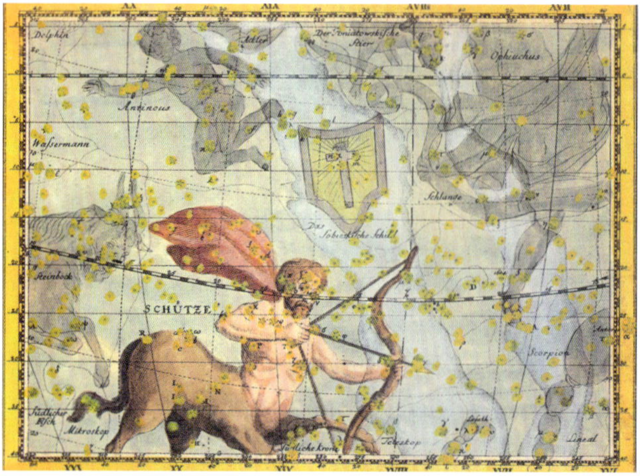

7.8 Figürliche Darstellung des Sternbildes Schütze im Sternatlas von Johann Elert Bode aus dem Jahre 1782.

Leuchtkraft von Wega entspricht etwa der von 50 unserer Sonne.

Tief im Südosten sind die beiden Tierkreisbilder Schütze und Steinbock zu finden. Während der Schütze noch relativ leicht zu erkennen ist, so ist der Steinbock nur mit Mühe unter guten Sichtbedingungen auszumachen. Er gehört wie der Wassermann zu den ausgesprochen schwierigen Sternbildern.

Im Schützen finden sich viele interessante galaktische Objekte wie Gasnebel und Kugelsternhaufen, alles Objekte für Feldstecher- und Fernrohrbeobachter. Auch die hellsten Partien der sommerlichen Milchstraße ziehen durch den Schützen. In Richtung des Schützen liegt auch das Zentrum unseres Milchstraßensystems (siehe Monatsthema Juni „Das heiße Herz unserer Milchstraße“ auf Seite 137).

7.9 Skelettkarte des Sternbildes Schütze.

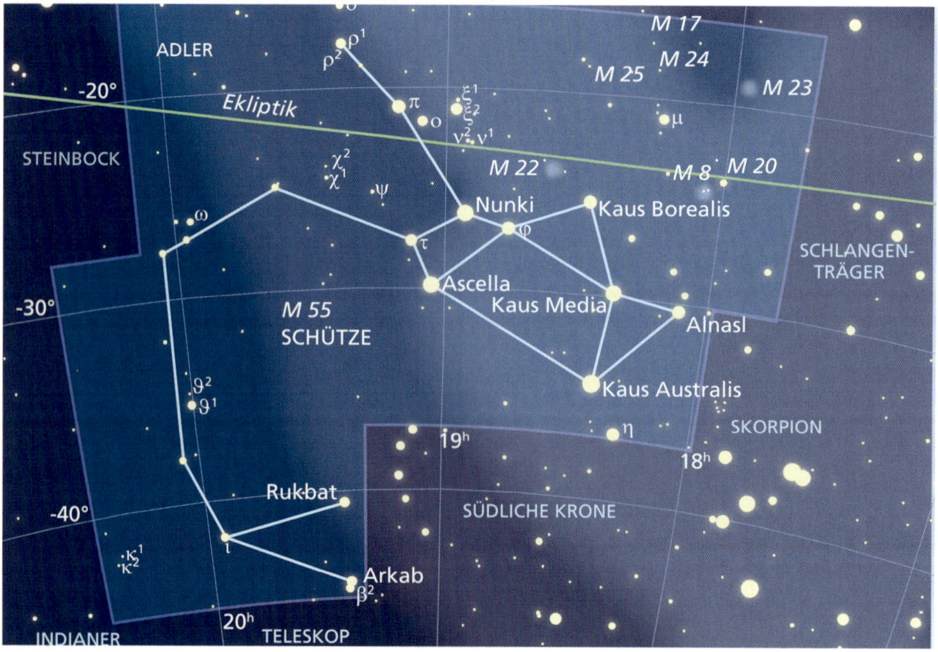

Weltraumwetter und Sonnenstürme

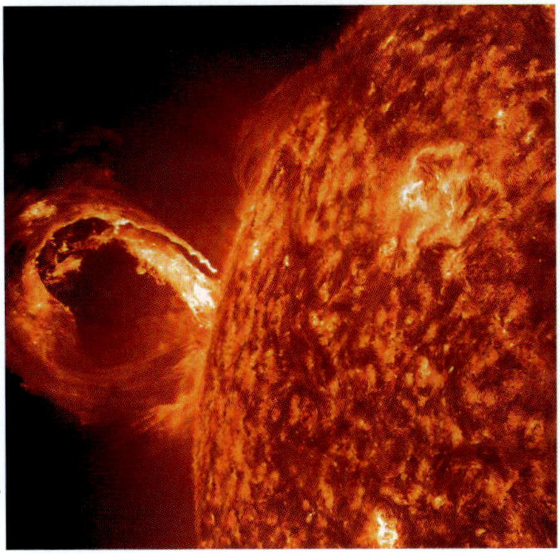

Courtesy of NASA/SDO and the AIA, EVE, and HMI science teams

7.10 Unsere Sonne mit ihren Protuberanzen

AIP Emilio Segrè Visual Archives, Physics Today Collection

7.11 Eugene Parker (1927–2022) prägte die Begriffe „Weltraumwetter" und „Sonnenstürme"

In einer kalten Sonntagnacht im März 1989 wurden ohne jede Vorwarnung große Gebiete Kanadas in tiefe Dunkelheit getaucht. Straßenbeleuchtungen fielen aus, in den Häusern war der elektrische Strom weg, U-Bahnen, Aufzüge, Rolltreppen blieben stehen. Nichts ging mehr, was elektrische Energie benötigt. Die Notstromaggregate in Krankenhäusern sprangen an, ebenso die batteriebetriebenen Notbeleuchtungen. Einige Stunden lang dauerte der Stromausfall.

Das Raumfahrtunternehmen SpaceX verlor am 4. Februar 2022 kurz nach dem Start 40 von 49 Starlink-Satelliten. Sie waren nur einen Tag zuvor vom Weltraumbahnhof Kennedy Space Center in Florida gestartet worden. Die Satelliten stürzten aus einer Höhe von 210 Kilometer ab und verglühten in der Erdatmosphäre. Schuld war in beiden Fällen stürmisches Weltraumwetter. Die Begriffe „Weltraumwetter" und „Sonnenstürme" wurden von dem renommierten Sonnenforscher Eugene Parker (1927–2022) geprägt.

Wie kann es im leeren Weltraum überhaupt ein Wetter geben? Im Weltall gibt es doch keine Luft! Allerdings, das Weltraumvakuum ist nicht absolut leer. Freilich, Astronauten tun gut daran, die Luke ihrer Raumstation geschlossen zu halten, wenn sie keinen Raumanzug tragen. Öffneten sie die Luke, so entwiche sofort die Atemluft und die Besatzung würde schnell ersticken.

Für das Weltraumwetter ist in erster Linie die Sonne verantwortlich. Hinzu kommt als weitere Komponente die energiegeladene kosmische Korpuskularstrahlung aus den Tiefen der interstellaren Räume, die in das Sonnensystem eindringt.

Schon 1951 hat der Astrophysiker Ludwig Franz Benedikt Biermann (1907–1986) vermutet, von der Sonne ausgehend müsse eine Art Wind wehen, der die ionisierten Gasschweife von Kometen kerzengerade von den Kometenköpfen in das Weltall bläst. Tatsächlich sendet die Sonne einen Teilchenstrom aus Protonen (Wasserstoffatomkerne), Alphateilchen (Heliumatomkerne), Elektronen und einer geringen Menge schwererer Atomkerne ins All. Dieser Sonnenwind ist elektrisch leitend, denn dieses Gas ist fast voll-

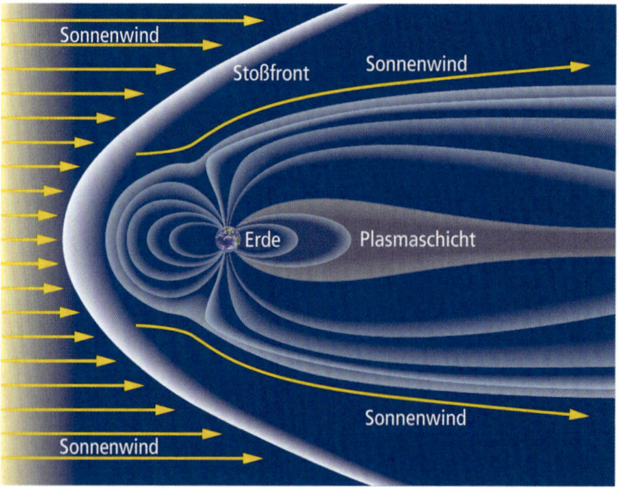

7.12 Die irdische Magnetosphäre schirmt die elektrisch geladenen Teilchen des Sonnenwindes ab.

ständig ionisiert. Das heißt, die Atomkerne sind ihrer Elektrohüllen beraubt. So ein Materiezustand wird als Plasma bezeichnet. Das Sonnenplasma strömt mit rund 400 Kilometer pro Sekunde, das sind 1 440 000 Kilometer pro Stunde, in das All. Dies ist die mehrfache Überschallgeschwindigkeit, die im Plasma des Sonnenwindes 150 Kilometer pro Sekunde beträgt. Für die Sonnenphysiker ist dies der langsame Sonnenwind. Der schnellere Sonnenwind weist Geschwindigkeiten von 500 bis 900 Kilometer pro Sekunde auf. Manchmal entfacht die Sonne aber auch einen regelrechten Sonnensturm, der mit teils über 3000 Kilometer pro Sekunde (= 10 800 000 Kilometer pro Stunde) dahinfegt.

Die Vorstellung vom Weltraumvakuum ist allerdings nicht ganz abwegig. Die Dichte des Sonnenwindes ist Milliarden mal geringer als die der irdischen Luft auf Meereshöhe. Die Temperatur des Sonnenwindes beträgt allerdings 3000 K bis 15 000 K.

Durch das Abblasen des Sonnenwindes verliert die Sonne in jeder Sekunde rund eine Million Tonnen an Masse. Da auch durch Kernfusion von Wasserstoff zu Helium pro Sekunde vier Millionen Tonnen in Strahlung umgewandelt werden, so wird die Sonne in jeder Sekunde fünf Millionen Tonnen leichter.

Die Erde und das Leben auf ihr wird vor dem Sonnenwind durch ihre Lufthülle und durch die Magnetosphäre geschützt. Die Feldlinien des irdischen Magnetfeldes bilden gewissermaßen eine Art Schutzkäfig um unseren Globus, der die elektrisch geladenen Teilchen ablenkt. Bei heftigen Sonnenstürmen wird die Magnetosphäre deformiert.

Der kinetische Druck (p) des Sonnenwindes ist abhängig von seiner Dichte ρ und Geschwindigkeit v: $p = \rho \times v^2/2$. Er liegt im Mittel bei 2×10^{-7} hPa. Die Grenzschicht zwischen dem heranströmenden Sonnenplasma und der irdischen Magnetosphäre wird Magnetopause genannt. Sie umspannt unseren Globus in rund zehn Erdradien Entfernung. Bereits bei dreizehn Erdradien wird die Bugstoßwelle auf Unterschallgeschwindigkeit abgebremst.

Ausbrüche auf der Sonne

Bei der Erzeugung des Sonnenwindes spielen Magnetfelder eine dominante Rolle. Die Sonne ist eine rotierende Plasmakugel. Sie erzeugt dabei ein, wenn auch schwaches, globales Magnetfeld. Sie rotiert nicht wie ein starrer Körper, sondern differenziell: Am Äquator dauert eine volle Umdrehung 25^d00^h, in ± 20° heliografischer Breite 25^d17^h und in ± 40° dann 27^d09^h. Dies ist die siderische Rotationsperiode, also bezogen auf das Inertialsystem der Fixsternwelt. Da sich die Erde in dieser Zeit fast um ein Zwölftel in ihrer Umlaufbahn weiter bewegt hat, und zwar in gleicher Richtung wie die Drehrichtung der Sonne, so dauert es rund zwei Tage länger, bis der gleiche Fleck wieder am Ostrand der Sonne auftaucht. Die Rotationszeit in Bezug auf die Erde nennt man synodisch. Die synodische Rotation am Sonnenäquator beträgt 26^d20^h, in ± 20° dann 27^d16^h und in ± 40° schließlich ± 29^d14^h.

Die akribische Erforschung der Sonnenrotation verdankt die Wissenschaft dem Sonnenforscher Richard Christopher Carrington (1826–1875). Er leitete die Elemente der Sonnenrotation ab, die heute noch Gültigkeit haben. Nach Carrington werden die synodischen Rotationen durchgezählt. Die Rotation Nr. 1 begann am 9. November 1853. Die Rotation Nr. 2287 beginnt am 27. Juli 2024 (siehe Tabelle „Beginn der synodischen Sonnenrotation nach Carrington" auf Seite 288).

Am 1. September 1859 beobachtete Carrington etwas Ungewöhnliches auf der Sonne, was in die Geschichte der Sonnenforschung als „Carrington-Ereignis" eingegangen ist. Auf der ohnehin grell leuchtenden Sonnenoberfläche sah er zwei extrem helle, gleißende Flecken. Die Erscheinung hielt lediglich ein paar Minuten an. Nur 17 Stunden später flammten ungewöhnlich viele und helle Polarlichter auf, die selbst in niedrigen geografischen Breiten wie in Italien, Kuba und Hawaii zu sehen waren. In verschiedenen Stationen wurden extreme Störungen, sogenannte geomagnetische Stürme registriert. In Telegrafenstationen kam es zu Kurzschlüssen, Postbedienstete erhielten Stromschläge, die Papierstreifen der Telegrafenapparate entzündeten sich.

Was Carrington beobachtet hatte, war der Beginn eines extremen Sonnensturms, gewissermaßen ein Orkan statt eines Sonnensturms. Es war der stärkste Strahlungs- und Materieausbruch, der jemals beobachtet wurde. Heute nennt man ein solches Phänomen einen Weißlicht-Flare. Flare ist ein englischer Begriff und bedeutet so viel wie Auflodern, Aufflackern, Lichtschein. Normalerweise sind Flares nur im monochromatischen Licht zu sehen wie beispielsweise auf einer Hα-Aufnahme der Sonne. Sie erscheinen oft, aber nicht immer über den Sonnenflecken, die man im integralen weißen Licht der Sonne sieht. Sonnenflecken und Flares sind ein Merkmal der aktiven Sonne. Am Sonnenrand sind helle Flammenzungen gegenüber

7.13 Die differenzielle Rotation der Sonne

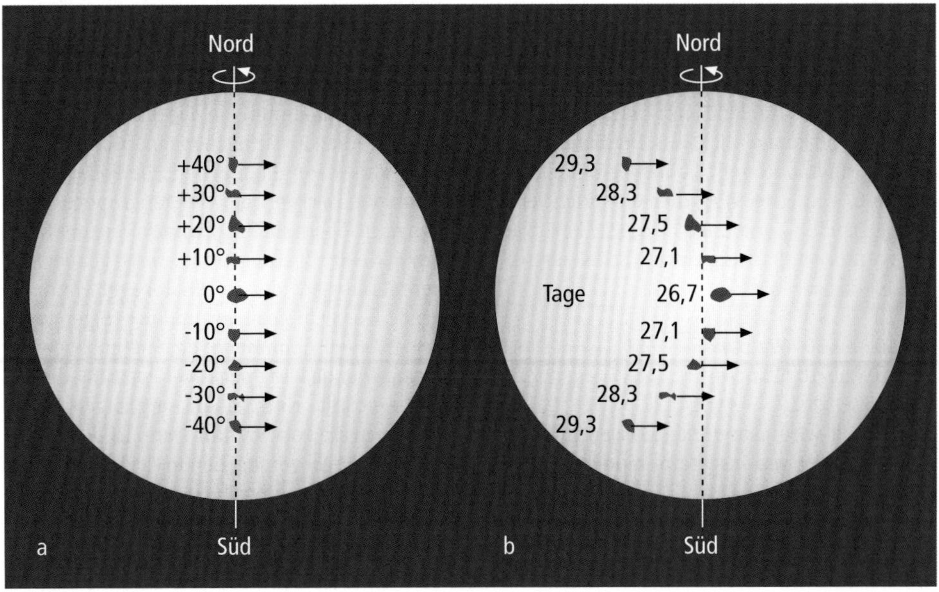

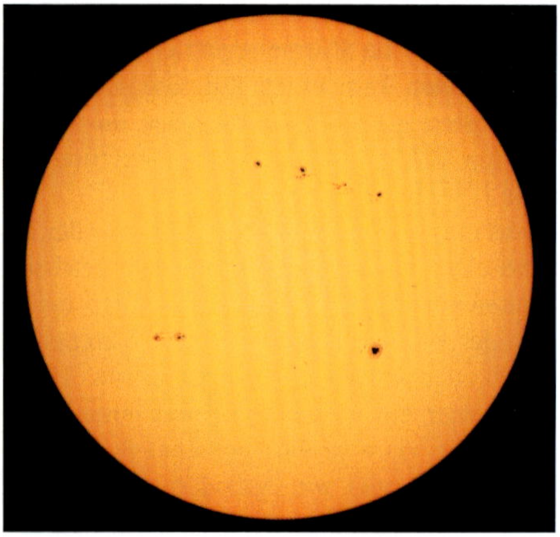

Courtesy of NASA/SDO and the AIA, EVE, and HMI science teams

7.14 Unsere Sonne im Integrallicht mit zahlreichen Flecken

Courtesy of NASA/SDO and the AIA, EVE, and HMI science teams

7.15 Die Sonne im Röntgenlicht

dem dunklen Weltraumhintergrund zu sehen. Man nennt sie Protuberanzen. Vor der Sonnenscheibe erscheinen sie als dunkle Fäden, sogenannte Filamente.

Flares sind noch viel gleißender als die ohnehin helle Photosphäre, die unterste Atmosphärenschicht der Sonne, aus der 98 % des sichtbaren Lichts der Sonne stammt. Während die Photosphäre um die 6000°C heiß ist, erreichen die Flare-Temperaturen einige Millionen Grad. Ihre meiste Energie strahlen Flares im extremen Ultraviolett und Röntgenlicht aus. Der Bereich wird in acht Stufen unterteilt, von einer Wellenlänge 0,1 bis 0,8 nm (1 bis 8 Å), dies entspricht einer Energiebandbreite von 1,55 bis 12,4 keV. Nach ihrer Strahlungsleistung gibt es fünf Klassen:

A: 10^{-8} bis 10^{-7} Watt/m²
B: 10^{-7} bis 10^{-6} Watt/m²
C: 10^{-6} bis 10^{-5} Watt/m²
M: 10^{-5} bis 10^{-4} Watt/m²
X: größer als 10^{-4} Watt/m²

Unterteilt wird jede dieser Klassen in Stufen von 1,0 bis 9,9, was insgesamt eine logarithmische Skala ergibt.

Sonneneruptionen, die man als Flare oder am Sonnenrand als Protuberanzen beobachtet, sind gewaltige Ereignisse. Bei einer durchschnittlichen Eruption werden rund hundert Megatonnen TNT (= 115 Milliarden kWh oder 4×10^{17} Joule [400 Billiarden]) an Energie freigesetzt. Supereruptionen sind gelegentlich tausendmal stärker!

Solare Magnetfelder

Das Erscheinen von Sonnenflecken erfolgt periodisch, wie schon der Dessauer Apotheker und Amateurastronom Samuel Heinrich Schwabe im Jahre 1843 erkannte. Alle elf Jahre tritt ein Sonnenfleckenmaximum ein. Eigentlich handelt es sich um einen 22-jährigen magnetischen Aktivitätszyklus, denn die magnetische Polarität von bipolaren Flecken oder Fleckengruppen kehrt sich nach einem elfjährigen Zyklus auf der Nord- und Südhalbkugel der Sonne um. Ist der der Sonnenrotation auf der Nordhalbkugel vorausgehende Fleck ein positiver und der folgende ein negativer Pol, dann ist auf der Südhalbkugel der vorangehende Fleck negativer Polarität, der folgende positiv. Nach einem elfjährigen Zyklus kehrt sich die Polarität um. Dann ist der auf der Nordhalbkugel vorangehende Fleck negativ, der folgende einer mit positiver magnetischer Polarität. Auf der Südhalbkugel sind die Polaritäten wieder entgegengesetzt. Diesmal ist dann der vorauslaufende positiv, der folgende negativ.

Nach dem solaren Dynamomodell wird das globale Magnetfeld verdichtet und verdrillt, es bilden sich magnetische Flussröhren, die durch ihren magnetischen Druck zur Oberfläche aufsteigen. Man sieht in die Flussröhren hinein, die wegen geringerer Temperatur als dunkle Sonnenflecken erscheinen. Bei aktiver Sonne zeigt sich das Weltraumwetter besonders stürmisch.

Der Sonnenwind wird dann bei starken Eruptionen zum Orkan. Das ausgeschleuderte Plasma (elektrisch leitend) folgt den Magnetfeldlinien. Bei bipolaren Fleckengruppen bilden sich enorm große Schleifen oder Bögen, bei denen die Erde im Vergleich als winzige Murmel erscheint. Treffen Plasmaströme unterschiedlicher magnetischer Polarität zusammen, so kommt es zu einem magnetischen Kurzschluss. Explosionsartig wird Materie in den interplanetaren Raum geschleudert. Dann kann auch das Weltraumwetter für die Erde bedrohlich werden.

Aus den Aktivitätsgebieten weht ein langsamer Sonnenwind von 300 bis 400 km/s mit einer Temperatur von 50 000 bis 130 000 °C. Er erreicht die Erde in drei bis vier Tagen. Der schnellere Sonnenwind bläst mit 500 bis 800 km/s bei einer Temperatur von 800 000 °C. Er wird bei weniger aktiver Sonne in sogenannten koronalen Löchern hervorgerufen. Sowohl der langsame als auch der schnelle Sonnenwind sind für die Erde weniger bedrohlich.

Anfänglich strömen die Sonnenwinde radial von der Sonne weg. Bald danach – etwa nach 1,5 bis 2,5 Sonnenradien – werden die Feldlinien verformt, denen der elektrisch leitende Sonnenwind folgt. Die Feldlinien winden sich in Spiralen um die Sonne. Die ionisierte Materie strömt an ihnen entlang wie das Wasser aus einem Sprinkler.

Koronale Massenauswürfe

Kritisch und echt gefährlich sind jedoch Plasmawolken, die koronalen Massenauswürfe (Coronal Mass Ejection = CME), die mit bis zu 3200 km/s zur Erdnähe stürmen. Solche Plasmawolken

7.16 Polarlichter sind ein auffälliges Merkmal der Sonnenstürme.

Emanuele Balboni/IAU OAE

haben Massen von einigen Dutzend Milliarden Tonnen bei Temperaturen von 1,4 bis 1,6 Millionen Grad Celsius. Sie deformieren nicht nur die irdische Magnetosphäre, sondern zerreißen sie sogar. Die Folgen können verheerend sein. Sie rufen nicht nur Polarlichter hervor, indem die solaren Teilchenmassen mit den irdischen Luftmolekülen kollidieren, sie ionisieren und zum Leuchten anregen (Rekombinationsleuchten). Sie induzieren enorme Ströme von Millionen Volt und 100 000 Ampere Stromstärke. Einer der stärksten Sonnenstürme traf am Freitag, 10. März 1989, die Erde. Die Partikel des Sonnenwindes drangen entlang der irdischen Magnetfeldlinien in die irdische Lufthülle ein. Sie riefen nicht nur farbenprächtige, intensive Polarlichter hervor, sondern induzierten auch enorme elektrische Ströme in Hochspannungsleitungen, was Trafostationen außer Gefecht setzte. In Québec (Kanada) gab es einen stundenlangen Stromausfall. Wohnungen versanken in tiefe Dunkelheit, die Straßenbeleuchtung erlosch, nicht funktionierende Verkehrsampeln führten zu einem heillosen Verkehrschaos. Steckengebliebene Aufzüge wurden zu Fallen und hielten ihre Benutzer gefangen. In anderen Regionen Kanadas gingen die ganze Nacht über Garagentore auf und zu.

Die Plasmawolken von koronalen Massenauswürfen (CMEs) transportieren Dutzende von Milliarden Tonnen an Masse zur Erde. Sie schleppen das energiereiche Magnetfeld von der Sonne mit sich. Die Energiefreisetzung entspricht der von tausend Wasserstoffatombomben. Die Temperatur dieser Wolken liegt weit über einer Million Grad, was man im Röntgenlicht erkennen und messen kann.

Die starke Beschleunigung des Sonnenwindes in 1,5 bis 2,5 Sonnenradien von zunächst 150 km/s auf 300 km/s und weiter bis in 25 Sonnenradien auf 750 km/s wurde mit dem Ultraviolet Coronal Spectrometer an Bord der Sonnensonde SOHO (**So**lar and **H**eliospheric **O**bservatory) gemessen. SOHO wurde 1995 gestartet und befindet sich im Lagrange-Punkt L1 zwischen Erde und Sonne. Woher die enorme Beschleunigung kommt, ist noch nicht ganz klar. Man vermutet als Ursache Alfvén-Wellen. In magnetisierten Plasmaschläuchen treten Alfvén-Wellen auf.

Wird ein magnetischer Plasmaschlauch eingeschnürt, wird der magnetische Druck größer. Er übertrifft dann den thermischen Gasdruck. Entlang der Magnetfeldlinien breiten sich Wellen aus wie Schallwellen in einem neutralen Gas. Sie werden Alfvén-Wellen genannt nach Hannes Olof Gösta Alfvén (1908–1995). Alfvén-Wellen sind magnetohydrodynamische Transversalwellen.

Nach 1989 führten weitere Sonnenorkane zu erheblichen Beeinträchtigungen. Im Jahre 2000 gerieten durch Sonnenwinde etliche Erdsatelliten außer Kontrolle, einige stürzten ab. Das Navigationssystem GPS (Global Positioning System) fiel 2003 kurzfristig aus, zahlreiche Flüge mussten umgeleitet werden.

Weitere heftige Sonnenstürme wurden am 7. Juni und am 22. September 2011 sowie am 8. März 2012 registriert. Bei aktiver Sonne und stürmischem Weltraumwetter sind vor allem künstliche Satelliten und Raumsonden gefährdet. Die Erdatmosphäre dehnt sich aus und bewirkt Bahnänderungen der künstlichen Erdtrabanten. Durch die größere Dichte der Erdatmosphäre werden diese abgebremst. So sinkt die bemannte Internationale Raumstation (ISS) bei entsprechender Dichtezunahme bis zu 300 Meter pro Tag.

Warnung vor Sonnenstürmen

Um rechtzeitig vor Sonneneruptionen gewarnt zu sein, will man auch einen Blick auf die Rückseite der Sonne werfen, bevor Aktivitätsgebiete durch die Sonnenrotation auf die Vorderseite gelangen. Deshalb wurden im Oktober 2006 die beiden Sonnenmissionen STEREO A und B ins Weltall geschossen und in den Lagrange-Punkten L4 und L5 platziert. Sie laufen somit in der Erdbahn um die Sonne, jeweils 60° vor und nach der Erde (von der Sonne aus gesehen; siehe Abb. 7.17 auf Seite 163). STEREO steht für **S**olar **Ter**restrial **Rel**ations **O**bservatory. Leider fiel STEREO B schon 2014 total aus.

Zurzeit sind noch zwei weitere Sonnensonden unterwegs, nämlich die im August 2018 gestartete Parker-Mission und die Solar-Orbiter-Mission, die im Februar 2020 ihre Reise zur Sonne antrat. Sie nähert sich der Sonne bis auf 42 Millionen Kilometer, während sich Parker sogar auf 5,9 Millionen Kilometer Distanz an das Höllenfeuer heranpirscht.

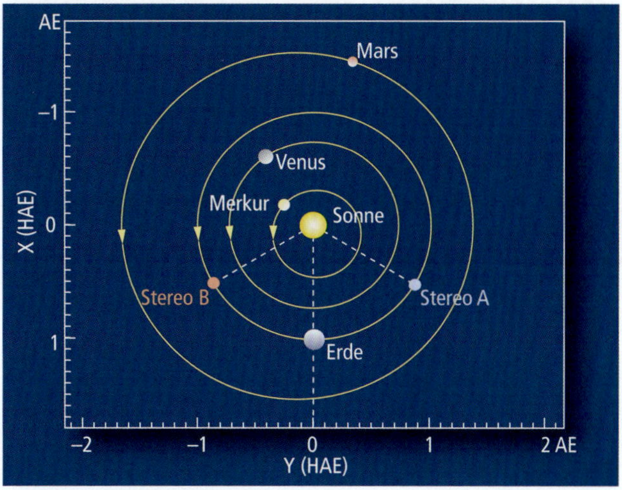

7.17 **Die beiden Sonnensonden STEREO A und B in den Lagrange-Punkten L4 und L5 der Erdbahn.**

Doch nicht nur die Sonne produziert das Weltraumwetter. Eine weitere Komponente ist eine harte Korpuskularstrahlung, die aus den Tiefen des interstellaren Raumes ins Sonnensystem eindringt. Sie ist eine extrem energiereiche Strahlung von Elektronen und Ionen. Die Teilchenenergien erreichen Werte bis zu 10^{11} GeV. Die Flussdichten werden mit zunehmenden Energien geringer. Der Ursprung der kosmischen Strahlung ist noch nicht restlos geklärt.

Immer wieder kommt es zu heftigen Ausbrüchen und koronalen Massenauswürfen (CME) auf der Sonne. Doch bisher wiederholte sich kein so heftiger Sonnensturm wie der berühmte vom Carrington-Ereignis. Auch weiß man noch längst nicht, ob es nicht noch heftigere Eruptionen gibt. Von der Sonne aus gesehen ist die Erde eine winzige Murmel von gerade mal 18″ scheinbarem Durchmesser. Von den heranrasenden Plasmawolken trifft daher schätzungsweise nur jede Millionste die Erde oder ihre unmittelbare Umgebung.

Träfe ein Sonnenorkan der Stärke des Carrington-Ereignisses heute die Erde, eine weltweite Katastrophe ungeahnten Ausmaßes wäre unausweichlich die Folge. Ohne zu übertreiben: Dies führte zum Ende unserer technischen Zivilisation. Kaum auszumalen, was alles passieren würde. Zu Zeiten Carringtons war der Telegrafenverkehr gestört, Umspannwerke fielen aus. Aber heute, im Zeitalter der Raumfahrt, der modernen Nachrichtenübertragung, der Computertechnologie, der elektrischen Transportfahrzeuge usw. ist unsere Zivilisation höchst gefährdet. Fast nichts mehr würde funktionieren, was elektrische Bauelemente benötigt. Mobile Telefone fielen aus wie Festnetz-Telefone, GPS und andere Navigationssysteme, Flugverkehr und die Stromversorgung stünden nicht mehr zur Verfügung mit allen Konsequenzen. Fast alle Erdsatelliten wären funktionsunfähig, Fernsehen und Rundfunk somit ebenfalls.

So gut wie alle Computersysteme wären unbrauchbar. Auf Festplatten oder in Clouds gingen massenweise Daten verloren, Banken müssten schließen, die Konten würden gelöscht, selbst Bankautomaten gäben kein Bargeld mehr aus. Auch Zahlungen mit Kreditkarten wären nicht mehr möglich. Höchstens zehn bis zwanzig Stunden Vorwarnzeit gäbe es, bis die Menschheit in ein vortechnisches Zeitalter zurückgeworfen wird. Der nächste Sonnensturm trifft die Erde bestimmt, nur weiß niemand wann. Es lohnt sich, die Sonne genau im Auge zu behalten.

August 2024

— Merkur kommt am 19. in untere Konjunktion mit der Sonne. Der flinke Planet bleibt unsichtbar.

— Venus taucht allmählich am Abendhimmel auf.

— Mars ist Planet der zweiten Nachthälfte.

— Jupiter verlegt seine Aufgänge in die Zeit vor Mitternacht.

— Saturn wird zum Planeten der gesamten Nacht. Ende August geht er schon eine halbe Stunde nach Sonnenuntergang auf.

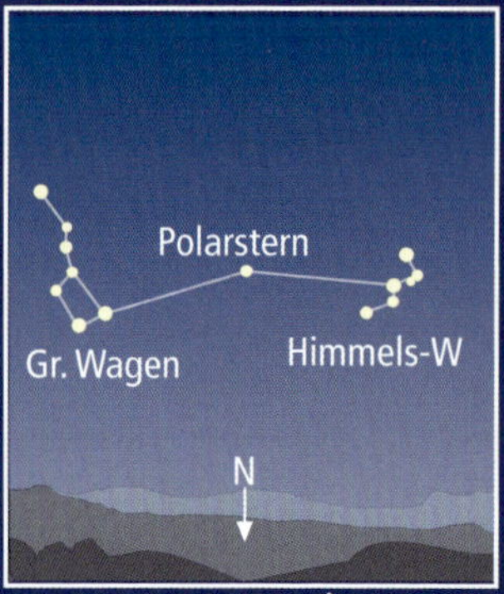

Großer Wagen und Himmels-W Anfang August um 22 Uhr MEZ

8.1 Anblick des Osthimmels am 28. August gegen 3h MEZ (= 4h MESZ). Der Riesenplanet Jupiter und der rote Planet Mars erhalten Besuch von der abnehmenden Mondsichel.

1 Do	Schweizer Bundesfeier
2 Fr	
3 Sa	
4 So	Neumond
5 Mo	
6 Di	
7 Mi	
8 Do	
9 Fr	
10 Sa	Mond bei Spica – abends
11 So	
12 Mo	Erstes Viertel Sternschnuppen Perseïden im Maximum
13 Di	Mars bei Jupiter – Mitternacht Mond bei Antares – abends
14 Mi	
15 Do	Liechtensteiner Staatsfeiertag

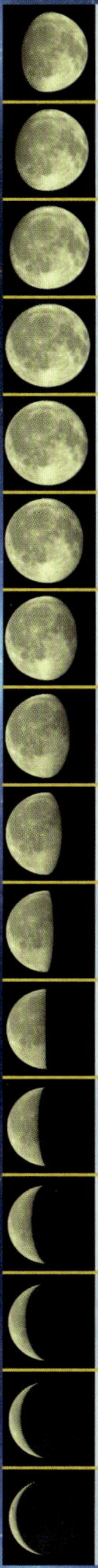

16 Fr	
17 Sa	
18 So	
19 Mo	Vollmond
20 Di	
21 Mi	Mond bedeckt Saturn – morgens
22 Do	
23 Fr	
24 Sa	
25 So	
26 Mo	Letztes Viertel
27 Di	Mond bei Mars – Mitternacht
28 Mi	
29 Do	
30 Fr	Mond bei Pollux – morgens
31 Sa	

SONNE – STERNBILDER

10. 8. 14^h:
Sonne tritt in das Sternbild Löwe

22. 8. 16^h:
Sonne tritt in das Tierkreiszeichen Jungfrau

Julianisches Datum am
1. August, 1^h MEZ: 2 460 523,5

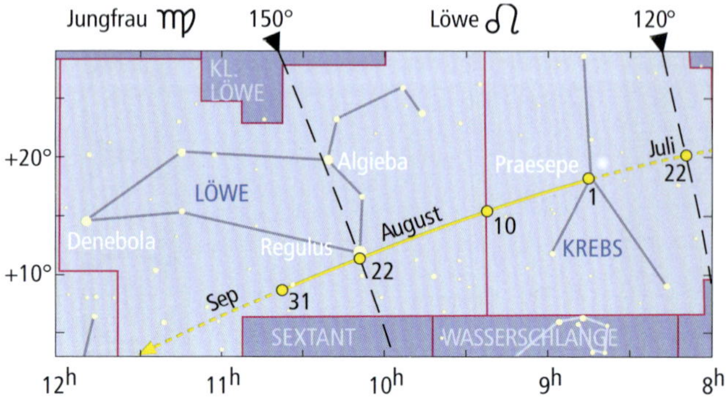

SONNENLAUF

Tag	Dämmerg. Anfang	Aufgang MEZ	Kulmination	Untergang MEZ	Dämmerg. Ende	Mittagshöhe	Zeitgleichg.	Rektaszension	Deklination
	h m	h m	h m	h m	h m	°	m	h m	°
1.	3 20	4 50	12 26	20 02	21 31	57,8	–6	8 45	+18,0
5.	3 29	4 56	12 26	19 55	21 22	56,8	–6	9 01	+17,0
10.	3 39	5 03	12 25	19 47	21 10	55,3	–5	9 20	+15,6
15.	3 49	5 10	12 24	19 38	20 59	53,8	–4	9 39	+14,1
20.	3 58	5 18	12 23	19 28	20 47	52,2	–3	9 57	+12,5
25.	4 08	5 25	12 22	19 18	20 35	50,5	–2	10 16	+10,8
31.	4 19	5 34	12 20	19 05	20 20	48,4	0	10 38	+ 8,7

TAGES- UND NACHTSTUNDEN

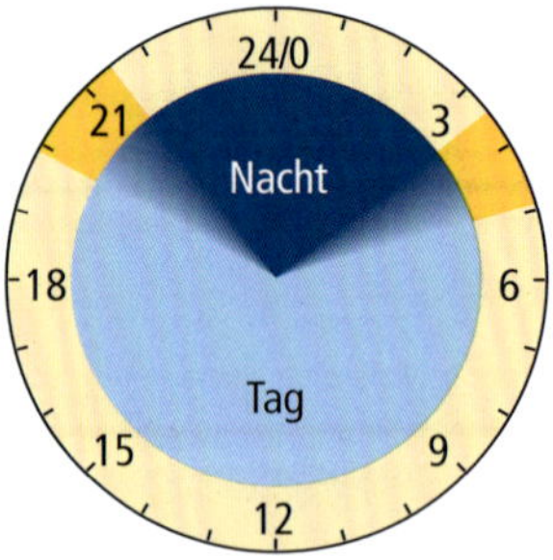

5. August

15. August

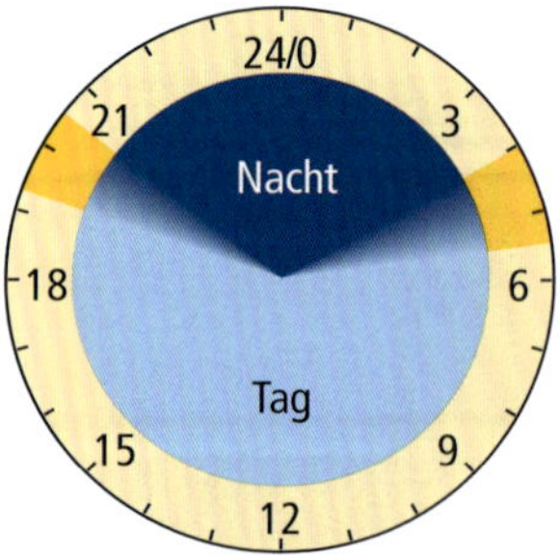

25. August

MONDLAUF

Datum		Aufg. MEZ	Kulmination	Unterg. MEZ	Rektaszension	Deklination		Sterne und Sternbilder	Phase	MEZ
		h m	h m	h m	h m	°				
Do	1.	0 51	9 52	18 51	5 50	+28,4	*	Stier, Alnath	Größte Nordbreite	
Fr	2.	1 52	10 48	19 34	6 49	+28,0		Zwillinge		
Sa	3.	3 03	11 42	20 04	7 46	+26,2		Kastor, Pollux		
So	**4.**	4 19	12 32	20 26	8 40	+23,0		Krebs, Krippe	**Neumond Nr. 1257**	**$12^h 13^m$**
Mo	5.	5 34	13 17	20 43	9 30	+18,8		Löwe		
Di	6.	6 47	14 00	20 56	10 17	+13,9		Löwe, Regulus		
Mi	7.	7 57	14 40	21 08	11 01	+ 8,6		Löwe		
Do	8.	9 05	15 19	21 19	11 43	+ 3,0		Jungfrau		
Fr	9.	10 13	15 58	21 30	12 25	– 2,6		Jungfrau	Erdferne 405/29′,5 Absteigender Knoten	3^h
Sa	10.	11 21	16 38	21 42	13 07	– 8,2		Spica		
So	**11.**	12 32	17 20	21 57	13 50	–13,5		Spica		
Mo	12.	13 45	18 05	22 16	14 36	–18,4		Waage	**Erstes Viertel**	**$16^h 19^m$**
Di	13.	15 00	18 54	22 42	15 24	–22,6	*	Waage		
Mi	14.	16 14	19 48	23 19	16 17	–25,9		Antares		
Do	15.	17 21	20 46	–	17 14	–28,0	*	Schlangenträger	Libration Ost	
Fr	16.	18 15	21 46	0 11	18 14	–28,5	*	Kaus Borealis	Größte Südbreite	
Sa	17.	18 56	22 46	1 21	19 16	–27,4		Schütze, Nunki		
So	**18.**	19 25	23 44	2 45	20 17	–24,5		Steinbock		
Mo	19.	19 47	–	4 15	21 17	–20,0		Steinbock	**Vollmond**	**$19^h 26^m$**
Di	20.	20 04	0 40	5 46	22 14	–14,2		Wassermann		
Mi	21.	20 20	1 32	7 16	23 09	– 7,5	*	Wassermann	Erdnähe 360/33′,2	6^h
Do	22.	20 34	2 23	8 44	0 02	– 0,4		Fische	Aufsteigender Knoten	
Fr	23.	20 50	3 13	10 11	0 54	+ 6,6		Fische		
Sa	24.	21 08	4 04	11 39	1 47	+13,2		Widder		
So	**25.**	21 32	4 57	13 06	2 42	+19,0		Widder		
Mo	26.	22 04	5 52	14 30	3 39	+23,7	*	Stier, Plejaden	**Letztes Viertel**	**$10^h 26^m$**
Di	27.	22 47	6 49	15 46	4 37	+26,8		Stier		
Mi	28.	23 44	7 47	16 49	5 37	+28,4		Stier, Alnath	Größte Nordbreite Libration West	
Do	29.	–	8 44	17 35	6 36	+28,4		Fuhrmann		
Fr	30.	0 52	9 38	18 09	7 33	+26,8	*	Kastor, Pollux		
Sa	31.	2 06	10 28	18 32	8 27	+24,0		Krebs, Krippe		

DER MOND BEDECKT SATURN

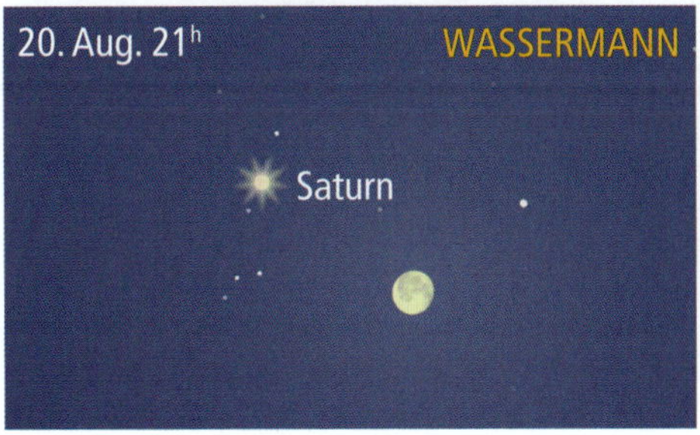

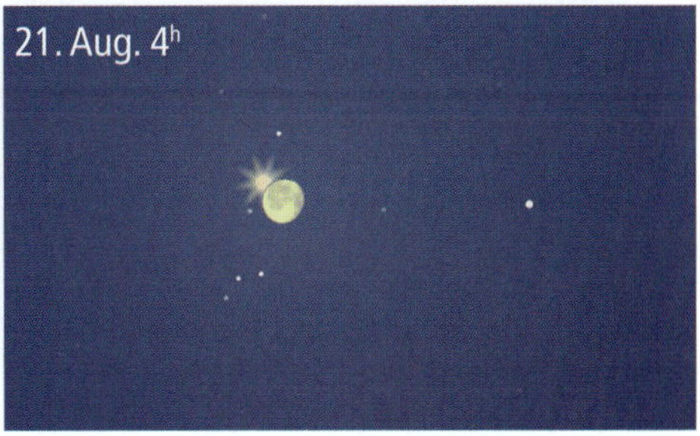

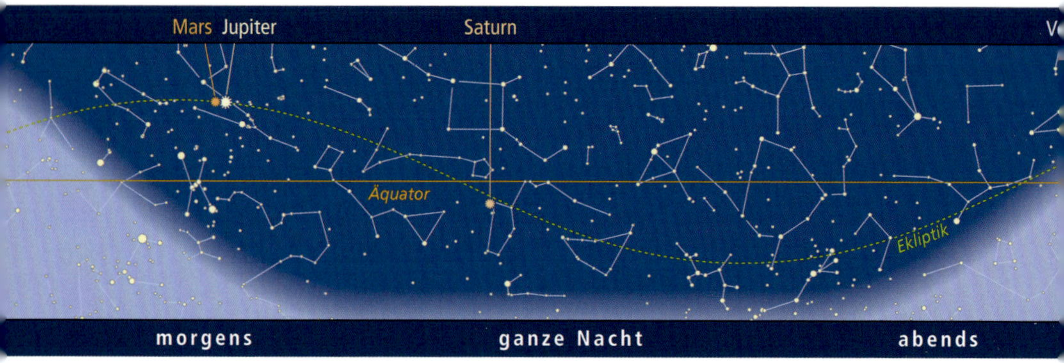

MERKUR kommt am 4. zum Stillstand und nähert sich anschließend rasch rückläufig der Sonne, die ihm im Tierkreis entgegenkommt. Schon am 19. trifft er mit der Sonne in unterer Konjunktion zusammen. Danach entfernt er sich schnell von ihr. Bereits am 28. wird er abermals stationär und bewegt sich anschließend wieder rechtläufig. Der flinke Planet bleibt den ganzen Monat über unsichtbar. Auch die Begegnung mit Venus am 6. bleibt unbeobachtbar.

VENUS taucht allmählich am Abendhimmel auf. Sie wandert durch den Löwen und wechselt am 24. in das Sternbild Jungfrau. Dabei erreicht sie immer südlichere Deklinationen, was ihre Tagbögen in unseren Breiten verkleinert und ihre Untergänge immer früher stattfinden lässt.

Ende August überschreitet sie den Himmelsäquator in südlicher Richtung, nachdem sie am 29. den Herbstpunkt in 1,°1 nördlichem Abstand passiert hat. Bereits am 4. wandert Venus 1,°1 nördlich von Regulus, dem Löwenhauptstern, vorbei. Am 5. begegnet ihr abends die zunehmende Mondsichel.

Die Untergänge der −3,m9 hellen Venus erfolgen am 1. um 20^h46^m (= 21^h46^m Sommerzeit), am 15. um 20^h23^m und am 31. schon um 19^h53^m (= 20^h53^m Sommerzeit).

Im Fernrohr zeigt Venus ein winziges, fast voll beleuchtetes Planetenscheibchen, dessen scheinbarer Durchmesser nur 11″ beträgt.

MARS ist Planet der zweiten Nachthälfte. Er läuft durch den Stier und passiert am 4. in 4,°9 nördlichem Abstand Aldebaran, den Hauptstern des Stieres. Er eilt weiter und passiert zu Monatsende Elnath (β Tauri; 1,m7) und Tianguan (ζ Tau; 3,m0)

8.2 Scheinbare Bahn des Planeten Mars von August bis Jahresende 2024 durch die Sternbilder Stier, Zwillinge und Krebs. Die Zahlen geben die Marsposition zum jeweiligen Monatsersten an (8 = 1. August).

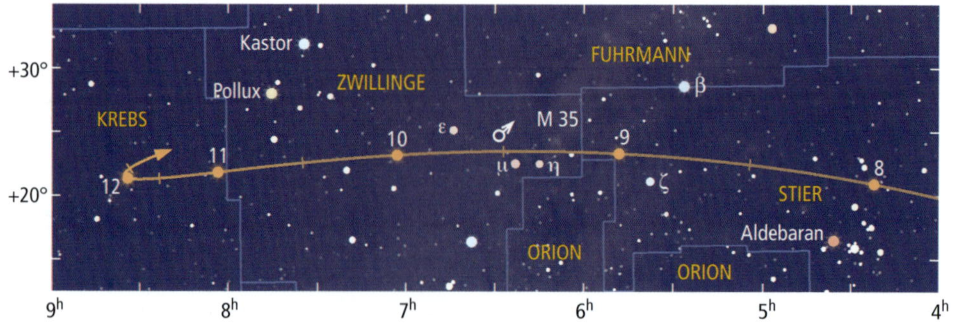

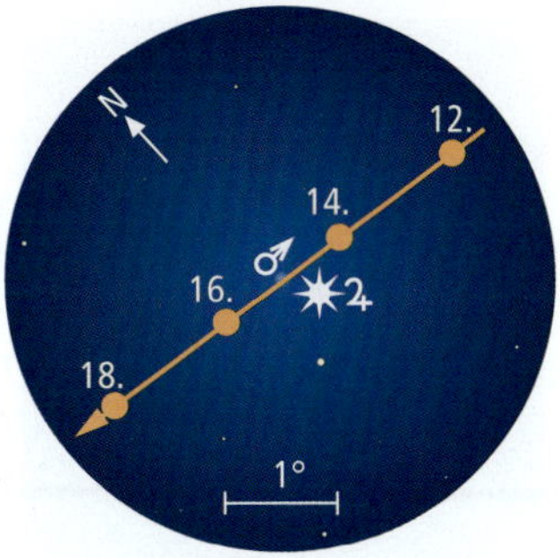

8.3 Mars wandert vom 12. bis 18. August 2024 am Riesenplaneten Jupiter vorbei. Fernglasanblick am Morgenhimmel.

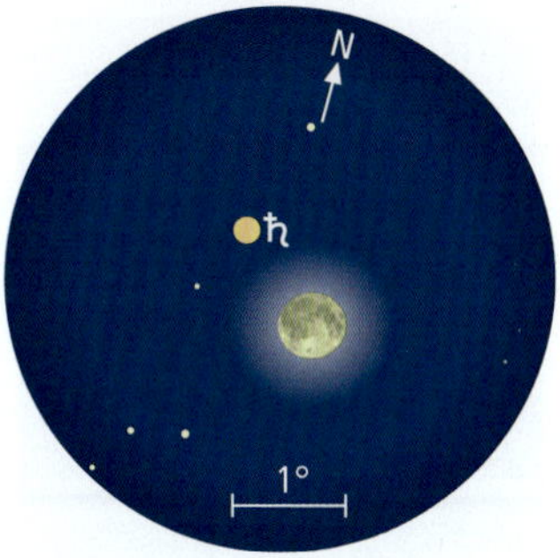

8.4 Der Mond bedeckt am 21. August 2024 den Saturn um $4^{h}35^{m}$.

$2\overset{\circ}{,}0$ nördlich (siehe Marsbahn Abb. 8.2 auf Seite 168).

Am 1. geht Mars um $0^{h}10^{m}$ (= $1^{h}10^{m}$ Sommerzeit) auf, am 15. um $23^{h}44^{m}$ und am 31. schon um $23^{h}19^{m}$. Ein netter Himmelsanblick ergibt sich am 28. gegen 3^{h} morgens. Über dem Osthorizont gesellt sich der abnehmende Halbmond zu Mars und Jupiter (siehe Abb. 8.1 auf Seite 164). Die Marshelligkeit steigt von $0\overset{m}{,}9$ auf $0\overset{m}{,}7$ leicht an.

Im Fernrohr zeigt Mars ein noch recht kleines Scheibchen, dessen scheinbarer Durchmesser lediglich auf $6\overset{''}{,}6$ anwächst.

Der Marsglobus weist einen leichten Beleuchtungsdefekt auf. Nur 88% des Marsscheibchens sind beleuchtet, Mars zeigt eine Phase. Erst zur Opposition wird „Vollmars" erreicht.

JUPITER beherrscht die zweite Nachthälfte. Der Riesenplanet verlagert seinen Aufgang in die Zeit vor Mitternacht. Er wandert rechtläufig durch das Tierkreissternbild Stier (siehe Abb. 4.4 auf Seite 93). Die Jupiterhelligkeit nimmt um $0\overset{m}{,}2$ zu und erreicht Ende August $-2\overset{m}{,}3$.

Am 1. geht Jupiter um $0^{h}34^{m}$ (= $1^{h}34^{m}$ Sommerzeit) auf, am 15. um $23^{h}44^{m}$ und am 31. um $22^{h}49^{m}$. Am Morgen des 15. zieht der schnellere Mars an Jupiter in $0\overset{\circ}{,}3$ nördlichem Abstand vorbei (siehe Abb. 8.3 links).

Der Mond begegnet dem Riesenplaneten am 27. Am Morgen des 28. sieht man die abnehmende Mondsichel gegen 3^{h} gemeinsam mit Mars über dem Osthorizont (siehe Abb. 8.1 auf Seite 164).

SATURN, rückläufig im Sternbild Wassermann, nähert sich seiner Opposition, die er aber erst im ersten Septemberdrittel erreicht. Seine rückläufige Bewegung ist gut an den beiden Fixsternen φ Aqr und χ Aqr zu verfolgen, zwischen denen Saturn hindurchläuft. Zum Monatsende erreicht Saturn seine Oppositionshelligkeit von $0\overset{m}{,}6$.

Die Saturnaufgänge verfrühen sich von $21^{h}25^{m}$ (= $22^{h}25^{m}$ Sommerzeit) am 1. auf $20^{h}29^{m}$ am 15. und auf $19^{h}24^{m}$ Ende August, wobei der Ringplanet nur eine halbe Stunde nach Sonnenuntergang aufgeht.

In den Morgenstunden am 21. wird Saturn vom Mond bedeckt (siehe Abb. 8.4 oben und Seite 290).

URANUS kann am Morgenhimmel aufgefunden werden. Ein gutes Fernglas, montiert auf stabilem Stativ, ist in jedem Fall empfehlenswert, um den sonnenfernen Planeten zu finden. Der grünliche Planet wandert durch den Stier und wird dabei immer langsamer. Am Monatsende bleibt er fast stehen. Seine Helligkeit nimmt ein wenig von $5\overset{m}{,}8$ auf $5\overset{m}{,}7$ zu. Die Aufsuchkarte Abb. 11.6 auf Seite 235 soll helfen, den Himmelsvater zu finden.

Der Uranusaufgang erfolgt am 1. um $23^{h}32^{m}$ und am 15. um $22^{h}38^{m}$. Am 31. geht Uranus bereits um $21^{h}35^{m}$ (= $22^{h}35^{m}$ Sommerzeit) auf.

NEPTUN beschleunigt seine rückläufige Wanderung durch die Fische ein wenig und nähert sich seiner Oppositionsstellung zur Sonne, die er im letzten Septemberdrittel erreichen wird. Seine Aufgänge verlagert der bläuliche Planet in die Abendstunden. Am 1. geht Neptun um $21^{h}40^{m}$ (= $22^{h}40^{m}$ Sommerzeit) auf, am 15. um $20^{h}44^{m}$ und am 31. schon um $19^{h}41^{m}$. Am Monatsanfang kulminiert der sonnenfernste Planet um $3^{h}40^{m}$,

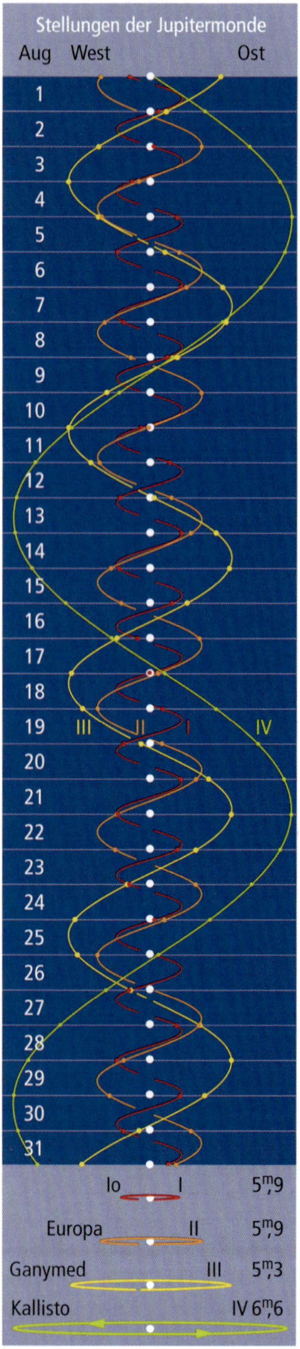

JUPITERMONDE

Tag	MEZ h m		Vorgang	
2.	1	28	I	DA
	1	42	III	SE
	3	38	I	DE
	4	22	III	DA
3.	0	55	I	BE
9.	2	16	I	SA
	2	31	II	VA
	3	26	I	DA
	3	51	III	SA
	4	25	I	SE
10.	2	53	I	BE
11.	2	09	II	DE
13.	0	33	III	BE
16.	4	09	I	SA
17.	4	51	I	BE
	23	52	I	DA
18.	0	47	I	SE
	2	02	I	DE
	2	17	II	SE
	2	23	II	DA
	4	53	II	DE
20.	2	46	III	BA
	4	46	III	BE
24.	3	18	I	VA
25.	0	31	I	SA
	1	48	I	DA
	2	26	II	SA
	2	40	I	SE
	3	58	I	DE
	4	54	II	SE
	5	05	II	DA
26.	1	17	I	BE
	23	24	II	VE
	23	30	II	BA
27.	1	36	III	VA
	2	01	II	BE
	3	32	III	VE
30.	23	07	III	DE
31.	5	12	I	VA

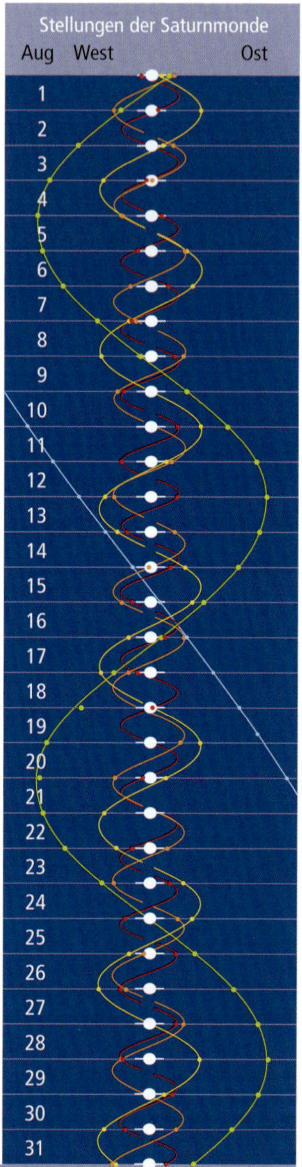

Japetus
5. $10^m{,}5$
10. $10^m{,}7$
15. $11^m{,}0$
20. $11^m{,}3$
25. $11^m{,}7$
30. $12^m{,}1$

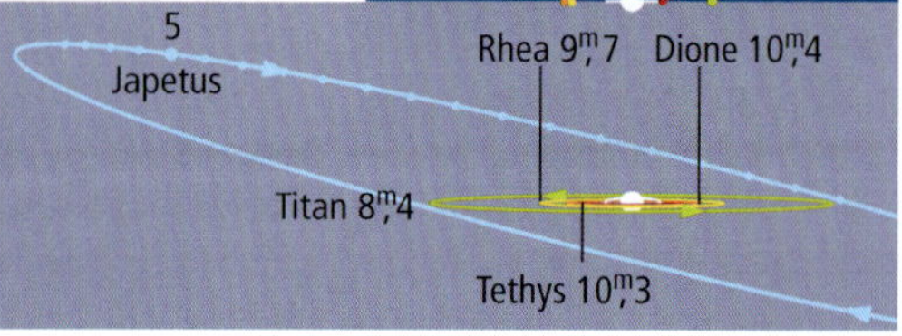

Ende August bereits um 1^h40^m (= 2^h40^m Sommerzeit).

Am 21. befindet sich der noch fast volle Mond nahe Neptun (siehe Abb. 8.5 rechts). Es ist nicht leicht, bei blendendem Mondlicht den bläulichen Planeten zu erkennen. Die Aufsuchkarte für Neptun Abb. 9.6 findet sich auf Seite 196.

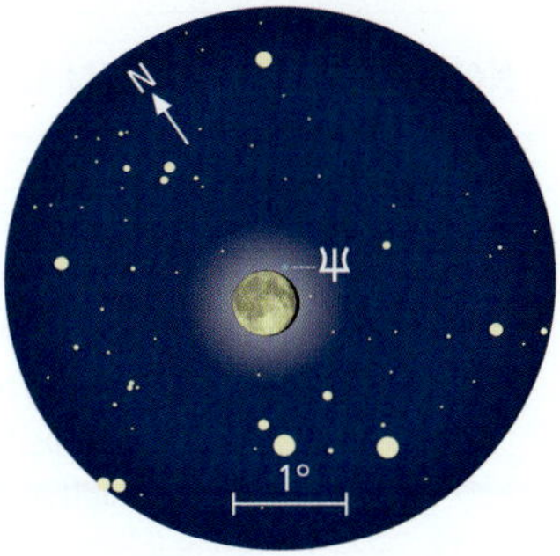

8.5 Enge Begegnung des Mondes mit dem Planeten Neptun am 21. August 2024. Fernglasanblick gegen Mitternacht.

PLANETOIDEN UND ZWERGPLANETEN

VESTA (4) kommt am 20. um 10^h im Sternbild Löwe in Konjunktion mit der Sonne. Ihre Entfernung von der Erde beträgt am Tag der Konjunktion 511 Millionen Kilometer (= 3,42 AE). Von der Sonne trennen sie am 20. immerhin 360 Millionen Kilometer (= 2,41 AE).

IRIS – Planetoid Nr. 7 –, rückläufig im Sternbild Wassermann, kommt am 6. in **Opposition** zur Sonne. Zu Monatsbeginn noch $8^m{,}2$ hell, erreicht sie am 6. eine Oppositionshelligkeit von immerhin $8^m{,}1$. Bis Monatsende nimmt ihre Helligkeit auf $8^m{,}5$ ab. Am 16. wandert Iris an ε Aquarii (Albali; $3^m{,}8$) $0^\circ{,}4$ nördlich vorbei. Die Grenze vom Wassermann zum Steinbock überschreitet Iris am 26. rückläufig (siehe Abb. 8.6 unten).

Am Oppositionstag geht Iris um 18^h54^m (= 19^h54^m MESZ) auf, kulminiert in der Oppositionsnacht um 0^h16^m und geht morgens um 5^h37^m unter. Am 15. kulminiert Iris um 23^h31^m und passiert den Meridian am 31. schon um 22^h14^m (= 21^h14^m MESZ).

Von der Erde erreicht Iris am 16. mit 186 Millionen Kilometer (= 1,24 AE) ihre geringste Entfernung. Das Licht von Iris ist somit 10,3 Minuten zur Erde unterwegs.

Ihre Sonnendistanz beträgt am Oppositionstag 339 Millionen Kilometer (= 2,27 AE).

PERIODISCHE STERNSCHNUPPENSTRÖME

Der wohl aktivste Sternschnuppenmonat ist der August. In seinen lauen Sommernächten sind besonders viele Sternschnuppen zu sehen. Die Ursache liegt

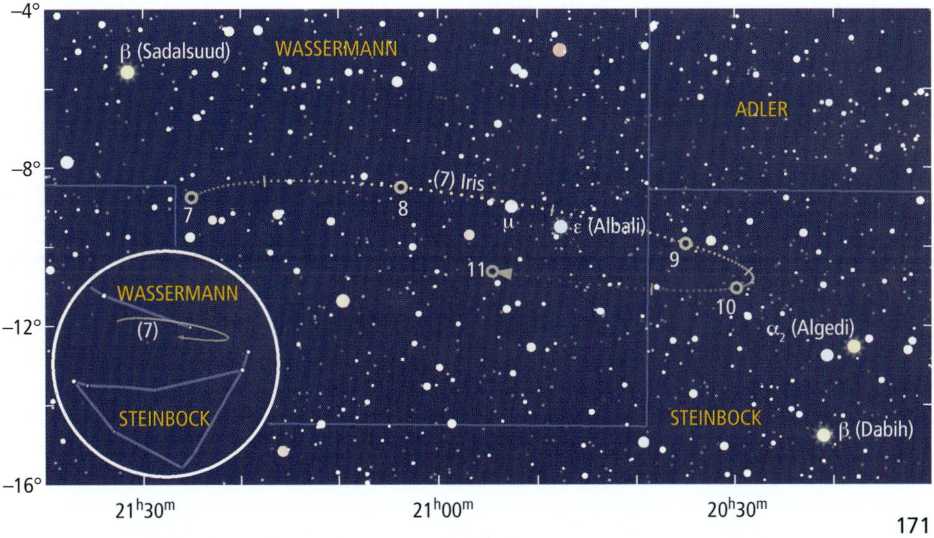

8.6 Scheinbare Bahn des Kleinplaneten (7) Iris durch die Sternbilder Wassermann und Steinbock von Juli bis November 2024.

in den **PERSEÏDEN**, deren Maximum am Abend des 12. August zu erwarten ist. Die Anzahl der Perseiden wird bis zum Morgen des 13. auf bis zu 100 pro Stunde zunehmen. Die Perseiden sind noch bis 24. August zu verfolgen.

Helle Objekte (um 0^m und heller, sogenannte Feuerkugeln oder Boliden) sind keine Seltenheit. Als schönster und reichster Strom des Jahres bescheren die Perseïden im Maximum in manchen Jahren bis zu 100 Sternschnuppen pro Stunde. Ihren Ursprung führen die Perseïden auf den Kometen 109P/Swift-Tuttle zurück. Die Perseïden-Sternschnuppen sind mit 60 Kilometer pro Sekunde recht schnelle Objekte. Im Volksmund heißen sie auch Laurentius-Tränen nach dem Märtyrer Laurentius (gest. 258 n. Chr.).

Meteore aus dem Gebiet des **ANTIHELION**-Radianten erscheinen aus dem Bereich des Sternbildes Wassermann. So sind in der ersten Monatshälfte noch späte **DELTA-AQUARIIDEN** sowie **ALPHA-CAPRICORNIDEN** zu verfolgen.

Zu erwähnen sind ferner die **KAPPA-CYGNIDEN**, deren bei uns zirkumpolarer Radiant im Sternbild Schwan liegt.

Sie sind im gesamten August aktiv. Allerdings sind sie kein besonders reicher Strom. Zur Zeit des Maximums um den 18. August ist nur mit etwa fünf bis zehn Meteoren pro Stunde zu rechnen. Mit 25 Kilometer pro Sekunde mittlerer Geschwindigkeit zählen die Cygniden zu den langsamen Sternschnuppen. Die Umlaufzeit dieses Stromes beträgt sieben Jahre. Der Ursprungskomet dürfte sich aufgelöst haben.

KONSTELLATIONEN UND EREIGNISSE

Datum	MEZ	Ereignis
4.	9^h	Merkur im Stillstand, anschließend rückläufig
5.	23	**Mond bei Venus**, Mond 1°,7 nördlich, **Abstand 2°,4 um 20^h**
6.	1	Mond bei Merkur, Mond 7°,5 nördlich
6.	16	Merkur bei Venus, Merkur 5°,9 südlich
14.	18	**Mars bei Jupiter**, Mars 0°,3 nördlich, **Abstand 0°,3 um 1^h**
19.	3	Merkur in unterer Konjunktion
21.	4	**Mond bei Saturn**, Mond 0°,5 nördlich, **Abstand 0°,1 um 5^h** (Bedeckung, siehe Seite 290)
21.	23	**Mond bei Neptun**, Mond 0°,7 nördlich, **Abstand 0°,3 um 23^h**
26.	1	Mond bei Uranus, Mond 4°,5 nördlich
27.	14	Mond bei Jupiter, Mond 5°,7 nördlich
28.	1	**Mond bei Mars**, Mond 5°,3 nördlich, **Abstand 4°,5 um 0^h**
28.	4	Merkur im Stillstand, anschließend rechtläufig

Der Fixsternhimmel

Der Sommersternenhimmel entfaltet jetzt seine volle Pracht. Hoch im Süden steht das Sommerdreieck mit Wega in der Leier, Deneb im Schwan und Atair im Adler.

Weit im Westen funkelt der Bärenhüter, unter dem Namen Arktur besser bekannt. Der Skorpion bereitet sich im Südwesten auf seinen Untergang vor. Sein Hauptstern Antares zieht noch die Blicke auf sich.

Dem Skorpion folgt im Tierkreis der Schütze. Östlich vom Schützen nimmt der lichtschwache Steinbock seinen Platz ein. Dem Steinbock folgt im Südosten der Wassermann, der ebenfalls recht lichtschwach und nicht leicht zu erkennen ist. Die lichtschwache Gegend vom Wassermann wird von dem hellen Ringplaneten Saturn belebt.

Das markante Sternenviereck des Pegasus steigt im Osten empor. Mit seiner unteren Spitze deutet das Pegasusquadrat zum Ostpunkt am Horizont. Der griechischen Mythologie nach ist der Pegasus ein geflügeltes Pferd. Zum Pegasus zählt nicht nur das auffallende Sternenvier-

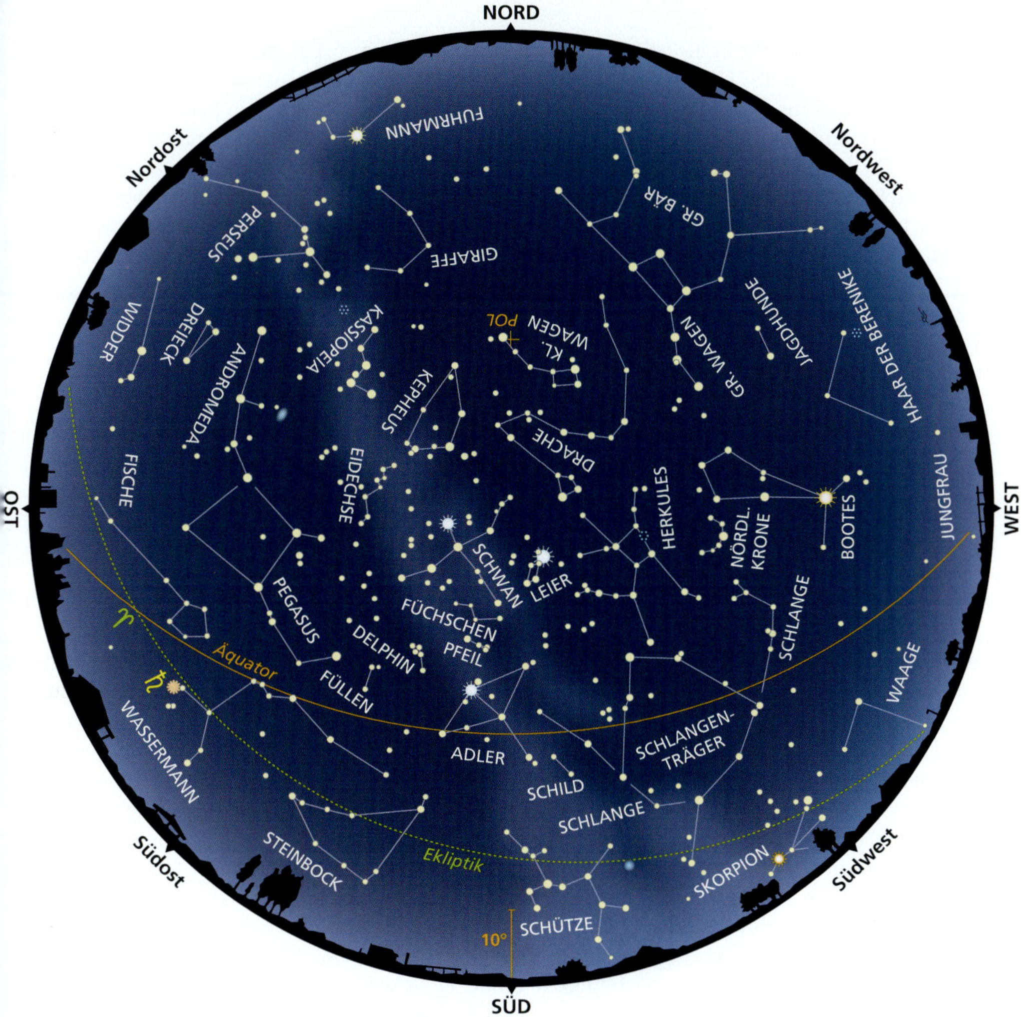

DER STERNENHIMMEL AM 15. AUGUST UM 22^h MEZ

Die Sternkarte ist auch gültig für:		
	MEZ	**MESZ**
15. 6.	2^h	3^h
1. 7.	1	2
15. 7.	0	1
1. 8.	**23**	**24**
15. 8.	**22**	**23**
31. 8.	**21**	**22**
15. 9.	20	21
30. 9.	19	20

eck, sondern auch eine leicht abgeknickte Sternenkette, die sich bis hin zum kleinen Bild des Delphins erstreckt. Sie markiert den vorderen Teil des geflügelten Dichterrosses. Das Pegasusquadrat wird auch als Herbstviereck bezeichnet.

Der Pegasus soll den Poeten zu ihren Gedankenflügen verhelfen und ihrer Fantasie Luftreisen ermöglichen. Der Hauptstern, α Pegasi, heißt Markab vom Arabischen Mankib al Faras – Schulter des Pferdes. Markab leuchtet mit $2^{m}\!,5$ Helligkeit in einem bläulichen Licht (Spektralklasse B9 III). Seine Entfernung beträgt 133 Lichtjahre. β Pegasi heißt Scheat vom Arabischen Al Sag – das Schienbein. Scheat ist ein roter, veränderlicher Stern (Spektralklasse M 2 II) von $2^{m}\!,4$ bis $2^{m}\!,6$ scheinbarer Helligkeit. Er steht in einer Entfernung von 195 Lichtjahren. Ebenfalls aus dem Arabischen stammt der Name Algenib für γ Pegasi. Aljanb heißt die Flanke, Seite und war einmal für α Pegasi in Gebrauch. Algenib ist $2^{m}8$ hell und leuchtet bläulich-weiß (Spektraltyp B2 IV). Rund 430 Lichtjahre ist Algenib von uns entfernt. Der vierte Stern im Pegasusquadrat, Sirrah, gehört schon zur Andromeda und trägt deshalb die Bezeichnung α Andromedae. Sirrah ist $2^{m}1$ hell und leuchtet weißlich-blau. Knapp hundert Jahre ist sein Licht zur Erde unterwegs.

Den Kopf des Pegasus markiert Enif, ε Pegasi. Der Name stammt vom Arabischen Anf, was Nase bedeutet. Mit $2^{m}4$ ist Enif leicht zu sehen. Er leuchtet orange (Spektralklasse K2 Ib). Als roter Überriesenstern ist seine Entfernung schwer zu bestimmen. Sie liegt bei 700 Lichtjahren.

Im Norden wird das Sternbild Pegasus durch den Schwan und das kleine Bild Eidechse (lat.: Lacerta) begrenzt. In östlicher Richtung schließt sich die Sternenkette der Andromeda an. Ein wenig nördlich der Prinzessin Andromeda stößt man auf ihre Mutter, die Königin Kassiopeia, dargestellt durch ein großes Sternen-W. Während der Große Wagen im Nordwesten herabsinkt, steigt das Himmels-W jetzt immer höher.

In Zenitnähe findet man das kleine, aber markante Bild der Leier. Nahe der Leier ist das einprägsame Sternenkreuz des Schwans auszumachen. Der Schwan fliegt mit ausgebreiteten Flügeln in südwestlicher Richtung durch die Milchstraße. Deneb bildet den Schwanz und Albireo (β Cygni) den Kopf. Gelegentlich wird diese Sternenfigur auch als „Kreuz des Nordens“ bezeichnet.

Als drittes Sternbild dieser Sommergruppe ist das Sternbild Adler zu nennen, dessen Hauptstern α Aquilae den Namen Atair (auch Altair) trägt, was der auf seine Beute herabstürzende Adler bedeutet. Atair ist ein bläulich-weißer Stern (Spektralklasse: A7 IV-V), der mit knapp 17 Lichtjahren Entfernung noch zu den Nachbarsternen unserer Sonne zählt. Mit $0^{m}8$ scheinbarer Helligkeit gehört er zu den hellsten Sternen in der Sonnenumgebung.

VERÄNDERLICHE STERNE

Algol-Minima		β-Lyrae-Minima		δ-Cepheï-Maxima		Mira-Helligkeit	
6.	$6^{h}13^{m}$	5.	19^{h} N	1.	17^{h}	1.	5^{m}
9.	3 01	12.	7 H	7.	1	10.	6
11.	23 49	18.	18 N	12.	10	20.	6
14.	20 38	25.	5 H	17.	19	31.	7
29.	4 41	31.	17 N	23.	4		
				28.	13		

Das schimmernde Lichtband der sommerlichen Milchstraße zieht sich in hohem Bogen über das vormitternächtliche Himmelsgewölbe. Allerdings bietet sich in unseren lichtüberfluteten Siedlungen nur noch selten die Gelegenheit, dieses Naturphänomen zu bewundern.

OBJEKTE FÜR FELDSTECHER UND FERNROHR

Zu den populären Doppelsternen des Sommerhimmels zählen $\varepsilon_{1,2}$ Lyrae, der Vierfachstern in der Leier und der Kopfstern des Schwans, β Cygni oder Albireo genannt. Er liegt etwa im Schwerpunkt des Sommerdreiecks und zeigt einen beeindruckenden Farbkontrast. Die $3^{m}0$ helle, rötliche Hauptkomponente hat in 34,″7 Distanz einen $5^{m}1$ hellen, bläulich-weißen Begleiter. Jedes gute Fernglas sollte Albireo trennen. Die beiden Albireo-Sonnen sind 395 Lichtjahre entfernt.

Im Schwan stößt man auf den schönen offenen Sternhaufen M 39 (= NGC 7092), der nordöstlich von Deneb (α Cygni) liegt und leicht im Fernglas auszumachen ist. Etwa 25 Sterne mit Helligkeiten von 7^{m} und schwächer lassen sich beobachten. Mit fast 1000 Lichtjahren Entfernung ist M 39 mehr als doppelt so weit weg wie die Plejaden im Stier. Im Teleskop reicht meist die Größe des Gesichtsfeldes nicht aus, um den gesamten Haufen zu erfassen. Da er nur wenige Sterne, verteilt auf die Fläche einer Vollmondscheibe,

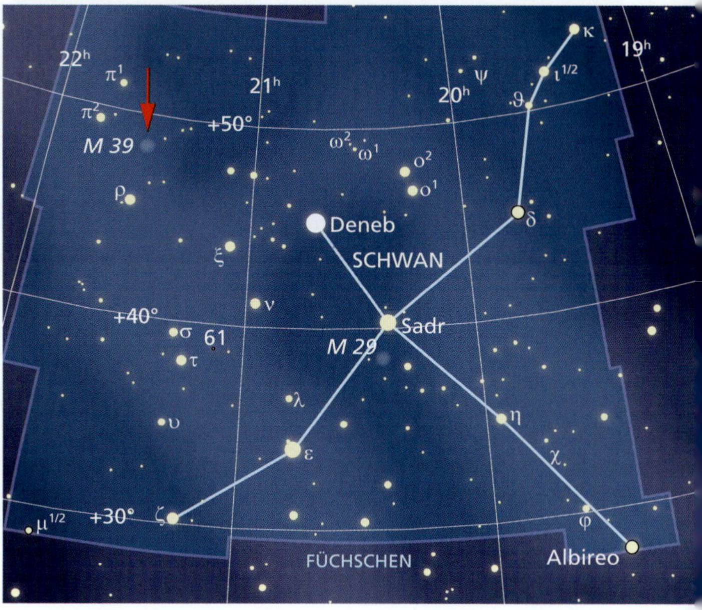

8.7 Karte des Sternbildes Schwan mit der Position von M 39.

enthält, verliert sich der Eindruck eines Sternhaufens. Im Fernglas hat man eher den Eindruck eines Sternhaufens.

Schon im Fernglas zu trennen ist ν Draconis (Kuma), ein ausgesprochen leichtes Objekt: In 62″ Abstand stehen zwei weiße, je $4\overset{m}{,}9$ helle Komponenten. ν Draconis ist 99 Lichtjahre entfernt.

Schwieriger aufzulösen sind schon ε und η im Drachen. Die $3\overset{m}{,}9$ helle Hauptkomponente von ε Draconis hat in $3\overset{\prime\prime}{,}2$ Distanz einen $6\overset{m}{,}8$ hellen Begleiter.

Athebyne (η Draconis) wiederum hat mit $5\overset{\prime\prime}{,}3$ Separation einen etwas größeren Abstand, allerdings ist der Begleiter der 3^{m} hellen Hauptkomponente lediglich 9. Größe. Die Entfernung von η Draconis beträgt 92 Lichtjahre, während ε Draconis in 150 Lichtjahren Distanz steht.

Wer schon im Bereich des Drachen die Gegend nach Doppelsternen abgrast, kann auch noch den Katzenaugennebel ins Visier nehmen. Seine Katalogbezeichnung lautet NGC 6543. Als Nebel 9. Größenklasse ist er nicht leicht aufzuspüren. Auch in größeren Teleskopen sieht man keine „Katzenaugen". Diesen Eindruck rufen lediglich Aufnahmen hervor, die mit größeren Teleskopen gewonnen wurden. Die Entfernung von NGC 6543 wird auf 4000 Lichtjahre geschätzt. Der Katzenaugennebel zählt zu den Planetarischen Nebeln. In seinem Zentrum sitzt ein extrem heißer Zentralstern, der die expandierende Gashülle des Nebels durch seine intensive Ultraviolettstrahlung zum Leuchten anregt. Der Katzenaugennebel befindet sich nur 10′ nordwestlich des Ekliptik-Nordpols.

Im Skorpion sei der Doppelstern Acrab (β Scorpii) empfohlen. Der ekliptiknahe Stern kann schon im Dreizöller getrennt gesehen werden. Zwei weiße Sterne stehen in $13\overset{\prime\prime}{,}4$ Distanz voneinander. Die hellere Komponente erscheint mit $2\overset{m}{,}6$ und die schwächere mit $4\overset{m}{,}9$. Es handelt sich um einen optischen Doppelstern. Die hellere Komponente ist 400 Lichtjahre, der schwächere Begleiter aber 1100 Lichtjahre von uns entfernt.

Als Kugelhaufen bietet sich M 4 (= NGC 6121) im Skorpion an. Er ist knapp westlich von Antares zu finden. Im Fernglas sieht M 4 wie ein kreisrundes, diffuses Lichtfleckchen aus. Die Gesamthelligkeit von 6^{m} lässt ihn im Fernglas auch nicht besonders zur Geltung kommen. Erst im Teleskop wirkt M 4 beeindruckend. Ab einer Öffnung von 10 cm (also im Vierzöller) lassen sich in den Randpartien einzelne Sterne erkennen. Der scheinbare Durchmesser von M 4 ist etwa halb so groß wie der Vollmond. Mit 6000 Lichtjahren Entfernung ist M 4 einer der nächsten Kugelhaufen.

Mit 33 000 Lichtjahren Distanz mehr als fünf Mal weiter weg ist der Kugelhaufen M 80, ebenfalls im Skorpion gelegen, und zwar nordwestlich von Antares, etwa auf der Linie zwischen ρ Ophiuchi und δ Scorpii,

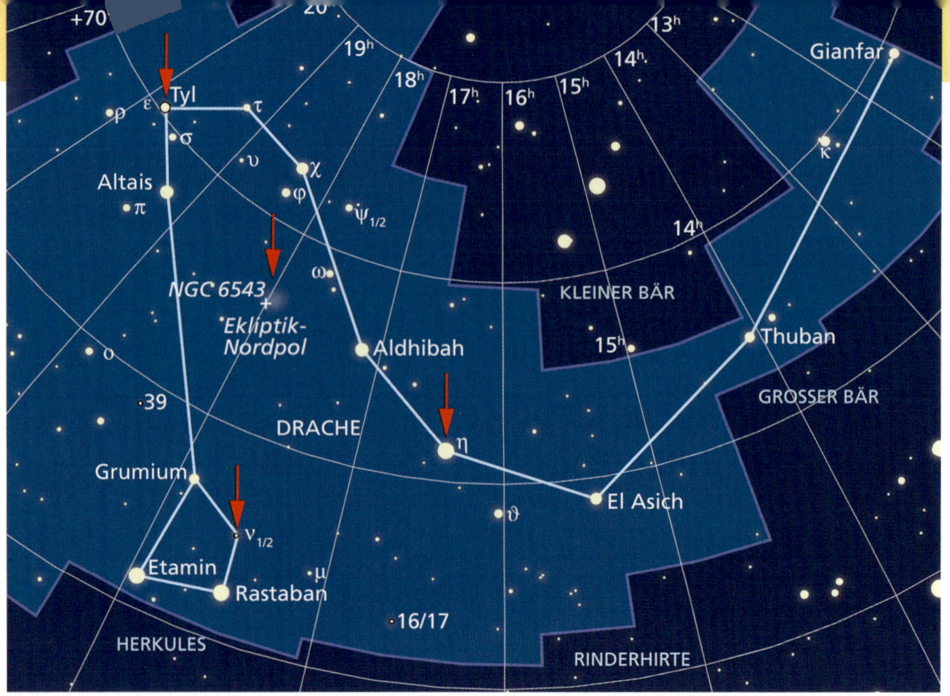

8.8 Das Sternbild Drache mit den Doppelsternen ν, ε und η Draconis sowie dem Katzenaugennebel NGC 6543.

ziemlich in der Mitte zwischen diesen beiden Sternen, eine Spur näher an ρ Oph. M 80 ist erheblich lichtschwächer als M 4 und mit nur 5′ scheinbarem Durchmesser auch viermal kleiner. Ihn zu finden, erfordert schon etwas Erfahrung, es sei denn, man benutzt ein computergesteuertes Teleskop.

Der Durchmesser von M 80 beträgt immerhin knapp 90 Lichtjahre, in denen sich einige hunderttausend Sterne drängen, die mit rund zwölf Milliarden Jahren zu den ältesten im Universum gehören. Überraschend ist jedoch, dass in diesem Kugelhaufen auch eine große Zahl heißer, bläulicher, junger Sterne gefunden wurde. In 70 Millionen Jahren umrundet M 80 auf einer zur Milchstraßenhauptebene stark geneigten Bahn das Milchstraßenzentrum, von dem der Kugelhaufen 13 000 Lichtjahre entfernt ist.

Zwei schöne offene Sternhaufen im Skorpion seien empfohlen, nämlich M 6 und M 7. Sie sind weniger bekannt, da sie wegen ihrer südlichen Lage (–32° und –35° Deklination) in unseren Breiten nur geringe Höhen über dem Horizont erreichen und deshalb auch kleine Tagbögen beschreiben, so dass sie immer nur wenige Stunden zu beobachten sind. Aber wer in südliche Länder reist und den Skorpion in den Sommermonaten hoch über sich sieht, kann den Anblick von M 6 und M 7 voll genießen.

M 6 hebt sich gut vom dunklen Himmelshintergrund ab. Im Fernglas sind rund 80 Sterne sichtbar, die zu M 6 gehören. Etwas Fantasie vorausgesetzt, gewinnt man den Eindruck eines Schmetterlings. So nennen ihn auch die Amerikaner (butterfly cluster). Manche sehen hier einen Vogel. Es handelt sich um bläulich-weiß strahlende, heiße und junge Sterne in rund 1500 Lichtjahren Entfernung. Das Alter des Haufens wird auf etwa 100 Millionen Jahre geschätzt. Am Ostrand (dem „linken" Schmetterlingsflügel) steht der orange-rote veränderliche Riesenstern BM Scorpii. Er bildet einen schönen Farbkontrast zu den übrigen Haufensternen. M 6 nimmt etwa eine Fläche von 20′ scheinbarem Durchmesser am Himmel ein.

Deutlich näher als M 6 steht M 7, nämlich in knapp 1000 Lichtjahren Entfernung. Deshalb erscheint er uns größer, rund 50′ im Durchmesser. Auch

M 7 hebt sich gut vom Himmelshintergrund ab, obwohl er vor relativ hellen Sternwolken der Milchstraße steht, im Unterschied zu M 6, dessen Hintergrund recht dunkel ist. Auch erscheinen die Sterne von M 7 heller als die von M 6, was durch die größere Nähe erklärbar ist. M 7 kann man bereits mit bloßen Augen sehen – in südlichen Ländern unter guten Sichtbedingungen.

Schon Claudios Ptolemaios hat diese Sternenansammlung erwähnt – und ihm standen weder Fernglas noch Teleskop zur Verfügung. Im kleinen Fernglas erkennt man eine Fülle von Sternen – so an die hundert. Die hellsten, bläulich-weiß leuchtenden Sterne bilden im Zentrum eine Art Kreuz. M 7 ist ähnlich jung wie M 6. Mit einer Deklination von $\delta = -34°49'$ des Zentrums ist M 7 das südlichste aller Messier-Objekte.

Unser Mond – Tatsachen und Vermutungen

Mit bloßen Augen sieht man auf dem hell glänzenden Vollmond dunkle Flecken. In ihnen sah die Fantasie der Menschen verschiedene Figuren und Gestalten. Viele sehen das berühmte „Mondgesicht". Es erscheint ernst, manche meinen betrübt. Auch der Mann im Mond, ebenso die Frau im Mond, zwei einander küssende Gesichter von der Seite her betrachtet sowie ein Hase wurden schon erkannt. In Asien wiederum sah man ein Kaninchen im Mond. Die Ureinwohner im Nordwesten Kanadas, die Cowichans, meinten, eine Kröte (engl.: toad) sei im Mond auszumachen. Benannt wurden die Flecken aber nicht. Erst nach Erfindung des Fernrohrs im Jahre 1609 begann man, die Oberflächendetails zu benennen.

Ist der Mond männlich oder weiblich? Im Deutschen wie bei den Armeniern ist der Mond männlichen Geschlechts, die Sonne hingegen weiblich. In China ist er geschlechtslos: Yin, der Mond ist schattig und kalt, Yang, die Sonne aber

8.9 Der Vollmond fasziniert und inspiriert auch heute noch viele Menschen. Aufnahme von Martin Gertz/Sternwarte Welzheim.

8.10 Am Terminator (Lichtgrenze) treten die Mondformationen besonders plastisch hervor.

warm und hell. Bei Griechen und Römern war der Mond weiblich: ἡ σελήνη und luna. Dies hat sich auf die romanischen Sprachen übertragen (franz.: la lune, span.: la luna, ital.: la luna).

In der Antike wurden Mond und Sonne als Gottheiten angesehen. So war Luna als Diana, die Göttin der Jagd, bekannt. Auch als Fruchtbarkeitsgöttin wurde der Mond angesehen. Sie sollte den weiblichen Zyklus regeln. Der Mond gilt ferner als Symbol der Vergänglichkeit und Wiedergeburt. Noch heute spricht man kurz nach Neumond vom jungen Mond sowie vom alten Mond kurz vor Neumond. Das *Mondalter* gibt die Tage an, die seit dem letzten Neumond vergangen sind.

Vor 2000 Jahren hatte noch Aristoteles die Ansicht vertreten, der Mond sei eine glatte Kugel ohne Oberflächendetails. Im Gegensatz dazu erklärte Demokrit von Abdera (470–380 vor Chr.), der Mond sei eine Kugel (ἡ πίλα), auf der es Berge und Täler gibt. Dass dies zutrifft, bestätigten schon die ersten Fernrohrbeobachter Galileo Galilei (1564–1642) und Thomas Harriot (1560–1621). Während Galilei die Dreidimensionalität der Mondformationen deutlich darstellte, wie seine Zeichnung des Kraters Albategnius zeigt, widmete sich Harriot mehr der Kartografie der Mondoberfläche, indem er 1609 die erste Mondkarte entwarf.

Nur 36 Jahre später fertigte Michel Florent von Langren (1598–1675, Langrenus genannt) eine bessere Mondkarte. Ihm folgte kurz darauf Johann Hevel (1611–1687, Hevelius genannt) sowie 1651 Giovanni Riccioli (1598–1671) zusammen mit Francesco Grimaldi (1618–1663) mit genaueren Mondkarten. Dabei wurden die ersten Benennungen der Mondformationen vorgenommen. Hevelius übertrug irdische Gebirgsnamen auf den Mond wie Alpen, Apenninen, Karpaten und Kaukasus. Den Kratern und Ringwällen gab er Namen von Philosophen und Gelehrten aus der Antike wie Archimedes, Aristoteles, Eratosthenes, Plato und Ptolemäus.

Weitere erfolgreiche Mondbeobachter waren der holländische Astronom und Physiker Christian Huygens (1629–1695) sowie sein Zeitgenosse, der Italiener Giovanni Domenico Cassini (1625–1712), erster Direktor der Pariser Sternwarte. Cassini fertigte eine große Mondkarte von vier Meter Durchmesser an. Sie war für die damalige Zeit die genaueste und detailreichste Mondkarte.

Schnell wurden die hellen Gebiete als Krater und Gebirgslandschaften ausgemacht. Man sah in ihnen Kontinente (lat.: terrae). Die dunklen Bereiche hielt man zunächst für Meere (lat.: maria, Singular: mare). Johannes Kepler (1571–1630) meinte: „... maculas esse maria, lucides esse terrae“ (die Flecken sind Meere, die hellen Gebiete Landschaften).

Zu jenen Zeiten war man noch überzeugt, der Mond beeinflusse das Wetter und auch die Stimmungen der Menschen. Laune kommt schließlich von luna (lat., der Mond). Im Englischen bedeutet „lunacy“ schlicht Wahnsinn. So benannte man denn auch die Mondmeere wie Mare Imbrium (Regenmeer), Oceanus Procellarum (Ozean der Stürme), Mare Frigoris (Meer der Kälte), Mare Crisium (Meer der Gefahren), Mare Fecunditatis (Meer der Fruchtbarkeit), Mare Serenitatis

(Meer der Heiterkeit), Mare Tranquillitatis (Meer der Ruhe), Mare Nectaris (Honigmeer), Mare Cognitum (Meer der Erkenntnis), nur um die bekanntesten zu nennen.

Kleine dunkle Flecken hielt man für Gewässer. Zu ihnen zählen Lacus Gaudii (See des Vergnügens), Lacus Odii (See des Hasses), Lacus Felicitatis (See der Glückseligkeit) und Lacus Somniorum (See der Träume). Sinus Iridum, die Regenbogenbucht, liegt am Nordwestrand des Mare Imbrium, begrenzt von Kap Heraklit und Kap Laplace. Statt „Kap" liest man auch die lateinische Bezeichnung „Promontorium".

8.11 Die Mondkarte von Thomas Harriot (1560–1621) ist die erste Karte des Erdtrabanten.

Selenografie

Aus dem Griechischen leiten sich auch die Begriffe Selenografie (Kartierung des Mondes), Selenologie (Geologie des Mondes) und Selenodäsie (Mondvermessung) ab. Auch das chemische Element Selen leitet seine Bezeichnung vom Griechischen ab.

Als Urvater der Selenografie (Mondkartografie) wird Tobias Mayer (1723–1762) aus Marbach am Neckar angesehen. Er gilt als Vermesser des Himmels, der Erde und der Meere. Mit einem Refraktor samt Fadenmikrometer vermaß er präzise zahllose Oberflächendetails und fertigte danach zwei orthografische Mondkarten an. Das Zentrum (der Ursprung) seiner Mondkoordinaten war nach Mayer der Krater Manilius. Im 19. Jahrhundert galt der Krater Mösting A als

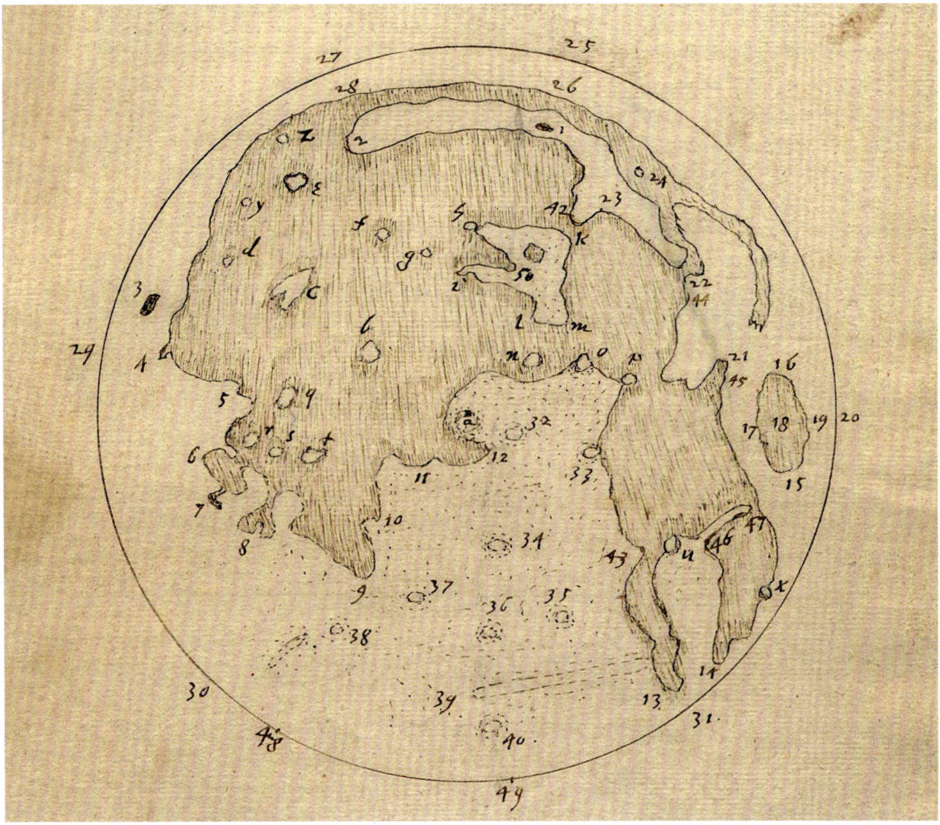

Ursprung der selenografischen Mondkoordinaten. Im 20. Jahrhundert wurden die Mondkoordinaten neu definiert. Danach hat Mösting A nun die selenografischen Koordinaten 5,°24 westliche Länge und 3,°23 südliche Breite.

Johann Hieronymus Schröter (1745–1816) fertigte auf seiner Privatsternwarte in Lilienthal nahe Bremen 75 detailreiche Mondzeichnungen an. Sie bildeten die Grundlage zur Erstellung einer 118 cm großen Mondkarte. Schröter zeichnete nicht nur Oberflächendetails höchst akkurat in seine Karten ein, sondern bestimmte auch die Höhen der Mondformationen (Kraterwälle und Gebirge) aus den Schattenlängen. Dabei ergaben sich Werte von einigen tausend Metern.

Schröter führte auch die Bezeichnung rimae (lat., Rillen) für Furchen und Grabenbrüche ein.

Eine der besten Mondkarten, die im 19. Jahrhundert entstanden, lieferte Wilhelm Gotthelf Lohrmann (1796–1840), der mit einem 5-Zoll-Fraunhofer-Refraktor beobachtete. Sein Buch *Mondcharte in 25 Sectionen* erschien allerdings erst 38 Jahre nach seinem Tod. Es wurde von Johann Schmidt (1825–1884) im Jahre 1878 herausgegeben.

Prominente Mondkartografen des 19. Jahrhunderts waren der Bankier Wilhelm Beer (1797–1850) und der Grundschullehrer Heinrich von Mädler (1794–1874). Beer errichtete 1829 ein eigenes Observatorium. Beer und Mädler beobachteten in 600 Nächten die Mondoberfläche mit einem 4-Zoll-Fraunhofer-Refaktor, wobei sie ausgewählte Referenzpunkte akribisch vermaßen. Schließlich erschien 1836 ihr Werk *Mappa Selenographica* mit einem Monddurchmesser von einem Meter. Außerdem benannten sie weitere 140 Krater und Ringwälle. Als die Beer-Mädlersche Mondkarte erschien, wurde Mädler vom Direktor der Berliner Sternwarte Johann Encke als Observator eingestellt. Nur zwei Jahre später, nämlich 1840, wurde Mädler zum Direktor des Observatoriums in Dorpat (heute Tartu) berufen, wo er mit dem großen Fraunhofer-Refraktor von 9,6 Zoll (= 24,3 cm) Öffnung Planeten und Doppelsterne beobachtete. Im 19. Jahrhundert wurde endgültig klar: Der Mond ist ein toter, wasser- und luftloser Himmelskörper. Er ist unbewohnt – Seleniten (Mondbewohner) gibt es keine. Ohne Wetter gibt es auch keine Erosion, die Mondlandschaften bleiben unverändert. Die dunklen Flächen sind mit erstarrter Lava gefüllte Tiefebenen und keine Meere. Sonst müsste man gelegentliches Aufblitzen der Wasseroberfläche im Sonnenlicht erblicken. Bedeckt der Mond einen Stern, so verschwindet dieser schlagartig am Mondrand. Keine Atmosphäre schwächt zuvor das Sonnenlicht ab. Am zwei Wochen langen Mondtag erhitzt sich das Gestein auf über 100°C und in der 14-tägigen Mondnacht sinkt die Temperatur auf unter −100°C ab.

Das erste fotografische Mondbild gelang 1839 Louis Daguerre in Paris. Freilich sah das Mondantlitz recht verschwommen aus. Nur ein Jahr später gewann der Chemiker John William Draper (1811–1882) von der University of New York vom Dach des Universitätsgebäudes in Greenwich Village (New York City) eine „Daguerreotypie“ des Vollmondes. Dies wurde als bedeutender Meilenstein in der Kartografie der Mondoberfläche angesehen. Doch das Bild war längst nicht so detailreich wie die besten Mondzeichnungen.

In der zweiten Hälfte des 18. Jahrhunderts meinte Joseph Banks, Präsident der Royal Society: Nur ein hervorragender Kunstmaler könne eine wirklich gute Mondkarte produzieren. Ein prominenter Porträtmaler war damals John Russell (1745–1806). Dieser nahm die Herausforderung an. In enger Abstimmung mit den Astronomen Wilhelm Herschel (1738–1822) und Nevil Maskelyne (1732–1811) begann Russell seine Arbeiten an einer neuen Mondkarte. Er blieb unbeeindruckt von der Mondkarte, die Giovanni Domenico Cassini, erster Direktor der Pariser Sternwarte, gezeichnet hatte. Als Porträtmaler war er darauf geschult, hohe Genauigkeit bei der Herstellung von Abbildungen zu erreichen.

Mit Einführung der Fotografie machte die Mondkartografie gewaltige Fortschritte. Es entstanden zahlreiche fotografische Mondatlanten, die nicht mehr gezeichnete, sondern detailgetreue Ablichtungen der Mondformationen ent-

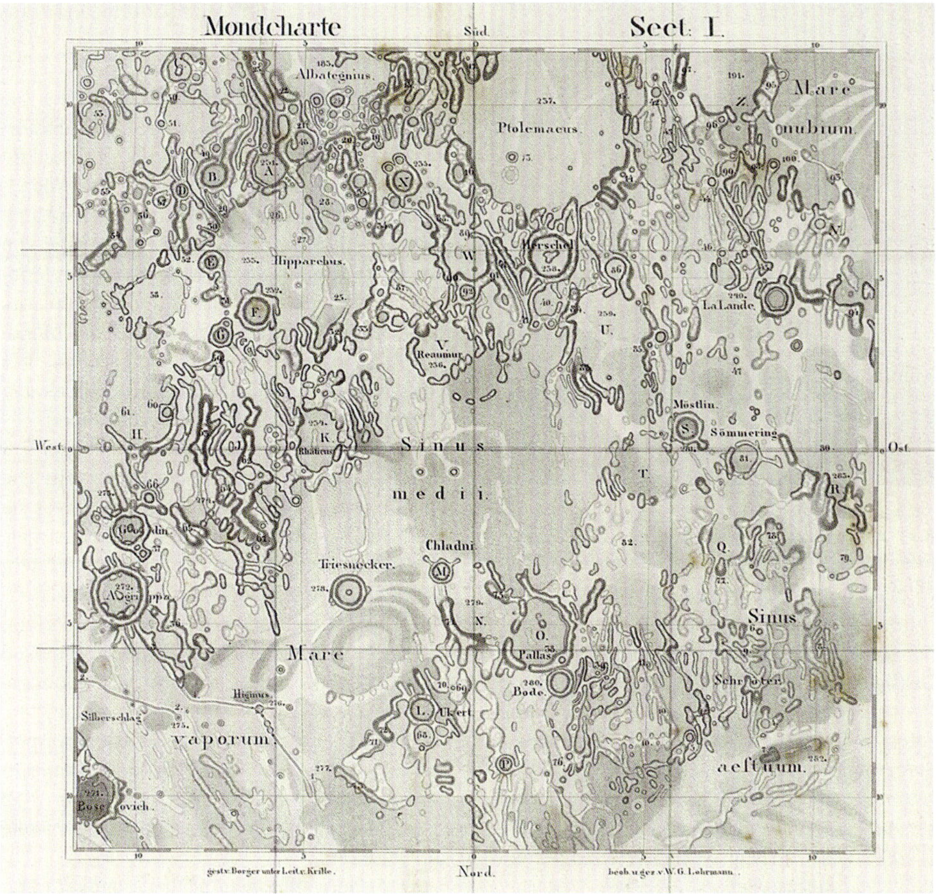

halten. Auch bei noch so talentierten Zeichnern kann eine subjektive Interpretation nie ganz ausgeschlossen werden.

Einer der besten fotografischen Mondatlanten war der 1888 von Edward S. Holden mit dem 36-Zoll-Refraktor des Lick-Observatoriums auf dem Mt. Hamilton (Kalifornien) erstellten *Atlas of the Moon*. Er zeigt Details, die nie zuvor beobachtet wurden. Bereits 1903 erschien der *Atlas de la Lune* des Pariser Observatoriums mit Aufnahmen, die mit dem 23,6-Zoll-Coudé-Refraktor gewonnen wurden. William Henry Pickering, Direktor des Harvard College Observatory, präsentierte 1910 einen fotografischen Mondatlas.

8.12 Die Mondkarte von Wilhelm Gotthelf Lohrmann (1796–1840) gilt als beste des 19. Jahrhunderts.

Allerdings bemerkte Pickering auch: „Die beste Mondfotografie ist nicht in der Lage zu zeigen, was man unter guten Sichtbedingungen mit einem Sechszöller (Refraktor mit 15 cm freier Öffnung) visuell erkennen kann.“

Eine Kombination aus visuellen Mondbeobachtungen und fotografischen Aufnahmen findet man in dem 1874 erschienen Werk *The moon considered as a Planet, a World, and a Satellite.*

8.13 Ausschnitt aus dem fotografischen Mondatlas der Lick-Sternwarte in Kalifornien von 1888.

Der Ingenieur James Nasmyth und der Astronom James Carpenter kombinierten die besten Mondfotos mit visuellen Beobachtungsergebnissen. Sie fertigten ein Gipsmodell des Mondes, das sie unter verschiedenen Blickwinkeln fotografierten, um das wahre Aussehen der am Mondrand perspektivisch zu Ellipsen verzerrten Krater und Ringwälle darzustellen.

Einer der besten Atlanten ist der 1960 erschienene *Photographic Atlas of the Moon*, meist unter *Lunar Atlas* bekannt.

Im Laufe der Jahre geriet die Nomenklatur der Mondformationen etwas durcheinander, da zahlreiche Mondbeobachter immer mehr Namen vorschlugen. Um die Konfusion zu beseitigen, beauftragte die IAU (International Astronomical Union) Ewen Whitaker, die Bezeichnungen der Mondformationen zu überarbeiten. Zunächst als Amateurastronom tätig, holte ihn Gerard Kuiper an das Yerkes-Observatorium in Williams Bay (Wisconsin). Als Ergebnis erschien 1963 der *Rectified Lunar Atlas*, der als Grundlage für die Planung sowohl unbemannter als auch bemannter Mondlandungen herangezogen wurde.

Raumfahrtmissionen zum Mond

Gewaltige Fortschritte machte die Mondforschung mit Beginn der Weltraumfahrt. Schon im Oktober 1959 gelang es der sowjetischen Mondsonde Lunik 3 (später Luna 3 genannt), den Mond zu umrunden und erstmals ein Bild von der von der Erde aus nie einsehbaren Rückseite des Mondes zu liefern. Zwar war das Bild recht detailarm, dennoch war zu erkennen, dass auf der Mondrückseite keine Tiefebenen vorhanden sind – mit einer Ausnahme: Eine dunkle Fläche erhielt den Namen Mare Moscoviense (Moskauer Meer).

Die amerikanischen Mondsonden Ranger 7, 8 und 9 lieferten Mitte der 1960er-Jahre zahlreiche Nahaufnahmen der Mondoberfläche, bevor sie auf ihr zerschellten. Mit Luna 9 gelang erstmals im Februar 1966 eine weiche Landung auf dem Mond. Luna 10 schwenkte im April 1966 als erster Orbiter in eine Mondumlaufbahn ein. Es folgten die Lunar Orbiter 1 bis 5 in den Jahren 1966 und 1967 sowie die Serie der Surveyor-Sonden, die weich auf dem Mondboden aufsetzten. Schließlich landeten mit den Missionen Apollo 11, Apollo 12, Apollo 14, Apollo 15, Apollo 16 und Apollo 17 von Juli 1969 bis Dezember 1972 zwölf Menschen auf dem Mond (siehe Tabelle auf Seite 186).

Den bisherigen Höhepunkt der Mondkartografie bildet sicher die Mission Lunar Reconnaissance Orbiter (LRO; Mond-Aufklärer), die im Juni 2009 gestartet wurde. Der LRO lieferte eine hochaufgelöste Kartierung der gesamten Mondoberfläche. Selbst Details von nur 30 cm Größe sind auf den Aufnahmen zu erkennen, die aus dem niedrigsten Orbit von 24 Kilometer Höhe über der Mondoberfläche gewonnen wurden. Nicht nur die zurückgebliebenen Fußspuren der Astronauten im Mondstaub sind zu erkennen.

Amateure als Mondbeobachter

Trotz erfolgreicher fotografischer Mondaufnahmen haben noch in der ersten Hälfte des vorigen Jahrhunderts zwei Amateurastronomen wertvol-

8.14 Der Astronaut Neil Armstrong betrat am 20. Juli 1969 als erster Mensch Mondboden.

le Beiträge zur Selenografie geliefert: Philipp Fauth und Rudolf König. Sie sind heute beinahe vergessen. Am 19. März 1867 wurde Philipp Johann Heinrich Fauth in Bad Dürkheim geboren. Von Beruf Volksschullehrer, widmete sich Fauth der Astronomie und errichtete bei Kaiserslautern eine Privatsternwarte, die er später auf den Kirchberg bei Landstuhl verlegte. Er beobachtete insbesondere die Planeten Mars, Jupiter und Saturn und fertigte zahlreiche Skizzen an. Vor allem der Mond hatte es Fauth angetan. Berühmt geworden ist seine große Mondkarte im Maßstab 1:1 Million mit einem Durchmesser von 3,5 Meter. Die Vollendung seines Lebenswerkes konnte Fauth nicht mehr erleben. Er starb am 4. Januar 1941 in Grünwald bei München. Sein Sohn sorgte für die Aufbereitung der 22 großformatigen Detailkarten. Erst 1964 wurde der *Mondatlas von Philipp Fauth* von der Olbers-Gesellschaft Bremen herausgegeben. Dieser Atlas stellt die letzte große Mondkarte dar, die ein einzelner Astronom mit visuellen Beobachtungen erstellt hat. Die Originalkarte befindet sich heute im Archiv des Planetariums Stuttgart.

Zum Gedenken an seine großartige Leistung wurde ein Doppelkrater auf dem Mond nach Fauth benannt. Er liegt etwa 50 Kilometer südlich des Mondkraters Kopernikus und hat einen Durchmesser von zwölf Kilometern. Seine Koordinaten lauten: 6,°3 Nord und 20,°1 West.

Auch der Kaufmann Rudolf König war ein begeisterter Mondbeobachter. Er errichtete auf seinem Wohnhaus in Wien-Hietzing eine beachtliche Privatsternwarte mit einem Zeiss-Doppelrefraktor mit 18 cm und 21 cm Objektivdurchmesser in einer Sechs-Meter-Kuppel.

König wurde am 18. April 1865 in Wien geboren. Nach dem Besuch des Gymnasiums studierte er an der Handelsschule in Leipzig. Nach Abschluss seiner Studien stieg er in das Pelzgroßhandelsgeschäft seines Vaters ein. König widmete sich der Beobachtung von Kometen und Sternhaufen. Er beschäftigte sich insbesondere mit Mondbeobachtungen. Außerdem studierte er als Externer an der Universitäts-Sternwarte Wien Astronomie. Er vermaß zahlreiche Mondaufnahmen der Pariser Sternwarte. Am 30. Januar 1927 verstarb König nach kurzer Krankheit. Seine Witwe verkaufte den Doppelrefraktor an das Štefánik-Observatorium in Prag. Seine umfangreiche Fachbibliothek samt weiterer Instrumente wurden der Universitäts-Sternwarte Wien überlassen. Ihm zum Gedenken wurde 1935 ein Mondkrater im Mare Nubium nach König benannt. Er hat die Koordinaten 24,°1 Süd und 24,°6 West. Krater König hat einen Durchmesser von 23 Kilometer. Seine Kraterwände erheben sich bis zu 2440 Meter.

Lunar-terrestrische Beziehungen

Obwohl der Mond heute zu den besterforschten Himmelskörpern zählt, sind viele Fragen noch ungeklärt und bieten Anlass zu weitgehenden Spekulationen. Insbesondere die lunar-terrestrischen Beziehungen bieten ein reiches Forschungsfeld. Welchen Einfluss übt der Mond auf das irdische Leben aus, wie wirkt er auf Pflanzen, Tiere und Menschen? Viele Zeitgenossen sind von der Wirkung des Mondes auf Pflanzen, Tiere und Menschen überzeugt oder vermuten dies. Die Verkaufszahlen von „Mondkalendern" und Ratgebern wie „Leben mit dem Mond" sind beeindruckend hoch. Andererseits bezeichnen zahlreiche Wissenschaftler die Mondgläubigkeit vieler Menschen als Unsinn.

Der Glaube an den Mondeinfluss auf irdisches Leben und insbesondere auf Menschen ist uralt. Die alten Ägypter sahen im Mond die Fruchtbarkeitsgöttin Isis. Bei den Griechen sorgte der Mond für Depressionen und löste epileptische Anfälle aus. Insbesondere der Vollmond soll einen besonderen Einfluss ausüben. Das Wetter würde bei Vollmond wechseln, die Zahl der Geburten nähmen zu, Menschen verhielten sich aggressiv, was zu mehr Verkehrsunfällen, Vergewaltigungen, Körperverletzungen bis hin zu Morden führe. Der Vollmond verursache Schlaflosigkeit, rufe Depressionen hervor und erhöhe die Selbstmordrate. Nachgewiesen ist keine dieser Molesten und tragischen Geschehnisse, die dem Vollmond zugeschrieben werden. Lediglich statistische Korrelationen sind kein sicherer Nachweis für kausale Zusammenhänge nach dem Prinzip Ursache und Wirkung.

Viele behaupten, Mondeinflüsse sind reiner Aberglaube. So ist die Vorstellung, zu den Syzygien, also bei Neumond und Vollmond, gäbe es einen Wetterumschwung, schlicht Humbug. Schon eine einfache Überlegung lässt erkennen,

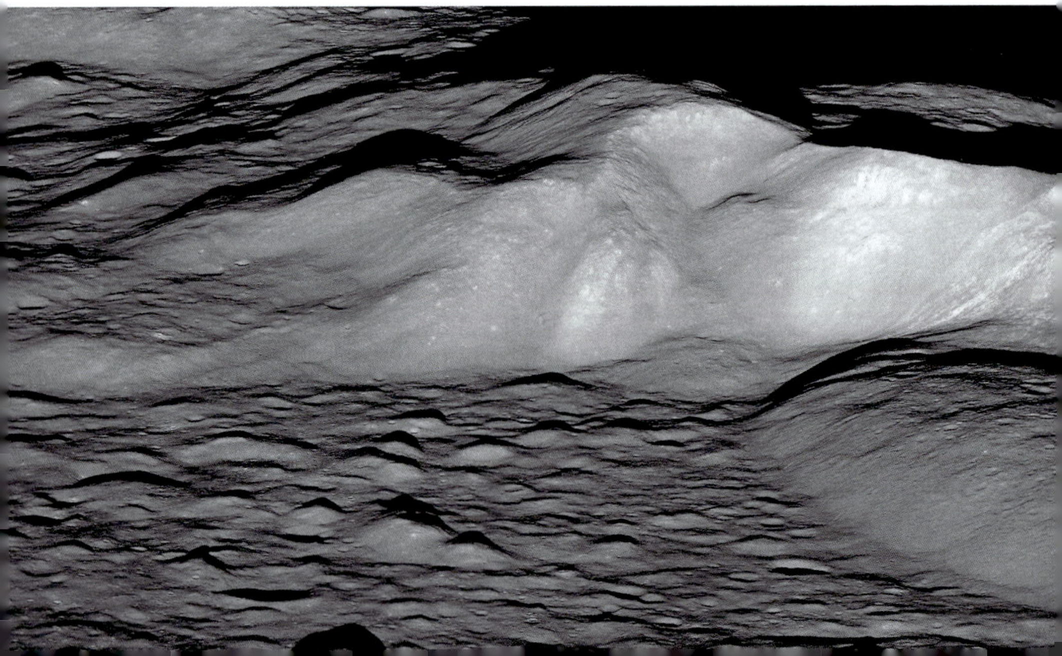

8.15 Hochaufgelöste Aufnahme der Mondoberfläche des modernen Mondorbiters Lunar Reconnaissance Orbiter. Selbst Details von nur 30 cm Größe sind zu erkennen.

dass dies nicht stimmen kann. Neu- und Vollmond treten für die gesamte Erde exakt zum gleichen Zeitpunkt ein. So müsste sich das Wetter überall auf dem Globus ändern, was natürlich nicht der Fall ist. Tiefdruckgebiete mit dicker Wolkendecke und Niederschlägen ziehen tagelang über Kontinente und Meere. An einem Ort beginnt es zu regnen, an einem anderen klart es auf und der Mond scheint hell auf Erde und Menschen. Dann haben manche den Eindruck, der Mond löse die Wolkendecke auf – eine nachvollziehbare, aber falsche Vorstellung.

Der Vollmond würde den Schlaf stören, meinen viele. Auch wenn das Mondlicht nicht auf die Schlafenden fällt, weil lichtdichte Rollläden das Schlafgemach in Dunkelheit hüllen, schlafen manche schlecht. Der Grund ist fast immer eine selbsterfüllende Prophezeiung. Weil man weiß, dass der Vollmond am Himmel steht, findet man keinen geruhsamen Schlaf.

Aber nicht alle Erscheinungen im Zusammenhang mit dem Mond können als Einbildung oder gar Aberglaube abgetan werden. Manche Phänomene entziehen sich dem Bewusstsein wie die Harnsäurekonzentration, der Blutzuckerspiegel und die Gelbempfindlichkeit des Auges. Die Werte lassen sich messen und sind auch nicht durch Einbildung zu steuern. Dennoch zeigen sie Korrelationen mit den Mondphasen. Wenig eindeutig und umstritten ist der Einfluss des Mondes auf das Pflanzenwachstum. Die empirischen Untersuchungen deuten darauf hin, dass nicht die Mond*phasen*, sondern die wechselnden Mond*deklinationen* offenbar einen Einfluss auf die Vegetation ausüben. Manche Pflanzen gedeihen augenscheinlich besser, wenn man bei zunehmender Monddeklination aussät. Stangenbohnen wieder sollte man bei abnehmender Monddeklination sähen.

Es gibt aber biologische Rhythmen, die eindeutig mit den Mondphasen zusammenhängen. Ein beeindruckendes Beispiel sind die Palolo-Würmer (*Eunice viridis*). Die Palolos zählen zu den Meeresborstenwürmern. Sie leben auf Korallenriffen im Südpazifik. Die Vermehrung der Palolos erfolgt regelmäßig sieben bis acht Tage nach Vollmond im Oktober oder November. Dann brechen die Hinterenden der rund 40 Zentimeter langen Palolos ab und steigen zur Meeresoberfläche auf. Die restlichen Teile bleiben in den Korallen am Seeboden, wobei die fehlenden Hinterteile nachwachsen. Die Wasseroberfläche gleicht einem Teppich aus grünlich-brauner Brühe. Wenn die Hinter-

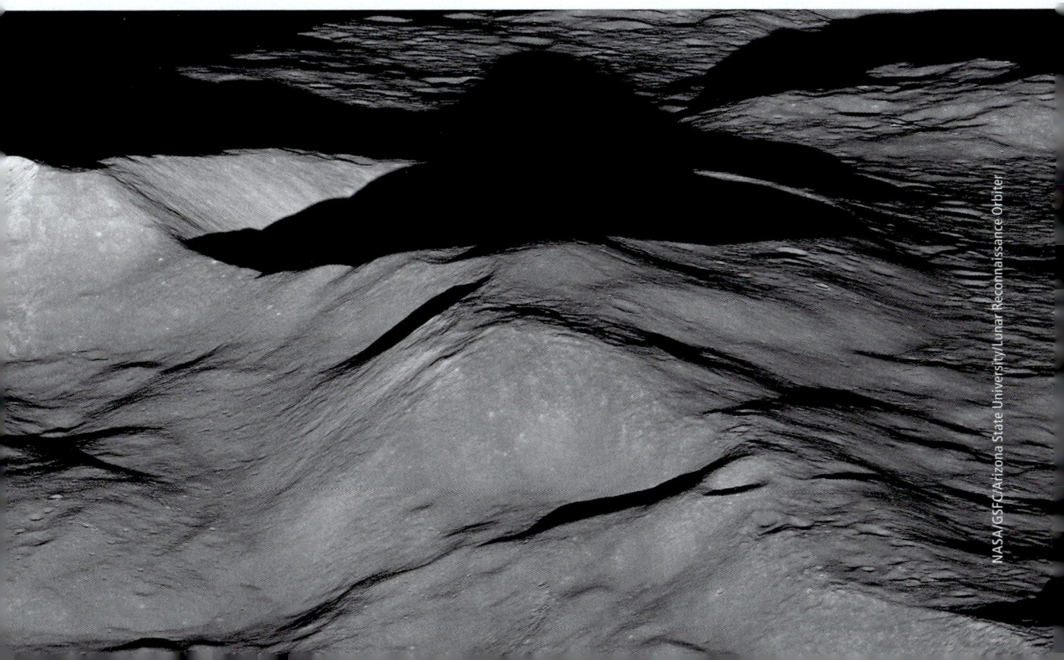

NASA/GSFC/Arizona State University/Lunar Reconnaissance Orbiter

BEMANNTE FLÜGE ZUM MOND

Mission	Start	Besatzung		Landung	Anmerkungen
Apollo 8	21. Dezember 1968 $13^h 51^m$ MEZ	Frank Borman, James A. Lovell, William Anders		–	Erste bemannte Mondumkreisung
Apollo 9	*3. März 1969* *$17^h 00^m$ MEZ*	*James McDivitt, David Scott, Russell Schweickart*		–	*Tests in der Erdumlaufbahn – kein Flug zum Mond.*
		Landefähre	**Mondorbiter**		
Apollo 10	18. Mai 1969 $17^h 49^m$ MEZ	C: Thomas Stafford L: Eugene Cernan	P: John Young	–	Test des Landemoduls im Mondorbit, geringste Distanz zur Mondoberfläche: 14 km
Apollo 11	16. Juli 1969 $14^h 32^m$ MEZ	C: Neil Armstrong L: Edwin Aldrin	P: Michael Collins	20. Juli 1969 $21^h 18^m$ MEZ	Erste bemannte Mondlandung in der Geschichte der Menschheit. Landeplatz im Mare Tranquillitatis. K: $\lambda = 23°26'$ Ost, $\beta = 0°41'$ Nord
Apollo 12	14. November 1969 $17^h 22^m$ MEZ	C: Charles Conrad L: Alan Bean	P: Richard Gordon	19. Nov. 1969 $07^h 54^m$ MEZ	Landung im Oceanus Procellarum. K: $\lambda = 23°24'$ West, $\beta = 3°12'$ Süd
Apollo 13	11. April 1970 $20^h 13^m$ MEZ	C: James A. Lovell L: Fred Haise	P: John Swigert	–	Keine Mondlandung möglich nach der Explosion einer Brennstoffzelle an Bord.
Apollo 14	31. Januar 1971 $22^h 03^m$ MEZ	C: Alan Shepard L: Edgar Mitchell	P: Stuart Roosa	5. Feb. 1971 $10^h 18^m$ MEZ	Mondlandung im Fra-Mauro-Gebiet. K: $\lambda = 17°28'$ West, $\beta = 3°40'$ Süd
Apollo 15	26. Juli 1971 $14^h 34^m$ MEZ	C: David Scott L: James Irwin	P: Alfred Worden	30. Juli 1971 $23^h 16^m$ MEZ	Landeplatz nahe der Hadley-Rille in den Apenninen; erstes Mondauto im Einsatz. K: $\lambda = 3°39'$ West, $\beta = 26°06'$ Nord
Apollo 16	16. April 1972 $18^h 54^m$ MEZ	C: John Young L: Charles Duke	P: Thomas Mattingly	21. April 1972 $03^h 24^m$ MEZ	Landeplatz im Descartes-Hochland; zweites Mondauto im Einsatz. K: $\lambda = 15°31'$ Ost, $\beta = 8°59'$ Süd
Apollo 17	7. Dezember 1972 $06^h 33^m$ MEZ	C: Eugene Cernan L: Harrison Schmitt	P: Ronald Evans	11. Dez. 1972 $20^h 55^m$ MEZ	Landeplatz im Taurus-Littrow-Gebiet; drittes Mondauto im Einsatz. K: $\lambda = 30°45'$ Ost, $\beta = 20°10'$ Nord

Zeitangaben in MEZ / K – selenozentrische Koordinaten des Landepunktes
Besatzung: C – Kommandant, L – Pilot der Landefähre, P – Pilot der Kommandokapsel (blieb im Mondorbit, landete nicht auf dem Mond)

enden dann aufplatzen und Spermien und Eier freisetzen, bedeckt sich das Meer mit einem weißlich-gelblichen Schaum. Wie gesagt, jedes Jahr pünktlich beim letzten Mondviertel im Oktober oder November steigen die Hinterenden nach Mitternacht, wenn der abnehmende Halbmond aufgeht, zur Meeresoberfläche auf.

Es gibt noch weitere Beispiele für den eindeutigen Einfluss des Mondes auf den Biorhythmus von Tieren. So nutzt die Einstundenmücke Clunio das Mondlicht als Taktgeber für ihren Fortpflanzungsrhythmus. Die Guppys, eine Zierfischart, zeigen eine starke Abhängigkeit der Farbempfindlichkeit ihrer Netzhaut von der Mondphase. Bei Vollmond sind die Guppy-Augen für gelbes Licht zehnmal empfindlicher als bei Neumond. Auch das menschliche Auge zeigt einen ähnlichen, allerdings deutlich schwächeren Effekt. Schließlich zeigt der Grunion ebenfalls eine eindeutige Mondabhängigkeit. Er ist der einzige Fisch, der an Land laicht, allerdings nur zu extremen Gezeiten, nämlich zur Neu- und Vollmondzeit.

Heftig diskutiert wird die Frage nach der Qualität des Mondholzes, auch Mondphasenholz genannt.

Wird Holz von Bäumen gewonnen, die im Winter im letzten Mondviertel gefällt wurden, so soll es besonders stabil, trocken, unempfindlich gegenüber Insektenbefall und Fäulnis sein. Über die Fälltermine gibt es keine einheitliche Meinung. Auch Ende Februar, Anfang März kurz vor Neumond geschlagene Bäume können Mondholz enthalten.

Etliche Forstwissenschaftler widerlegen in ihren Untersuchungen, dass Holz von Bäumen, die im letzten Mondviertel gefällt wurden, widerstandsfähiger und haltbarer und somit von höherer Qualität ist. Aber der hohe Wert des Mondholzes ist fest im Volksglauben verankert, zumindest sind viele Käufer bereit, für Möbel aus Mondholz einen höheren Preis zu akzeptieren als für „normales" Holz.

Viele Fragen zum Mond und seinen Einfluss auf Erde und Leben sind noch zu lösen – ein weites Aufgabenfeld für die Mondforschung.

September 2024

- Am 18. findet eine partielle Mondfinsternis statt, die in Mitteleuropa beobachtbar ist.
- Am 22. tritt um 13h44m MEZ die Herbst-Tagundnachtgleiche ein.
- Saturn kommt am 8. im Sternbild Wassermann in Opposition zur Sonne und ist die gesamte Nacht sichtbar.
- Jupiter verlagert seine Aufgänge in die späten Abendstunden.
- Merkur bietet eine relativ günstige Morgensichtbarkeit.
- Venus spielt ihre Rolle als Abendstern.
- Mars wird zu einem auffälligen Gestirn der zweiten Nachthälfte und wird deutlich heller.

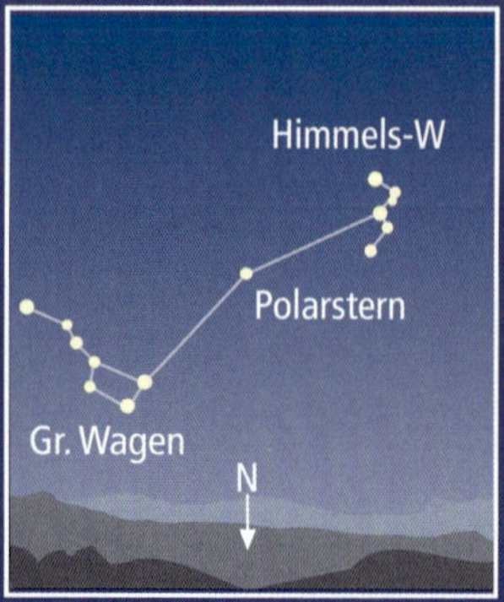

Großer Wagen und Himmels-W Anfang September um 22 Uhr MEZ

9.1 Anblick des Südosthimmels am 17. September gegen 20h MEZ (= 21h MESZ). Zu Saturn im Wassermann gesellt sich der Vollmond.

1	So	
2	Mo	
3	Di	Neumond
4	Mi	
5	Do	Mond bei Venus – abends
6	Fr	
7	Sa	
8	So	Saturn in Opposition – ganze Nacht
9	Mo	Merkur Morgensichtbarkeit Merkur bei Regulus
10	Di	Mond bei Antares – abends
11	Mi	Erstes Viertel
12	Do	
13	Fr	
14	Sa	
15	So	
16	Mo	
17	Di	Mond bei Saturn – morgens und abends
18	Mi	**Vollmond – Partielle Mondfinsternis**
19	Do	
20	Fr	
21	Sa	
22	So	Herbstbeginn
23	Mo	Mond bei Jupiter – abends
24	Di	Letztes Viertel
25	Mi	
26	Do	Mond bei Pollux – morgens
27	Fr	
28	Sa	
29	So	Mond bei Regulus – morgens
30	Mo	

SONNE – STERNBILDER

16. 9. 15ʰ:
Sonne tritt in das Sternbild Jungfrau

22. 9. 13ʰ44ᵐ:
Sonne tritt in das Tierkreiszeichen Waage

Julianisches Datum am
1. September, 1ʰ MEZ: 2 460 554,5

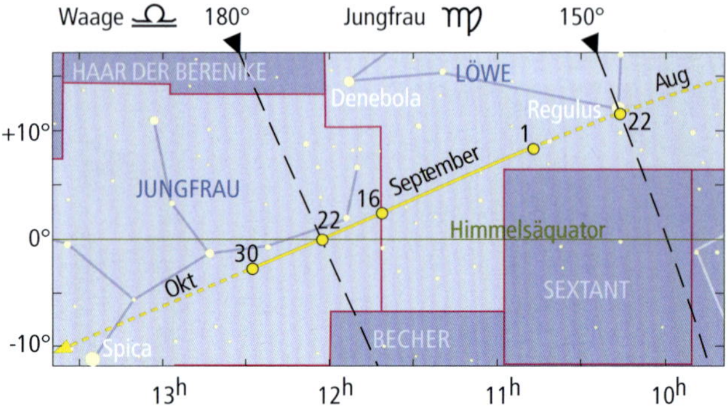

SONNENLAUF

Tag	Dämmerg. Anfang	Aufgang MEZ	Kulmination	Untergang MEZ	Dämmerg. Ende	Mittagshöhe	Zeitgleichg.	Rektaszension	Deklination
	h m	h m	h m	h m	h m	°	m	h m	°
1.	4 21	5 36	12 20	19 03	20 17	48,0	0	10 41	+8,3
5.	4 28	5 41	12 19	18 55	20 08	46,5	+ 1	10 56	+6,8
10.	4 37	5 49	12 17	18 44	19 56	44,7	+ 3	11 14	+5,0
15.	4 45	5 56	12 15	18 33	19 44	42,7	+ 5	11 32	+3,1
20.	4 53	6 04	12 13	18 22	19 32	40,8	+ 7	11 50	+1,1
25.	5 01	6 11	12 11	18 11	19 21	38,9	+ 9	12 08	–0,8
30.	5 09	6 19	12 10	18 00	19 09	36,9	+10	12 26	–2,8

TAGES- UND NACHTSTUNDEN

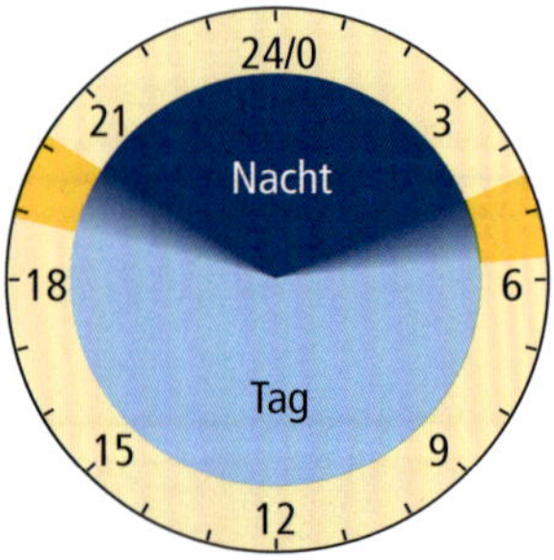

5. September

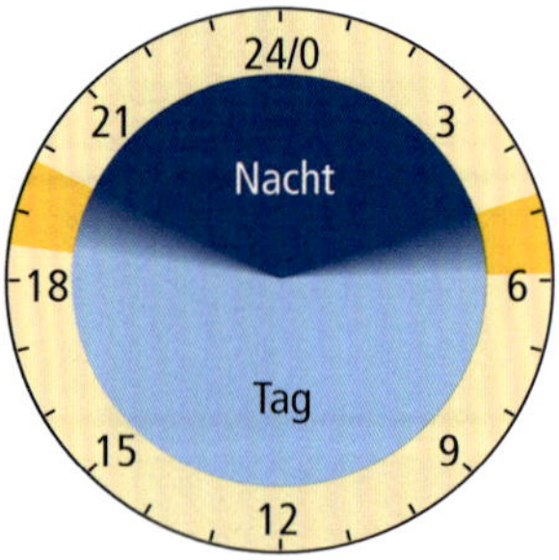

15. September

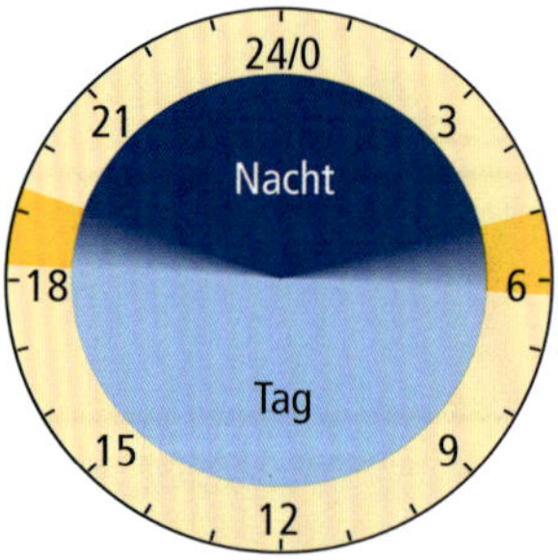

25. September

MONDLAUF

Datum	Aufg. MEZ	Kulmination	Unterg. MEZ	Rektaszension	Deklination	Sterne und Sternbilder	Phase	MEZ
	h m	h m	h m	h m	°			
So 1.	3 21	11 15	18 50	9 17	+20,0	Krebs		
Mo 2.	4 34	11 58	19 04	10 04	+15,3	Löwe, Regulus		
Di 3.	5 45	12 39	19 16	10 49	+10,1	Löwe	**Neumond Nr. 1258**	**$2^h 56^m$**
Mi 4.	6 54	13 18	19 27	11 31	+ 4,5	Löwe		
Do 5.	8 02	13 56	19 38	12 13	− 1,1	Jungfrau	Erdferne 406/29,′4 Absteigender Knoten	16^h
Fr 6.	9 10	14 36	19 49	12 55	− 6,8	Spica		
Sa 7.	10 19	15 17	20 03	13 38	−12,2	Spica		
So 8.	11 31	16 00	20 19	14 22	−17,1	Waage		
Mo 9.	12 45	16 47	20 42	15 09	−21,5	Waage		
Di 10.	13 58	17 38	21 13	16 00	−25,1	* Antares		
Mi 11.	15 07	18 33	21 57	16 54	−27,5	Antares	**Erstes Viertel**	**$7^h 06^m$**
Do 12.	16 05	19 30	22 58	17 52	−28,6	Schütze	Größte Südbreite Libration Ost	
Fr 13.	16 51	20 29	–	18 52	−28,2	Schütze, Nunki		
Sa 14.	17 24	21 27	0 14	19 52	−26,0	Schütze		
So 15.	17 49	22 23	1 40	20 51	−22,2	* Steinbock		
Mo 16.	18 08	23 17	3 10	21 49	−17,0	Steinbock		
Di 17.	18 24	–	4 41	22 45	−10,6	Wassermann		
Mi 18.	18 39	0 09	6 11	23 39	− 3,6	Wassermann	**Vollmond** Erdnähe 357/33,′4 Aufsteigender Knoten	**$3^h 34^m$** 14^h
Do 19.	18 54	1 00	7 41	0 32	+ 3,7	Fische		
Fr 20.	19 12	1 52	9 12	1 27	+10,8	Fische		
Sa 21.	19 33	2 46	10 43	2 22	+17,2	* Widder, Hamal		
So 22.	20 02	3 42	12 12	3 20	+22,4	Stier, Plejaden		
Mo 23.	20 42	4 41	13 34	4 20	+26,2	* Stier, Plejaden		
Di 24.	21 36	5 40	14 43	5 21	+28,3	Stier, Alnath	**Letztes Viertel** Libration West	**$19^h 50^m$**
Mi 25.	22 42	6 39	15 36	6 21	+28,7	Fuhrmann	Größte Nordbreite	
Do 26.	23 55	7 34	16 13	7 20	+27,4	Kastor, Pollux		
Fr 27.	–	8 26	16 39	8 14	+24,8	Krebs, Krippe		
Sa 28.	1 10	9 13	16 58	9 06	+21,1	Krebs, Krippe		
So 29.	2 24	9 57	17 13	9 53	+16,6	Löwe, Regulus		
Mo 30.	3 35	10 38	17 25	10 38	+11,4	Löwe, Regulus		

DER MOND WANDERT BEI JUPITER AN ELNATH VORBEI

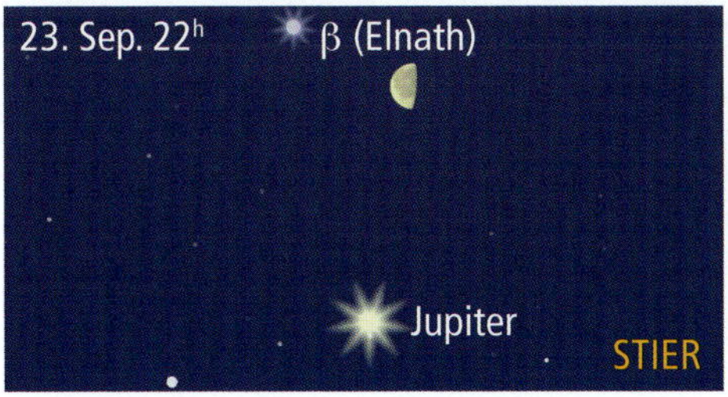

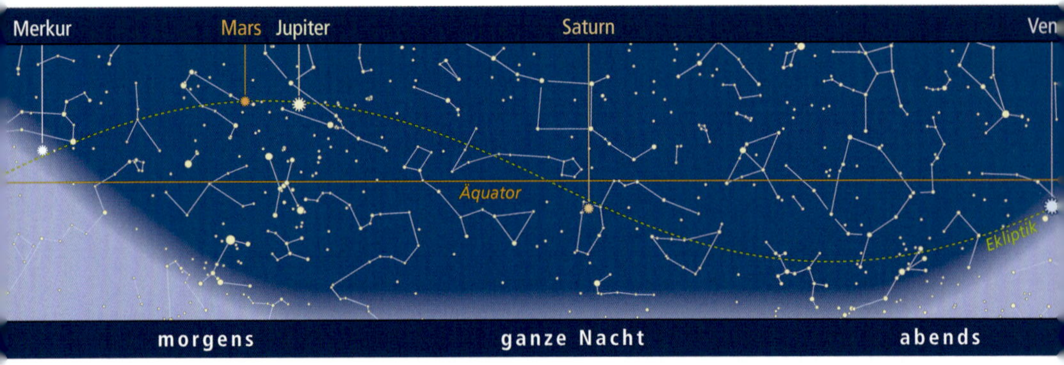

MERKUR bietet in der ersten Monatshälfte eine relativ günstige Morgensichtbarkeit. Am leichtesten ist der sonnennächste Planet vom 6. bis 11. in der beginnenden Morgendämmerung knapp über dem Osthorizont zu erkennen. Am 5. erreicht er seine größte westliche Elongation von der Sonne. Zwar beträgt der Winkelabstand zur Sonne am Tag der größten westlichen Elongation nur 18°03′, da Merkur am 9. durch sein Bahnperihel läuft. Dennoch kommt es zu einer Morgensichtbarkeit, denn die morgendliche Ekliptik steht steil zum Osthorizont. Außerdem ist die Merkurdeklination fast sieben Grad größer als die der Sonne, was ihm einen größeren Tagbogen beschert.

Schon am 1. kann man versuchen, den schnellen Planeten mit einem Fernglas zu finden. Der Aufgang des nur $0^{\mathrm{m}}\!,4$ hellen Merkur erfolgt am 1. um $4^{\mathrm{h}}05^{\mathrm{m}}$ (= $5^{\mathrm{h}}05^{\mathrm{m}}$ Sommerzeit). Ab $4^{\mathrm{h}}30^{\mathrm{m}}$ wird Merkur am Horizont tief im Osten erkennbar. Eine halbe Stunde später verschluckt ihn die Morgenhelle. Die Sichtbarkeitsbedingungen werden rasch bes-

9.2 Stellung von Merkur über dem Osthorizont zu den angegebenen Daten jeweils eine Stunde vor Sonnenaufgang. Die Pfeile geben die Bewegungen von Merkur und Sonne während der nächsten halben Stunde an.

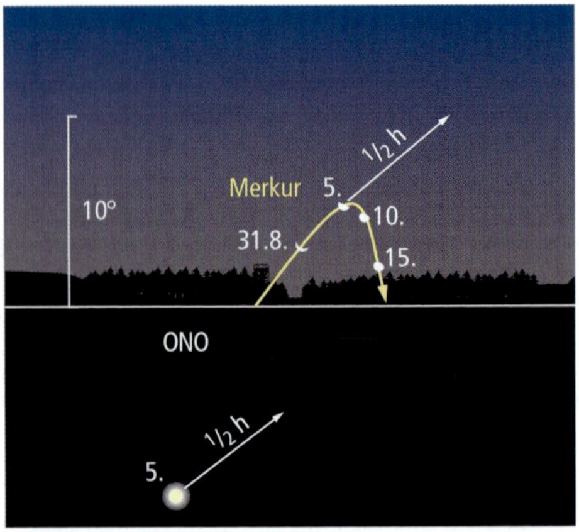

9.3 Sichtbarkeitsdiagramm für Merkur. Es gilt genau für 50° nördlicher Breite und 10° östlicher Länge. Dunkelgelbe Fläche: Unter günstigen Sichtbedingungen kann man Merkur mit bloßen Augen erkennen, hellgelbe Fläche: Merkur ist leicht zu sehen.

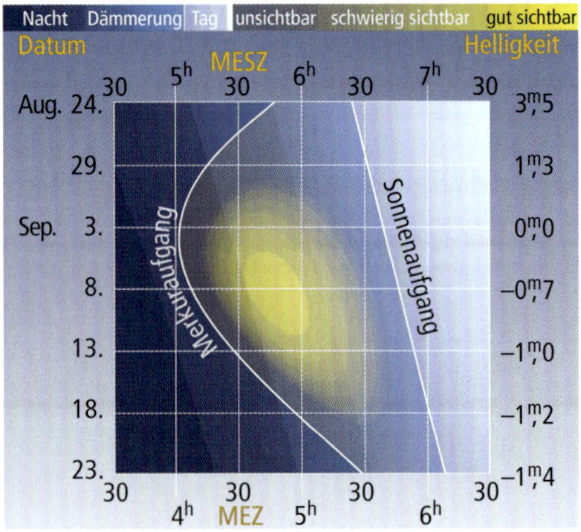

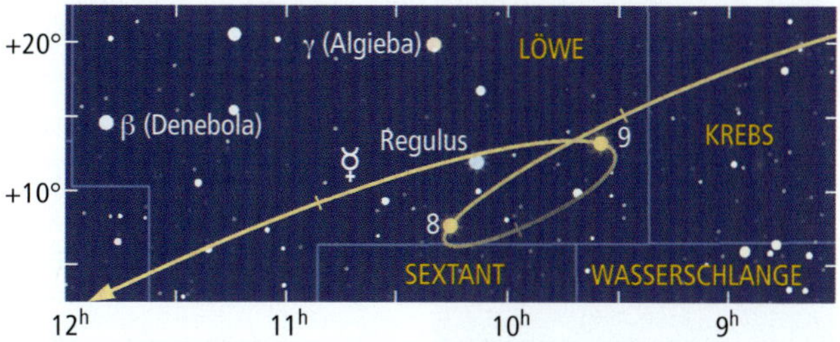

9.4 Konjunktionsschleife von Merkur im Sternbild Löwe.

ser. Zwar verfrühen sich die Aufgänge nur unwesentlich auf 4^h02^m am 6., die Merkurhelligkeit nimmt aber kräftig auf $-0{,}^m5$ zu. Am 9. wandert Merkur 0,°5 nördlich an Regulus vorbei. Merkur ist inzwischen $-0{,}^m8$ hell, während der Hauptstern des Löwen im Vergleich nur $1{,}^m4$ hell ist.

Bis 16. nimmt die Merkurhelligkeit weiter bis $-1{,}^m2$ zu, allein die Aufgänge verspäten sich. Ab dem 11. wird es zunehmend schwieriger, Merkur noch zu erhaschen. Nach dem 17. wird man vergeblich nach dem flinken Planeten Ausschau halten. Am 6. zeigt sich das 7,″0 große Merkurscheibchen halb beleuchtet, die Dichotomie tritt ein. Danach wird Merkur immer rundlicher und kleiner.

Am 30. wird abends die Stellung obere Konjunktion erreicht, der flinke Planet zeigt die Phase „Vollmerkur“, was allerdings mit Amateurmitteln nicht zu beobachten ist. In oberer Konjunktion ist Merkur 209 Millionen Kilometer (1,397 AE) von der Erde entfernt.

VENUS baut ihre Rolle als Abendstern nur zögerlich aus. Sie wandert durch die Jungfrau und passiert am 18. deren Hauptstern Spica in 2,°2 nördlichem Abstand. Am 29. wechselt sie in die Waage. Da Venus immer südlichere Breiten des Tierkreises aufsucht, verkleinern sich ihre Tagbögen und ihre Untergänge erfolgen immer früher. Am 1. geht die $-3{,}^m9$ helle Venus um 19^h51^m (= 20^h51^m Sommerzeit) unter und am 30. bereits um 18^h58^m. Nur durch die immer früher einsetzende Dämmerung ergibt sich ein kleiner Gewinn an Sichtbarkeitsdauer.

Im Teleskop erscheint Venus immer noch klein und rundlich. Bis Monatsende wächst das Planetenscheibchen lediglich auf gut 12″ an, der Beleuchtungsgrad geht auf 85 % zurück.

Am 5. erhält Venus Besuch von der sehr dünnen Mondsichel. In einigen Gebieten der Antarktis wird Venus vom Mond bedeckt.

MARS verlässt den Stier und wechselt am 5. in das Sternbild Zwillinge. Am 4. zieht er nur 0,°03 südlich am Sommerpunkt vorbei. Vier Tage später passiert er 0,°9 südlich den offenen Sternhaufen M 35. Schließlich zieht er am 22. etwa 1,°7 südlich von Mebsuta (ε Gem; $3{,}^m1$) vorbei (siehe Abb. 8.2 auf Seite 168). Die Helligkeit des roten Planeten nimmt deutlich zu. Mars wird zu einem auffälligen Gestirn in der zweiten Nachthälfte. Ende des Monats leuchtet Mars mit $0{,}^m4$ Helligkeit. Die Marsaufgänge verlagern sich von 23^h18^m zu Monatsbeginn auf 22^h37^m (= 23^h37^m Sommerzeit) zu Monatsende.

JUPITER bremst seine rechtläufige Bewegung im Sternbild Stier merkbar ab, sein Stillstand ist nicht mehr fern (siehe Abb. 4.4 auf Seite 93). Seine Aufgänge verlagert der Riesenplanet in die späten Abendstunden. Am 1. geht Jupiter um 22^h45^m (= 23^h45^m Sommerzeit) auf, am 15. um 21^h55^m und am 30. bereits um 20^h59^m. Im Laufe des Monats nimmt die Jupiterhelligkeit um weitere $0{,}^m2$ zu. Ende September strahlt der Riesenplanet mit $-2{,}^m5$. Er ist dann der hellste Planet am Nachthimmel, denn Venus geht vor seinem Aufgang im Westen unter.

Der abnehmende Halbmond zieht in der Nacht vom 23. auf 24. September 5° nördlich an Jupiter vorbei (siehe Mondlaufgrafik auf Seite 191).

SATURN steht am 8. im Sternbild Wassermann in **Opposition** zur Sonne. Am Tag der Opposition geht der $0{,}^m6$ helle Ringplanet um 18^h51^m (= 19^h51^m Sommerzeit) auf, erreicht nach Mitternacht um 0^h18^m seine Höchststellung im Süden und geht morgens am 9. um 5^h44^m unter. Seine Kulminationshöhe über dem Südpunkt beträgt dabei 32,°5 auf 50° nördlicher Breite.

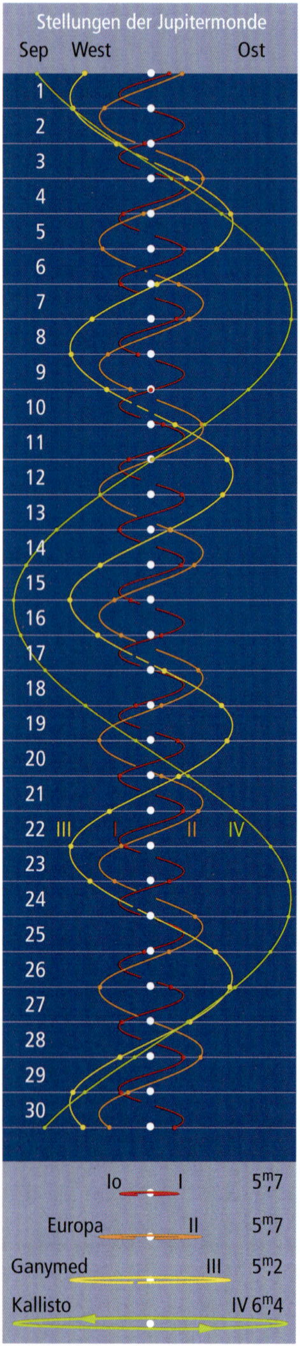

JUPITERMONDE

Tag	MEZ h m	Vorgang	
1.	2 25	I	SA
	3 43	I	DA
2.	3 13	I	BE
3.	1 58	II	VE
	2 08	II	BA
7.	1 14	III	DA
	3 12	III	DE
8.	4 18	I	SA
9.	1 34	I	VA
10.	0 56	I	SE
	2 03	II	VA
	2 16	I	DE
	4 32	II	VE
12.	2 13	II	DE
13.	23 47	III	SA
14.	1 43	III	SE
16.	3 28	I	VA
17.	0 40	I	SA
	1 59	I	DA
	2 49	I	SE
	4 09	I	DE
	4 37	II	VA
18.	1 29	I	BE
	23 35	II	SA
19.	2 04	II	SE
	2 17	II	DA
	4 48	II	DE
21.	3 46	III	SA
24.	2 33	I	SA
	3 51	I	DA
	4 43	I	SE
	23 51	I	VA
25.	0 55	III	BE
	3 22	I	BE
	23 11	I	SE
26.	0 29	I	DE
	2 12	II	SA
	4 41	II	SE

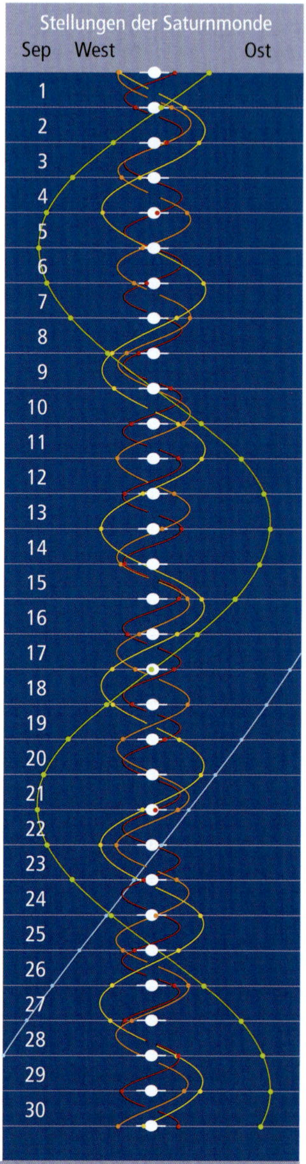

Japetus
5. 12m,0
10. 11m,7
15. 11m,3
20. 11m,0
25. 10m,7
30. 10m,5

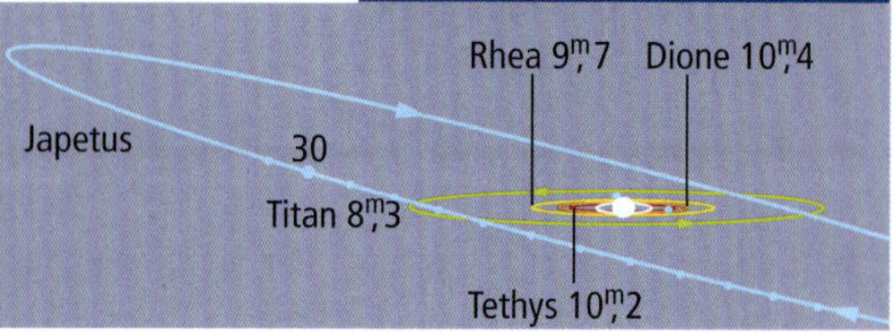

JUPITERMONDE

Tag	MEZ h m	Vorgang	
	4 50	II	DA
27.	22 58	II	VE
	23 03	II	BA
28.	1 34	II	BE

Am Tag der Opposition tritt die Minimalentfernung von der Erde ein. Saturn ist an diesem Tag 1294 Millionen Kilometer (= 8,66 AE) von der Erde entfernt. Zur Opposition benötigt das Licht von Saturn zur Erde eine Stunde und zwölf Minuten. Die Sonnenentfernung misst am 8. von Saturn 1445 Millionen Kilometer (= 9,66 AE).

Im Teleskop erkennt man, dass Saturn ähnlich wie Jupiter stark abgeplattet ist. Die Abplattung beträgt rund 1:10. Das ovale Saturnscheibchen weist einen Äquatordurchmesser von 19″,2 und einen Poldurchmesser von 17″,1 auf.

Der nur mehr 3°,7 geöffnete Ring hat eine scheinbare Längsausdehnung von 43″,6 und einen (senkrechten) Querdurchmesser von nur noch 2″,9. Der Saturnring sieht zurzeit recht schlank aus. Am 23. März 2025 wird die Erde die Ringebene von Nord nach Süd passieren. Für kurze Zeit wird der Ring unsichtbar werden. Denn man blickt dann auf die Kante des nicht einmal einen Kilometer dicken Ringes. Anschließend blickt man bis zum 15. Oktober 2038 auf die Südseite der Ringebene.

Am 17. passiert der Vollmond den Ringplaneten nur 0°,3 nördlich. Am frühen Abend beträgt der Abstand Saturn – Mond schon etwas über 5° (siehe Abb. 9.1 auf Seite 188). Der Untergang des inzwischen $0^m{,}7$ hellen Saturns erfolgt am 30. um 4^h13^m (= 5^h13^m Sommerzeit).

URANUS kommt am 1. im Sternbild Stier zum Stillstand und setzt zu seiner Oppositionsschleife an. Danach bewegt er sich rückläufig durch den Tierkreis. Mitte November wird dann die Opposition eintreten (siehe Abb. 11.6 auf Seite 235).

Seine Aufgänge verlagert der grünliche Planet in die Abendstunden. Am 1. geht Uranus um 21^h31^m auf, am 15. um 20^h36^m und am 30. bereits um 19^h36^m (= 20^h36^m Sommerzeit).

Die Uranushelligkeit nimmt während des Monats kaum zu.

NEPTUN kommt in der Nacht vom 20. auf 21. im Sternbild Fische in **Opposition** zur Sonne. Während der bläuliche Planet am 1. noch um 19^h37^m (= 20^h37^m Sommerzeit) aufgeht und um 1^h36^m kulminiert, so erfolgt der Aufgang des $7^m{,}8$ lichtschwachen Neptun am Tag der Opposition schon um 18^h17^m und seine Meridianpassage um 0^h15^m (= 1^h15^m Sommerzeit). Bis Ende September verfrüht sich die Kulminationszeit auf 23^h35^m. Die Aufsuchkarte findet man auf Seite 196 (Abb. 9.6).

Im Teleskop erkennt man ein winziges, bläuliches Scheibchen von nur 2″,4 scheinbarem Durchmesser. Irgendwelche Einzelheiten auf dem winzigen Neptunscheibchen sind nicht zu erkennen.

Am 21. trennen 4322 Millionen Kilometer (= 28,89 AE) Neptun von der Erde, dies entspricht einer Lichtlaufzeit von vier Stunden. Von der Sonne ist Neptun zur Opposition 4472 Millionen Kilometer (= 29,89 AE) entfernt.

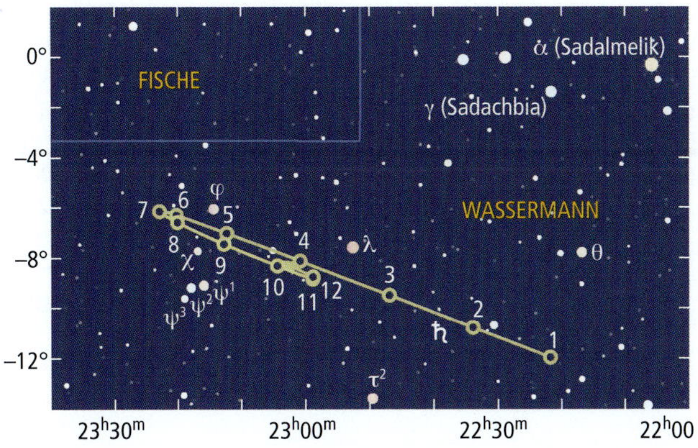

9.5 Die scheinbare Bahn des Ringplaneten Saturn im Jahr 2024 im Sternbild Wassermann. Die Zahlen geben die Planetenposition zum jeweiligen Monatsbeginn an (9 = 1. September).

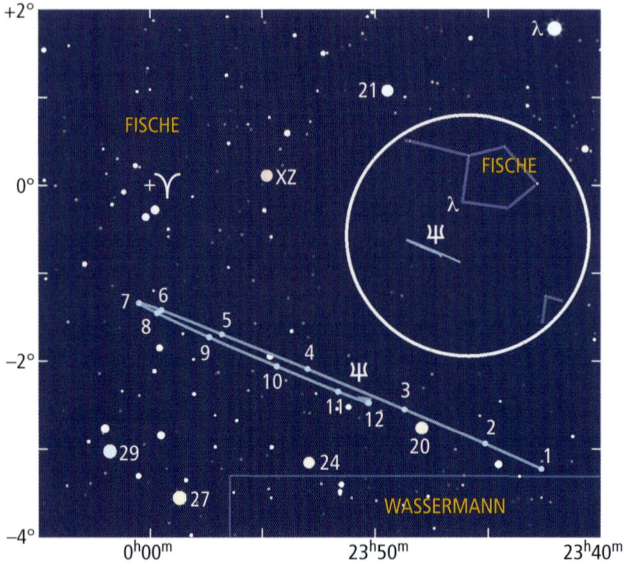

9.6 Scheinbare Bahn des Planeten Neptun im Sternbild Fische von Januar bis Dezember 2024.

KONSTELLATIONEN UND EREIGNISSE

Datum	MEZ	Ereignis
1.	10^h	**Mond bei Merkur**, Mond 5°,0 nördlich, **Abstand 5°,7 um 5^h**
1.	17	Uranus im Stillstand, anschließend rückläufig
5.	4	Merkur in größter westlicher Elongation (18°)
5.	11	**Mond bei Venus**, Mond 1°,2 südlich, **Abstand 4°,3 um 19^h**
8.	6	**Saturn in Opposition** zur Sonne
9.	16	Merkur im Perihel
17.	11	**Mond bei Saturn**, Mond 0°,3 nördlich, **Abstand 5°,4 um 4^h und 5°,2 um 19^h**
18.	4	**Partielle Mondfinsternis** – in Mitteleuropa beobachtbar
18.	9	Mond bei Neptun, Mond 0°,7 nördlich
21.	1	**Neptun in Opposition** zur Sonne
22.	8	Mond bei Uranus, Mond 4°,5 nördlich
22.	13^h44^m	**Sonne im Herbstpunkt, Tagundnachtgleiche**
23.	24	**Mond bei Jupiter**, Mond 5°,8 nördlich, **Abstand 5°,0 um 22^h**
25.	13	Mond bei Mars, Mond 4°,9 nördlich
30.	22	Merkur in oberer Konjunktion

PLANETOIDEN UND ZWERGPLANETEN

IRIS (7) wird am 21. im Steinbock stationär und bewegt sich anschließend wieder rechtläufig durch den Zodiacus (siehe Abb. 8.6 auf Seite 171). Ihre Helligkeit nimmt von $8^m,6$ zu Monatsbeginn auf $9^m,1$ zu Monatsende ab. Am 1. erfolgt ihr Meridiandurchgang um 22^h10^m, am 21. um 20^h45^m und am 30. schon um 20^h11^m (= 21^h11^m MESZ). Am 30. geht Iris um 1^h24^m unter.

PERIODISCHE STERNSCHNUPPENSTRÖME

In der Nacht zum 1. September erreichen die **ALPHA-AURIGIDEN** ihr Maximum. Es handelt sich um recht schnelle Sternschnuppen mit Eintrittsgeschwindigkeiten um die 65 Kilometer pro Sekunde. Der Radiant liegt nahe Kapella im Fuhrmann. Erstmals wurde dieser Strom im Jahre 1935 beobachtet. Zuletzt wurde 2021 eine ZHR von fast 80 beobachtet, was Modellrechnungen gut bestätigten.

Der Ursprungskomet C/1911 N1 (Kiess) hat eine lange Umlaufzeit von etwa 2000 Jahren. Komet Kiess wird erst wieder in mehr als 2000 Jahren in das innere Sonnensystem gelangen. Die Teilchen, die zu den hohen Raten führten, befinden sich aber auf weit engeren Umlaufbahnen als der Komet. Für 2024 werden keine erhöhten Raten erwartet.

Wenig bekannt sind die **EPSILON-PERSEÏDEN,** die im September auftreten. Zum Maximum am 9. werden etwa zehn

Meteore pro Stunde erwartet. In manchen Jahren wurden erhöhte Raten beobachtet, so 2008 und 2013, wo im Maximum bis zu 30 Sternschnuppen gezählt wurden. Für 2024 gibt es kein vorausberechnetes Maximum. Überraschungen sind nicht auszuschließen.

Die **PISCIDEN** sind im gesamten September aktiv. Ihr Ausstrahlungspunkt liegt in den Fischen. Beste Beobachtungszeit ist zwischen 22^h und 4^h morgens. Das Maximum ist um den 20. September zu erwarten, wobei nur etwa fünf bis zehn Meteore pro Stunde auftauchen. Die Geschwindigkeit der Meteoroide liegt um 25 Kilometer pro Sekunde. Die Pisciden zerfallen in mehrere Teilströme, von denen einer bis Mitte Oktober tätig ist.

Die Aktivität aus dem Antihelion-Bereich wird ab dem 10. von den **SÜDLICHEN TAURIDEN** bestimmt.

Sie lassen sich auf den kurzperiodischen Kometen 2P/Encke und mit ihm verwandte Objekte zurückführen.

Der Radiant befindet sich im Bereich der Fische und verlagert sich zum Monatsende in Richtung Sternbild Widder.

Der Fixsternhimmel

Der Himmelswagen ist nach Nordwesten herabgesunken, das Himmels-W, die Kassiopeia, dafür emporgestiegen. Den Helligkeitsschwerpunkt bestimmt nach wie vor das Sommerdreieck mit Wega, Deneb und Atair. Allerdings hat sich die Szenerie der Sommersternbilder inzwischen nach Westen verschoben. Der Skorpion mit dem hellen, roten Antares ist gar schon untergegangen, während im Osten der Aufmarsch der Herbststernbilder beginnt.

Der Schwan mit dem schönen Sternenhintergrund der Milchstraße steht nun fast genau im Scheitelpunkt oder Zenit. Neben dem Adler stößt man im Meridian auf das kleine, aber einprägsame Sternbild Delphin. Es wird in erster Linie durch einen kleinen Sternenrhombus mit einem zusätzlichen angehängten Stern gebildet.

Der Pegasus steht schon hoch im Osten. Der zentrale Teil des Pegasus wird durch ein mächtiges Sternenquadrat markiert, zu dem man auch Herbstviereck sagt. An der einen Ecke des Pegasusquadrats hängt die Sternenkette der Andromeda. Ihr folgt halbhoch im Nordosten der Perseus, strahlender Held und Retter der Andromeda. Im Perseus findet man den Teufelsstern Algol (β Perseï). Algol ist ein prominenter Bedeckungsveränderlicher und Prototyp der Algol-Variablen. Sowohl von Algol als auch von δ Cepheï sind die Helligkeitsminima beziehungsweise -maxima in diesem Jahrbuch monatlich vermerkt.

Im Osten hat sich das kleine Bild des Widders emporgeschwungen. Der Widder (lat.: Aries) setzt sich im Wesentlichen aus drei Sternen zusammen, die ein stumpfwinkliges Dreieck bilden. Der Hauptstern des Widders (α Arietis) heißt Hamal, was arabisch so viel wie Lamm bedeutet. Mit $2^{m}{,}0$ scheinbarer Helligkeit ist Hamal etwa so hell wie der Polarstern. Seine Entfernung von uns misst 66 Lichtjahre. Er leuchtet in einem orangen Licht (Spektraltyp: K2 III).

Im Südosten ist das ausgedehnte, aber lichtschwache Sternbild der Fische aufgetaucht. Im Südwesten schickt sich der Schütze an, die Himmelsbühne zu verlassen, während der Steinbock gera-

VERÄNDERLICHE STERNE

Algol-Minima		β-Lyrae-Minima		δ-Cepheï-Maxima		Mira-Helligkeit	
1.	1^h30^m	7.	4^h H	2.	21^h	1.	7^m
3.	22 17	13.	15 N	8.	6	10.	7
18.	6 21	20.	3 H	13.	15	20.	8
21.	3 10	26.	14 N	18.	24	30.	8
23.	23 59			24.	9		
26.	20 47			29.	17		

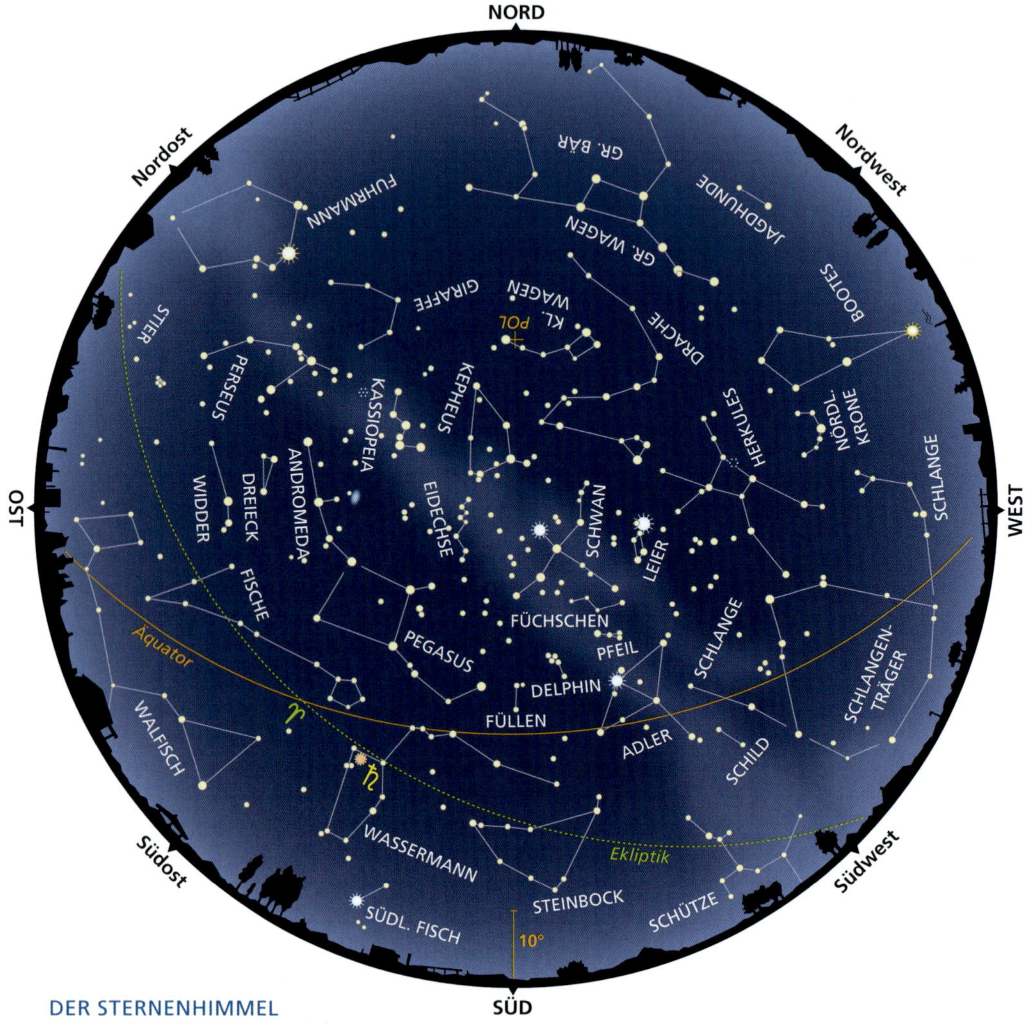

DER STERNENHIMMEL AM 15. SEPTEMBER UM 22^h MEZ

Die Sternkarte ist auch gültig für:		
	MEZ	**MESZ**
15. 7.	2^h	3^h
1. 8.	1	2
15. 8.	0	1
1. 9.	**23**	**24**
15. 9.	**22**	**23**
30. 9.	**21**	**22**
15.10.	20	21
31.10.	19	
15.11.	18	

de den Meridian passiert. Ihm folgt im Tierkreis der Wassermann, ein bekanntes, aber unscheinbares Sternbild. Im Wassermann steht zurzeit der Ringplanet Saturn.

Viele Völker sahen im Steinbock einen Ziegenbock. Die Bezeichnung „Südliches Tor der Sonne“ erinnert daran, dass einst das Wintersolstitium (Winterpunkt) im Steinbock lag. Durch die Präzessionsbewegung der Erde liegt der Winterpunkt inzwischen im Sternbild Schütze nahe dem Stern μ Sagittarii. Noch heute spricht man deshalb vom „Wendekreis des Steinbocks“. In unserer Zeit wandert die Sonne vom 20. Januar bis

16. Februar durch den Steinbock.

Tief im Südosten flackert ein Stern erster Größe ($1^{m}{,}2$), nämlich Fomalhaut im Südlichen Fisch (lat.: Piscis Austrinus). Fomalhaut oder α Piscis Austrini erreicht bei uns nie große Höhen. Er ist ein weißer Hauptreihenstern (Spektralklasse A3 V) in 25 Lichtjahren Entfernung, also etwa gleich weit weg wie Wega in der Leier.

Zwischen Zenit und Polarstern durchschreitet gerade der Kepheus den Meridian, der jetzt seine höchste Position erklommen hat. Die lichtschwachen Sterne, die den König von Äthiopien darstellen sollen, sind nicht leicht auszumachen. Erfahrene Sternfreunde finden sich dennoch zurecht und können auch den berühmten veränderlichen Stern δ Cepheï identifizieren. Er ist der Prototyp einer Klasse von Veränderlichen, den sogenannten Cepheïden oder Delta-Cepheï-Sternen. Die Cepheïden gehören zu den leuchtkräftigsten Sternen im Universum überhaupt. Die Entfernung von δ Cepheï selbst beträgt 900 Lichtjahre. (siehe auch Monatsthema November „Meilensteine im Kosmos“ im *Kosmos Himmelsjahr 2021*).

DAS STERNBILD ADLER (AQUILA)

Das Sternbild Adler liegt südlich vom Schwan mitten in einer sternreichen Gegend der Milchstraße. Der Adler fliegt gewissermaßen durch die Milchstraße. Auch der galaktische Äquator zieht durch den Adler. Der Hauptstern des Adlers, α Aql oder Atair, ist der südlichste Eckpunkt des Sommerdreiecks, zu dem noch Deneb im Schwan und Wega in der Leier gehören. Hauptsächlich drei Sterne, nämlich α, β und γ Aquilae markieren den fliegenden, eigentlich herabstürzenden Adler. Sie bilden fast eine Gerade.

Umgeben wird der Adler im Norden von Pfeil (Sagitta) und Füchschen (Vulpecula), im Nordwesten von Herkules, im Osten von Delphin und Füllen (Equuleus), im Südwesten vom Schild und dem Schwanz der Schlange, im Süden von den Tierkreisbildern Schütze, Steinbock und Wassermann.

Der griechischen Sage nach raubt der Adler auf Befehl des Göttervaters Zeus den schönen Jüngling Antinoos und bringt ihn auf den Olymp, wo er Mundschenk der Götter wird. Zur ewigen Erinnerung an diese „Heldentat“ wird der Adler unter die Sterne versetzt. Seither wird er als „Vogel des Zeus“ bezeichnet.

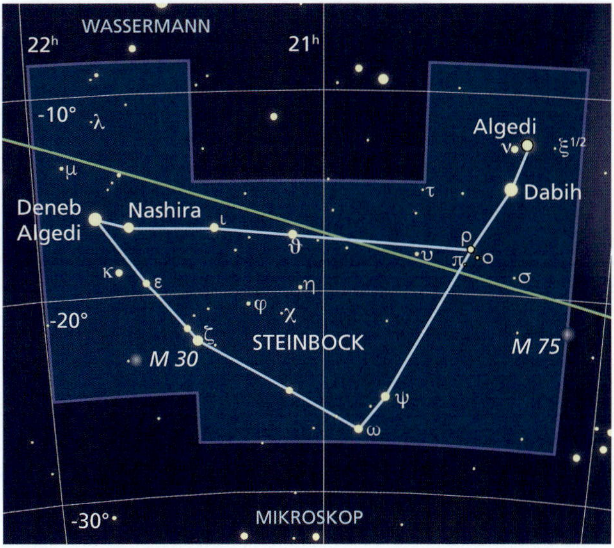

9.7 Das Sternbild Steinbock.

Schon die Babylonier sahen in dieser Sternenfigur einen Raubvogel, nämlich einen Geier. Bei den alten Ägyptern erkannte man in diesem Sternenareal einen auf seine Beute herabstürzenden Adler. So bedeutet die arabische Bezeichnung Atair (auch Altair) für den hellsten Stern im Adler (α Aquilae) „der fliegende Adler“. Schon auf einem Sternbilderstein in Mesopotamien, der 1200 Jahre vor unserer Zeitrechnung bearbeitet wurde, findet sich ein Adler eingemeißelt.

Mit $0^{m}{,}8$ scheinbarer Helligkeit ist Atair (α Aql) der hellste Stern

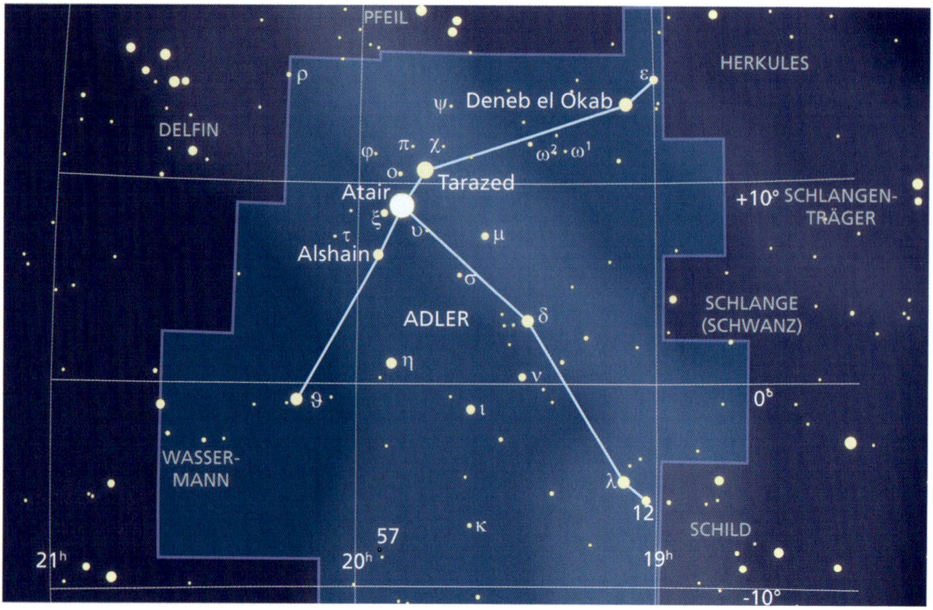

9.8 Skelettkarte des Sternbildes Adler.

im Adler. Mit 17 Lichtjahren Entfernung gehört dieser weiß strahlende Stern zu den Nachbarn unserer Sonne.

Atair ist neunmal leuchtkräftiger als unsere Sonne und hat den eineinhalbfachen Sonnendurchmesser. Atair ist einer der am schnellsten rotierenden Sterne, die man kennt. Seine Rotationsgeschwindigkeit beträgt am Äquator 260 Kilometer pro *Sekunde*, eine Umdrehung dauert somit nur 7 Stunden, während unsere Sonne für eine volle Rotation etwas mehr als 25 Tage benötigt.

Atair ist daher stark abgeplattet. Sein Äquatordurchmesser ist doppelt so groß wie sein Poldurchmesser.

Der Name Alschain für β Aquilae kommt aus dem Persischen und bedeutet „Falke“. Alschain ist ein $3\overset{m}{,}7$ heller, gelber Stern in 45 Lichtjahren Entfernung.

Eine Größenklasse heller als β ist γ Aquilae mit $2\overset{m}{,}7$ scheinbarer Helligkeit, dafür aber mehr als zehnmal so weit entfernt, nämlich 460 Lichtjahre. Daraus folgt, dass γ Aql eine sehr leuchtkräftige Sonne sein muss. Tatsächlich ist γ Aql ein roter Riesenstern, der etwa 1500-mal heller leuchtet als unsere Sonne. Von den Persern wurde γ Aql Tarazed getauft.

Ein klassischer Cepheïdenstern ist η Aql, dessen Helligkeit zwischen $3\overset{m}{,}5$ und $4\overset{m}{,}4$ mit einer Periode von 7,18 Tagen schwankt. Er ist einer der leuchtkräftigsten Sterne überhaupt und leuchtet im Mittel so hell wie zehntausend unserer Sonnen. Seine Entfernung beträgt respektable 1200 Lichtjahre.

R Aql ist ein langperiodischer Variabler vom Mira-Typ. Im Maximum bei 5^{m} kann man ihn leicht im Fernglas sehen, bei guten Sichtbedingungen sogar mit bloßen Augen. Im Minimum sinkt seine Helligkeit jedoch auf 12^{m} ab. Im Mittel erreicht R Aql alle 280 Tage sein Maximum. Der mittlere Durchmesser dieser pulsierenden Sonne liegt beim Vierhundertfachen des Durchmessers unserer Sonne. Die Entfernung von R Aql beträgt knapp 700 Lichtjahre.

Die Entdeckung des Neptun

Sven Melchert

9.9 Der Neptun – ein blasser Lichtpunkt am Sternenhimmel.

Eine der größten Erfolge der klassischen Gravitationstheorie Isaac Newtons und der theoretischen Astronomie war die Entdeckung des Planeten Neptun. Sie wurde oft erzählt, allerdings unter verschiedenen Aspekten. Es gab Lob, aber auch heftige Kritik an einzelnen Beteiligten. Die Geschichte der Entdeckung zeigt auch die erfolgreiche internationale Zusammenarbeit bei astronomischen Forschungen im 19. Jahrhundert. Statt Werturteile über die Leistungen und Fehler der Astronomen seien die reinen Fakten aufgezählt, wie es zum Auffinden eines vorher unbekannten Planeten kam – zuerst am Schreibtisch und anschließend im Teleskop.

Die Entdeckungsgeschichte des Neptun begann eigentlich schon im März 1781 mit dem Auffinden des Planeten Uranus durch Wilhelm (William) Herschel. Er glaubte, einen neuen Kometen entdeckt zu haben, und schrieb einen Bericht *An Account of a Comet* an die Royal Society. Bald wurde offenbar, es handelt sich nicht um einen Schweifstern, sondern um einen Planeten. Pierre Simon de Laplace bestimmte die Umlaufzeit um die Sonne zu 84,01 Jahren, was fast dem modernen Wert von 84,07 Jahren entspricht.

Im Jahre 1788 wurde ein „Fehlverhalten" von Uranus diagnostiziert. Pater Placidus Fixlmillner (1721–1791) von Kremsmünster hatte zur Bahnbestimmung ältere Beobachtungen verwendet. Denn Uranus war schon vor Entdeckung durch Herschel gesehen, aber irrtümlich für einen Fixstern gehalten worden. So hat John Flamsteed (1646–1719) vom Observatorium Greenwich bei London ihn als 34 Tauri in seiner Sternkarte bezeichnet. Nach Fixlmillner wich Uranus von seiner Bahn ab. Fixlmillner dachte an einen Fehler in Flamsteeds und anderen älteren Positionsangaben und verwarf diese.

Eine Zeitlang ging alles gut. Doch dann hielt sich Uranus abermals nicht an die kalkulierte Bahn. Einer der größten zeitgenössischen Mathematiker Frankreichs, Alexis Bouvard (1767–1843) nahm sich des Problems an und berechnete die Uranusephemeride neu, wobei er alle alten Sichtungen unberücksichtigt ließ. Nur vier Jahre später begann der Ärger abermals. War Uranus

NASA/JPL

9.10 Der blaue Planet Neptun – aufgenommen von der Raumsonde Voyager 2 im August 1989.

zuerst etwas schneller als kalkuliert, so blieb er von 1820 bis 1832 um einen ganzen scheinbaren Vollmonddurchmesser, nämlich um 30′, zurück. Irgendetwas war nicht in Ordnung. Musste man das Gravitationsgesetz korrigieren?

George Biddell Airy (1801–1892), damals noch in Cambridge (England), berichtete, dass die aktuelle Uranusposition eine halbe Bogenminute von der Bouvard-Ephemeride abweicht. Damals kam der Gedanke auf, ein unbekannter Planet könnte einen gravitativen Einfluss auf Uranus nehmen. So schrieb 1835 Jean Élias Benjamin Valz (1787–1867), Direktor der Sternwarte in Marseille, der auch die Bahn des Halleyschen Kometen berechnet hatte (Perihelpassage 1835), an François Jean Arago (1786–1853), führender Astronom Frankreichs, es gäbe wohl einen unsichtbaren Planeten jenseits der Uranusbahn. Friedrich Bernhard Gottfried Nicolai (1793–1846), Direktor der Mannheimer Sternwarte, äußerte sich ähnlich, wobei er 1836 als große halbe Bahnachse des hypothetischen Planeten 38 AE angab. Er hatte einfach die Titius-Bode-Abstandsregel weiter fortgeführt (siehe *Kompendium der Astronomie*, 6. Auflage, Seite 199). Diese Regel hatte sich ausgezeichnet bei der Entdeckung von Ceres im Jahr 1801 bewährt.

Der erste definitive Vorschlag, nach einem Trans-Uranus-Planeten zu suchen, kam von dem Amateurastronomen Reverend Thomas John Hussey (1792–1866), Rektor in Hayes bei Kent (England). Er schrieb am 17. November 1834 an Airy und erkundigte sich, inwieweit eine Suche nach Transuranus erfolgversprechend sei. Airy antwortete mit Schreiben vom 23. November, in dem er wenig Begeisterung für diese Aufgabe erkennen ließ.

George Biddell Airy

Airy war damals schon ein prominenter Astronom. Er wurde am 27. Juli 1801 in Alnwick (Northumberland, England) geboren. Sein Vater war ein einfacher Staatsbeamter in der Zoll- und Steuerbehörde. Als George die Universität Cambridge besuchte und auch ein Stipendium am Trinity College erhielt, geschah dies ohne jede Protektion seiner Herkunft wegen. Er erhielt zahlreiche akademische Preise, die für ihn überhaupt in Frage kamen. Seine Abschlussprüfung bestand er als Zweitbester.

Auch galt seine Liebe den klassischen Sprachen Latein und Griechisch. Im Jahre 1827 wurde er zum Plumian Professor berufen, verbunden mit dem Direktorat der Universitätssternwarte von Cambridge. Seine Gehaltsforderungen wurden erfüllt. In den folgenden sieben Jahren entwickelte er das Cambridge-Observatorium zu einem der besten in Europa. Fraglos war Airy ein hervorragender Organisator und Verwalter. Im Jahre 1835 wurde er zum Direktor des Royal Greenwich Observatory ernannt, verbunden mit der Berufung zum Astronomer Royal. Sein Vorgänger Reverend John Pond war lange nicht so erfolgreich, um es freundlich auszudrücken. Höflich, aber bestimmt hatte man ihn aufgefordert, sein Amt zur Verfügung zu stellen. In Airy fand man einen ideal geeigneten Nachfolger. Als er sein Amt antrat, fand er eine Menge Arbeit vor. Auch musste er sich von Thomas Taylor, Ponds Chef-Assistent, trennen, der korrupt und alkoholsüchtig war. Als Airy 1881 in den Ruhestand trat, hatte das Greenwich Observatory Weltruhm erlangt. Er war ein hervorragender

Ingenieur und Instrumentenbauer. Er modernisierte die gesamte Sternwarte. Dass Greenwich international Reputation erlangte, zeigte sich unter anderem dadurch, dass der Nullmeridian der Erde auf internationalen Beschluss durch das Greenwich-Observatorium gelegt wurde.

Airy war auch in etlichen Gremien tätig, die nichts mit Astronomie zu tun hatten, wie beispielsweise in der Parlamentskommission, die die Spurweite der Britischen Eisenbahnen festlegte.

Doch es gab auch kritische Punkte, wie seine Zeitgenossen anmerkten. So war Airy kein erfahrener Beobachter. Einmal wegen seiner schlechten Augen, zum anderen wegen seiner persönlichen Einstellung. Beobachten hielt er für eine stupide Tätigkeit. So schrieb er 1846: „Denn dies könnten am Instrument gut trainierte, aber geistig wenig begabte Helfer, gewissermaßen Beobachtungsknechte, erledigen."

Der versierte Amateurastronom und Doppelsternbeobachter Sir James South sagte einmal: „Der Astronomer Royal beobachtet nicht. Von 69 368 Beobachtungen, die von 1835 bis 1847 am Greenwich-Observatorium gemacht wurden, gab es nur 164, die von Airy stammen. Das sind pro Monat etwa eine oder 0,236 % aller Beobachtungen."

Seine Mitarbeiter stöhnten über seine übertrieben pedantische Art. Ein groteskes Beispiel: Airy verbrachte einmal einen ganzen Tag damit, alle leeren Schachteln mit einem Aufkleber „Empty" (leer) zu beschriften ...

Er blieb seinem Verhalten treu und war nicht bereit sich zu ändern, falls er etwas als unsinnig erkannte. Ungern delegierte er etwas und nichts brachte ihn ab von seiner strengen Routine. Von Amateurastronomen hielt er wenig, selbst wenn sie erfolgreich waren.

Die Persönlichkeit Airys zu kennen ist wichtig, will man seine Rolle in der Entdeckungsgeschichte des Neptun verstehen. Die Frage nach einem Transuranus erschien ihm nicht besonders interessant. Selbst wichtige Leute ließ er abblitzen wie Alexis Bouvard, den Neffen von Eugène Bouvard.

Wellcome Library

9.11 John Couch Adams (1819–1892)

John Couch Adams

Friedrich Wilhelm Bessel, der erstmals beim Stern 61 Cygni erfolgreich eine trigonometrische Parallaxe maß, hielt 1840 in Königsberg (Ostpreußen) einen Vortrag über die Möglichkeit, den hypothetischen Planeten jenseits der Uranusbahn zu finden. Er informierte John Herschel, Sohn von Wilhelm Herschel, von der Absicht, gemeinsam nach einem Transuranus zu suchen. Auch Herschels Schüler Friedrich Wilhelm Flemming (1812–1840) wollte sich der Suche anschließen. Allein, Flemming verstarb plötzlich und auch die Gesundheit Bessels war nicht mehr die beste. Schließlich starb Bessel 1846.

Das Uranusproblem nahm Fahrt auf. Ihm widmete sich auch John Couch Adams. Geboren 1819 in Cornwall (England) nahm er nach Besuch einer Privatschule in Devonport seine Studien in Cambridge auf, wo er für die meiste Zeit seines Lebens blieb. Schließlich wurde er 1860 Direktor des Cambridge-Observatoriums. Adams hätte Nachfolger von Airy werden können. Er lehnte die Berufung ab, ebenso den Ritterschlag von Queen Victoria. Er war stets bescheiden und unauffällig. Bei seinen Zeitgenossen war er sehr beliebt. Seine mathematischen Arbeiten wurden

Wellcome Library

9.12 Urbain Jean Joseph Leverrier (1811–1877)

nicht so bekannt. Sein Name ist in erster Linie durch die Entdeckung des Neptun weltweit bekannt geworden.

Er machte am 3. Juli 1843 einen interessanten Eintrag in sein Notizbuch. Darin merkte er an: Wenn er in dieser Woche sein Diplom erhält, wird er sich unverzüglich den Unregelmäßigkeiten im Lauf des Uranus widmen. Mit Auszeichnung erhielt er sein Diplom und machte sich sogleich an das Uranusproblem. Er bestimmte die Bahnelemente des hypothetischen Planeten aus den Störungen des Uranuslaufes. Er übergab sie James Challis, Astronom in Cambridge. Am 13. Februar 1844 schrieb Challis an Airy, ein junger Kollege arbeite am Uranusproblem und benötige weitere Daten. Zwei Tage später bekam Challis die Daten, die er an Adams weiterleitete. Mitte 1845 hatte Adams die vermutete Position des hypothetischen Planeten ermittelt. Challis schrieb am 22. September 1845 an Airy, Adams wolle ihn persönlich treffen. Doch es hieß, Airy sei außer Landes auf einer Konferenz in Frankreich. Airys Frau konnte nicht sagen, wann er zurückkäme. Als Adams erneut im Greenwich-Observatorium erschien, erklärte ein Butler, Airy diniere und dürfe nicht gestört werden. Adams wartete geduldig. Doch um 3:30 p. m. (15:30 Uhr) war Airy angeblich immer noch nicht zu sprechen. Daraufhin verließ Adams Greenwich, nicht ohne einen Brief mit seinen Ergebnissen an Airy zu übergeben. Am 5. November antwortete Airy und fragte nach dem Radiusvektor.

Warum hat Adams nicht selbst nach dem hypothetischen Planeten gesucht? Nach seinen Kalkulationen solle er 8. Größe haben (tatsächlich $7\overset{\mathrm{m}}{,}8$) und somit schon in kleineren Teleskopen zu erkennen sein. Doch Adams war der Meinung, der Planet würde sich in einem größeren Fernrohr als Scheibchen zu erkennen geben und sich so von Fixsternen unterscheiden. Doch eine jüngere Verwandte von Adams meinte, theoretische Astronomen seinen ungeübt im Beobachten. Dies gilt auch heute noch!

So wartete Adams ab, wann wohl Airy oder Challis bereit und interessiert genug wären, nach dem noch unentdeckten Planeten zu suchen.

Urbain Jean Joseph Leverrier

Zwischenzeitlich war man jenseits des Ärmelkanals aktiv geworden. Auf Betreiben von François Arago wurde das Uranusproblem Urbain Jean Joseph Leverrier (Le Verrier) vorgetragen. Leverrier war einer der bedeutendsten Himmelsmechaniker aller Zeiten. Er wurde am 11. März 1811 in Saint-Lô in der Normandie (Frankreich) geboren. Ursprünglich als Chemiker ausgebildet, wandte er sich ab 1837 der theoretischen Astronomie zu, was damals im Wesentlichen die Himmelsmechanik umfasste. Bald zeigte sich die außergewöhnliche Begabung von Leverrier für die mathematische Astronomie. Er wurde in späteren Jahren denn auch Nachfolger von Arago als Direktor des Pariser Observatoriums. Doch er bekam Probleme mit dem Personal. Zeitgenossen meinten sarkastisch, er wäre zwar nicht der abscheulichste Mann Frankreichs, aber sicher der verhassteste. Im Jahre 1870 wurde Leverrier als Direktor entlassen. Grund war seine Reizbarkeit und Überempfindlichkeit. Sein Nachfolger Charles Eugène Delaunay (1816–1872) ertrank bei einem Bootsunfall und Leverrier kehrte auf seinen Posten zurück, den er bis zu seinem Tod am 23. September 1877 innehatte. Zwar mit einer anderen Methode als Adams, aber nahezu mit gleichem Ergebnis erhielt Leverrier die Position des vermuteten Planeten. Leverrier publizierte 1845 sein Ergebnis in der Schrift *Comptes rendus* der Pariser Akademie der Wissenschaften. Die Publikation landete im Dezember 1845 auf Airys Schreibtisch.

Im Sommer 1846 erhielt Airy ein zweites Papier mit Daten von Leverrier. Airy war beeindruckt und bekundete Leverrier seine Hochachtung. Airys Interesse war geweckt. Die Positionen von Adams und Leverrier differierten nur um ein Grad. Airys Zweifel verschwanden. Ihm wurde klar, nun müsse man suchen, damit England nicht der Ruhm der Entdeckung entgleitet. Airy instruierte Adams und John Herschel, mit der Suche zu beginnen. Obwohl das Greenwich Observatory die führende Sternwarte des Landes war, setzte Airy sein eigenes Personal nicht zur Suche nach dem transuranischen Planeten ein. Airy selbst war kein geübter Beobachter. Das größte Teleskop in Greenwich war der Sheepshanks-Refraktor mit 17 cm freier Öffnung. In Cambridge bei Challis hatte man jedoch den Northumberland-Refraktor mit knapp 30 cm Öffnung. Am 9. Juli 1846 schrieb Airy an Challis mit der dringenden Bitte, mit der Suche zu beginnen. Mit Schreiben vom 13. Juli sagte er die Unterstützung durch einen Assistenten von Greenwich zu. Challis war aber außer Landes und kehrte erst am 18. Juli zurück. Er versprach Airy, die Suche aufzunehmen, wies aber das Angebot, einen Assistenten zu bekommen, zurück. Die erste Beobachtung fand in Cambridge am 29. Juli statt. Seine Sternkarte war nicht besonders gut. Er benutzte eine 116-fache Vergrößerung in der Hoffnung, den gesuchten Planeten als kleines Scheibchen auszumachen.

Challis untersuchte alle Sterne bis 11^{m}, eine langwierige und mühevolle Arbeit. Das Wetter war nicht immer gut und Challis teilte schließlich Airy mit, dass er mit der Suche noch in diesem Jahr fertig werden würde. Und so war es auch.

James Challis wurde am 12. Dezember 1803 in Braintree in Essex (England) geboren. Er schloss seine Studien in Cambridge 1825 mit höchster Auszeichnung ab. Schließlich wurde er 1836 zum Plumian-Professor an der University Cambridge berufen. Von 1836 bis 1861 war er gleichzeitig auch Direktor des Cambridge Observatory. Wissenschaftlich war Challis hochqualifiziert und lieferte nützliche Beiträge wie Publikationen.

Doch es mangelte ihm an Selbstvertrauen. Seine Unentschlossenheit verärgerte Airy. Mit der Zeit verlor Challis immer mehr das Vertrauen in Adams Positionsbestimmungen des hypothetischen Planeten.

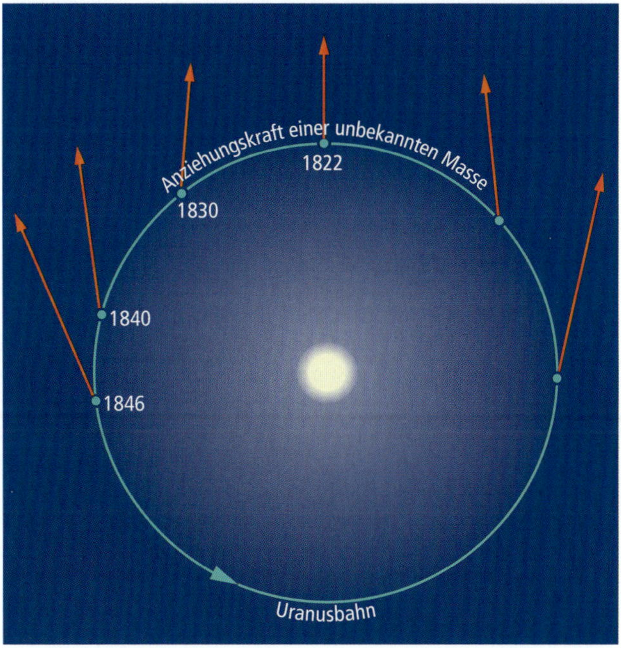

9.13 Störungen der Uranusbewegung in seiner Bahn durch eine unbekannte Masse.

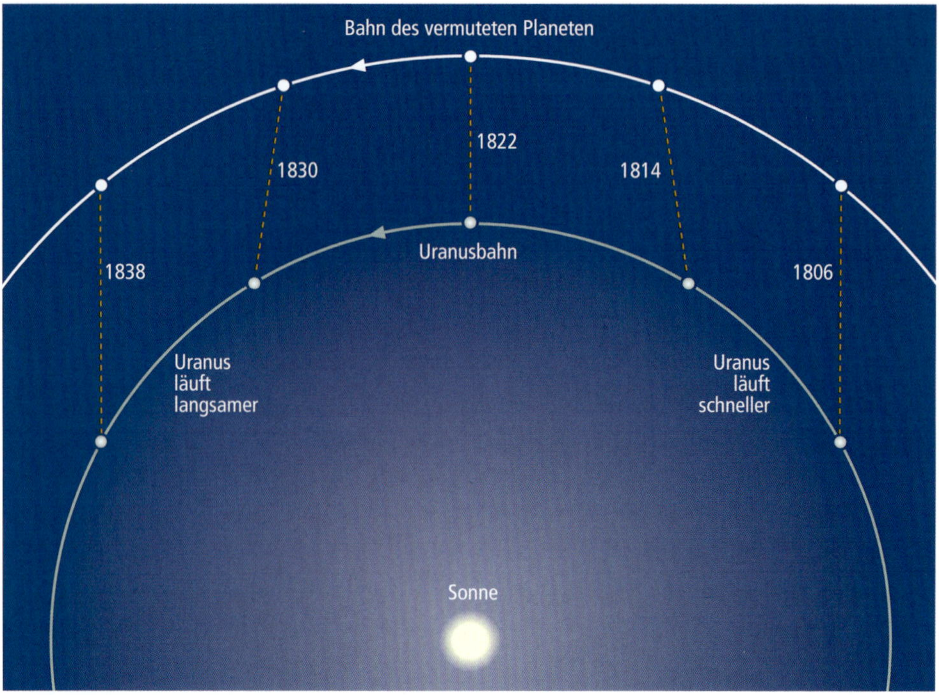

9.14 Neptun verursacht Bahnabweichungen von Uranus durch seine Massenanziehung.

Entdeckung in Berlin

Am 31. August 1846 präsentierte Leverrier abermals ein Papier der Akademie der Wissenschaften, in dem er die Position des gesuchten Planeten als fünf Grad östlich des Sterns δ Cap (3^m) angab und auch die Bahnelemente. Als scheinbare Größe des Planetenscheibchens schätzte er 3,″3 (tatsächlicher Wert 2,″3). Leverrier erwartete, dass man am Pariser Observatorium unverzüglich mit der Suche beginne. Doch nichts geschah. Am 18. September riss ihm der Geduldsfaden und er beschloss, die Berliner Sternwarte zu kontaktieren. Er schrieb an den ihm bekannten Observator Johann Gottfried Galle, mit dem er schon früher Briefkontakt hatte. Als die Depesche am 23. September 1846 in Berlin eintraf, ging Galle schnurstracks zu Johann Franz Encke, Direktor der Berliner Sternwarte. Bei dem folgenden Gespräch war auch der junge Student Heinrich d'Arrest anwesend. Dieser bat, bei der Suche behilflich sein zu dürfen. Galle stimmte zu. Er wollte diesen bestrebten Studenten nicht enttäuschen. Am 23. September 1846 war auch Enckes 55. Geburtstag.

In der Nacht vom 23. auf 24. September war der Himmel in Berlin sternklar. Galle erhielt die Dispens von Encke, seiner Geburtstagsfeier fern zu bleiben, um nach dem hypothetischen Planeten zu suchen. Mit Einbruch der Dunkelheit begann die Suche mit dem 23-cm-Fraunhofer-Refraktor, dem damals größten Teleskop der Berliner Sternwarte. Leverrier hatte als Position angegeben: $\alpha = 22^h46^m$ und $\delta = -13°24'$.

Galle hoffte, den gesuchten Himmelskörper als kleines Scheibchen zu erkennen. d'Arrest schlug vor, eine Sternkarte zu verwenden. Glücklicherweise war das Blatt Hora XXI der *Berliner Akademischen Sternkarte* von Carl Bremiker gerade frisch gedruckt worden.

Man musste nicht lange suchen. Galle blickte durch das Okular und rief scheinbare Helligkeiten und Positionen der Sterne aus, die in das Gesichtsfeld kamen. D'Arrest identifizierte die Sterne auf der Karte. Innerhalb von Minuten nannte Galle einen Stern 8. Größe mit der Position $\alpha = 22^h55^m26^s$ sowie $\delta = -12°39'54''$. D'Arrest rief: „Dieser Stern ist nicht auf der Karte!" Der vorhergesagte Planet war gefunden, die Jagd war vorbei. Doch ein wenig Zweifel blieb, denn das Scheibchen war kaum als solches zu erkennen. In der nächsten Nacht vom 24. zum 25. September zeigte sich: Das Objekt hatte sich bewegt, es war kein Stern, sondern der gesuchte Planet. Galle kabelte nach Paris an Leverrier: „Der Planet, dessen Position Sie angegeben haben, existiert tatsächlich!"

Enttäuschung in England

Da tat sich ein Problem auf: Wie soll man den neuen Planeten nennen? Challis machte 1846 den Vorschlag: „Oceanus". Galle schrieb an Leverrier und schlug vor „Janus". Am 1. Oktober antwortete Leverrier: „Das Bureau des Longitudes hat entschieden: Neptun". Das Symbol hierfür ist ein Dreizack: ♆. Janus würde bedeuten, dass er der letzte Planet im Sonnensystem wäre. Und niemand weiß, ob nicht noch weitere Planeten jenseits der Neptunbahn ihrer Entdeckung harren. Arago fand die Bezeichnung „Leverriers Planet" geeignet, um den Entdecker zu ehren. Dies stieß in der astronomischen Community auf Widerstand. Encke in Berlin setzte sich für „Neptun" ein. Dies hielt man auch in England für richtig. Denn „Georgian Sidus" wurde für „Uranus" auch aufgegeben. Förmlich eingeführt wurde der Name Neptun 1850 im Jahrbuch *Nautical Almanac*.

Zwar einigte man sich schließlich auf Neptun. Aber es kam zwischen allen Beteiligten zu einem unerfreulichen Briefwechsel. Man warf Airy vor, die Suche nach dem hypothetischen Planeten nicht mit nötigem Nachdruck verfolgt zu haben. In Greenwich war man zu wenig interessiert und Challis wurde mangelnde Beobachtungserfahrung vorgeworfen. Airy galt als Hauptversager.

Olga Radomsky/Leibniz-Institut für Astrophysik Potsdam

9.15 Johann Gottfried Galle (1812–1910)

Er hatte zu wenig Vertrauen in Adams Kalkulationen und hatte ihn abblitzen lassen.

Nachträglich stellte sich heraus, dass Neptun vor seiner eigentlichen Entdeckung schon öfters gesehen, aber nicht als Planet erkannt wurde. So hat 1612 kein geringerer als Galileo Galilei Neptun in eine Sternkarte eingetragen. Am 2. Januar 1614 sah Galilei Neptun als Fixstern an, der später von John Flamsteed als der $7^m\!\!.1$ helle Stern SAO 119 234 notiert wurde. Diesen Stern gibt es aber nicht. Auch der schottische Astronom John Lamont, manchmal Johann von Lamont genannt, da er viele Jahre als Direktor der Münchner Sternwarte in Deutschland verbracht hatte, beobachtete am 25. Oktober 1845 und am 7. sowie 11. September 1846 Neptun, ohne ihn als Planet zu identifizieren.

Leverrier und Adams wurde auch vorgeworfen, gar nicht die richtige Bahn von Neptun ermittelt zu haben. Die Entdeckung von Neptun sei eher zufällig erfolgt. Denn beide gingen von der Titius-Bode-Relation für die große Bahnhalbachse von Neptun aus (siehe Tabelle auf Seite 209).

Neptun besitzt einen Mond

Ein Name darf in der Entdeckungsgeschichte von Neptun nicht unerwähnt bleiben: William Lassell aus Liverpool, geb. in Bolton, Lancashire 1799, erfolgreicher Bierbrauer, Inhaber der Milton Street Brewery, versierter Designer und Erbauer astronomischer Instrumente und hervorragender Amateurastronom, der ein Wissen wie professionelle Astronomen hatte und in seiner Beobachtungskunst Profis weit überlegen war. Lassell fand den siebten Saturnmond Hyperion sowie Saturns Kreppring, entdeckte die Uranusmonde Ariel und Umbriel, schliff hervorragende Teleskopspiegel und baute die beste Montierung seiner Zeit.

Am 1. Oktober 1846 erhielt er von John Herschel in einem Brief die Mitteilung von der Entdeckung des „neuen Planeten". Trotz eines verstauchten Knöchels machte er sich mit seinem 61-cm-Reflektor, den er selbst gefertigt hatte, auf die Suche nach dem Planeten. Er erkannte sofort das Planetenscheibchen. Kein Zweifel für ihn, dies war der gesuchte Planet und kein Fixstern. Am 10. Oktober gelang ihm eine wesentliche Entdeckung. Er fand den größten Mond des Neptun. Dieser umrundet in einem mittleren Abstand von 355 000 Kilometer Neptun in fünf Tagen und 21 Stunden. Allerdings läuft dieser Mond retrograd um Neptun. Man geht davon aus, dass er ein eingefangenes Objekt aus dem Kuiper-Gürtel ist (siehe Monatsthema „Was ist der Kuiper-Gürtel?" auf Seite 80). Lange blieb die-

NASA/JPL

9.16 **Die Ringe des Neptun im Gegenlicht. Aufnahme von Voyager 2 im August 1989.**

9.17 **Neptun und sein großer Mond Triton im Gegenlicht. Aufnahme von Voyager 2 im August 1989.**

NASA/JPL

9.18 **Neptun und seine Ringe, aufgenommen vom James-Webb-Weltraumteleskop im September 2022.**

ser Trabant des Neptun unbenannt. Man sprach nur vom „Mond des Neptun". Inoffiziell wurde er 1880 in dem Buch *Astronomie Populaire* von Camille Flammarion „Triton" genannt, ein passender Name nach der Mythologie. Denn Triton ist der Sohn des Meeresgottes Neptun. Erst nachdem Kuiper 1949 die Nereïde als zweiten Neptunmond entdeckt hatte, wurde der Name Triton offiziell für den erstentdeckten und größten Neptunmond eingeführt.

Lassell war kein Freund halber Sachen. Er fertigte 1859 einen 48-Zöller (122-cm-Reflektor) an. Schon 1852 beklagte er die Licht- und Luftverschmutzung in Liverpool. 1861 schließlich zog er mit seinen Instrumenten und seinem gesamten Haushalt einschließlich eines großen Pianos nach Malta. Selbst eine dampfbetriebene Spiegelschleifmaschine nahm er mit. Erst 1865 kehrte er nach England zurück.

Die Entdeckung des Neptun ist ein Musterbeispiel internationaler Zusammenarbeit auf dem Gebiet der Astronomie und ein einzigartiger Beweis, wie theoretische Astronomie in Verbindung mit Beobachtungspraxis zu Fortschritten in der Himmelskunde führen. Dies gilt erst recht in der heutigen Zeit.

BAHNELEMENTE VON NEPTUN

	Mittlere Sonnendistanz	Umlaufperiode	Numerische Exzentrizität
Adams	37,25 AE	227,3 Jahre	0,12062
Leverrier	36,15 AE	217,387 Jahre	0,10761
Wahrer Wert	30,06 AE	164,788 Jahre	0,00886

Oktober 2024

- Merkur bleibt unbeobachtbar.
- Venus ist unauffälliger Abendstern.
- Mars wird deutlich heller und ist fast die ganze Nacht über beobachtbar.
- Jupiter wird zum Planeten der gesamten Nacht.
- Saturn ist fast die ganze Nacht am Firmament vertreten. Vom Morgenhimmel zieht er sich zurück.

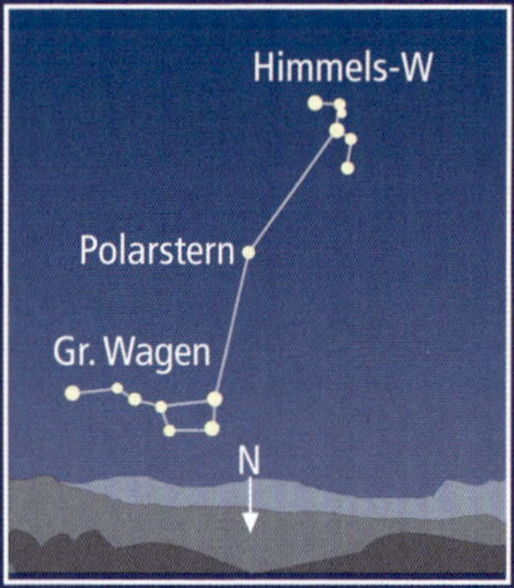

Großer Wagen und Himmels-W Anfang Oktober um 22 Uhr MEZ

10.1 Himmelsanblick am 20. Oktober gegen 23h MEZ (= Mitternacht MESZ). Über dem Osthorizont strahlen Jupiter und der abnehmende Mond. Knapp über dem Horizont ist Mars zu sehen.

1 Di	
2 Mi	Neumond
3 Do	Tag der Deutschen Einheit
4 Fr	
5 Sa	Mond bei Venus – abends
6 So	
7 Mo	
8 Di	
9 Mi	
10 Do	Erstes Viertel
11 Fr	
12 Sa	
13 So	
14 Mo	Mond bei Saturn – abends
15 Di	

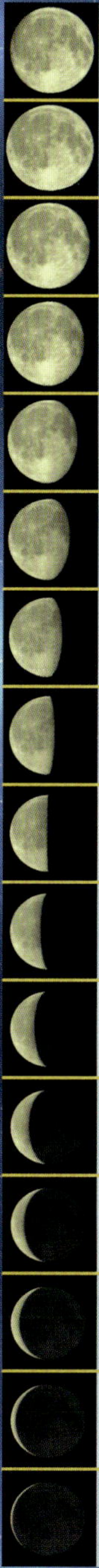

16 Mi	
17 Do	Vollmond
18 Fr	
19 Sa	
20 So	
21 Mo	Mond bei Jupiter – morgens
22 Di	
23 Mi	Mond bei Mars – abends Mond bei Pollux – spätabends
24 Do	Letztes Viertel
25 Fr	
26 Sa	Österreichischer Nationalfeiertag
27 So	Ende der Sommerzeit
28 Mo	
29 Di	
30 Mi	
31 Do	

SONNE – STERNBILDER

22. 10. 23^{h}:
Sonne tritt in das Tierkreiszeichen Skorpion

31. 10. 3^{h}:
Sonne tritt in das Sternbild Waage

Julianisches Datum am
1. Oktober, 1^{h} MEZ: 2 460 584,5

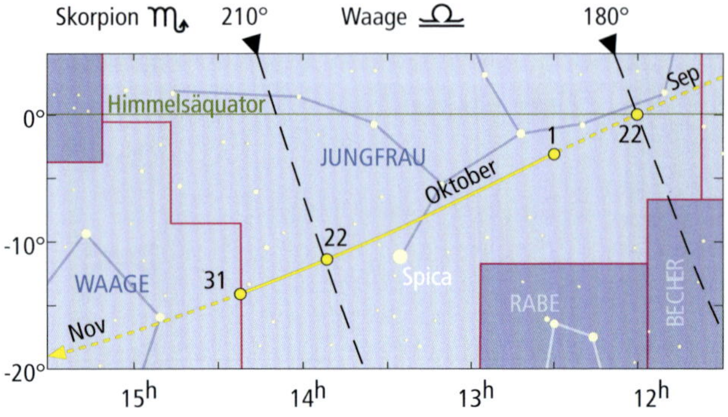

SONNENLAUF

Tag	Dämmerg. Anfang	Aufgang MEZ	Kulmination	Untergang MEZ	Dämmerg. Ende	Mittagshöhe	Zeitgleichg.	Rektaszension	Deklination
	h m	h m	h m	h m	h m	°	m	h m	°
1.	5 11	6 21	12 09	17 58	19 07	36,5	+11	12 29	– 3,2
5.	5 17	6 27	12 08	17 49	18 58	35,0	+12	12 44	– 4,7
10.	5 25	6 34	12 07	17 38	18 48	33,1	+13	13 02	– 6,6
15.	5 32	6 42	12 06	17 28	18 38	31,2	+14	13 21	– 8,5
20.	5 40	6 50	12 05	17 18	18 29	29,4	+15	13 39	–10,3
25.	5 47	6 59	12 04	17 09	18 20	27,7	+16	13 58	–12,1
31.	5 57	7 09	12 04	16 58	18 10	25,7	+16	14 21	–14,1

Sonntag, 27. Oktober 2024: Ende der Sommerzeit!

TAGES- UND NACHTSTUNDEN

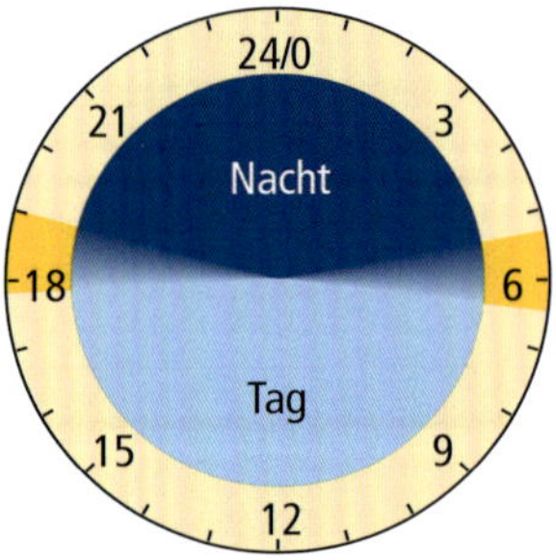

5. Oktober

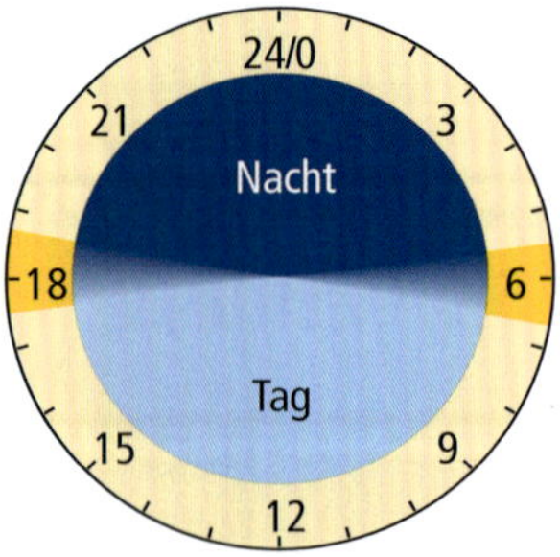

15. Oktober

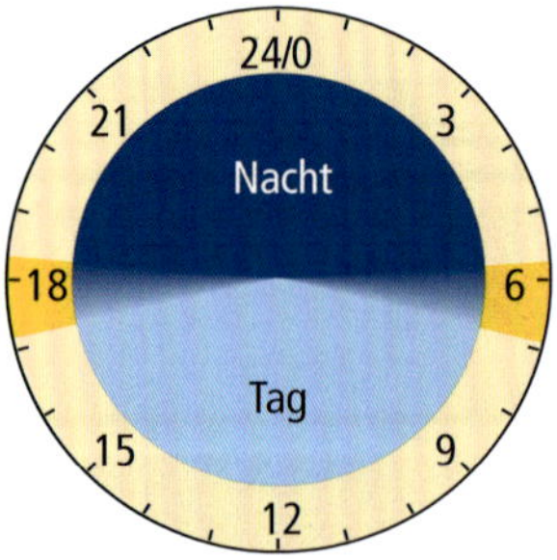

25. Oktober

MONDLAUF

Datum	Aufg. MEZ	Kulmination	Unterg. MEZ	Rektaszension	Deklination	Sterne und Sternbilder	Phase	MEZ
	h m	h m	h m	h m	°			
Di 1.	4 44	11 18	17 36	11 21	+ 6,0	Löwe		
Mi 2.	5 52	11 56	17 47	12 03	+ 0,3	Jungfrau	**Neumond Nr. 1259**	19^h49^m
							Erdferne 407/29,′4	21^h
							Absteigender Knoten	
Do 3.	7 00	12 35	17 58	12 44	− 5,3	Jungfrau		
Fr 4.	8 09	13 15	18 10	13 27	−10,8	Spica		
Sa 5.	9 20	13 58	18 26	14 11	−16,0	Jungfrau		
So 6.	10 33	14 44	18 46	14 57	−20,5	Waage		
Mo 7.	11 46	15 33	19 14	15 47	−24,3	Waage		
Di 8.	12 56	16 26	19 52	16 40	−27,0	Antares		
Mi 9.	13 57	17 21	20 45	17 35	−28,5	Schlangenträger	Größte Südbreite	
Do 10.	14 46	18 18	21 54	18 33	−28,5	Schütze, Nunki	**Erstes Viertel**	19^h55^m
							Libration Ost	
Fr 11.	15 23	19 14	23 13	19 32	−27,0	Schütze		
Sa 12.	15 50	20 09	–	20 30	−23,8	Steinbock		
So 13.	16 10	21 02	0 39	21 26	−19,3	Steinbock		
Mo 14.	16 27	21 53	2 07	22 21	−13,5	Wassermann		
Di 15.	16 42	22 44	3 35	23 14	− 6,8	Wassermann		
Mi 16.	16 57	23 35	5 04	0 07	+ 0,3	Fische	Aufsteigender Knoten	
Do 17.	17 14	–	6 34	1 01	+ 7,6	Fische	**Vollmond**	12^h26^m
							Erdnähe 357/33,′5	2^h
Fr 18.	17 34	0 29	8 07	1 57	+14,4	Widder		
Sa 19.	18 00	1 26	9 40	2 55	+20,3	* Widder		
So 20.	18 35	2 25	11 09	3 56	+24,8	Stier, Plejaden		
Mo 21.	19 25	3 26	12 28	4 59	+27,7	* Stier, Alnath		
Di 22.	20 28	4 28	13 29	6 01	+28,7	Fuhrmann	Größte Nordbreite	
Mi 23.	21 41	5 26	14 13	7 02	+27,9	Zwillinge	Libration West	
Do 24.	22 58	6 21	14 43	7 59	+25,6	Pollux	**Letztes Viertel**	9^h03^m
Fr 25.	–	7 10	15 04	8 52	+22,1	Krebs, Krippe		
Sa 26.	0 13	7 55	15 21	9 41	+17,8	Löwe, Regulus		
So 27.	1 25	8 37	15 34	10 27	+12,8	Löwe, Regulus		
Mo 28.	2 34	9 17	15 45	11 10	+ 7,4	Löwe		
Di 29.	3 42	9 56	15 56	11 52	+ 1,7	Jungfrau	Absteigender Knoten	
Mi 30.	4 50	10 35	16 06	12 33	− 3,9	Jungfrau	Erdferne 406/29,′4	0^h
Do 31.	5 58	11 14	16 19	13 16	− 9,4	Spica		

DER MOND WANDERT KNAPP AN SATURN VORBEI

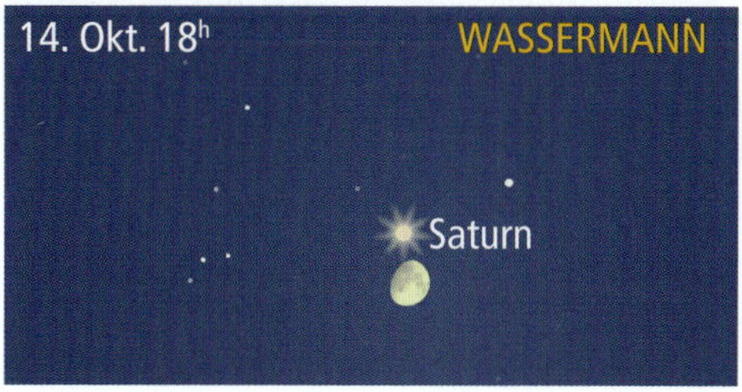

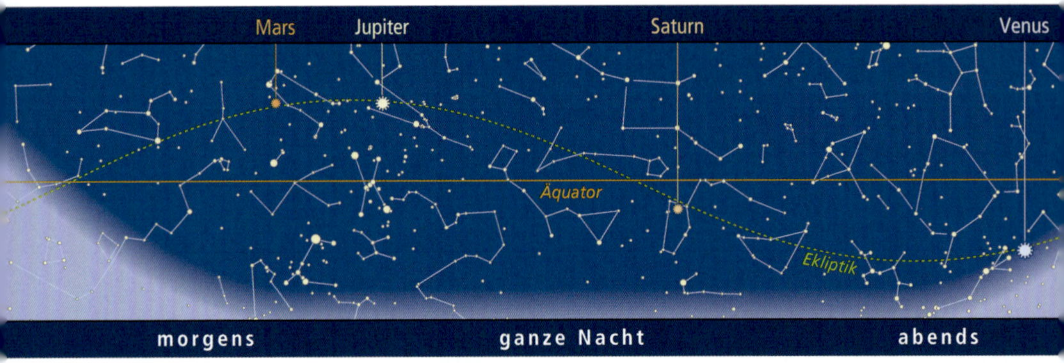

MERKUR stand am letzten Tag des Vormonats in oberer Konjunktion mit der Sonne. Bis Monatsende wächst sein östlicher Abstand von der Sonne auf 18,°5 an. Dies reicht diesmal nicht für eine Abendsichtbarkeit. Der sonnennächste Planet bleibt unsichtbar. Am 23. passiert Merkur das Aphel seiner Bahn.

VENUS ist zwar Abendstern, aber noch nicht besonders auffällig. Nach Sonnenuntergang kann man sie tief am Südwesthimmel ausmachen. Ende des Vormonats hat sie das Sternbild Jungfrau verlassen. Sie wandert nun durch die Waage und wechselt am 17. in den Skorpion, wo sie nicht lange verbleibt. Schon am 24. erreicht sie den Schlan-

10.2 Heliozentrischer Anblick des Planetensystems im letzten Jahresviertel 2024. Eingetragen sind im linken Teil die Positionen der inneren Planeten für den 1. Oktober (10), den 1. November (11), den 1. Dezember 2024 (12) und den 1. Januar 2025 (1). Der rechte Teil zeigt das äußere Planetensystem samt einigen Planetoiden zu Anfang und Ende des letzten Jahresviertels. Die Pfeile deuten die Richtungen zu den ferneren Planeten sowie zum Frühlingspunkt an.

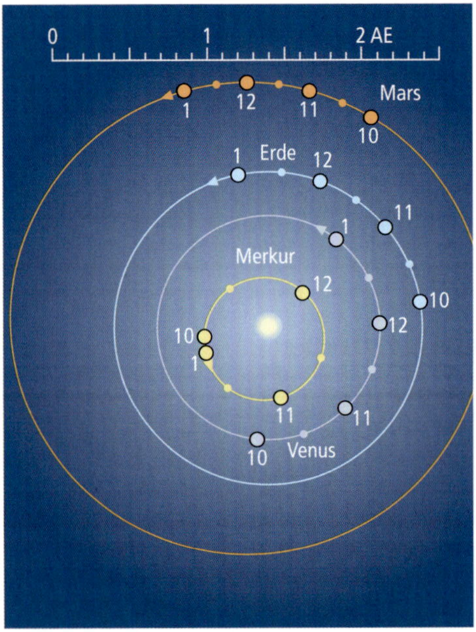

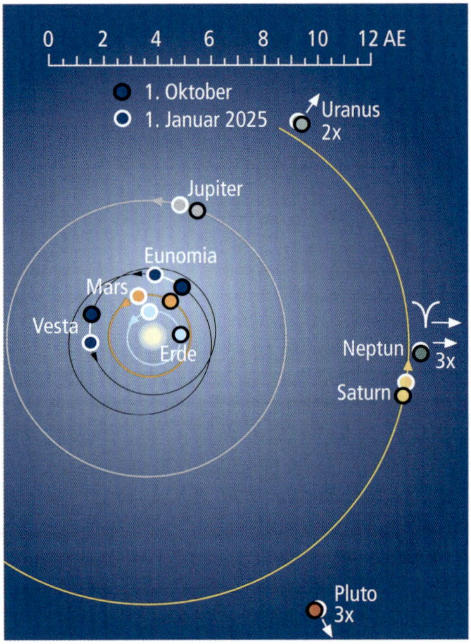

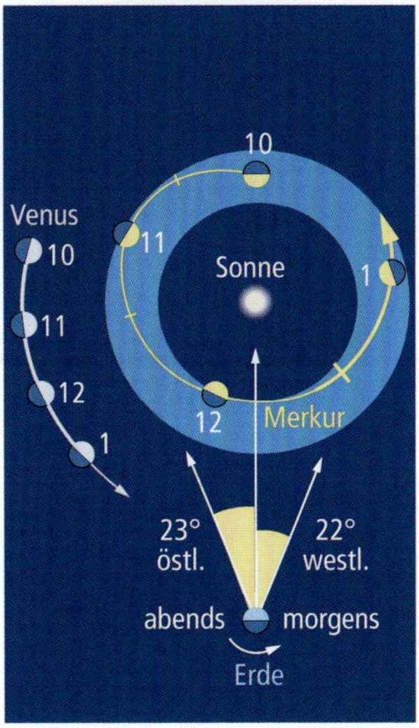

10.3 Heliozentrische Bewegungen von Merkur und Venus *relativ* zur Erde. In den dicker ausgezogenen Bahnteilen sind die Planeten beobachtbar. Die Zahlen geben die Positionen jeweils zum Monatsersten an. Östlicher Winkelabstand bedeutet Abendsichtbarkeit; westliche Elongation: Planet steht am Morgenhimmel.

genträger. Am 26. zieht sie 3° nördlich an Antares im Skorpion vorbei, wobei sie sich schon im Schlangenträger befindet. Die Sternbildergrenze Schlangenträger/Skorpion liegt zwischen Venus und Antares. Allerdings ist Antares in der hellen Dämmerung ohne lichtstarkes Fernglas nicht mehr sichtbar.

Am 1. erfolgt der Venusuntergang um 18^h56^m (= 19^h56^m Sommerzeit). Am 31. geht die inzwischen $-4^m,0$ helle Venus bereits um 18^h32^m unter. Die zunehmende, schmale Mondsichel zieht am 5. südlich an Venus vorbei (siehe Abb. 10.4 rechts).

Am 30. passiert Venus abermals das Aphel ihrer Bahn, wobei sie 109 Millionen Kilometer, das sind 0,73 AE, von der Sonne entfernt ist.

MARS bremst seinen Lauf durch die Zwillinge, sein Stillstand ist nicht mehr allzu fern. Am 19. passiert der rote Planet Pollux in den Zwillingen (β Geminorum) $5^\circ,7$ südlich (siehe Abb. 8.2 auf Seite 168). Die Marshelligkeit nimmt von $0^m,4$ auf $0^m,0$ zum Monatsende kräftig zu.

Der Marsaufgang erfolgt immer früher. Geht er am 1. noch um 22^h35^m (= 23^h35^m Sommerzeit) auf, so erfolgt sein Aufgang am 15. um 22^h14^m und am 31. schon um 21^h44^m. Ende Oktober verlässt Mars die Zwillinge und wechselt in den Krebs.

Der abnehmende Mond kommt bei seiner monatlichen Runde am 23. an Mars nördlich vorbei (siehe Abb. 10.6 auf Seite 216).

Der scheinbare Durchmesser des Marsscheibchens wächst auf $9'',2$ bis Ende Oktober.

JUPITER kommt am 9. im Sternbild Stier zum Stillstand und wird rückläufig. Damit setzt er zu seiner Oppositionsschleife an. Im Gegenschein zur Sonne steht er zwei Monate später (siehe Abb. 4.4 auf Seite 93).

Jupiter wird zum Planeten der gesamten Nacht. Sein Aufgang erfolgt am 1. um 20^h56^m (= 21^h56^m Sommerzeit) und am

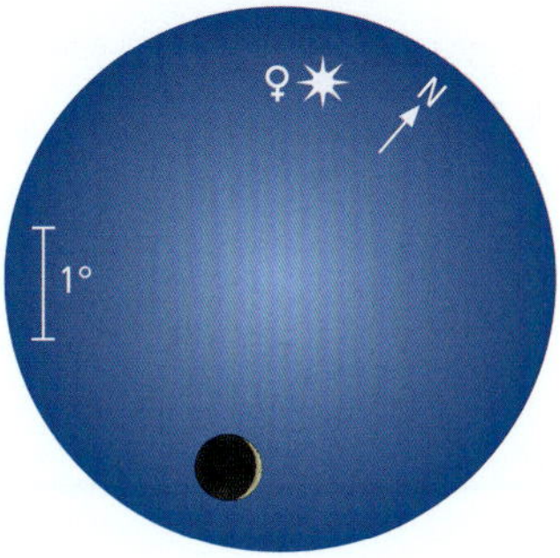

10.4 Begegnung der schmalen Sichel des zunehmenden Mondes mit Venus am 5. Oktober 2024. Fernglasanblick kurz nach Sonnenuntergang. Die Mondsichel ist nur bei sehr klarem und dunstfreiem Westhorizont freiäugig zu erkennen.

15. um 20^h01^m. Am Monatsletzten geht der inzwischen $-2^m,7$ helle Riesenplanet schon um 18^h55^m auf, eine dreiviertel Stunde nach Ende der nautischen Dämmerung.

Jupiter dominiert mit seinem Glanz den Nachthimmel. Bei seinem Aufgang ist seine Konkurrentin Venus, was die Helligkeit betrifft, schon untergegangen.

Am 21. begegnet der abnehmende Mond im dritten Bahnviertel dem Riesenplaneten – ein netter Himmelsanblick gegen 23^h (Mitternacht Sommerzeit), zu dem sich noch tief im Nordosten Mars gesellt (siehe Abb. 10.1 auf Seite 210).

SATURN stand zu Beginn des Vormonats in Opposition zur Sonne und kann nach Einbruch der Dunkelheit am Abendhimmel schon hoch im Osten gese-

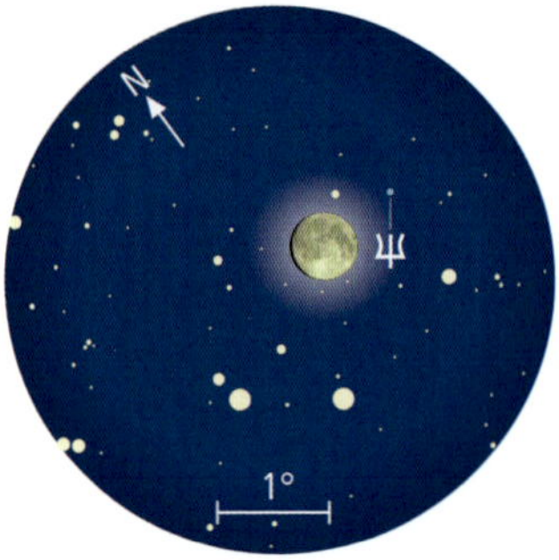

10.5 Knapp neben dem Vollmond steht Neptun am 15. Oktober 2024. Fernglasanblick gegen 19^{h} MEZ (= 20^{h} Sommerzeit).

hen werden. Der Ringplanet bremst seine rückläufige Bewegung durch den Wassermann merkbar ab, sein Stillstand ist nicht mehr fern. An λ Aquarii ($3^{m}{,}7$) kann man gut die Bewegung von Saturn erkennen (siehe Abb. 9.5 auf Seite 195).

Saturn tritt seinen Rückzug vom Morgenhimmel an. Geht der Ringplanet am 1. um $4^{h}08^{m}$ (= $5^{h}08^{m}$ Sommerzeit) unter, so erfolgt sein Untergang am 15. um $3^{h}09^{m}$ und am 31. schon um $2^{h}03^{m}$. Die Saturnhelligkeit sinkt auf $0^{m}{,}8$ leicht ab.

Am 14. gesellt sich der zunehmende Mond zum Ringplaneten (siehe Mondlaufgrafik auf Seite 213).

URANUS im Sternbild Stier strebt rückläufig auf seine Opposition zur Sonne zu, die er Mitte des nächsten Monats erreicht (siehe Abb. 11.6 auf Seite 235).

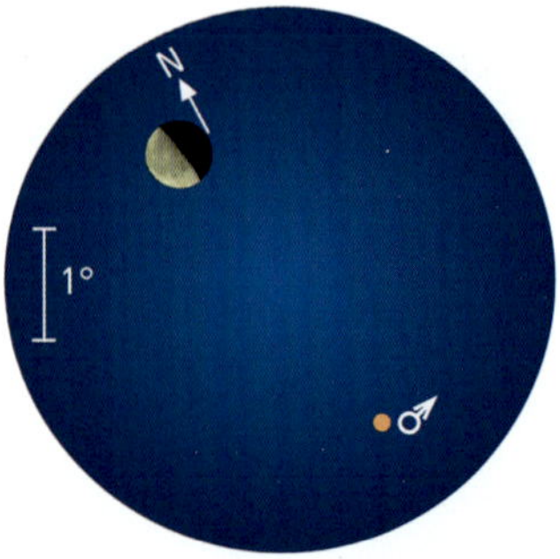

10.6 Der abnehmende Halbmond begegnet dem Planeten Mars am 23. Oktober 2024. Fernglasanblick bei 5° Gesichtsfelddurchmesser gegen 21^{h} MEZ (= 22^{h} Sommerzeit).

Seine Helligkeit nimmt leicht um $0^{m}{,}1$ auf $5^{m}{,}6$ zu. Da die Sonne immer früher untergeht, wird Uranus zum Planeten der gesamten Nacht. Der Uranusaufgang erfolgt am 1. um $19^{h}32^{m}$ (= $20^{h}32^{m}$ Sommerzeit) und am 15. um $18^{h}36^{m}$. Zu Ende Oktober geht der grünliche Planet bereits um $17^{h}32^{m}$ auf.

Die beste Beobachtungszeit ist die Stunde um seine Kulmination. Der Meridiandurchgang von Uranus erfolgt am 1. um $3^{h}17^{m}$, am 15. um $2^{h}21^{m}$ und am 31. bereits um $1^{h}15^{m}$.

NEPTUN, rückläufig im Sternbild Fische, hat seine Opposition zur Sonne gerade hinter sich. Der sonnenfernste, bläulich leuchtende Planet kann am besten um die Kulminationszeit beobachtet werden. Sein Meridiandurchgang erfolgt am 1. um $23^{h}31^{m}$ (= $0^{h}31^{m}$ Sommerzeit am 2.), am 15. um $22^{h}35^{m}$ und am 31. schon um $21^{h}30^{m}$.

KONSTELLATIONEN UND EREIGNISSE

Datum	MEZ	Ereignis
2.	20^{h}	Ringförmige Sonnenfinsternis – in Mitteleuropa unbeobachtbar
3.	1	Mond bei Merkur, Mond $1^{\circ}{,}8$ südlich
5.	21	**Mond bei Venus**, Mond $3^{\circ}{,}0$ südlich, **Abstand $3^{\circ}{,}7$ um 18^{h}**
9.	8	Jupiter im Stillstand, anschließend rückläufig
12.	3	Pluto im Stillstand, anschließend rechtläufig
14.	19	**Mond bei Saturn**, Mond $0^{\circ}{,}1$ nördlich, **Abstand $0^{\circ}{,}9$ um 19^{h}**
15.	19	**Mond bei Neptun**, Mond $0^{\circ}{,}6$ nördlich, **Abstand $0^{\circ}{,}5$ um 19^{h}**
19.	17	Mond bei Uranus, Mond $4^{\circ}{,}5$ nördlich
21.	9	**Mond bei Jupiter**, Mond $5^{\circ}{,}8$ nördlich, **Abstand $5^{\circ}{,}5$ um 7^{h}**
23.	16	Merkur im Aphel
23.	21	**Mond bei Mars**, Mond $3^{\circ}{,}9$ nördlich, **Abstand $3^{\circ}{,}4$ um 23^{h}**
30.	15	Venus im Aphel

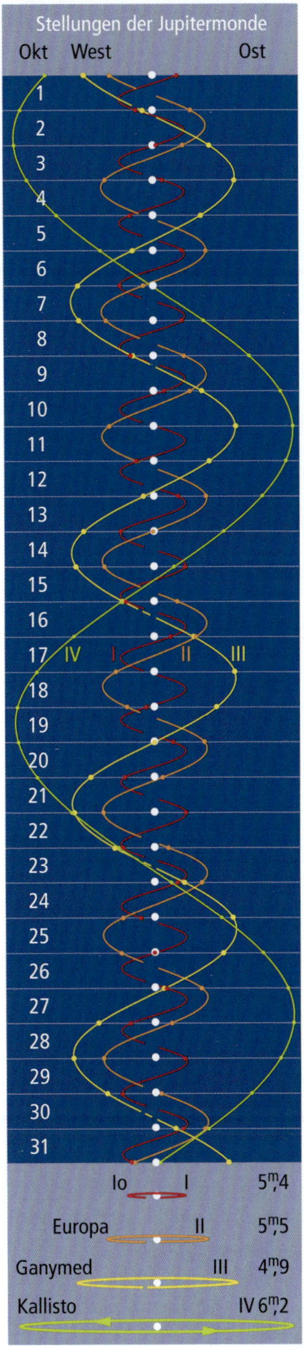

JUPITERMONDE

Tag	MEZ h m		Vorgang	
1.	4	27	I	SA
	21	33	III	VA
	23	34	III	VE
2.	1	45	I	VA
	2	45	III	BA
	4	45	III	BE
	5	13	I	BE
	22	55	I	SA
3.	0	10	I	DA
	1	05	I	SE
	2	20	I	DE
	4	48	II	SA
	23	41	I	BE
4.	23	03	II	VA
5.	4	03	II	BE
6.	23	06	II	DE
9.	1	32	III	VA
	3	35	III	VE
	3	39	I	VA
10.	0	48	I	SA
	2	00	I	DA
	2	59	I	SE
	4	10	I	DE
	22	07	I	VA
11.	1	31	I	BE
	21	27	I	SE
	22	37	I	DE
12.	1	37	II	VA
	22	26	III	DE
13.	23	02	II	DA
	23	12	II	SE
14.	1	33	II	DE
16.	5	32	III	VA
	5	33	I	VA
17.	2	42	I	SA
	3	48	I	DA
	4	52	I	SE
18.	0	01	I	VA
	3	19	I	BE
	21	10	I	SA
	22	15	I	DA
	23	21	I	SE

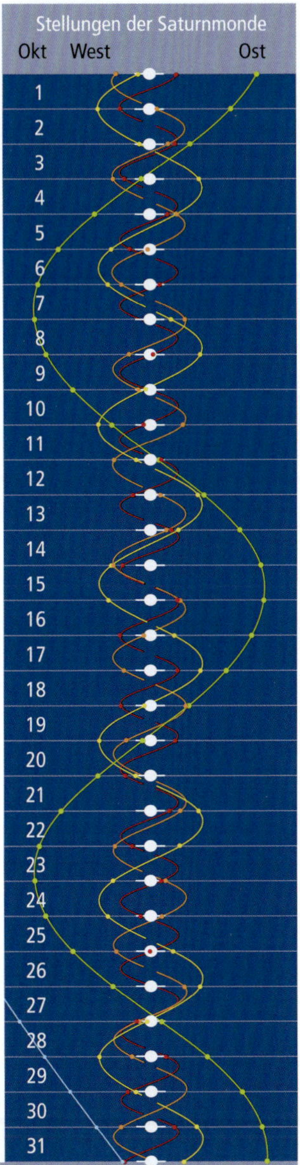

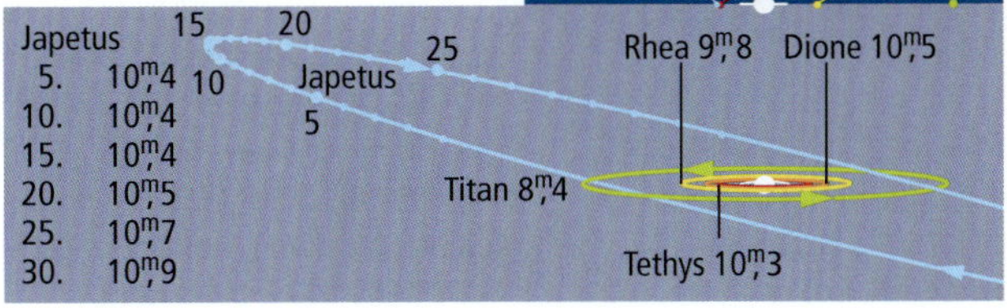

JUPITERMONDE

Tag	MEZ h m	Vorgang	
19.	0 25	I	DE
	4 12	II	VA
	21 43	III	SE
	21 46	I	BE
20.	0 05	III	DA
	2 03	III	DE
	23 18	II	SA
21.	1 27	II	DA
	1 49	II	SE
	3 57	II	DE
22.	22 05	II	BE
24.	4 36	I	SA
	5 36	I	DA
25.	1 55	I	VA
	5 07	I	BE
	23 04	I	SA
26.	0 02	I	DA
	1 15	I	SE
	2 13	I	DE
	20 24	I	VA
	23 33	I	BE
	23 40	III	SA
27.	1 44	III	SE
	3 38	III	DA
	5 35	III	DE
	20 39	I	DE
28.	1 54	II	SA
	3 49	II	DA
	4 25	II	SE
29.	20 04	II	VA
30.	0 25	II	BE

Seine Untergänge erfolgen immer früher. Am 1. geht Neptun um 5^h28^m unter, am 15. um 4^h31^m und am 31. schon um 3^h26^m. Die Aufsuchkarte Abb. 9.6 findet sich auf Seite 196.

Etwa eineinhalb Stunden vor seinem Untergang lohnt es nicht mehr, nach Neptun zu suchen.

PLANETOIDEN UND ZWERGPLANETEN

PLUTO beendet am 12. frühmorgens seine Rückläufigkeit und wird im Sternbild Steinbock wieder rechtläufig. Damit ist seine Oppositionsperiode beendet (siehe Abb. 7.5 auf Seite 151).

JUNO (3) steht am 16. im Sternbild Jungfrau in Konjunktion mit der Sonne. Von der Erde ist Planetoid Nr. 3 an diesem Tag 623 Millionen Kilometer (= 4,16 AE) entfernt. Von der Sonne trennen sie 474 Millionen Kilometer (= 3,17 AE).

PERIODISCHE STERNSCHNUPPENSTRÖME

Die **DELTA-DRACONIDEN**, auch **OKTOBER-DRACONIDEN** genannt, sind ein temporärer Strom, deren Radiant im Sternbild des Drachen, etwa 3° östlich von γ Draconis liegt.

Die Oktober-Draconiden führen ihren Ursprung auf den Kometen 21P/Giacobini-Zinner zurück, weshalb dieser Meteorstrom auch **GIACOBINIDEN** heißt. Vom 6. bis 10. Oktober passiert die Erde relativ nahe den absteigenden Knoten der Bahn des Kometen 21P. Seine Umlaufzeit beträgt 6,5 Jahre. Da die Trümmerwolke schon recht langgezogen ist und die Meteoroide sich entlang der Bahn verteilt haben, ist mit Überraschungen zu rechnen. Die Meteorhäufigkeit schwankt von Jahr zu Jahr erheblich. Das Maximum wird in diesem Jahr am Abend des 9. Oktober erwartet. Hohe Raten wurden in den Jahren 2011 (ZHR 400), 2012 mit vor allem lichtschwachen Meteoren sowie 2018 (ZHR 100) beobachtet.

Die Eintauchgeschwindigkeiten in die Erdatmosphäre sind mit 21 Kilometer pro Sekunde nicht übermäßig groß.

Von Anfang Oktober bis in die erste Novemberwoche sind die **ORIONIDEN** aktiv, deren Ursprung auf den Halleyschen Komet deutet.

Mit dem Maximum ist am 22. Oktober zu rechnen, wobei etwa 25 bis 30 Meteore pro Stunde zu erwarten sind. Die Frequenz ist von Jahr zu Jahr verschieden. In den Jahren 2006 bis 2009 passierte die Erde die durch Jupiters Einfluss konzentrierte Trümmerwolke.

Die beste Beobachtungszeit: Mitternacht bis 5^h morgens. Der Radiant liegt etwa 10° nordöstlich von Beteigeuze. Es handelt sich bei den Orioniden um sehr schnelle Objekte mit Eintrittsgeschwindigkeiten um 65 Kilometer pro Sekunde.

Ferner seien die **EPSILON-GEMINIDEN** erwähnt, die vom 14. bis 27. Oktober lediglich zwei bis drei Meteore pro Stunde liefern. Das Maximum wird am 18. erwartet.

Weitere schwache Ströme sind die **LEONIS-MINORIDEN**, die vom 19. bis 27. auftreten (Maximum am 24). Für Beobachtungen sollte vorzugsweise die Zeit nach Mitternacht genutzt werden.

Aus dem Bereich Widder/Stier sind die **NÖRDLICHEN** und die **SÜDLICHEN TAURIDEN** zu verfolgen, die vom Kometen 2P/Encke stammen.

Noch bis Mitte Oktober sind einige **PISCIDEN**-Meteore zu erwarten.

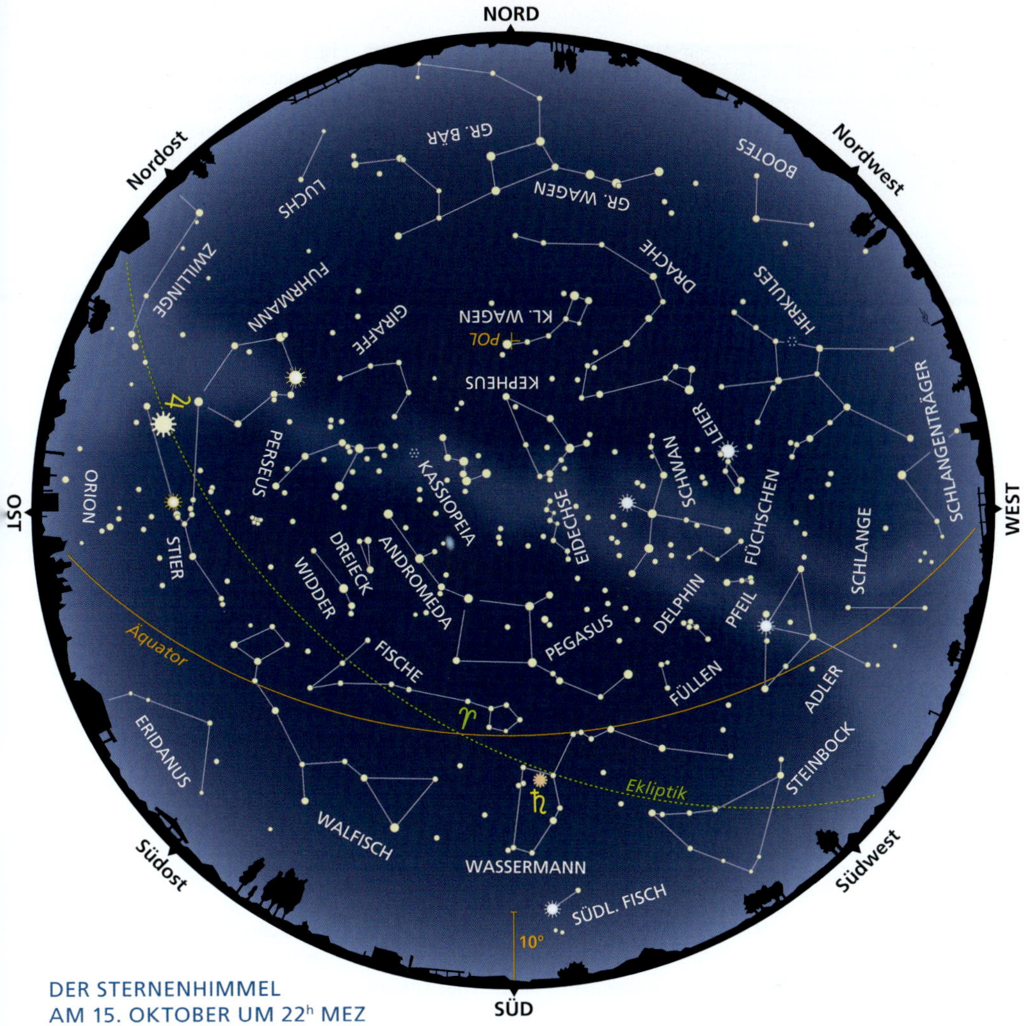

DER STERNENHIMMEL AM 15. OKTOBER UM 22h MEZ

Die Sternkarte ist auch gültig für:		
	MEZ	MESZ
1. 8.	3^h	4^h
15. 8.	2	3
1. 9.	1	2
15. 9.	0	1
1.10.	**23**	**24**
15.10.	**22**	**23**
31.10.	**21**	
15.11.	20	
30.11.	19	
15.12.	18	

Der Himmelsanblick wird von der Andromeda-Gruppe charakterisiert. Diese Sternbildergruppe, die fast den gesamten Osthimmel einnimmt, setzt sich aus den Bildern Kassiopeia, Kepheus, Andromeda, Pegasus, Perseus und Cetus (Walfisch) zusammen. Zwar sind diese Herbstbilder längst nicht so hell wie die leuchtkräftigen Wintersternbilder, denn es fehlen Sterne erster Größenklasse. Aber sie haben ihren eigenen Reiz und sind mit Ausnahme des Cetus alle verhältnismäßig leicht auszumachen.

In der westlichen Himmelshälfte dominiert noch das Sommerdreieck. Arktur im Boötes ist schon untergegangen. Auch der ausgedehnte und lichtschwache Herkules nähert sich dem Nordwesthorizont.

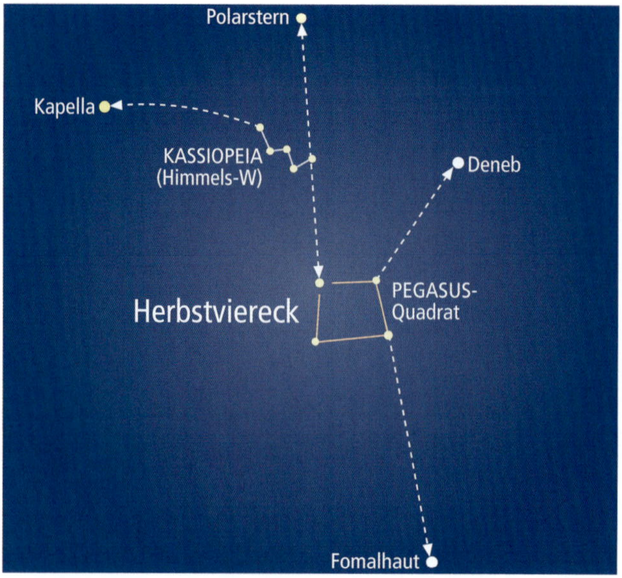

10.7 Vom Herbstviereck (Pegasusquadrat) ausgehend findet man schnell die Kassiopeia, den Polarstern, Deneb und Fomalhaut, Hauptstern des Sternbildes des Südlicher Fisch.

Die charakteristische Sternenfigur des Himmels-Ws, die Kassiopeia, steht zurzeit hoch über dem Beobachter, fast im Zenit. Die mittlere Spitze des Ws deutet ungefähr in Richtung des Polarsterns. Verlängert man diese Sichtlinie zum Nordhorizont hinunter, so trifft man auf den Großen Wagen, der jetzt seine tiefste Stellung knapp über dem Nordhorizont einnimmt. Deshalb ist er an Herbstabenden nicht so leicht zu entdecken.

Zwischen Polarstern und Zenit nimmt der Kepheus seinen Platz ein. König Kepheus ist der Gemahl der Kassiopeia. Im Gegensatz zur Kassiopeia ist die Figur des Kepheus nicht so leicht zu erfassen. Kassiopeia und Kepheus sind die Eltern der Prinzessin Andromeda, die jetzt ebenfalls am Herbsthimmel vertreten ist. Die Andromeda ist als Sternenkette südlich der Kassiopeia leicht zu erkennen. An der Sternenkette hängt das Pegasusquadrat, das Herbstviereck. Der Pegasus nimmt hoch im Süden seinen Platz ein. Das markante Sternenquadrat des Pegasus ist leicht zu erkennen. Die westliche Kante markiert zur Standardbeobachtungszeit ziemlich genau den Himmelsmeridian. Zum Pegasus gehört noch sein Kopf mit der Nase, der den Meridian schon passiert hat.

Der heldenhafte Retter der Andromeda, der Perseus, mit dem Schwert in der einen und dem abgeschlagenen Haupt der Medusa in der anderen Hand, gehört ebenfalls zu den Herbstbildern. Perseus steht jetzt hoch im Osten zwischen der Andromeda und dem Hauptstern im Fuhrmann, der gelblichen Kapella, die unübersehbar im Nordosten strahlt.

Am schwierigsten zu identifizieren von den Bildern um die Andromedasage ist sicher der Walfisch, lateinisch Cetus genannt. Der Cetus ist das schreckliche Meeresungeheuer vor der Küste Äthiopiens, dem die Prinzessin Andromeda geopfert werden soll. Zum Glück eilt Perseus mit seinen Flügelschuhen durch die Lüfte herbei und tötet den Cetus, indem er ihm das abgeschlagene Medusenhaupt präsentiert. Augenblicklich erstarrt der Cetus beim fürchterlichen Anblick der Medusa zu Stein.

VERÄNDERLICHE STERNE

Algol-Minima		β-Lyrae-Minima		δ-Cepheï-Maxima		Mira-Helligkeit	
11.	4^h51^m	3.	1^h H	5.	2^h	1.	8^m
14.	1 38	9.	13 N	10.	11	10.	9
16.	22 29	15.	24 H	15.	20	20.	9
19.	19 17	22.	11 N	21.	5	31.	9
31.	6 32	28.	23 H	26.	13		
				31.	22		

10.8 Figürliche Darstellung des Sternbildes Pegasus im Sternatlas *Uranometria* von Johannes Bayer aus dem Jahre 1603.

Im Walfisch findet sich unter anderem der berühmte veränderliche Stern Mira (ο Ceti), ein langperiodischer Pulsationsvariabler, dessen Helligkeitsdaten unter der monatlichen Rubrik „Veränderliche Sterne" verzeichnet sind.

Nördlich des Cetus und südlich von Andromeda und Pegasus sind die beiden Fische beheimatet. Als Tierkreisbild sind sie wohlbekannt, am Himmel entdeckt man sie nicht so leicht, da sie nur aus lichtschwächeren Sternen gebildet werden und deshalb am Firmament kaum auffallen. Vor allem beim aufgehellten Nachthimmel in unseren Städten und Siedlungen sind die Sterne der Fische mit bloßen Augen kaum mehr zu sehen.

Tief im Osten kündet der eben aufgegangene Stier (lat.: Taurus) vom nahen Winter. Außer Aldebaran, dem Hauptstern des Stiers (α Tauri), fällt noch das Siebengestirn, der offene Sternhaufen der Plejaden, auf.

Knapp über dem Südhorizont, noch in Meridiannähe, funkelt ein Stern erster Größe. Es handelt sich um Fomalhaut im Sternbild Südlicher Fisch (lat.: Piscis Austrinus). Der Name Fomalhaut kommt aus dem Arabischen und heißt so viel wie „Maul des Fisches".

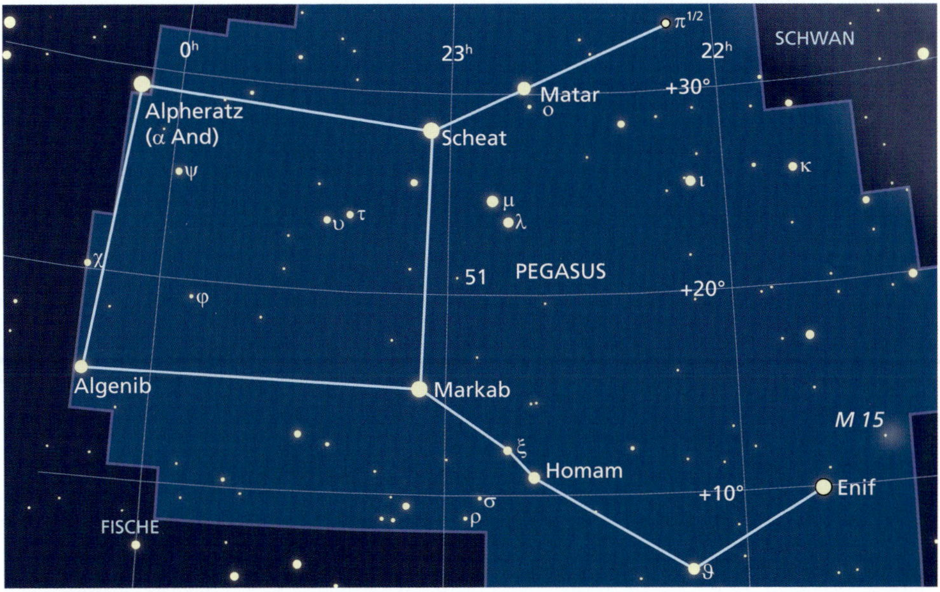

10.9 Skelettkarte des Sternbildes Pegasus.

Der Ursprung der Zeit

NASA/Science visualization Studio

Astronomen werden oft als Hüter der Zeit angesehen. Seit Jahrtausenden leiten sie aus der Beobachtung der Gestirne den Zeitablauf her. Sie bestimmen aus der Bewegung der Gestirne Zeiteinheiten und Zeitmaßstäbe wie Stunden, Minuten, Sekunden oder Tage, Monate und Jahre. Sie verwenden Begriffe wie Tropisches, Siderisches und Anomalistisches Jahr, Sonnen- und Sterntag, Platonisches und Euklidisches Jahr, Sonnen- und Mondzirkel, Julianische Periode, Dynamische Zeit, Saros-Periode, Metonscher Zyklus, Lunisolarkalender, Zonenzeit, Weltzeit und Ephemeridenzeit. Dies, um nur einige Begriffe aus der reichhaltigen Fülle der astronomischen Zeitmaßstäbe zu nennen. Astronomen waren seit jeher verantwortlich für die Erstellung von Kalendersystemen, um den Zeitablauf zu strukturieren. Ohne genaue Uhrzeit und einen übersichtlichen Kalender wäre unser heutiges Leben gar nicht zu bewältigen.

Auch im Zeitalter hochpräziser Atomuhren, die in Milliarden Jahren höchstens eine Sekunde vor- oder nachgehen gegenüber einer absoluten, gleichförmig ablaufenden Zeit, benötigt man immer noch astronomische Beobachtungen, um das Zeitgeschehen mit der Atomzeit zu koordinieren. Dazu dienen Schaltsekunden, auch wenn man sie demnächst abschaffen will. In ferner Zukunft wird man dann eben Schaltminuten einfügen müssen.

10.10 Begann die Zeit mit dem Urknall?

Doch eine absolut gleichförmig ablaufende Zeit, gewissermaßen eine universelle Zeit, gibt es nicht. Diese Erkenntnis verdanken wir Albert Einstein. An einem Ort kann ein Ereignis bereits in der Vergangenheit liegen, an einem anderen Ort ist das gleiche Ereignis noch in der Zukunft. Bewegte Uhren gehen langsamer. Das Zwillingsparadoxon ist selbst für Fachleute oft schwer verständlich. Im Schwerefeld gehen Uhren langsamer, ebenso beschleunigte Uhren. Die Physik kennt den Begriff der Raumzeit. Doch Raum und Zeit sind zwei verschiedene Begriffe. Die Bewegung eines Teilchens beschreibt in einem vierdimensionalen Koordinatensystem eine Zeitlinie. Drei Dimensionen sind räumlich, die vierte ist die Zeitdimension (siehe Abb. 10.13 auf Seite 225). Die Zeitdimension unterscheidet sich jedoch grundsätzlich von den drei Raumdimensionen. Schon die Bezeichnung „Zeitdimension" ist missverständlich. Sie ist nämlich keine geometrische Dimension. Die Positionen im Raum sind zumindest beliebig wählbar. Man kann sich vom Ort A zum Ort B begeben und wieder zurück oder auch nicht, weil man von B den Ort C aufsucht. Bei der Zeit geht das nicht.

Österreichische Nationalbibliothek

10.11 Augustinus von Hippo (354–430 nach Chr.)

Zeitreisen sind nicht möglich

Gefühlsmäßig erlebt man das Vergehen der Zeit. Die Zeit läuft ab, sie fließt dahin. Aus dem Fluss der Zeit kann niemand aussteigen. Man kann den Ablauf der Zeit weder abbremsen noch beschleunigen und schon gar nicht anhalten. Drei Abschnitte kennzeichnen den Zeitablauf: Vergangenheit, Gegenwart und Zukunft. Der Zeitablauf ist asymmetrisch. Die Vergangenheit ist abgeschlossen und unabänderlich. Die Zukunft ist offen und unbekannt. Nur in begrenztem Maße können wir zukünftige Ereignisse vorhersagen. Den Lauf der Gestirne können Astronomen vorausberechnen, Sonnen- und Mondfinsternisse auf Minuten genau vorher kalkulieren. Dies ist auch die Wurzel der Sterndeuterei, der Astrologie. Der Wunsch, einen Blick in die Zukunft zu werfen, ist unbändig. Wenn man schon die Positionen der Gestirne so präzise vorhersagen kann, kann man daraus nicht auch etwas über das zukünftige Schicksal von Menschen erfahren? Kann man nicht.

Zeitreisen kommen häufig in Science-Fiction-Romanen vor. In der Realität sind sie nicht möglich, auch wenn darüber viel spekuliert wird. Sie würden das Kausalitätsprinzip verletzen. Jede Wirkung hat eine Ursache. Bei einer Reise in die Vergangenheit könnte ich meinen Großvater töten, bevor er meinen Vater gezeugt hat. Dann wäre ich aber nie auf die Welt gekommen, könnte somit nicht in die Vergangenheit zurückkehren und auch nicht den Großvater töten. Bei einer Reise in die Zukunft falle ich vom Schiff und ertrinke fast im Mittelmeer. Kehre schleunigst in die Gegenwart zurück und vermeide fortan jeden Schiffsausflug. Zeitreisen führen zu solchen Paradoxien.

Zeitloser Mikrokosmos

Die Zeit läuft offensichtlich in eine Richtung. Man spricht vom Zeitpfeil. Doch welche Richtung ist dies, wohin zeigt der Zeitpfeil? Nach vorne, nach hinten, nach oben oder unten, nach Süden, Westen, Norden oder Osten? Der Zeitablauf ist kein geometrischer Vektor, sondern eine skalare Größe. Inwieweit ist der überhaupt real? Die Vergangenheit entsteht in unseren Gehirnen, wo unsere Erinnerungen gespeichert sind. Aufzeichnungen wie Tagebücher, Dokumente, Fotos, Videoaufzeichnungen, Bauten etc. unterstützen unsere Erinnerungen. Aber die Vergangenheit ist vorbei, sie existiert nicht mehr. Man sieht nur ihre Spuren. Die Gegenwart, die wir erleben, währt nur wenige Sekunden. Schon ist der Moment Vergangenheit, als Sie vorliegendes Buch aufgeschlagen haben. Und die Zukunft ist noch nicht eingetroffen und somit ebenfalls nicht real.

Was also ist „Zeit"? Der geniale Physiker Albert Einstein hat es so ausgedrückt: „Zeit ist eine Illusion, wenn auch eine hartnäckige." Als pragmatischer Physiker hat er auch gesagt: „Zeit ist das, was ich an der Uhr ablese."

Im Mikrokosmos, in der Welt der Elementarteilchen, gibt es keinen Zeitablauf. Elektronen, Quarks und Photonen altern nicht. Die Vorgänge und Wechselwirkungen in der Welt des Kleinsten beschreibt die Quantenmechanik, auch Quantentheorie genannt. In allen ihren mathematischen Gleichungen kommt die Zeit nicht explizit vor. Alle Reaktionen können vorwärts oder rückwärts ablaufen. Sie sind reversibel.

Zukunft bedeutet Unordnung

Woher kommt nun der Zeitablauf im Makrokosmos, in unserer Erfahrungswelt? In einem Vielteilchensystem – wie alles in unserer Umwelt – gibt es reversible und irreversible Vorgänge. Eine Analoguhr zeigt nach jeweils zwölf Stunden wieder die gleiche Zeigerstellung. Man sieht der Uhr nicht an, wie viele Tage sie schon gelaufen ist. Sie kehrt immer wieder zum Ausgangszustand zurück. Ein schwingendes Pendel erreicht nach einem Hin- und Zurückschwingen wieder die Anfangsposition. Jedoch gibt es auch Prozesse und Vorgänge, die offensichtlich nicht umkehrbar sind. Ein Stück Würfelzucker wird in einer Tasse Kaffee aufgelöst. Nie hat man je beobachtet, dass der Würfelzucker sich wieder bildet und man ihn aus dem Kaffee holen kann. Ein Fußball zertrümmert eine Fensterscheibe in hunderte Scherben. Niemals finden sich diese Scherben von selbst wieder zur kompletten Scheibe zusammen. Nimmt man einen Topf heißes Wasser vom Herd und stellt ihn auf einen Tisch, so nimmt er über kurz oder lang die Zimmertemperatur an. Nie hat man beobachtet, dass ein Topf Wasser mit Zimmertemperatur kochend heiß wird, weil er ohne Energiezufuhr Wärme der umgebenden Luft entzieht. In einem hohlen Rohr teilt eine Membran in der Mitte das Rohr in zwei Kammern. In einer Kammer befindet sich Luft, in der anderen herrscht Vakuum. Entfernt man die Membran, so strömt die Luft in den zuvor leeren Raumbereich und füllt das Rohr gleichmäßig aus. Solange man auch wartet: Man wird es nie erleben, dass sich alle Luftmoleküle in einem Teil des Rohres sammeln und in dem anderen wieder ein Vakuum entsteht. Es gibt kein

10.12 Das Jantar Mantar in Jaipur – ein klassisches indisches Observatorium zur Zeitbestimmung.

Wikimedia/Rupa6891

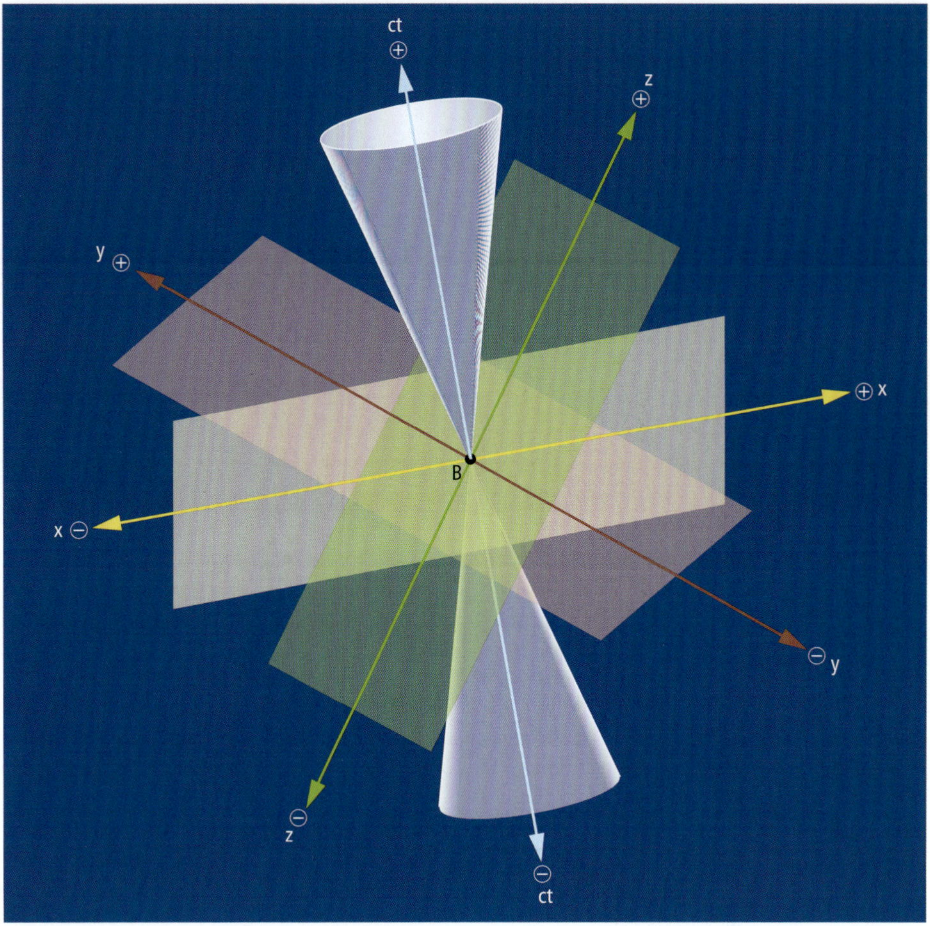

10.13 Vierdimensionales Raum-Zeit-Kontinuum

Naturgesetz, das dies verbietet: Dass der aufgelöste Würfelzucker sich wieder bildet, dass aus den Scherben wieder eine intakte Glasscheibe entsteht, dass sich in einer Ecke des Raumes warme Luft sammelt, im übrigen Zimmer die Temperatur aber unter den Gefrierpunkt sinkt usw. Aber unmöglich ist dies prinzipiell nicht.

Die Entropie bestimmt den Zeitpfeil

Bei irreversiblen Prozessen entwickelt sich alles in Richtung einer höheren Wahrscheinlichkeit des Zustandes, kurz es entwickelt sich alles in Richtung einer größeren Gleichverteilung. Dafür gibt es einen physikalischen Begriff: die Entropie. Ihre Definition lautet: die Entropie S ist proportional dem Logarithmus naturalis der thermodynamischen Wahrscheinlichkeit W eines Zustandes in einem abgeschlossenen System. Die Formel lautet: $S = k \cdot \ln W$.

Der Proportionalitätsfaktor k ist die Boltzmann-Konstante: $k = 1{,}38 \cdot 10^{-23}$ J/K.

Das entsprechende Naturgesetz lautet: In einem abgeschlossenen System laufen alle Vorgänge so

Shutterstock/Evgenia Fux

10.14 Entwurf einer Raum-Zeit-Geometrie

ab, dass die Entropie stets zunimmt oder höchstens gleichbleibt (wenn gar nichts passiert). Oder salopp ausgedrückt: Alles strebt in Richtung größerer Unordnung. Will man in einem Zimmer, wo alles mehr oder minder unordentlich herumliegt, Ordnung schaffen, so muss man Energie aufwenden. So eine Arbeit kann schweißtreibend sein. Es wird also externe Energie aufgewandt. Integriert man die fleißige Person, die aufräumt, aber in das System, so nimmt die Entropie insgesamt wieder zu.

Fazit: Alle Vorgänge im Makrokosmos, oder genauer in einem Vielteilchensystem, verlaufen stets in Richtung zunehmender Entropie. Damit wird die Richtung des Zeitablaufes festgelegt, man spricht vom Zeitpfeil, der wie erwähnt keine geometrische Eigenschaft hat, der kein Vektor ist. Streng genommen gibt es überhaupt keine reversiblen Prozesse im Makrokosmos. Auch die Analoguhr und das schwingende Pendel sind nicht vollkommen reversible Prozesse.

Will man Ordnung und Struktur erzeugen, beispielsweise ein Gebäude errichten, so muss Energie zugeführt werden. Man kann aber die Energiequelle mit in das System integrieren, dann nimmt die Entropie wieder zu. Letztendlich kann man das gesamte Universum als ein System betrachten. Dann verlegt man den Ursprung der Zeit in den Urknall vor knapp 14 Milliarden Jahren. Seit Beginn des Universums nimmt die Gesamtentropie ständig zu. Die Zeit verläuft in eine Richtung, ein Zurück gibt es nicht mehr. Der Zeitpfeil ist unerbittlich, dies gilt auch für alle Lebewesen im All.

Doch was war vor dem Urknall? Gab es da keine Zeit? Der große Kirchenlehrer Augustinus von Hippo (354–430 nach Chr.) hat einmal gesagt: „... da hat Gott Ruten geschnitten, um diejenigen Menschen zu züchtigen, die so dreiste Fragen stellen!" Doch er hat auch gesagt: Zeit und Raum sind auch von Gott geschaffen worden. Somit gab es vor der Schöpfung keine Zeit. Dies trifft sich mit der heutigen Vorstellung der modernen Kosmologie. Das Weltall entstand spontan und akausal aus dem zeitlosen Zustand des Quantenvakuums.

Ungeklärt ist die Frage, ob dies ein einmaliger Vorgang war oder ob oftmals ein Weltall geboren wurde.

Dann würden wir mit unbekannt vielen Universen in einem Multiversum leben. Ob diese Frage je geklärt werden wird, bleibt ungewiss.

November 2024

- Mars wird zum Planeten der gesamten Nacht. Seine Opposition zur Sonne ist nicht mehr fern.
- Merkur bleibt unsichtbar.
- Venus ist am frühen Abendhimmel zu sehen.
- Jupiter beherrscht den Nachthimmel.
- Saturn kann am Abendhimmel beobachtet werden.
- Der ferne Uranus kommt am 17. in Opposition zur Sonne. Der grünliche Planet kann mit einem Fernglas gesehen werden.

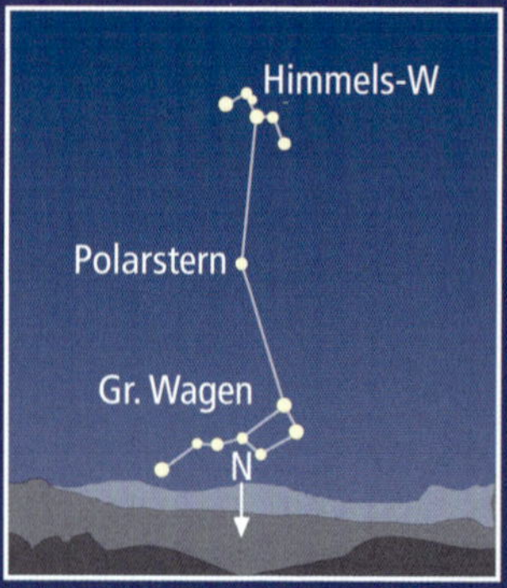

Großer Wagen und Himmels-W Anfang November um 22 Uhr MEZ

11.1 Anblick des Osthimmels am 17. November gegen 22^h MEZ. Zu Jupiter gesellt sich der noch fast volle Mond. Mars ist gerade aufgegangen.

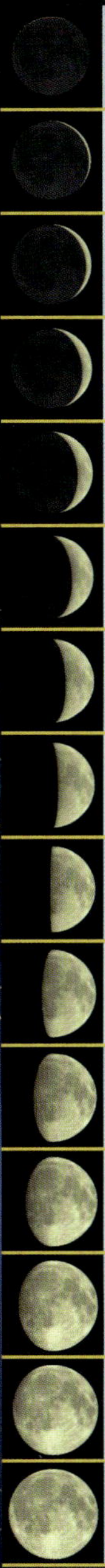

1 Fr	Allerheiligen **Neumond**
2 Sa	
3 So	
4 Mo	Mond bei Venus – abends
5 Di	
6 Mi	
7 Do	
8 Fr	
9 Sa	Erstes Viertel
10 So	Mond bei Saturn – Mitternacht
11 Mo	
12 Di	
13 Mi	
14 Do	
15 Fr	**Vollmond**

16 Sa	
17 So	Mond bei Jupiter – abends
18 Mo	
19 Di	Mond bei Pollux – Mitternacht
20 Mi	Buß- und Bettag Mond bei Mars – abends
21 Do	
22 Fr	Mond bei Regulus – Mitternacht
23 Sa	Letztes Viertel
24 So	Totensonntag
25 Mo	
26 Di	
27 Mi	Mond bei Spica – morgens
28 Do	
29 Fr	
30 Sa	

SONNE – STERNBILDER

21. 11. 21h:
Sonne tritt in das Tierkreiszeichen Schütze
23. 11. 6h:
Sonne tritt in das Sternbild Skorpion
29. 11. 18h:
Sonne tritt in das Sternbild Schlangenträger

Julianisches Datum am
1. November, 1h MEZ: 2 460 615,5

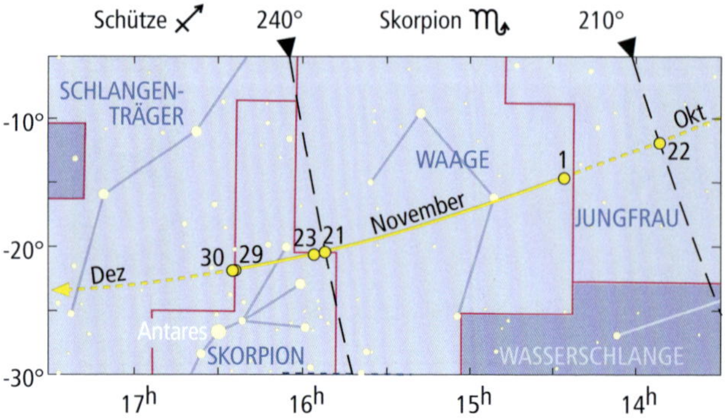

SONNENLAUF

Tag	Dämmerg. Anfang	Aufgang MEZ	Kulmination	Untergang MEZ	Dämmerg. Ende	Mittagshöhe	Zeitgleichg.	Rektaszension	Deklination
	h m	h m	h m	h m	h m	o	m	h m	o
1.	5 58	7 10	12 04	16 56	18 08	25,3	+16	14 25	–14,4
5.	6 04	7 17	12 04	16 50	18 03	24,1	+16	14 41	–15,7
10.	6 11	7 25	12 04	16 42	17 56	22,7	+16	15 01	–17,1
15.	6 18	7 33	12 05	16 35	17 50	21,3	+15	15 21	–18,5
20.	6 25	7 41	12 06	16 30	17 46	20,1	+14	15 42	–19,7
25.	6 32	7 49	12 07	16 25	17 42	19,1	+13	16 03	–20,7
30.	6 38	7 56	12 09	16 21	17 39	18,2	+11	16 25	–21,6

TAGES- UND NACHTSTUNDEN

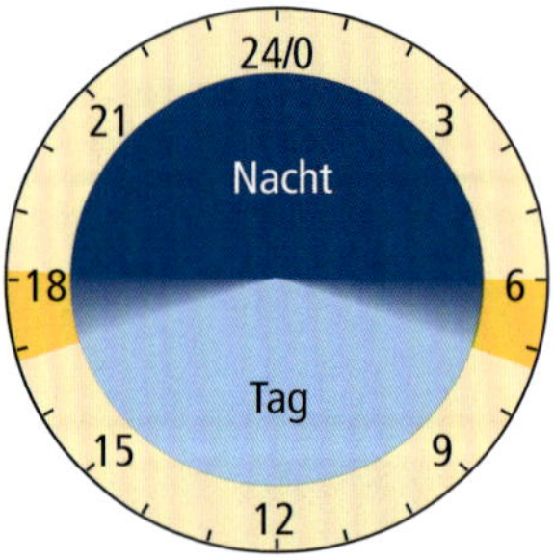

5. November

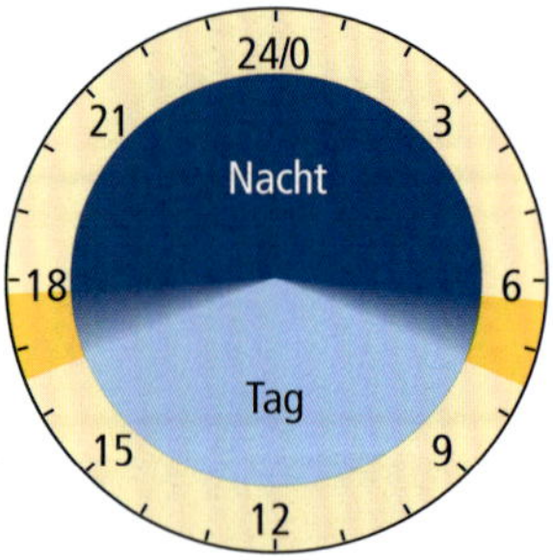

15. November

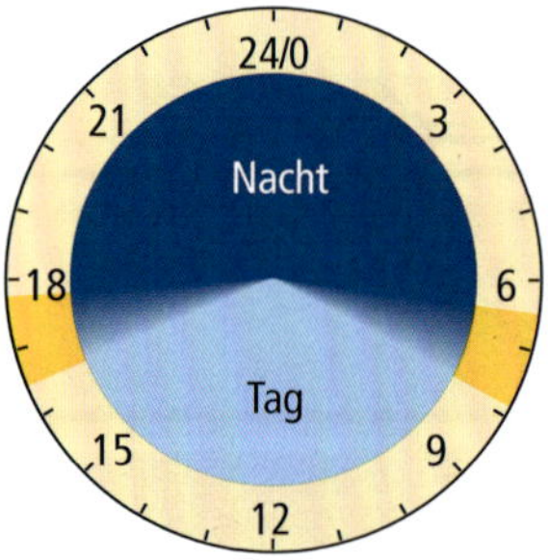

25. November

MONDLAUF

Datum		Aufg. MEZ	Kulmination	Unterg. MEZ	Rektaszension	Deklination		Sterne und Sternbilder	Phase	MEZ
		h m	h m	h m	h m	°				
Fr	1.	7 09	11 56	16 33	13 59	−14,7		Jungfrau	**Neumond Nr. 1260**	**$13^h 47^m$**
Sa	2.	8 22	12 41	16 52	14 45	−19,4		Waage		
So	3.	9 36	13 30	17 17	15 35	−23,4		Waage		
Mo	4.	10 47	14 22	17 52	16 27	−26,4		Antares		
Di	5.	11 51	15 16	18 41	17 22	−28,2		Schlangenträger		
Mi	6.	12 44	16 12	19 44	18 19	−28,5		Kaus Borealis	Größte Südbreite	
Do	7.	13 23	17 08	20 59	19 17	−27,4	*	Schütze, Nunki	Libration Ost	
Fr	8.	13 53	18 01	22 20	20 14	−24,7		Steinbock		
Sa	9.	14 14	18 53	23 44	21 09	−20,6		Steinbock	**Erstes Viertel**	**$6^h 55^m$**
So	10.	14 32	19 43	–	22 03	−15,4	*	Wassermann		
Mo	11.	14 47	20 32	1 09	22 55	− 9,3		Wassermann		
Di	12.	15 01	21 21	2 34	23 46	− 2,5	*	Fische	Aufsteigender Knoten	
Mi	13.	15 16	22 12	4 00	0 38	+ 4,5		Fische		
Do	14.	15 34	23 06	5 29	1 31	+11,4		Fische	Erdnähe 360/33,′2	12^h
Fr	15.	15 56	–	7 01	2 28	+17,7		Widder	**Vollmond**	**$22^h 29^m$**
Sa	16.	16 27	0 04	8 34	3 27	+22,9		Stier, Plejaden		
So	17.	17 11	1 06	10 00	4 30	+26,5		Stier		
Mo	18.	18 09	2 09	11 12	5 35	+28,3	*	Stier, Alnath	Größte Nordbreite	
Di	19.	19 21	3 11	12 05	6 38	+28,3		Fuhrmann		
Mi	20.	20 39	4 09	12 42	7 39	+26,5		Kastor, Pollux	Libration West	
Do	21.	21 56	5 02	13 07	8 35	+23,3		Krebs, Krippe		
Fr	22.	23 11	5 50	13 26	9 26	+19,0		Löwe		
Sa	23.	–	6 34	13 40	10 13	+14,1		Löwe, Regulus	**Letztes Viertel**	**$2^h 28^m$**
So	24.	0 22	7 15	13 52	10 57	+ 8,8	*	Löwe		
Mo	25.	1 31	7 54	14 03	11 40	+ 3,2		Jungfrau	Absteigender Knoten	
Di	26.	2 38	8 33	14 14	12 21	− 2,4		Jungfrau	Erdferne 405/29,′5	13^h
Mi	27.	3 46	9 12	14 26	13 03	− 8,0		Spica		
Do	28.	4 56	9 53	14 40	13 47	−13,3		Spica		
Fr	29.	6 08	10 37	14 57	14 32	−18,2		Waage		
Sa	30.	7 22	11 25	15 20	15 21	−22,4		Waage		

DER MOND WANDERT VON MARS ZU PRAESEPE

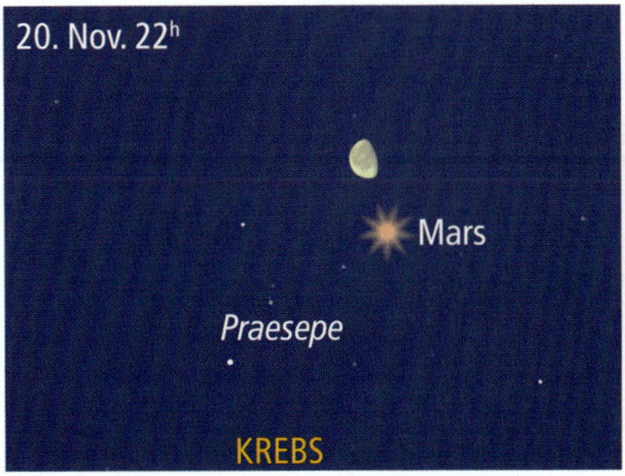

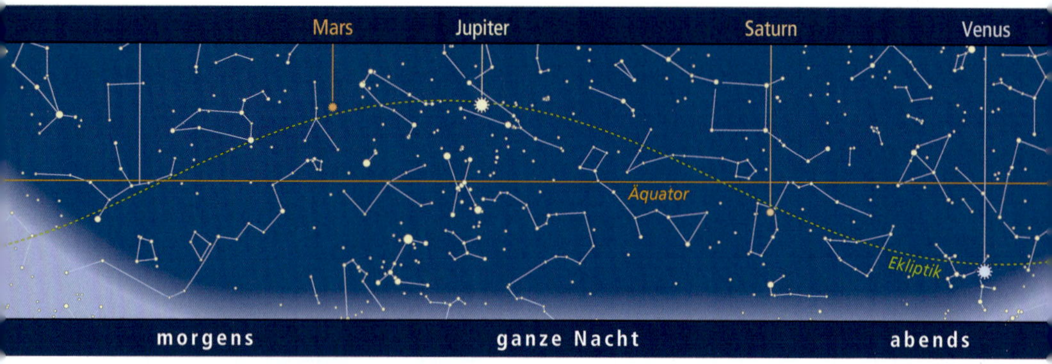

MERKUR kommt am 16. in größte östliche Elongation von der Sonne. Zu einer Abendsichtbarkeit kommt es trotz eines passablen Winkelabstandes von 22°33′ nicht, da Merkur extrem weit südlich steht (Deklination $-25\overset{\circ}{,}4$) und einen deutlich kleineren Tagbogen als die Sonne beschreibt. Am 16. geht Merkur um 17^h25^m unter, die Sonne geht aber erst um 16^h34^m unter. Bevor es dunkel genug ist, um den $-0\overset{m}{,}3$ hellen Merkur zu erkennen, haben ihn schon die horizontnahen Dunstschichten verschluckt.

In südlichen Gefilden (unter 42° Nord) kann man Merkur kurz in der Abenddämmerung sehen. Am 21. tritt die Dichotomie ein. Am 26. wird Merkur stationär und eilt anschließend rasch rückläufig auf die Sonne zu, mit der er in der ersten Dezemberwoche zusammentrifft.

11.2 Konjunktionsschleife von Merkur in den Sternbildern Schlangenträger und Skorpion.

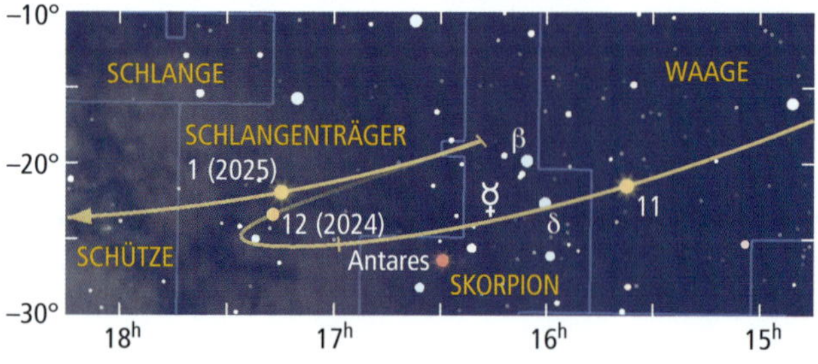

VENUS ist am frühen Abendhimmel vertreten. Sie verlässt den Schlangenträger und wechselt am 9. in das Sternbild Schütze, wobei sie den Winterpunkt am 11. in $2\overset{\circ}{,}1$ südlichem Abstand passiert. Am 22. zieht sie ein Grad nördlich an Nunki (σ Sagittarii) vorbei (siehe Abb. 11.5 auf Seite 233). Die Sichel des zunehmenden Mondes sieht man am frühen Abend des 4. nahe Venus.

Ihre Untergänge verlagert Venus von 18^h33^m auf 18^h45^m am 15. und auf 19^h15^m am Monatsletzten. Die Venushelligkeit nimmt leicht um $0\overset{m}{,}2$ zu und erreicht $-4\overset{m}{,}2$ Ende November. Am 8. sind 75 % des 15″ großen Venusscheibchens von der Sonne beleuchtet. Die scheinbare Größe der Venus nimmt in den folgenden Wochen deutlich zu, der Beleuchtungsgrad nimmt auf knapp 70 % ab.

MARS bremst seinen Lauf durch das Sternbild Krebs stark ab und kommt Ende des Monats fast zum Stillstand, ein Hinweis auf die bevorstehende Opposition (siehe Abb. 8.2 auf Seite 168). Die kommende Opposition macht sich auch an einer Helligkeitssteigerung um eine halbe Größenklasse von $0\overset{m}{,}0$ auf $-0\overset{m}{,}5$ zum Monatsende bemerkbar.

Der rote Planet wird allmählich zum Planeten der gesamten Nacht, sieht man von den frühesten Abendstunden ab. Der Marsaufgang erfolgt am 1. um 21^h42^m, am 15. um 21^h08^m und am 30. bereits um 20^h20^m.

In der Nacht vom 20. auf 21. passiert der abnehmende Mond den roten Planeten (siehe Mondlaufgrafik auf Seite 231).

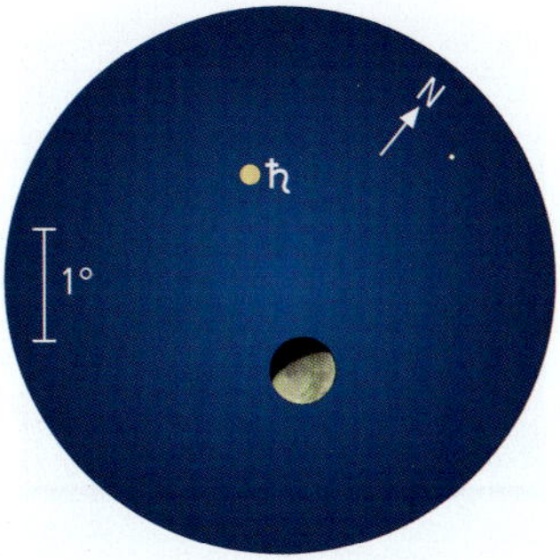

11.3 Der zunehmende Mond begegnet am 11. dem Ringplaneten Saturn. Fernglasanblick gegen 1^h MEZ.

Am 12. beginnt auf der Nordhalbkugel des Mars der Frühling.

JUPITER, rückläufig im Sternbild Stier, nähert sich seiner Oppositionsstellung zur Sonne, die er Anfang Dezember erreicht. Seine rückläufige Wanderung lässt sich gut an Aldebaran und den Hyaden als Anhaltspunkte verfolgen (siehe Abb. 4.4 auf Seite 93).

Die nahende Opposition macht sich auch an einer weiteren, leichten Helligkeitszunahme bemerkbar, die bis Monatsende $-2^{m}{,}8$ erreicht. Damit beherrscht der Riesenplanet den Nachthimmel, nachdem Venus schon am frühen Abend die Himmelsbühne verlassen hat.

Jupiter geht am 1. um 18^h51^m auf, am 15. um 17^h50^m und am 30. bereits um 16^h44^m.

Am 17. zieht der noch fast volle Mond am Riesenplaneten vorbei (siehe auch Abb. 11.1 auf Seite 228).

SATURN ist Planet der ersten Nachthälfte. Er verlegt seine Untergänge in die Zeit um Mitternacht. Aus der zweiten Nachthälfte zieht er sich zurück. Der Ringplanet wird zur Monatsmitte im Sternbild Wassermann stationär.

Am 16. beendet er seine rückläufige Bewegung und wird wieder rechtläufig (siehe Abb. 9.5 auf Seite 195). Mit seinem abermaligen Stillstand beendet Saturn seine diesjährige Oppositionsperiode, was sich auch an der leicht abnehmenden Helligkeit zeigt. Sie geht von $0^{m}{,}8$ auf $1^{m}{,}0$ zurück.

Saturn geht am 1. um 1^h58^m unter, am 15. um 1^h03^m und am 30. schon um 0^h05^m.

Am 11. zieht der zunehmende Halbmond an Saturn nördlich vorbei (siehe Abb. 11.3 oben).

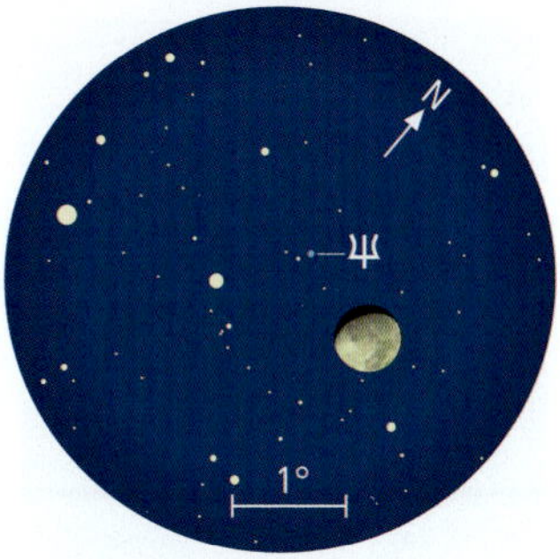

11.4 An Neptun zieht am 12. November der zunehmende Mond vorbei. Fernglasanblick gegen 3^h MEZ.

URANUS, rückläufig im Sternbild Stier, steht am 17. in **Opposition** zur Sonne. Dies ist die günstigste Zeit, um den fernen, lichtschwachen Planeten ins Visier zu nehmen, wobei allerdings in der fortschreitenden Nacht der aufgehende Mond mit seinem Licht die Beobachtung stört.

Mit einer Oppositionshelligkeit von $5^{m}{,}6$ kann Uranus theoretisch mit bloßen Augen gesehen werden. Aber selbst bei idealen Sichtbedingungen gelingt dies nur selten. Doch ein Fernglas mit stabilem Stativ reicht aus, um den grünlichen Planeten zu erkennen. Um Ura-

11.5 Die scheinbare Bahn von Venus im Gebiet der Sternbilder Schlangenträger, Schütze und Steinbock im Jahr 2024. Die Zahlen geben die Planetenposition zum jeweiligen Monatsbeginn an (11 = 1. November).

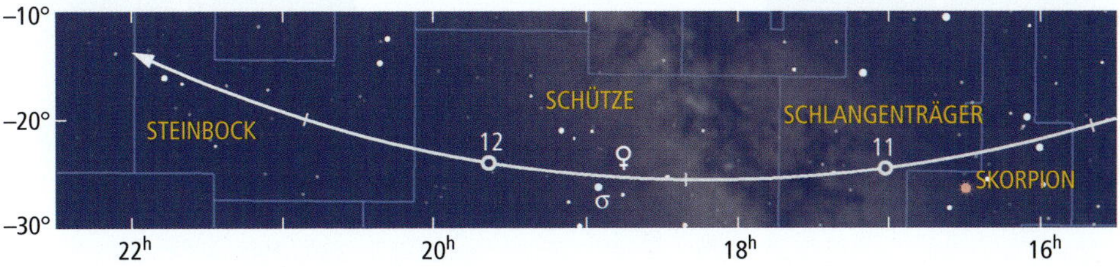

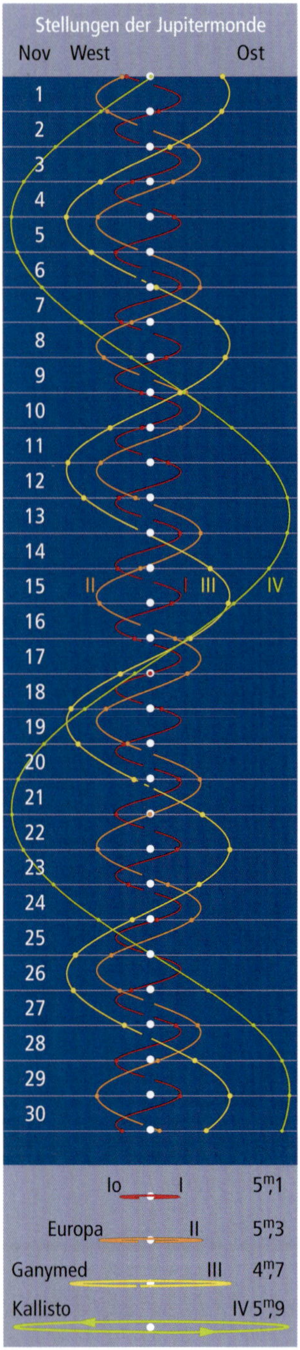

JUPITERMONDE

Tag	MEZ h	MEZ m	Vorgang	
1.	3	50	I	VA
2.	0	58	I	SA
	1	49	I	DA
	3	08	I	SE
	3	59	I	DE
	22	18	I	VA
3.	1	20	I	BE
	3	39	III	SA
	5	44	III	SE
	20	15	I	DA
	21	37	I	SE
	22	26	I	DE
4.	4	30	II	SA
	6	08	II	DA
	19	46	I	BE
5.	22	39	II	VA
6.	2	44	II	BE
	19	36	III	VE
	20	38	III	BA
	22	37	III	BE
7.	20	20	II	SE
	21	49	II	DE
8.	5	44	I	VA
9.	2	51	I	SA
	3	34	I	DA
	5	03	I	SE
	5	45	I	DE
10.	0	12	I	VA
	3	05	I	BE
	21	20	I	SA
	22	00	I	DA
	23	31	I	SE
11.	0	11	I	DE
	21	31	I	BE
13.	1	15	II	VA
	5	01	II	BE
	21	28	III	VA
	23	37	III	VE
	23	59	III	BA
14.	1	58	III	BE
	20	24	II	SA

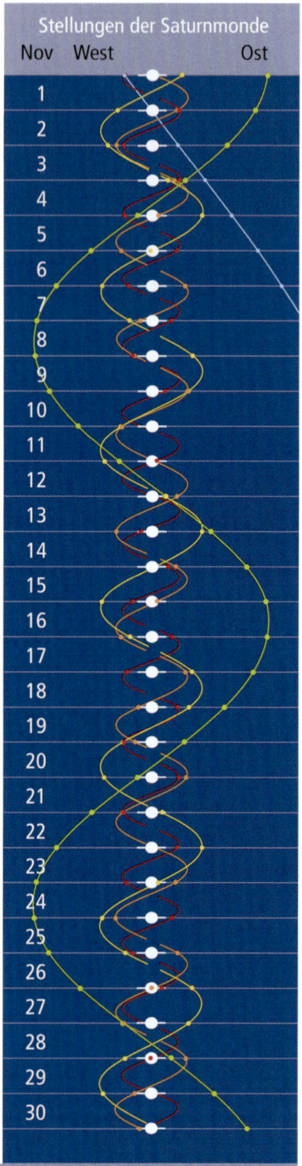

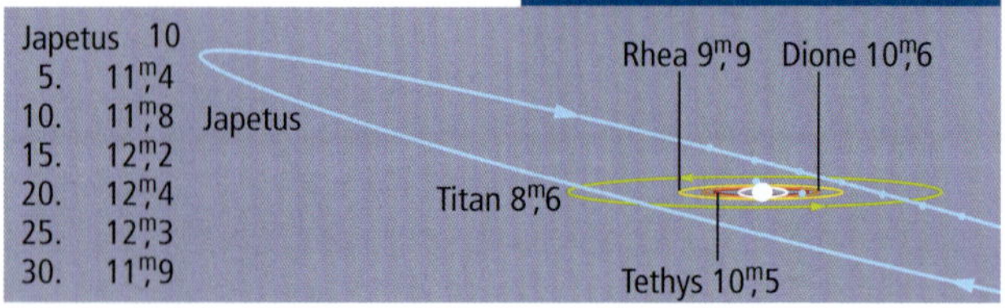

JUPITERMONDE

Tag	MEZ		Vorgang	
	h	m		
14.	21	35	II	DA
	22	56	II	SE
15.	0	06	II	DE
16.	4	45	I	SA
	5	18	I	DA
17.	2	06	I	VA
	4	49	I	BE
	23	14	I	SA
	23	45	I	DA
18.	1	25	I	SE
	1	55	I	DE
	20	35	I	VA
	23	15	I	BE
19.	19	54	I	SE
	20	21	I	DE
20.	3	50	II	VA
21.	1	28	III	VA
	5	18	III	BE
	23	00	II	SA
	23	50	II	DA
22.	1	32	II	SE
	2	21	II	DE
23.	20	24	II	BE
24.	4	01	I	VA
	6	33	I	BE
	19	03	III	DE
25.	1	08	I	SA
	1	28	I	DA
	3	20	I	SE
	3	39	I	DE
	22	29	I	VA
26.	0	59	I	BE
	19	37	I	SA
	19	54	I	DA
	21	48	I	SE
	22	05	I	DE
27.	6	26	II	VA
	19	25	I	BE
28.	5	28	III	VA
29.	1	36	II	SA
	2	04	II	DA
	4	09	II	SE
	4	35	II	DE
30.	19	44	II	VA
	22	39	II	BE

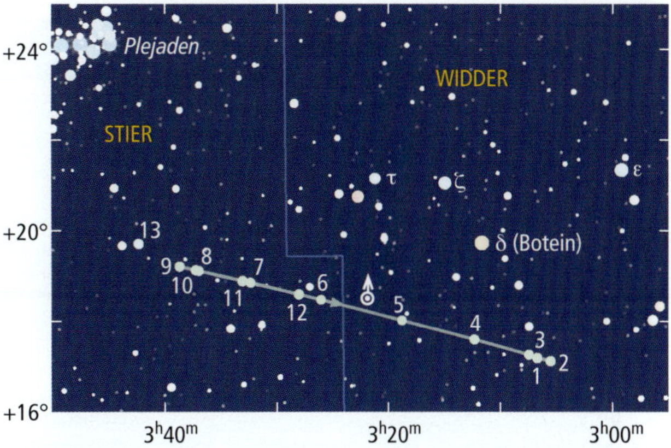

11.6 Die scheinbare Bahn von Uranus vom 1. Januar bis Jahresende 2024 in den Sternbildern Widder und Stier.

nus zu finden, nutze man die Sternkarte Abb. 11.6 oben.

Am 1. geht Uranus um 17^h28^m auf, am Oppositionstag bereits um 16^h23^m. Die Meridianpassage erfolgt am 17. um 0^h06^m, der Uranusuntergang um 7^h44^m. Bis Monatsende verfrüht sich der Uranusuntergang auf 6^h50^m und die Kulmination auf 23^h08^m.

Im Teleskop zeigt sich Uranus als winzige Murmel von nur $3\overset{''}{,}8$ scheinbarem Äquatordurchmesser.

Zur Opposition ist Uranus 2778 Millionen Kilometer (= 18,57 AE) von der Erde entfernt. Dies entspricht einer Lichtlaufzeit von zwei Stunden und 34 Minuten. Von der Sonne trennen Uranus am Oppositionstag 2926 Millionen Kilometer (= 19,56 AE).

NEPTUN verzögert deutlich seine rückläufige Wanderung durch die Fische und bleibt zum Monatsende fast ganz stehen. Sein Stillstand ist nicht mehr fern (siehe auch Abb. 9.6 auf Seite 196). Die Dunkelheit setzt nun immer früher ein, was der Beobachtung des Neptun am frühen Abend entgegenkommt. Der bläuliche Planet kann in der ersten Nachthälfte beobachtet werden. Am 1. geht Neptun um 3^h22^m unter, am 30. sinkt er bereits um 1^h26^m unter die Horizontlinie.

Die Meridianpassage erfolgt am 1. um 21^h26^m, am 15. um 20^h31^m und am 30. schon um 19^h31^m.

Die Neptunhelligkeit sinkt leicht auf $7\overset{m}{,}9$ ab. Am 12. begegnet der zunehmende Mond dem sonnenfernen Planeten (siehe Abb. 11.4 auf Seite 233).

PLANETOIDEN UND ZWERGPLANETEN

VESTA (4) eilt rechtläufig durch das Sternbild Jungfrau (siehe Abb. 11.7 auf Seite 236). Ihre Helligkeit nimmt während des Monats geringfügig von $8\overset{m}{,}1$ auf $8\overset{m}{,}0$ zu. Am 1. geht sie um 3^h32^m auf und kulminiert um 9^h52^m. Bis Ende November verfrühen sich ihre Aufgangszei-

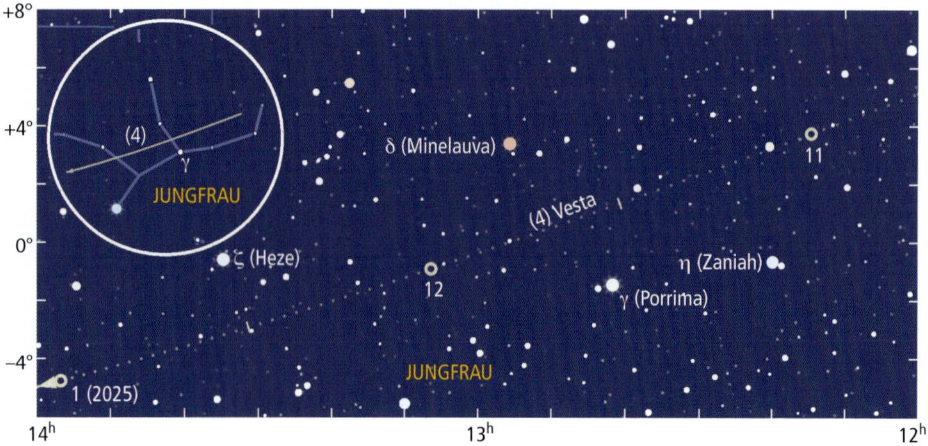

11.7 Scheinbare Bahn des Kleinplaneten (4) Vesta im Sternbild Jungfrau.

ten auf 2^h49^m und ihre Kulmination auf 8^h48^m.

EUNOMIA – Planetoid Nr. 15 – wandert rückläufig durch das Sternbild Fuhrmann (siehe Abb. 12.6 auf Seite 257). Ihre Helligkeit nimmt von $8\overset{m}{.}8$ auf $8\overset{m}{.}2$ deutlich zu. Sie nähert sich ihrer Opposition zur Sonne, die sie Mitte Dezember erreicht. Am 1. geht sie um 17^h25^m auf und kulminiert um 3^h36^m.

Am 15. passiert sie um 2^h36^m den Meridian und am 30. schon um 1^h24^m. Am 30. erfolgt der Aufgang von Eunomia bereits um 15^h26^m.

KONSTELLATIONEN UND EREIGNISSE

Datum	MEZ	Ereignis
3.	9^h	Mond bei Merkur, Mond $2\overset{\circ}{.}1$ südlich
5.	1	**Mond bei Venus**, Mond $3\overset{\circ}{.}1$ südlich, **Abstand $5\overset{\circ}{.}5$ um 17^h am 4.**
11.	3	**Mond bei Saturn**, Mond $0\overset{\circ}{.}09$ nördlich, **Abstand $1\overset{\circ}{.}9$ um 1^h**
12.	3	Mond bei Neptun, Mond $0\overset{\circ}{.}6$ nördlich
16.	2	Mond bei Uranus, Mond $4\overset{\circ}{.}4$ nördlich
16.	7	Saturn im Stillstand, anschließend rechtläufig
16.	9	Merkur in größter östlicher Elongation (23°)
17.	4	**Uranus in Opposition** zur Sonne
17.	16	**Mond bei Jupiter**, Mond $5\overset{\circ}{.}6$ nördlich, **Abstand $5\overset{\circ}{.}3$ um 18^h**
20.	22	**Mond bei Mars**, Mond $2\overset{\circ}{.}4$ nördlich, **Abstand $1\overset{\circ}{.}8$ um 22^h**
26.	5	Merkur im Stillstand, anschließend rückläufig

PERIODISCHE STERNSCHNUPPENSTRÖME

Die **LEONIDEN** treten zwischen dem 13. und 30. November am Morgenhimmel in Aktion. Ihr Radiant liegt im Löwen rund 10° nördlich von Regulus. Das spitze Maximum ist am Morgen des 17. zu erwarten, wobei mit lediglich zehn bis 15 Meteoren pro Stunde zu rechnen ist. Die Sternschnuppen sind außerordentlich schnell (um 70 Kilometer pro Sekunde). In manchen Jahren waren die Leoniden besonders aktiv. Nur alle 33 Jahre kollidiert die Erde mit dem Zentrum der Leoniden-Trümmerwolke. In diesem Jahr ist mit einer eher bescheidenen Leoniden-Aktivität zu rechnen, auch wenn sich der Ursprungskomet 55P/Tempel-Tuttle auf seiner Umlaufbahn mittlerweile wieder auf dem Weg in das innere Planetensystem befindet.

Die beiden Teilströme der **TAURIDEN** sind weiter aktiv. Um den 5. bis 10. November können insbesondere die Nördlichen Tauriden für Raten zwischen fünf und zehn Meteoren pro Stunde sorgen, darunter sind auch immer wieder helle Meteore und Feuerkugeln. In manchen Jahren gibt es besondere Häufungen. Nach den bisherigen Kalkulationen ist dies 2024 nicht zu erwarten.

Die **ALPHA-MONOCEROTIDEN** sind ein periodisch aktiver Strom. Ihr Radiant liegt im Sternbild Einhorn. In den Jahren 1925, 1935, 1985 und 1995 und ebenfalls 2019 gab es jeweils einen kurzen, aber heftigen Meteorschauer. In einer halben Stunde wurden von 100 bis zu 500 Sternschnuppen gezählt.

Das Maximum ist in diesem Jahr am Morgen des 21. November zu erwarten. 2016 und 2017 konnte der Strom mit Radarmethoden bereits gut nachgewiesen werden. Ein Ursprungskomet ist bisher nicht bekannt. Die berechneten Bahnen der zuletzt aufgezeichneten Meteore weisen auf ein Objekt mit rund 500 Jahren Umlaufzeit hin – die Teilchen bewegen sich auf wesentlich engeren Bahnen um die Sonne.

Der Fixsternhimmel

Die bei uns zirkumpolare Kassiopeia durchschreitet eben in oberer Kulmination zwischen Zenit und Polarstern den Meridian.

Die Bilder hoch im Süden und die um den Zenit wie Kassiopeia, Andromeda, Pegasus, Perseus und Widder prägen den typischen Herbstcharakter des gestirnten Firmaments. Im Osten hingegen kündigt sich der Winter durch eine Reihe heller Sterne an: Kapella im Fuhrmann, Aldebaran im Stier, Beteigeuze und Rigel im Orion, Kastor und Pollux in den Zwillingen. Lediglich der strahlend helle Sirius im Großen Hund und der ebenfalls recht helle Prokyon im Kleinen Hund sind zur Standardbeobachtungszeit (23^h zu Monatsbeginn, 22^h zur Monatsmitte) noch nicht auf der Himmelsbühne erschienen.

Die Sternenkette der Andromeda geht ebenfalls hoch über unseren Köpfen durch den Meridian. Der berühmte Andromedanebel (M 31), unsere Nachbarmilchstraße in 2,5 Millionen Lichtjahren Entfernung, steht recht zenitnah und kann unter günstigen Sichtbedingungen schon mit bloßen Augen als mattes Lichtfleckchen ausgemacht werden. Auch die Fische haben nun ihre höchste Stellung im Süden erreicht. Sie sind nicht leicht zu erkennen, da sie sich nur aus Sternen vierter Größe und schwächer zusammensetzen. Dem Namen nach ist das Sternbild Fische zwar jedermann gut bekannt, weil es zum Tierkreis (Zodiak) gehört, aber wegen seiner lichtschwachen Sterne haben es nur wenige mit eigenen Augen bewusst am Himmel gesehen. Vermutlich wegen seiner geringen Helligkeit hat man dieses Bild fast immer mit den Mächten der Finsternis oder der Erdmutter Gaia in Verbindung gebracht.

Im Südwesten nimmt noch der ebenfalls lichtschwache Wassermann seinen Platz ein, in dem jetzt allerdings Saturn hell leuchtet.

Südlich der Fische passiert der Walfisch (lat.: Cetus) den Meridian. Es ist nicht ganz einfach, den Cetus zu erkennen, da er ein aus-

VERÄNDERLICHE STERNE

Algol-Minima		β-Lyrae-Minima		δ-Cepheï-Maxima		Mira-Helligkeit	
3.	3^h21^m	4.	10^h N	6.	7^h	1.	9^m
6.	0 11	10.	21 H	11.	16	10.	10
8.	21 00	17.	9 N	17.	0	20.	10
11.	17 49	23.	20 H	22.	9	30.	10
23.	5 05	30.	7 N	27.	18		
26.	1 54						
28.	22 43						

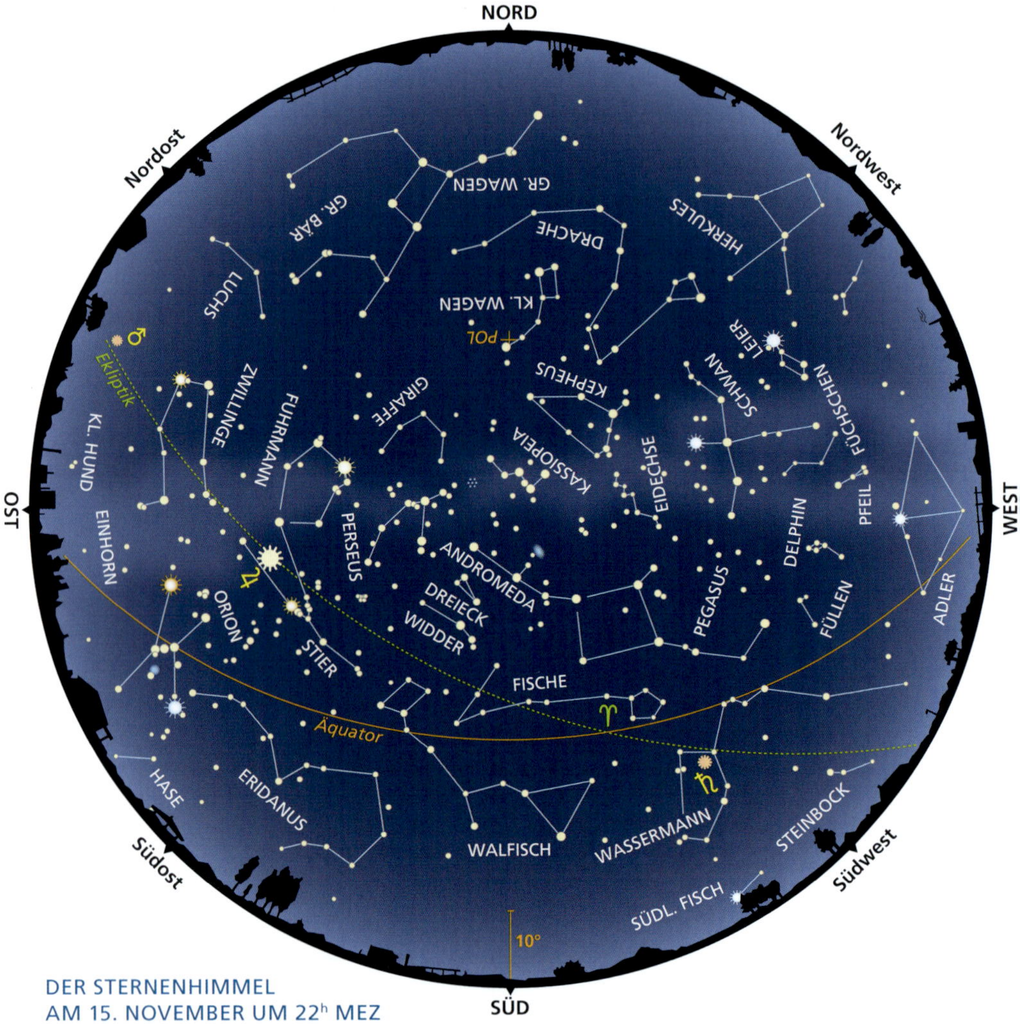

DER STERNENHIMMEL
AM 15. NOVEMBER UM 22^h MEZ

Die Sternkarte ist auch gültig für:

	MEZ	MESZ
1. 9.	3^h	4^h
15. 9.	2	3
1.10.	1	2
15.10.	0	1
1.11.	**23**	
15.11.	**22**	
30.11.	**21**	
15.12.	20	
31.12.	19	
15. 1.	18	

gedehntes und lichtschwaches Sternbild ist.

Tief im Südosten ist der Himmelsjäger Orion bereits erschienen, das Leitsternbild des Winterhimmels. Von seinem hellen, bläulichen Fußstern Rigel zieht sich das ausgedehnte Sternbild Fluss Eridanus in Richtung Westen und knickt dann kurz vor dem Meridian in Südrichtung ab. Der Eridanus schlängelt sich weit nach Süden und ist von unseren Breiten aus nie vollständig zu sehen. Auch sein Hauptstern Achernar (α Eridani), mit $0^m{,}5$ scheinbarer Helligkeit einer der zehn hellsten Sterne am irdischen Firmament, steht so weit südlich, dass er bei uns nie über den Horizont steigt. Achernar strahlt ein bläulich-weißes Licht

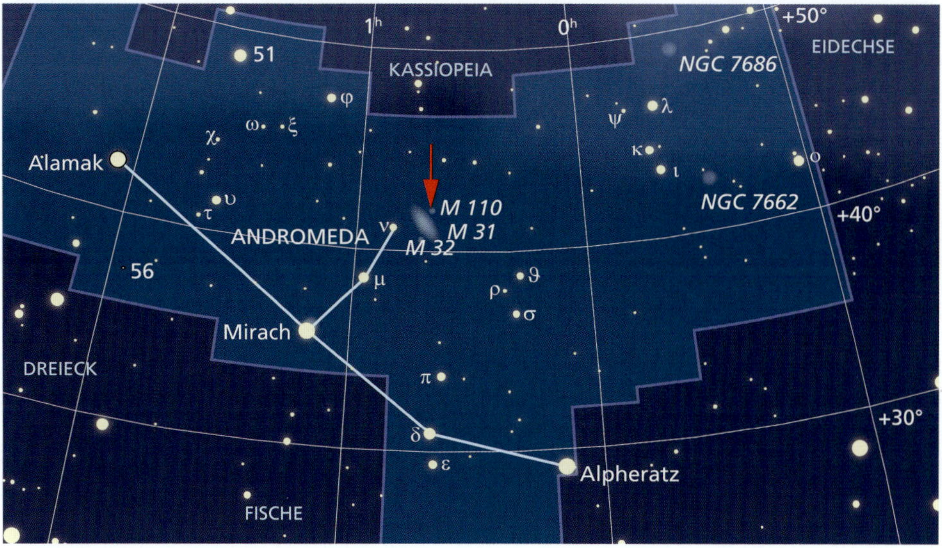

11.8 Die Sternenkette der Andromeda. Eingetragen ist die Position des Andromedanebels (M 31).

aus (Spektraltyp: B3 V). Von Achernar trennen uns 140 Lichtjahre.

Die bei uns sichtbaren Sterne des Eridanus sind dritter und vierter Größenklasse, so dass der Eridanus in Mitteleuropa recht unauffällig bleibt. Am hellsten ist noch β Eridani oder Cursa genannt, dessen scheinbare Helligkeit zu $2\overset{\mathrm{m}}{,}8$ gemessen wurde. Cursa leuchtet weißlich (Spektralklasse: A3 III) und ist 89 Lichtjahre von uns entfernt. Cursa liegt in unmittelbarer Nachbarschaft von Rigel im Orion. Mit ihm beginnt der Fluss Eridanus seinen Lauf.

Nach Vorstellung der alten Ägypter war der Eridanus der Totenfluss. Er beginnt bei Osiris, dem Richter der Toten, dargestellt durch das Sternbild Orion. Teilweise war der Fluss Eridanus aber auch das himmlische Gegenstück zum Nil. Die Griechen übernahmen die Vorstellung von einem Fluss. Er wird für den mit dem Sonnenwagen abstürzenden Phaeton zum nassen Grab.

Mit $3\overset{\mathrm{m}}{,}7$ Helligkeit gehört ε Eridani, Ran mit Eigennamen, zu den lichtschwächeren Sternen, die noch bei uns in Mitteleuropa sichtbar sind. Als K2 V-Stern ist er einigermaßen sonnenähnlich und ebenfalls ein Einzelstern. Mit zehn Lichtjahren Distanz ist er ein Stern der engeren Sonnenumgebung.

Ran wurde in den 1960er-Jahren mit dem großen Radioteleskop des National Radio Astronomy Observatory (NRAO) in Green Bank, West Virginia (USA), abgehorcht, ob eventuell auf einem Planeten von ε Eridani eine hochtechnisierte Zivilisation Funksignale sendet (Projekt OZMA). Signale Außerirdischer wurden jedoch nicht entdeckt.

OBJEKTE FÜR FELDSTECHER UND FERNROHR

Zu den prominenten Standardobjekten am herbstlichen Abendhimmel zählt die berühmte Andromedagalaxie (M 31), unsere Nachbarmilchstraße in 2,5 Millionen Lichtjahren Entfernung. Auch die beiden offenen Sternhaufen h und χ im Perseus sind den meisten Sternfreundinnen und Sternfreunden wohlbekannt. Sie sind prächtige Objekte schon im Fernglas, erst recht im Teleskop bei niedriger Vergrößerung und weitem Gesichtsfeld. Manchmal wird der Anblick dieser Sterngesellschaften beschrieben als glitzernde Edel-

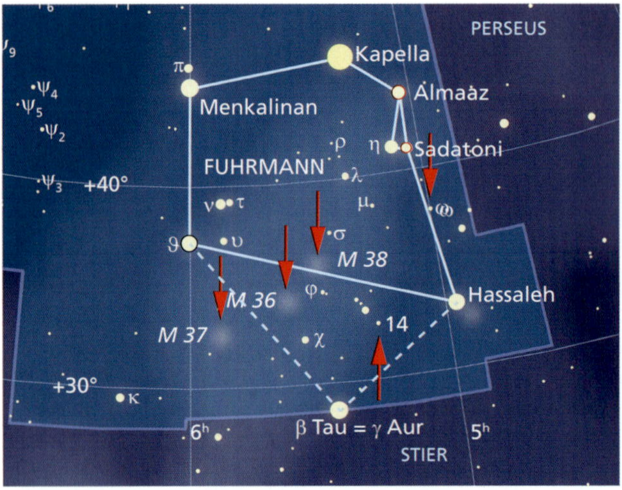

11.9 Skelettkarte des Sternbildes Fuhrmann (Auriga). Eingetragen sind die Positionen der offenen Sternhaufen M 36, M 37 und M 38 sowie der Doppelsterne ω Aurigae und 14 Aurigae.

steine aller Farben auf samtschwarzem Untergrund. h und χ Perseï sind beide 7500 Lichtjahre weit weg.

Im Sternbild Triangulum (lat., Dreieck) gibt es einen empfehlenswerten Doppelstern für Fernrohre ab sechs Zentimeter freier Öffnung, nämlich ι (Iota) Trianguli. Er trägt die Nr. 6 nach Flamsteed. Der Stern 6 Tri (also die Nr. 6 im Sternbild Dreieck) setzt sich aus einer $5^{\mathrm{m}}{,}3$ gelben und einer $6^{\mathrm{m}}{,}9$ blauen Komponente zusammen, die in $4''{,}0$ Distanz voneinander stehen. ι Trianguli ist rund 280 Lichtjahre von uns entfernt.

Wer schon den Andromedanebel mit einem Fernglas ins Visier genommen hat, kann noch einen optischen Doppelstern in der Andromeda ansehen, nämlich 56 Andromedae. Ein $5^{\mathrm{m}}{,}7$ heller, oranger Stern hat in 205″ Distanz einen tiefroten, $5^{\mathrm{m}}{,}9$ hellen Begleiter. 56 And liegt an der Grenze zum Sternbild Triangulum (siehe Sternkarte N0 im *Atlas für Himmelsbeobachter*).

Die eine Komponente ist 330 Lichtjahre entfernt, die andere immerhin 1100 Lichtjahre. Beide Sterne stehen rein zufällig nebeneinander und sind gravitativ nicht aneinander gebunden.

Drei schöne, offene Sternhaufen finden sich im Fuhrmann (lat.: Auriga), nämlich M 36, M 37 und M 38. Sie sind gut in einem Fernglas auszumachen. Relativ sternarm zeigt sich M 36. M 37 erscheint im Feldstecher eher als größerer Nebelfleck. Erst im Teleskop löst sich dieser Lichtfleck in zahlreiche Einzelsterne auf. M 38 ist zwar der lichtschwächste dieser drei Haufen, ist jedoch ohne Weiteres im Fernglas zu erkennen. Im Fernrohr zeigt sich der Sternenreichtum vom M 38. Die beiden Sternhaufen M 36 und M 38 liegen in Entfernungen von 4000 Lichtjahren. M 37 ist mit 4500 Lichtjahren etwas weiter entfernt.

Der Fuhrmann beherbergt auch den Doppelstern ω Aurigae, der schon in kleineren Fernrohren leicht zu trennen ist, nicht aber im Fernglas. Zwei $5^{\mathrm{m}}{,}0$ und $8^{\mathrm{m}}{,}0$ helle Sterne stehen in $4''{,}6$ Abstand voneinander. Beide erscheinen weiß, die schwächere Komponente leicht gelblich (Spektralklasse A0 und F0). Omega Aurigae ist 163 Lichtjahre entfernt.

Noch leichter zu trennen ist 14 Aurigae. Die beiden Komponenten dieser Doppelsonne sind $5^{\mathrm{m}}{,}0$ und $7^{\mathrm{m}}{,}9$ hell und stehen in einer Distanz von $14''{,}1$ zueinander. Der hellere Stern gehört zum Spektraltyp A9, der schwächere ist ein F-Stern. 14 Aur ist 270 Lichtjahre entfernt.

Eine interessante Galaxie ist M 77 im Cetus. Man findet diese aktive Galaxie knapp südöstlich von δ Ceti. Im Fernglas erscheint sie nur als winziges, kreisförmiges Fleckchen. Im Teleskop zeigt sich ein heller Kern, umgeben von einem lichtschwachen Saum. Die Gesamthelligkeit liegt bei 9^{m}, der scheinbare Durchmesser weist nur drei Bogenminuten auf, Hubble-Typ Sb. Allerdings erkennt man kaum eine Spirale bei visueller Beobachtung. M 77 gehört zur Klasse der

Seyfert-Galaxien, deren Kern hell strahlt, dessen zentrale Helligkeit variiert. Heute zählt man diese Galaxien zu den AGNs (Active Galactic Nuclei), Milchstraßensysteme mit einem aktiven Kern, aus dem intensive Röntgen- und UV-Strahlung kommt. Als zentraler Motor wirkt im Zentrum ein supermassereiches Schwarzes Loch mit einer gewaltigen Akkretionsscheibe. M 77 befindet sich in der respektablen Entfernung von 50 Millionen Lichtjahren. Entdeckt wurde M 77 schon im Herbst 1780 von Pierre Méchain und Charles Messier. Beide meinten, hier einen Sternhaufen eingebettet in einen Gasnebel zu erkennen. M 77 findet man in der Sternkarte E0 im *Atlas für Himmelsbeobachter* von Erich Karkoschka.

Als weitere Galaxie sei M 74 in den Fischen empfohlen. Sie zu erkennen erfordert schon einige Beobachtungserfahrung. Mit $9^{\mathrm{m}}{,}5$ ist sie recht lichtschwach. Sie liegt knapp östlich von η Piscium. Man sollte nicht zu stark vergrößern, M 74 ist zwar eine Spirale, auf die man senkrecht sieht, aber in kleineren Instrumenten zeigt sich lediglich ein nicht sehr auffälliges kreisrundes Zentrum. Der scheinbare Durchmesser liegt bei 8′. Für Nutzer computergesteuerter Teleskope seien die Koordinaten von M 74 genannt: $\alpha = 1^{\mathrm{h}}36^{\mathrm{m}}{,}7$/ $\delta = +15°47'$ (J2000.0). Die Entfernung von M 74 wurde ursprünglich zu 30 Millionen Lichtjahren ermittelt. Neuere Untersuchungen lassen erkennen, dass diese Galaxie wohl nur etwas mehr als 25 Millionen Lichtjahre entfernt ist.

Tief im Süden zeigt sich eine mächtige Galaxie, NGC 253 mit ihrer Katalogbezeichnung. Sie liegt im Sternbild Bildhauer (lat.: Sculptor) an der Südgrenze vom Walfisch (lat.: Cetus). Man stößt auf die Sculptor-Milchstraße, wenn man von β Ceti ausgehend sein Fernglas oder Teleskop gut 7° südlich schwenkt. Man blickt auf die Kante der Sculptor-Galaxie, weshalb sie im Fernglas länglich erscheint. NGC 253 ist elf Millionen Lichtjahre von uns entfernt.

Die Trabanten der Galaxis

Wer eine Reise tut, der kann etwas erzählen. Vor allem, wenn sie den Reisenden in große Entfernungen bringt. Erst recht, wenn ihn der Weg in bisher unbekannte Gefilde führt. Eine gewagte Reise mit vielen Abenteuern, ungeheuren Strapazen, Gefahren und tragischen Verlusten unternahm der portugiesische Seefahrer Fernando de Magellan (1480–1521) im Auftrag der spanischen Krone, nämlich des kastilischen Königs Karl I. Ziel der Expedition waren die Gewürzinseln im Osten des Indischen Ozeans, insbesondere die Molukken, damals das einzige Anbaugebiet von Gewürznelken.

Magellan suchte den Seeweg nach Westen, um vom Atlantik um Kap Hoorn herum über den Pazifik die Gewürzinseln zu erreichen. Am

11.10 Ferñao de Magelhães (Magellan) – portugiesischer Seefahrer und Weltumsegler (1480–1521)

Österreichische Nationalbibliothek

20. September 1519 stach eine Flotte von fünf Schiffen von Sanlúcar de Barrameda aus in See. Nach der Überquerung des Atlantiks ging es entlang der Ostküste Südamerikas immer weiter nach Süden. Magellan fand den Seeweg nach Westen an der Spitze Südamerikas. Vom Atlantik kommend kreuzte er durch die Magellan-Straße und gelangte in den Pazifik. Man freute sich über das gute Wetter und die ruhige See und nannte das Meer „Stiller Ozean" beziehungsweise Pazifischer Ozean. So blieb es bis heute, obwohl es in der Wasserwüste des Pazifik oft heftige Stürme und raue See mit riesigen Wellen gibt.

Magellans Expedition war die erste dokumentierte Umrundung der Erde und damit der direkte Beweis für die Kugelgestalt der Erde. Allerdings endete die Reise tragisch. Von den fünf Schiffen der Armada kehrte nur eines nach Spanien zurück. Magellan selbst erlebte die Heimkehr nicht. Er wurde am 27. April 1521 von Einheimischen getötet. Von 243 Seeleuten kehrten nur 35 mit der „Victoria" heim. Krankheiten, Hunger, Kämpfe, Gefangenschaft und Schiffskatastrophen dezimierten die Mannschaft.

Objekte des Südsternhimmels

Ungeheuer eindrucksvoll jedoch bot sich in den zappendusteren Nächten der Sternenglanz am pechschwarzen südlichen Nachthimmel. Neben dem prächtig glitzernden Band der Milchstraße sahen die Seefahrer zwei schimmernde Lichtwölkchen ein wenig abseits der südlichen Milchstraße. Man nennt sie inzwischen die Magellanschen Wolken. Sie sehen aus wie zwei abgesprengte Teile der Milchstraße.

Magellan selbst hat darüber nichts Schriftliches hinterlassen. Jedoch einer seiner Offiziere, der Italiener Antonio Pigafetta, erwähnte sie in seinem Reisebericht. Gesehen hat die beiden Lichtwölkchen sicher auch Magellan. Wie auch immer, heute nennt man sie die Magellanschen Wolken. Die europäischen Weltumsegler waren

11.11 Die südliche Milchstraße mit der Kleinen und der Großen Magellanschen Wolke.

ESO/A. Santerne

jedoch nicht die ersten Entdecker der Magellanschen Wolken.

Schon vor den südlichen Seefahrern, die auf der Suche nach dem Seeweg nach Indien waren, hat der arabische Astronom Abd Al-Rahman al Sufi (903–986) in seinem Hauptwerk *Das Buch der Fixsterne* die Große Magellansche Wolke erwähnt (siehe Monatsthema Oktober „Wer war Al Sufi?“ im *Kosmos Himmelsjahr 2021*). Die eine Wolke hat eine Ausdehnung von etwa $9\overset{\circ}{,}2$ mal $10\overset{\circ}{,}7$, die andere von $3\overset{\circ}{,}4$ mal $5\overset{\circ}{,}3$. Daher nennt man die eine die Große und die andere die Kleine Magellansche Wolke. In Sternkarten sind sie mit LMC (Large Magellanic Cloud) und die Kleine Magellansche Wolke mit SMC (Small Magellanic Cloud) eingetragen. Die LMC liegt im Sternbild Schwertfisch (Dorado) bei –70° Deklination, die SMC findet sich im Sternbild Tukan bei –73° Deklination. Sie liegen damit nahe dem Himmelssüdpol.

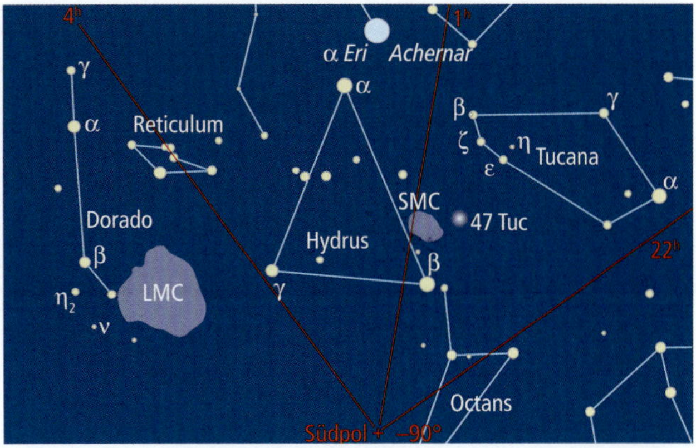

11.12 Sternkarte mit den Positionen der Magellanschen Wolken

Wegen ihren südlichen Positionen sind sie von Mitteleuropa aus nicht zu sehen. Auf 34° südlicher Breite wie beispielsweise Kapstadt kulminiert die LMC in 54° Höhe und die SMC in 51° Höhe. In dieser südlichen Breite sind beide Magellanschen Wolken zirkumpolar. Da beide Wolken nahe dem Himmelssüdpol stehen und relativ gut zu sehen sind, haben in früheren Zeiten die Seefahrer, die in südlichen Meeresgegenden unterwegs waren, sie als Orientierungshilfen benutzt. Denn der südliche Polarstern (σ Octantis) ist mit $5\overset{m}{,}4$ scheinbarer Helligkeit nur unter sehr guten Sichtbedingungen und auch nur mit sehr guten Augen oder mit dem Fernglas zu erkennen. Doch die ersten Seefahrer verfügten über keine Ferngläser oder gar Teleskope. Die Vorstellung, die beiden Magellanschen Wolken seien abgesprengte Stücke aus der Milchstraße, ist nicht völlig abwegig. Zwar sind sie nicht wirklich der Milchstraße entronnen, doch sie sind Begleiter unserer Milchstraße. Sie sind sogar sehr große Begleiter, nämlich Galaxien, genauer Zwerggalaxien. Die Magellanschen Wolken sind die uns nächsten extragalaktischen Sternsysteme. Sie gehören zur Lokalen Milchstraßengruppe, kurz Lokale Gruppe genannt.

Eigenständige Galaxien

Zu ihr zählen der Andromedanebel (M 31), der Triangulumnebel (M 33) und rund fünf Dutzend Zwerggalaxien. Allerdings ist die Andromedagalaxie mit 2,5 Millionen Lichtjahren mehr als zehnmal so weit entfernt wie LMC und SMC. Die LMC mit 163 000 Lichtjahren und die SMC mit 196 000 Lichtjahren stehen in unmittelbarer Nachbarschaft unserer Milchstraße. Die Sternwolken sind gewissermaßen Trabanten der Milchstraße. Die LMC wurde inzwischen als Zwerggalaxie vom Typ SBm eingestuft. Die SMC zählt zu den irregulären Galaxien (Irr), die per se Zwerggalaxien sind.

Die Große Magellansche Wolke (Katalogbezeichnung: ESO 56-115) hat eine Längsausdehnung von 32 000 Lichtjahren und eine Masse von 25 Milliarden Sonnenmassen. Sie beherbergt 15 Milliarden Sonnen. Die Kleine Magellansche Wolke erstreckt sich über 13 000 Lichtjahre und enthält fünf Milliarden Sterne bei einer Gesamtmasse von vier Milliarden Sonnenmassen.

ESO

11.13 Die Große Magellansche Wolke im Sternbild Dorado

Viele in unserer Milchstraße bekannte Typen von Sternhaufen und interstellaren Wolken finden sich auch in den Magellanschen Wolken. Allein in der LMC gibt es 415 Emissionsnebel, 900 Sternhaufen, darunter auch relativ junge, blaue Kugelhaufen, wie sie in der Galaxis kaum anzutreffen sind. Auch 95 Planetarische Nebel konnten detektiert werden. Zudem wurden zahlreiche OB-Assoziationen registriert. Der hellste und größte Emissionsnebel ist der in Amateurkreisen wohlbekannte Tarantelnebel, auch als 30 Doradus bezeichnet, NGC 2070 mit der Katalognummer.

Der Tarantelnebel leuchtet etwa 5000-mal heller als der Orionnebel (M 42) in unserer Milchstraße. In seinem Zentrum befindet sich der riesige Sternhaufen R136, der viele extrem junge und heiße Sterne enthält, deren UV-Licht den Nebel zum Leuchten anregt (Rekombinationsleuchten der ionisierten interstellaren Gaskomponente). Im Zentrum von NGC 2070 sitzt R136a1, einer der leuchtkräftigsten und massereichsten Sterne im gesamten Universum. Für einen Stern hat er die ungewöhnlich große Masse von 265 Sonnenmassen und eine Leuchtkraft von zehn Millionen unserer Sonnen. In unserer Zeit dürfte es kaum Sterne mit mehr als hundert Sonnenmassen geben. Supermassereiche Sterne der Population III gab es in der Frühphase des Universums. Nach kurzem Dasein sind sie längst zugrunde gegangen.

Die Magellanschen Wolken gelten als irreguläre Zwerggalaxien. Allerdings kristallisiert sich inzwischen heraus, dass die große Wolke eher eine kleine Balkengalaxie darstellt, Typ SBm. Die vielen jungen und leuchtkräftigen Sterne, die

11.14 Die Kleine Magellansche Wolke im Sternbild Tukan

zahlreichen offenen Sternhaufen, die jungen, blauen Kugelhaufen, leuchtkräftige H II-Gebiete und der Reichtum an interstellarer Materie zeigen, dass die Sternengesellschaften in den Magellanschen Wolken der Population I angehören.

Radioastronomisch wurde mit Hilfe der 21-cm-Linie des neutralen Wasserstoffs eine gemeinsame Hülle aus Wasserstoffgas entdeckt, die beide Wolken einschließt. Diese Wasserstoffbrücke zieht sich weit in das Weltall hinaus und wird als Magellan-Strom bezeichnet, der sich über die halbe Himmelskugel erstreckt (um 200°).

Einfluss der Milchstraße

Beide Wolken bewegen sich mit etwa 55 km/s aufeinander zu. Noch relativ schnell konnten die Radialgeschwindigkeiten gemessen werden. Die Große Magellansche Wolke nähert sich mit hundert Kilometern pro Sekunde unserem Sonnensystem, die Kleine mit 60 km/s. Zieht man die Komponente der galaktischen Rotation unserer Sonne ab, so hat die SMC nur eine Radialgeschwindigkeit von –40 km/s relativ zum galaktischen Zentrum, die LMC nähert sich ihm kaum (RG ~ 0 km/s).

In den letzten Jahren ist es gelungen, mit Aufnahmen des Hubble-Weltraumteleskops auch die Eigenbewegungskomponenten zu messen und in Kombination mit den Radialgeschwindigkeiten die wahren Raumgeschwindigkeiten abzuleiten. Relativ zum Milchstraßenzentrum eilen die Wolken mit 350 km/s und 320 km/s durch den Weltraum. Die hohen Geschwindigkeiten überraschten die Astronomen. Bis vor Kurzem

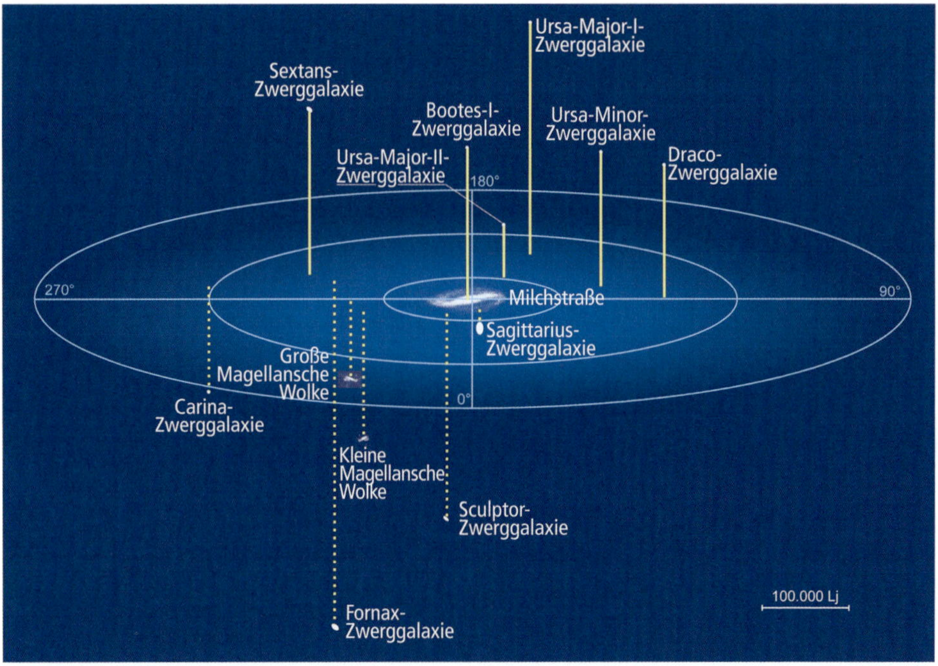

11.15 Die Galaxis umgeben von ihren Begleitern, den beiden Magellanschen Wolken sowie Dutzenden von Zwerggalaxien.

war man der Meinung, LMC und SMC würden unser Milchstraßensystem permanent umkreisen. Schon ihre bizarren Formen zeigen, welch enorme Gezeitenwirkung die Schwerkraft der Galaxis auf sie ausübt. Man schätzte ihre Umlaufdauer auf wenige hundert Millionen Jahre. Doch dem ist offensichtlich nicht so. LMC und SMC sind keine permanenten Satelliten.

Die hohen Raumgeschwindigkeiten werden die beiden Zwerggalaxien sich in Zukunft weit von der Galaxis entfernen lassen. Doch ganz entkommen werden sie nicht. Nach etwa fünf Milliarden Jahren, wenn M 31 und die Galaxis zur Supergalaxie Milkomeda verschmolzen sein werden, werden LMC und SMC nach mehreren, immer enger werdenden Umkreisungen schließlich von Milkomeda einverleibt.

Wie dem auch sei: Die Magellanschen Wolken sind ideale Forschungsobjekte für viele astrophysikalische Fragen. Denn alle Objekte in ihnen sind etwa gleich weit entfernt. So hat beispielsweise die berühmte Astronomin Henrietta Swan Leavitt (1868–1921) die Perioden-Leuchtkraft-Beziehung der veränderlichen Sterne vom Typ Delta Cepheï im Jahre 1912 entdeckt.

Miss Leavitt untersuchte von 1899 bis 1906 am Harvard-Observatorium in Cambridge (USA) knapp tausend Delta-Cepheï-Sterne in der SMC. Dabei fiel ihr auf, dass die Lichtwechselperioden umso länger sind, je heller die Sterne leuchten. Da alle Sterne etwa gleich weit entfernt sind, müssen ihre scheinbaren Helligkeitsdifferenzen auch den Unterschieden in den wahren Leuchtkräften entsprechen.

Infolge dieser Perioden-Leuchtkraft-Beziehung sind die Cepheïden-Sterne echte Meilensteine im Universum. Mit ihrer Hilfe lassen sich vor allem im extragalaktischen Bereich die Entfernungen der Sternsysteme bestimmen.

Im Februar 1987 flammte in der Großen Magellanschen Wolke eine Supernova auf. 1987A war die bisher nächste Supernova, seit es moderne Beobachtungsverfahren und Großteleskope gibt.

Ein Zoo von Zwerggalaxien

Die beiden Magellanschen Wolken sind zwar die größten Begleiter unserer Milchstraße, aber längst nicht ihre einzigen Trabanten. Während die Magellanschen Wolken schon in der Antike bekannt waren, wurden die zahlreichen übrigen Trabanten erst in jüngerer Zeit mit großen Teleskopen entdeckt. Insgesamt sind inzwischen 53 Satellitengalaxien einschließlich der beiden Magellanschen Wolken bekannt. Von sieben weiteren extragalaktischen Sternansammlungen wird vermutet, dass sie ebenfalls Trabanten der Galaxis sind.

Die meisten Zwerggalaxien, die unsere Milchstraße begleiten, haben nur 2000 bis 3000 Lichtjahre maximalen Durchmesser, teils sogar nur wenige hundert Lichtjahre Ausdehnung.

Die erste Zwerggalaxie nach LMC und SMC wurde 1950 aufgespürt. Sie trägt die Bezeichnung Leo I, liegt also im Sternbild Löwe, in dem man weit aus der Milchstraße in den intergalaktischen Raum hinaussieht. Sie hat nur einen Durchmesser von 3000 Lichtjahren. Mit 820 000 Lichtjahren ist sie mehr als viermal so weit entfernt wie die Magellanschen Wolken. Sie wurde als Typ dE3 (elliptische Zwerggalaxie) klassifiziert. Zwei weitere Zwerggalaxien als Trabanten der Galaxis wurden 1954 entdeckt: die Ursa-Minor-Zwerggalaxie in 215 000 Lichtjahren Entfernung und die Draco-Zwerggalaxie in 270 000 Lichtjahren. Sie sind vom Typ dE4 und dE0 mit jeweils 2000 Lichtjahren Durchmesser.

Bis zum Jahr 2000 wurden lediglich zehn Zwerggalaxien als Trabanten der Galaxis aufgefunden. Allein seit 2015 wurden weitere 26 Minigalaxien entdeckt, die Satelliten unserer Milchstraße sind. Die meisten haben Durchmesser von weniger als tausend Lichtjahren. Die kleinsten Zwerggalaxien mit nur hundert Lichtjahren Durchmesser sind Tucana V in 180 000 Lichtjahren Distanz und Cetus II in 100 000 Lichtjahren Distanz. Beide sind vom Typ dSph.

Als einer der fernsten Begleiter der Galaxis wurde Leo II in einer Distanz von 670 000 Lichtjahren ausgemacht. Die Zwerggalaxie vom Typ dE0 hat nur 3000 Lichtjahre Durchmesser.

Die schon 1937 entdeckte Sterngruppierung im Sternbild Bildhauer wurde erst in jüngerer Zeit nachträglich als Sculptor-Zwerggalaxie klassifiziert, ebenso die schon 1938 als Fornax-Zwerggalaxie registrierte Sterngruppierung in 450 000 Lichtjahren Entfernung mit 5000 Lichtjahren Durchmesser (Typ dE2).

Es hat sich gezeigt: Je kleiner eine Zwerggalaxie ist, desto größer ist ihr Anteil an Dunkler Materie. Man spekuliert, es könnte Minigalaxien geben, die fast ausschließlich aus der exotischen Dunklen Materie bestehen, die nur gravitativ wirkt, aber keinen thermischen Druck ausübt und auch nicht mit Photonen wechselwirkt. Deshalb ist sie auch unsichtbar.

In einer fernen Zukunft, in etwa fünf Milliarden Jahren, wird sich die Galaxis alle ihre Trabanten einverleibt haben und mit der Andromedagalaxie zur elliptischen Riesengalaxie Milkomeda verschmolzen sein wie M 87 im Zentrum des Virgo-Galaxienhaufens.

Zwerggalaxien gehören heute zu den wichtigsten Forschungszielen der Astronomie. Insbesondere will man herausfinden, welche Rolle sie bei der Bildung großer Galaxien spielen.

KLASSIFIKATION VON ZWERGGALAXIEN

dE0 bis dE7	Dwarf elliptical galaxy (elliptische Zwerggalaxie; 0 – kreisförmig bis 7 – langgezogen)
dSph	Dwarf spheroidal galaxy (kugelförmige Zwerggalaxie)
SBm	Spheroidal barred galaxy (kugelförmige Balkenspirale)
dIrr	Dwarf irregular galaxy (irreguläre Zwerggalaxie)
GC	Globular Cluster (Kugelsternhaufen)

Dezember 2024

- Die Sonne passiert am 21. um 10^h21^m MEZ den tiefsten Punkt ihrer Jahresbahn, der astronomische Winter beginnt.
- Mars, der rote Planet, beherrscht mit seinem Glanz den Nachthimmel.
- Merkur bietet zum Jahresende nochmals eine Morgensichtbarkeit.
- Venus wird zum auffälligen Abendstern und glänzt hell am Abendhimmel. Sie übertrifft bei Weitem den ebenfalls am Abendhimmel sichtbaren Jupiter, der am 7. im Sternbild Stier in Opposition zur Sonne steht.
- Saturn kann am Abendhimmel gesehen werden.

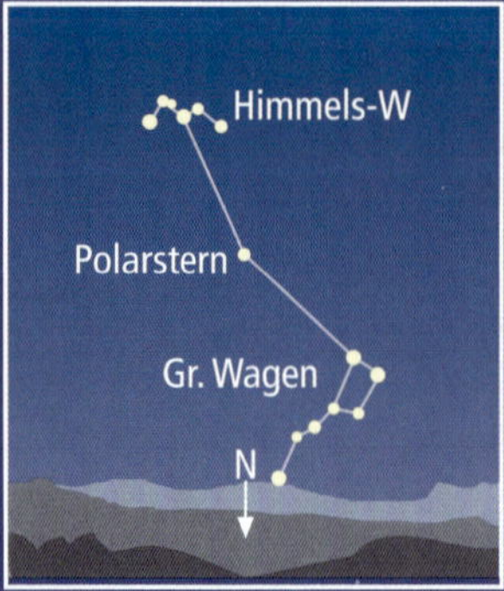

Großer Wagen und Himmels-W Anfang Dezember um 22 Uhr MEZ

12.1 Himmelsanblick in südwestlicher Richtung am 4. Dezember gegen 18^h MEZ. Die strahlende Venus erhält Besuch von der zunehmenden Mondsichel. Höher steht Saturn.

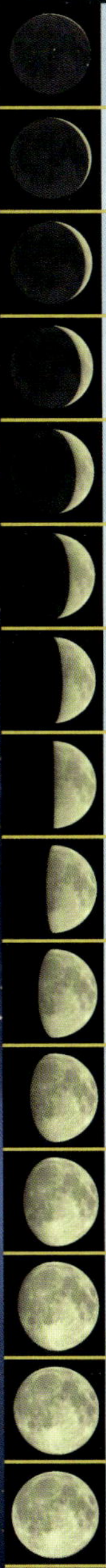

1 So	1. Advent **Neumond**
2 Mo	
3 Di	
4 Mi	Mond bei Venus – abends
5 Do	
6 Fr	
7 Sa	Jupiter in Opposition – ganze Nacht
8 So	2. Advent Erstes Viertel Mond bei Saturn – abends
9 Mo	
10 Di	
11 Mi	
12 Do	
13 Fr	Geminiden Maximum in der Nacht vom 13. auf 14. von 21^h bis 6^h morgens
14 Sa	Mond bei Jupiter – abends
15 So	3. Advent **Vollmond**

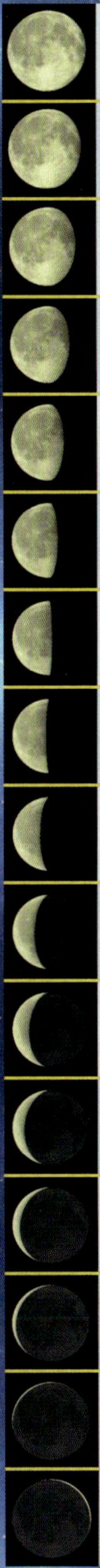

16 Mo	
17 Di	Mond bei Pollux – abends
18 Mi	Mond bei Mars – morgens
19 Do	
20 Fr	Mond bei Regulus – morgens
21 Sa	Winterbeginn
22 So	4. Advent Letztes Viertel
23 Mo	Merkur – beste Morgensichtbarkeit
24 Di	Heiliger Abend
25 Mi	1. Weihnachtstag Mond bei Spica – morgens
26 Do	2. Weihnachtstag
27 Fr	
28 Sa	
29 So	
30 Mo	**Neumond**
31 Di	Silvester

SONNE – STERNBILDER

18. 12. 2h:
Sonne tritt in das Sternbild Schütze

21. 12. 10h21m:
Sonne tritt in das Tierkreiszeichen Steinbock

Julianisches Datum am
1. Dezember, 1h MEZ: 2 460 645,5

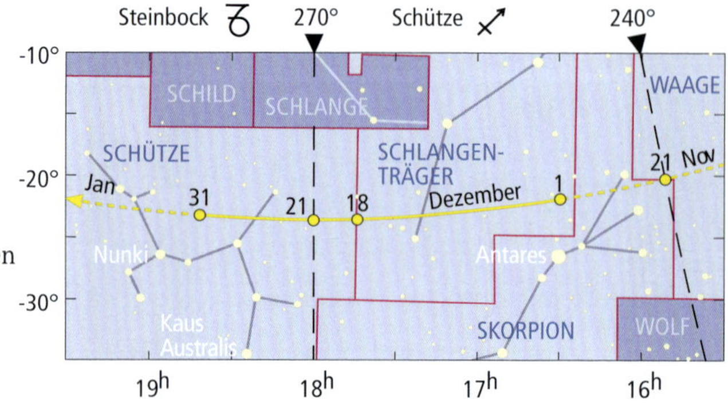

SONNENLAUF

Tag	Dämmerg. Anfang	Aufgang MEZ	Kulmination	Untergang MEZ	Dämmerg. Ende	Mittagshöhe	Zeitgleichg.	Rektaszension	Deklination
	h m	h m	h m	h m	h m	o	m	h m	o
1.	6 39	7 57	12 09	16 21	17 39	18,1	+11	16 29	–21,8
5.	6 43	8 02	12 11	16 19	17 38	17,5	+ 9	16 46	–22,4
10.	6 48	8 08	12 13	16 18	17 38	17,0	+ 7	17 08	–22,9
15.	6 52	8 12	12 15	16 18	17 38	16,7	+ 5	17 30	–23,3
20.	6 55	8 16	12 18	16 20	17 40	16,6	+ 2	17 52	–23,4
25.	6 58	8 18	12 20	16 23	17 43	16,6	0	18 15	–23,4
31.	6 59	8 19	12 23	16 28	17 48	17,0	– 3	18 41	–23,1

TAGES- UND NACHTSTUNDEN

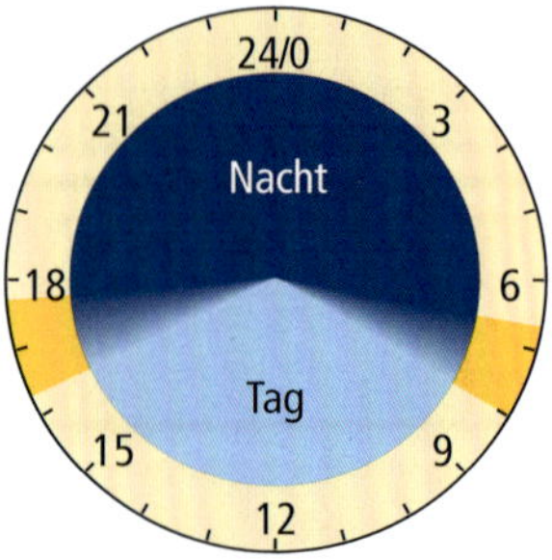

5. Dezember

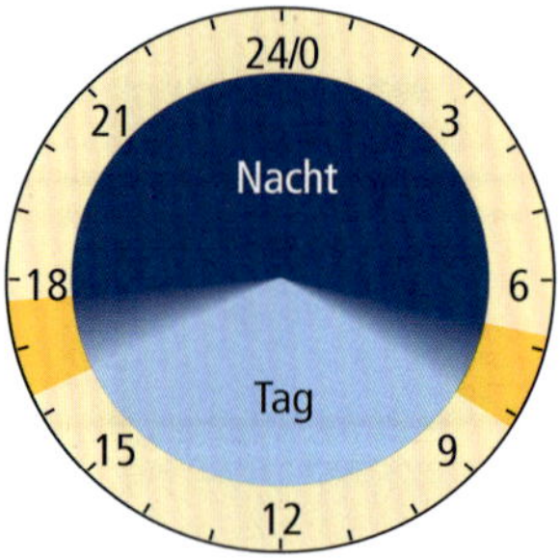

15. Dezember

25. Dezember

MONDLAUF

Datum	Aufg. MEZ	Kulmination	Unterg. MEZ	Rektaszension	Deklination		Sterne und Sternbilder	Phase	MEZ
	h m	h m	h m	h m	°				
So 1.	8 36	12 16	15 52	16 13	−25,7		Antares	**Neumond Nr. 1261**	$7^h 21^m$
Mo 2.	9 43	13 11	16 37	17 08	−27,8		Schlangenträger		
Di 3.	10 40	14 07	17 37	18 05	−28,5		Kaus Borealis	Größte Südbreite	
Mi 4.	11 24	15 04	18 49	19 04	−27,6		Schütze, Nunki	Libration Ost	
Do 5.	11 56	15 58	20 09	20 01	−25,2		Schütze		
Fr 6.	12 19	16 50	21 32	20 57	−21,5		Steinbock		
Sa 7.	12 38	17 39	22 54	21 50	−16,5	*	Steinbock		
So 8.	12 53	18 27	–	22 41	−10,7	*	Wassermann	**Erstes Viertel**	$16^h 27^m$
Mo 9.	13 07	19 14	0 16	23 31	− 4,2	*	Wassermann	Aufsteigender Knoten	
Di 10.	13 21	20 02	1 39	0 21	+ 2,5	*	Fische		
Mi 11.	13 37	20 53	3 03	1 12	+ 9,2		Fische		
Do 12.	13 56	21 48	4 31	2 05	+15,5		Widder	Erdnähe 365/32,′7	14^h
Fr 13.	14 22	22 46	6 01	3 02	+21,0	*	Widder		
Sa 14.	14 59	23 48	7 29	4 03	+25,2		Stier, Plejaden		
So 15.	15 50	–	8 49	5 06	+27,7		Stier, Alnath	**Vollmond**	$10^h 02^m$
Mo 16.	16 56	0 52	9 51	6 11	+28,4		Fuhrmann	Größte Nordbreite	
Di 17.	18 14	1 53	10 36	7 13	+27,3		Kastor, Pollux		
Mi 18.	19 34	2 49	11 07	8 12	+24,5	*	Krebs, Krippe	Libration West	
Do 19.	20 51	3 41	11 29	9 06	+20,6		Krebs, Krippe		
Fr 20.	22 05	4 27	11 45	9 56	+15,8		Löwe, Regulus		
Sa 21.	23 16	5 10	11 58	10 42	+10,4		Löwe		
So 22.	–	5 50	12 10	11 25	+ 4,8	*	Löwe	**Letztes Viertel**	$23^h 18^m$
Mo 23.	0 24	6 29	12 21	12 07	− 0,8		Jungfrau	Absteigender Knoten	
Di 24.	1 32	7 08	12 32	12 49	− 6,4		Jungfrau	Erdferne 404/29,′5	8^h
Mi 25.	2 41	7 49	12 45	13 32	−11,8		Spica		
Do 26.	3 52	8 31	13 01	14 17	−16,8		Jungfrau		
Fr 27.	5 05	9 18	13 21	15 04	−21,2		Waage		
Sa 28.	6 19	10 08	13 50	15 55	−24,8		Antares		
So 29.	7 30	11 01	14 30	16 50	−27,3		Antares		
Mo 30.	8 32	11 58	15 25	17 47	−28,4		Schütze	**Neumond Nr. 1262** Größte Südbreite Libration Ost	$23^h 27^m$
Di 31.	9 21	12 56	16 35	18 46	−28,0		Schütze, Nunki		

DER VOLLMOND WANDERT VON JUPITER ZU ELNATH

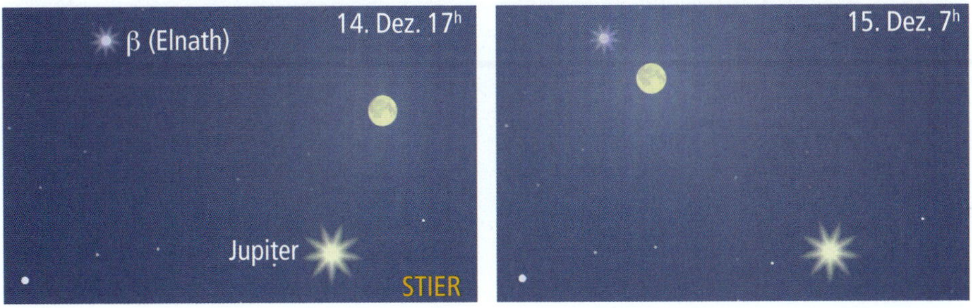

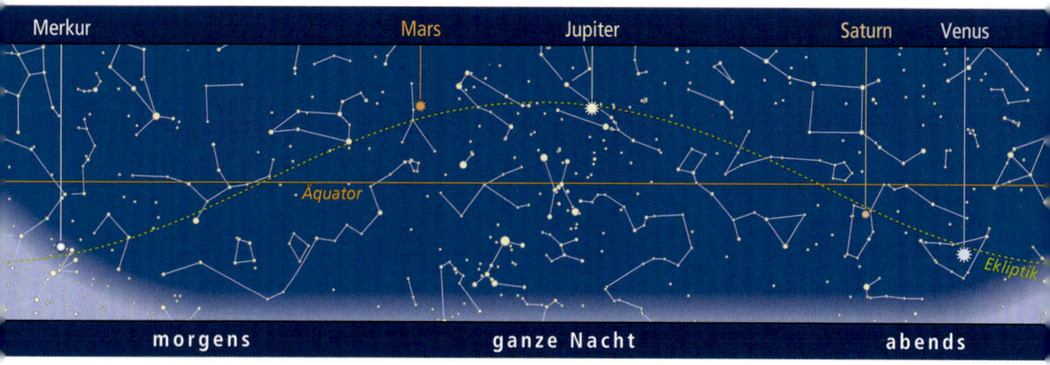

MERKUR bietet im letzten Dezemberdrittel nochmals eine Morgensichtbarkeit. Am 6. kommt der sonnennächste Planet in untere Konjunktion und überholt die Erde auf der Innenbahn. In unterer Konjunktion befindet sich Merkur zwischen Sonne und Erde, von der ihn in dieser Position 101 Millionen Kilometer (= 0,675 AE) trennen. Am gleichen Tag passiert er sein Bahnperihel. Vom Tagesgestirn ist er dabei 46,0 Millionen Kilometer (= 0,307 AE) entfernt.

Am 15. beendet Merkur seine Rückläufigkeit und wird wieder rechtläufig. Am 25. erreicht er seine größte westliche Elongation mit 22°03′ Abstand von der Sonne. Ab 16. kann man versuchen, Merkur am Morgenhimmel aufzufinden. An diesem Tag geht der $0^m{,}2$ helle Planet um 6^h29^m auf. Bis zur größten westlichen Elongation nimmt die Merkurhelligkeit auf $-0^m{,}4$ zu. Sein Aufgang verfrüht sich unwesentlich auf 6^h26^m. Die Helligkeit bleibt bis Jahresende konstant. Am 31. erfolgt der Merkuraufgang um 6^h41^m. Die Dichotomie (Halbphase) wird am 20. erreicht,

12.2 Stellung von Merkur über dem Südosthorizont zu den angegebenen Daten jeweils eine Stunde vor Sonnenaufgang. Die Pfeile geben die Bewegungen von Merkur und Sonne während der nächsten halben Stunde an.

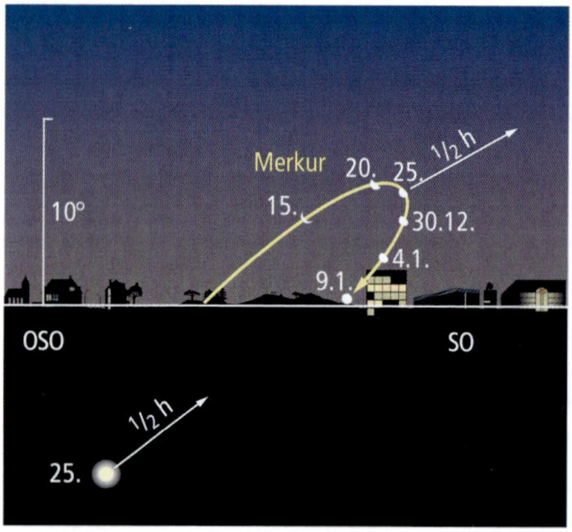

12.3 Sichtbarkeitsdiagramm für Merkur. Es gilt genau für 50° nördlicher Breite und 10° östlicher Länge. Dunkelgelbe Fläche: Unter günstigen Sichtbedingungen kann man Merkur mit bloßen Augen erkennen, hellgelbe Fläche: Merkur ist leicht zu sehen.

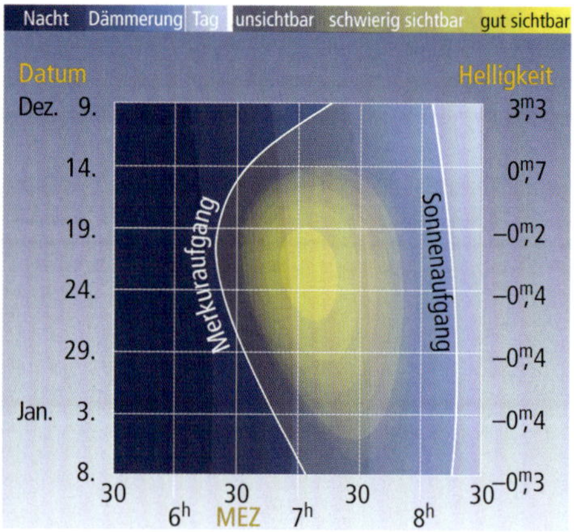

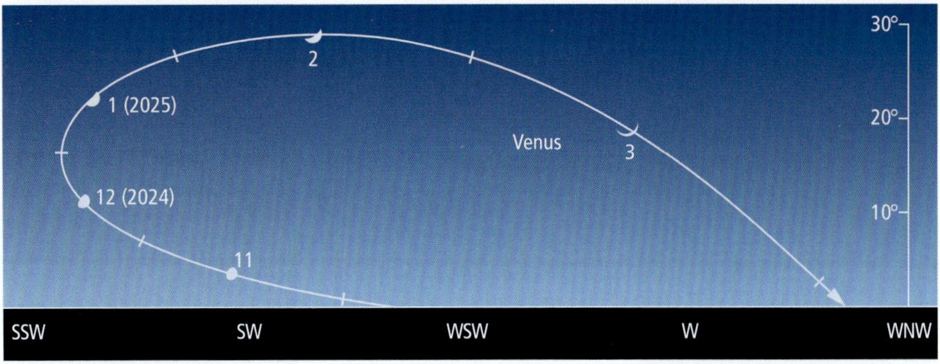

12.4 Venusstellung über dem Westhorizont abends eine Stunde nach Sonnenuntergang.

wobei das Merkurscheibchen 7″,3 scheinbaren Durchmesser aufweist.

VENUS wird zum auffälligen Abendstern und übertrifft bei Weitem den ebenfalls noch am Abendhimmel vertretenen Jupiter an Helligkeit. Zu Venus gesellt sich am 4. die extrem schmale Sichel des zunehmenden Mondes – ein hübscher Himmelsanblick in südwestlicher Richtung gegen 18^h (siehe Abb. 12.1 auf Seite 248).

Bis Jahresende steigt die Venushelligkeit auf $-4^m,4$ an, der Beleuchtungsgrad geht auf 56 % zurück. Im Fernrohr erscheint die knapp 22″ große Venus halb beleuchtet, obwohl die Dichotomie noch nicht ganz erreicht ist.

Venus verlässt am 6. das Sternbild Schütze und wandert durch den Steinbock. Zu Silvester wechselt sie dann in den Wassermann.

Am 1. geht Venus um 19^h17^m unter, am 15. um 19^h53^m und am letzten Tag des Jahres erst um 20^h34^m. Damit ist sie rund vier Stunden am Abendhimmel vertreten. Ihre Stellung am Abendhimmel über dem Südwesthorizont jeweils eine Stunde nach Sonnenuntergang ist aus Abb. 12.4 oben zu ersehen.

Am 10. Januar 2025 kommt Venus in größte östliche Elongation von der Sonne.

MARS kommt am 7. im Sternbild Krebs zum Stillstand und setzt zu seiner Oppositionsschleife an. Die Opposition wird allerdings in diesem Jahr nicht mehr erreicht. Nach seinem Stillstand bewegt sich der rötliche Planet rückläufig durch den Krebs (siehe Abb. 8.2 auf Seite 168). Die Marshelligkeit steigt kräftig um $0^m,7$ an und erreicht zum Jahreswechsel $-1^m,2$. Damit wird unser äußerer Nachbarplanet zu den leuchtkräftigsten Gestirnen der Nacht. Nach Untergang der Venus wird Mars nur noch von Jupiter und Sirius an Glanz übertroffen.

Im Fernrohr erkennt man das deutlich größer werdende Marsscheibchen, dessen scheinbarer Durchmesser bis Monatsende auf 14″,3 anwächst. Inzwischen erscheint es auch voll beleuchtet, der Phaseneffekt ist verschwunden. Der Marsaufgang erfolgt am 1. um 20^h16^m, am 15. um 19^h16^m und am letzten Tag des Jahres schon um 17^h48^m.

Am 18. begegnet der noch fast volle Mond dem Kriegsplaneten (siehe Abb. 12.5 unten).

Im kommenden Jahr wird die Erde Mars überholen. Die Marsopposition tritt am 16. Januar 2025 ein. Schon am 12. Januar 2025 wird mit 96,1 Millionen Kilometer (= 0,642 AE) die gerings-

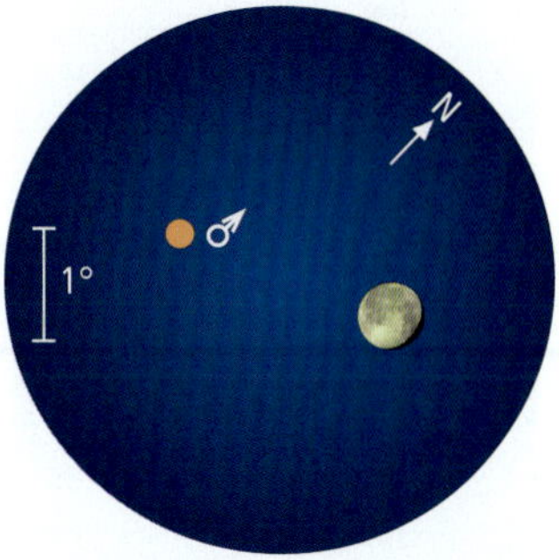

12.5 Der fast volle Mond begegnet am 18. Dezember dem rötlichen Planeten Mars. Morgendlicher Fernglasanblick gegen 7^h MEZ.

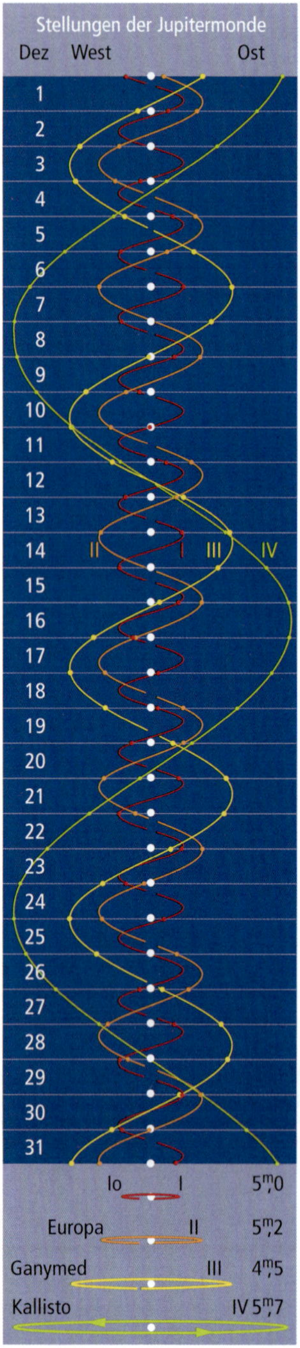

JUPITERMONDE

Tag	MEZ h	MEZ m	Vorgang	
1.	5	55	I	VA
	19	36	III	SA
	20	20	III	DA
	21	46	III	SE
	22	19	III	DE
2.	3	02	I	SA
	3	12	I	DA
	5	14	I	SE
	5	23	I	DE
	17	42	II	DE
3.	0	24	I	VA
	2	43	I	BE
	21	31	I	SA
	21	38	I	DA
	23	43	I	SE
	23	49	I	DE
4.	18	52	I	VA
	21	08	I	BE
5.	18	12	I	SE
	18	15	I	DE
6.	4	11	II	SA
	4	18	II	DA
7.	22	20	II	VA
8.	0	55	II	VE
	23	35	III	DA
	23	36	III	SA
9.	1	34	III	DE
	1	48	III	SE
	4	55	I	DA
	4	57	I	SA
	19	56	II	DE
	20	03	II	SE
10.	2	15	I	BA
	4	30	I	VE
	23	21	I	DA
	23	26	I	SA
11.	1	32	I	DE
	1	38	I	SE
	20	40	I	BA
	22	59	I	VE
12.	17	47	I	DA
	17	54	I	SA

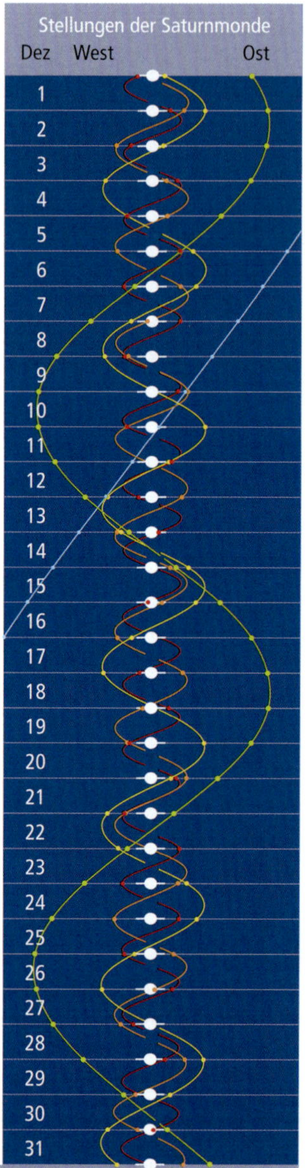

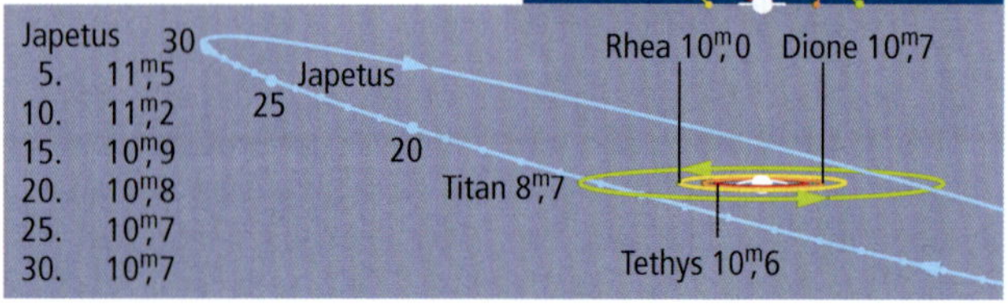

JUPITERMONDE

Tag	MEZ		Vorgang	
	h	m		
12.	19	58	I	DE
	20	06	I	SE
15.	0	35	II	BA
	3	32	II	VE
16.	2	50	III	DA
	3	37	III	SA
	4	51	III	DE
	5	50	III	SE
	19	38	II	DA
	20	05	II	SA
	22	09	II	DE
	22	39	II	SE
17.	3	58	I	BA
18.	1	05	I	DA
	1	20	I	SA
	3	16	I	DE
	3	33	I	SE
	22	24	I	BA
19.	0	54	I	VE
	19	31	I	DA
	19	41	III	VE
	19	49	I	SA
	21	42	I	DE
	22	01	I	SE
20.	19	22	I	VE
22.	2	50	II	BA
23.	21	53	II	DA
	22	41	II	SA
24.	0	24	II	DE
	1	15	II	SE
25.	2	49	I	DA
	3	15	I	SA
	19	28	II	VE
26.	0	08	I	BA
	2	48	I	VE
	19	34	III	BA
	21	15	I	DA
	21	44	I	SA
	23	27	I	DE
	23	43	III	VE
	23	56	I	SE
27.	18	34	I	BA
	21	17	I	VE
28.	17	53	I	DE
	18	25	I	SE
31.	0	09	II	DA
	1	17	II	SA
	2	40	II	DE
	3	51	II	SE

te Marsdistanz von der Erde erreicht.

JUPITER, rückläufig im Stier, kommt in der Nacht von 7. auf 8. in **Opposition** zur Sonne. Somit ist er die ganze Nacht über sichtbar, erreicht seine geringste Entfernung von der Erde, seine maximale Helligkeit und sein größtes Planetenscheibchen.

Der Riesenplanet bietet also die besten Beobachtungsbedingungen des ganzen Jahres. Unübersehbar leuchtet Jupiter mit $-2{,}^{m}8$ am winterlichen Sternenhimmel. Seine rückläufige Wanderung ist gut an Aldebaran, dem rötlichen Stierauge, als Referenzpunkt zu verfolgen.

In der Nacht der Opposition geht Jupiter um 16^h13^m auf, kulminiert um 0^h12^m und geht am nächsten Morgen um 8^h11^m unter. Bis Monatsende verfrühen sich die Jupiteruntergänge auf 6^h26^m.

Seine geringste Distanz von der Erde erreicht der Riesenplanet schon am 6. um 11^h, wobei ihn 612 Millionen Kilometer (= 4,09 AE) von uns trennen. Damit ist er etwa vier Mal weiter von der Erde entfernt als die Sonne. Von Jupiter benötigt das Licht etwas mehr als eine halbe Stunde (34 Minuten), um zur Erde zu gelangen. Von der Sonne ist Jupiter zur Opposition 759 Millionen Kilometer (= 5,07 AE) entfernt.

Im Teleskop zeigt der Riesenplanet ein ovales Planetenscheibchen. Infolge seiner schnellen Rotation ist der Jupiterglobus stark abgeplattet, was beim Blick durch das Teleskop rasch auffällt. Der scheinbare Äquatordurchmesser beträgt zur Opposition 48″,2, der Poldurchmesser hingegen nur 45″,1.

Am 14. begegnet der Vollmond dem Riesenplaneten (siehe Mondlaufgrafik auf Seite 251).

SATURN ist Planet am Abendhimmel. Nach Einbruch der Dunkelheit kann man den Ringplaneten im Süden sehen. Saturn wandert wieder rechtläufig durch den Wassermann, wenn auch seine Bewegung zunächst kaum merkbar ist. λ Aquarii mag als Anhaltspunkt dienen, um seine allmähliche Beschleunigung wahrzunehmen.

Der Ringplanet, dessen Helligkeit weiter leicht um $0{,}^{m}1$ am Jahresende zurückgeht, verkürzt seine Sichtbarkeitsdauer drastisch. Die Saturnuntergänge verfrühen sich von 0^h01^m am 1. auf 23^h05^m am 15. und auf 22^h08^m am 31. Dezember. Etwa eine halbe Stunde vor Untergang wird Saturn in den horizontnahen Dunstschichten unsichtbar.

Am letzten Tag des Jahres ist Saturn 1499 Millionen Kilometer (= 10,02 AE) von der Erde entfernt. Im Teleskop zeigt der Ringplanet ein Scheibchen mit 16″,6 scheinbarem Äquatordurchmesser. Der Längsdurchmesser des Ringes ist 37″,6 groß, der Querdurchmesser weist 2″,8 auf. Die Ringöffnung liegt nur noch bei 4°,3.

URANUS hat seine Oppositionsstellung zur Sonne gerade hinter sich. Er wandert rückläufig durch den Stier und kehrt am 29. wieder in das Sternbild

Widder zurück (siehe auch Abb. 11.6 auf Seite 235).

Mit Einbruch der Dunkelheit ist der grünliche Planet bereits am Osthimmel mit einem Fernglas oder Teleskop auffindbar. Vom Morgenhimmel zieht sich Uranus zurück. Der Untergang des $5\overset{m}{,}6$ hellen Uranus erfolgt am 1. um 6^h46^m, am 15. um 5^h48^m und am 31. bereits um 4^h43^m. Jeweils etwa eine Stunde vor seinem Untergang wird Uranus unbeobachtbar.

Uranus kulminiert am 1. um 23^h04^m, am 15. um 22^h07^m und am letzten Tag des Jahres schon um 21^h02^m. Zur Monatsmitte stört allerdings das Licht des Vollmondes bei der Suche nach Uranus.

NEPTUN wird am 8. im Sternbild Fische stationär und beendet damit seine rückläufige Bewegung. Anschließend ist er wieder rechtläufig, was kaum auffällt, denn er tritt auf der Stelle (siehe auch Abb. 9.6 auf Seite 196).

Der bläuliche Planet kann am Abendhimmel aufgefunden werden.

Zu Monatsbeginn kulminiert der $7\overset{m}{,}9$ lichtschwache Neptun um 19^h27^m und geht um 1^h23^m unter. Zu Jahresende passiert der sonnenferne Neptun bereits um 17^h30^m den Meridian und geht um 23^h22^m unter. Zur Monatsmitte behindert helles Mondlicht das Auffinden von Neptun.

PLANETOIDEN UND ZWERGPLANETEN

VESTA (4) eilt weiterhin rechtläufig durch das Sternbild Jungfrau (siehe Abb. 11.7 auf Seite 236). Ihre Helligkeit nimmt von $8\overset{m}{,}0$ auf $7\overset{m}{,}8$ zum Jahresende zu. Ihr Aufgang erfolgt am 1. um 2^h48^m und am letzten Tag des Jahres schon um 1^h56^m. Ihre Kulminationszeiten lauten: am 1. um 8^h46^m, am 15. um 8^h14^m und am 31. um 7^h36^m.

Zu Silvester ist Vesta 356 Millionen Kilometer (= 2,38 AE) von der Erde entfernt. Ihr Licht ist 20 Minuten zur Erde unterwegs. Von der Sonne trennen sie 340 Millionen Kilometer (= 2,27 AE).

EUNOMIA (15) wandert rückläufig durch das Sternbild Fuhrmann und passiert am 3. den offenen Sternhaufen M 36 in $0\overset{\circ}{,}7$ nördlichem Abstand (siehe Abb. 12.6 auf Seite 257). Am 14. kommt sie in **Opposition** zur Sonne. Zu Monatsbeginn noch $8\overset{m}{,}2$ hell, erreicht sie zur Opposition $8\overset{m}{,}0$. Bis Ende Dezember geht ihre Helligkeit auf $8\overset{m}{,}4$ zurück.

Am 1. kulminiert Eunomia um 1^h19^m, nachdem sie schon um 15^h22^m aufgegangen ist. Zur Opposition ist sie die gesamte Nacht über am Firmament vertreten und kulminiert nur wenige Minuten nach Mitternacht – am 14. um 0^h14^m. Bis Jahresende verfrühen sich die Kulminationen auf 22^h45^m.

Am letzten Tag des Jahres geht Eunomia bereits um 8^h02^m unter. Damit bleibt sie ein Objekt der gesamten Nacht.

KONSTELLATIONEN UND EREIGNISSE

Datum	MEZ	Ereignis
2.	3^h	Mond bei Merkur, Mond $5\overset{\circ}{,}0$ südlich
4.	24	**Mond bei Venus**, Mond $2\overset{\circ}{,}3$ südlich, **Abstand $4\overset{\circ}{,}9$ um 18^h**
6.	3	Merkur in unterer Konjunktion mit der Sonne
6.	15	Merkur im Perihel
7.	22	**Jupiter in Opposition** zur Sonne
7.	22	Mars im Stillstand, anschließend rückläufig
8.	10	**Mond bei Saturn**, Mond $0\overset{\circ}{,}3$ nördlich, **Abstand $4\overset{\circ}{,}1$ um 17^h**
8.	12	Neptun im Stillstand, anschließend rechtläufig
9.	10	Mond bei Neptun, Mond $0\overset{\circ}{,}8$ nördlich
13.	11	Mond bei Uranus, Mond $4\overset{\circ}{,}4$ nördlich
14.	21	**Mond bei Jupiter**, Mond $5\overset{\circ}{,}5$ nördlich, **Abstand $4\overset{\circ}{,}7$ um 18^h**
15.	22	Merkur im Stillstand, anschließend rechtläufig
18.	10	**Mond bei Mars**, Mond $0\overset{\circ}{,}9$ nördlich, **Abstand $1\overset{\circ}{,}6$ um 8^h**
21.	10^h21^m	**Sonne im Winterpunkt, Wintersonnenwende**
25.	4	**Merkur in größter westlicher Elongation** (22°)
29.	5	Mond bei Merkur, Mond $6\overset{\circ}{,}4$ südlich

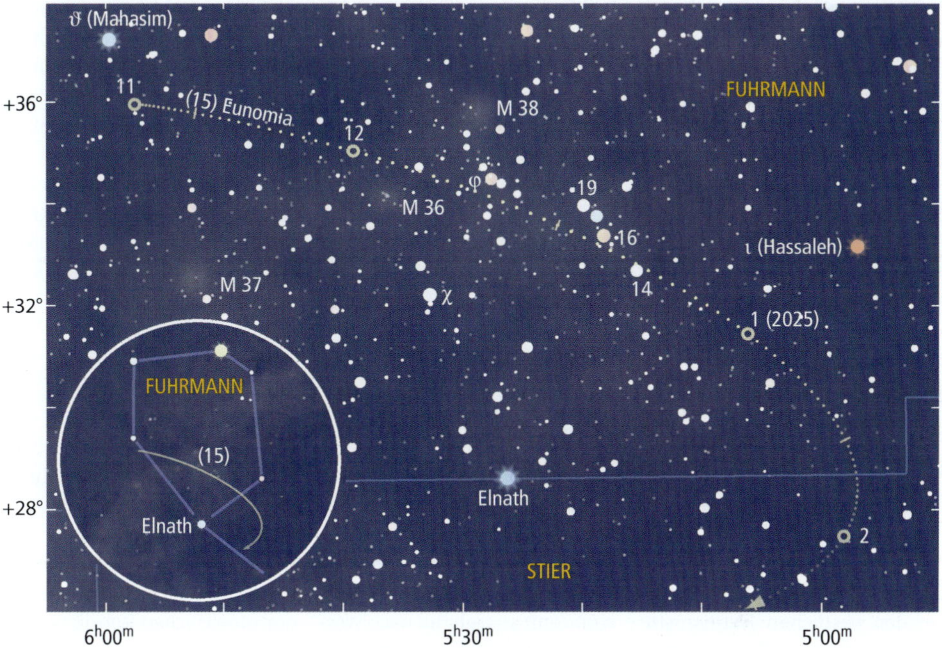

12.6 Scheinbare Bahn des Planetoiden (15) Eunomia in den Sternbildern Fuhrmann und Stier. Die Zahlen geben die Positionen zum jeweiligen Monatsbeginn an (12 = 1. Dezember).

Am 14. ist sie zur Opposition 195 Millionen Kilometer von der Erde entfernt. Dies entspricht 1,30 AE oder 11 Minuten Lichtlaufzeit. Ihre Sonnendistanz misst an diesem Tag 341 Millionen Kilometer.

PERIODISCHE STERNSCHNUPPENSTRÖME

Vom 7. bis 17. Dezember macht sich der ekliptikale Strom der **GEMINIDEN** bemerkbar. Ihr Ausstrahlungspunkt liegt in den Zwillingen, rund 1° südwestlich von Kastor. Das ausgedehnte Maximum tritt in der Nacht vom 13. auf 14. Dezember ein, wo stündlich bis 150 Meteore, mitunter auch sehr helle Objekte, über den Himmel huschen. Da der Radiant morgens hoch über dem Horizont steht, sind die Geminiden am Morgenhimmel gut zu verfolgen. Die Eintrittsgeschwindigkeiten liegen um 35 Kilometer pro Sekunde. Die günstigste Beobachtungszeit liegt zwischen 21^h und 6^h morgens.

Neuerdings vermutet man den Planetoiden (3200) Phaeton als Quelle für die Geminiden. Seine Umlaufzeit beträgt lediglich 1,4 Jahre. Vermutlich ist Phaeton ein inaktiv gewordener Komet.

Die **ANDROMEDIDEN**, die vom zerfallenen und erloschenen Kometen 3D/Biela stammen, verursachten 1872 und 1885 heftige Meteorschauer, trafen aber danach nicht mehr mit der Erde zusammen. Die Bahnentwicklung brachte aber in den letzten Jahren wieder Teilchen des Stromes in Erdnähe. Am 28. November 2021 wurde eine hohe Rate dieses Stromes beobachtet.

Wenig ergiebig ist der Strom der **MONOCEROTIDEN**, dessen Radiant im Sternbild Einhorn zwischen Beteigeuze und Prokyon liegt. Es handelt sich um mittelschnelle Objekte (um 40 Kilometer pro Sekunde). Das Maximum soll am 8. Dezember eintreten mit nur wenigen Meteoren, lediglich ein bis drei Meteore pro Stunde sind zu erwarten. Ein paar mehr Sternschnuppen liefern die **SIGMA-HYDRIDEN** im Maximum, das am 11. Dezember zu erwarten ist. Man rechnet mit drei bis fünf Objekten pro Stunde, die mit rund 60 Kilometer pro Sekunde in unsere Lufthülle eindringen. Der Radiant liegt im Kopf der Wasserschlange (Hydra).

Vom 17. bis 26. Dezember tauchen die **URSIDEN** auf, deren Radiant im Sternbild Kleiner Bär zu finden ist. Ihr scharfes Maximum erreichen die Ursiden-Meteore am Morgen des 22. Dezember. Da der Radiant zirkumpolar ist, können die Ursiden die ganze Nacht beobachtet werden. Der Ursprung der Ursiden wird auf den Kometen 8P/Tuttle zurückgeführt. Die Sternschnuppen haben mittlere Geschwindigkeiten von 35 Kilometer pro Sekunde. In den letzten Jahren wurden rund zehn bis zwanzig, 2016 und 2017 auch mehr Objekte pro Stunde im Maximum registriert.

Zum Jahresschluss tauchen schon die ersten **QUADRANTIDEN**-Meteore auf, deren Maximum am 3. Januar 2025 zu erwarten ist.

Der Fixsternhimmel

In der Osthälfte des Firmaments sind bereits die Wintersternbilder vollständig versammelt. Mit Ausnahme des Perseus haben alle Herbstbilder den Meridian überschritten und befinden sich in der westlichen Hemisphäre des Firmaments. Tief im Nordwesten ist noch das Sternenkreuz des fliegenden Schwans mit dem hellen Stern Deneb zu sehen. Der Schwan ist gewissermaßen ein Relikt des Sommerhimmels. Knapp über dem Nordwesthorizont flackert die Wega in der Leier, die bei uns nahezu zirkumpolar ist und daher fast das ganze Jahr über in klaren Nächten beobachtbar bleibt. Hoch in westlicher Richtung erblickt man noch das Herbstviereck, das Pegasusquadrat, dessen Spitze zum Horizont deutet. Das Pegasusquadrat hängt mit der obersten Ecke an der Sternenkette der Andromeda, die sich vom Zenit ausgehend nach Westen erstreckt. Den Platz im Zenit nimmt nun der Perseus ein, der strahlende Held aus der Andromedasage. Zwischen Kassiopeia und Perseus findet man fast senkrecht über unseren Köpfen die beiden prächtigen offenen Sternhaufen h und χ Perseï. Für den Einsteiger in die Beobachtung von Veränderlichen Sternen sei auf Algol (β Perseï) hingewiesen. Er ist der Prototyp der Algol-Bedeckungsveränderlichen. Algol steht jetzt hoch über unseren Köpfen und ist leicht zu finden. Schon mit bloßen Augen kann man sich im Schätzen seiner Helligkeit üben. Die Helligkeitsminima von Algol sind in der monatlichen Rubrik „Veränderliche Sterne" vermerkt.

Hoch im Süden hat gerade der Widder (lat.: Aries) den Meridian durchschritten. Südlich des Widders macht der Sternenhimmel einen vergleichsweise düsteren Eindruck. Helle Sterne fehlen völlig in diesem Areal, das vom Walfisch und dem langgestreckten Fluss Eridanus eingenommen wird.

Umso eindrucksvoller zeigt sich nun der Ost- und Südosthimmel. Hoch im Osten, fast im Zenit, steht die helle, gelbliche Kapella im Fuhrmann, darunter die beiden Sternenketten der Zwillinge mit Kastor und Pollux. Die meisten Völker sahen in diesen Sternenketten zwei Menschengestalten. Die Inder nannten das Bild Mithuna und sahen darin einen Knaben und ein Mädchen.

VERÄNDERLICHE STERNE

Algol-Minima		β-Lyrae-Minima		δ-Cepheï-Maxima		Mira-Helligkeit	
1.	19^h31^m	6.	19^h H	3.	3^h	1.	10^m
13.	6 48	13.	6 N	8.	12	10.	10
16.	3 37	19.	17 H	13.	20	20.	10
19.	0 27	26.	5 N	19.	5	31.	9
21.	21 15			24.	14		
24.	18 04			29.	23		

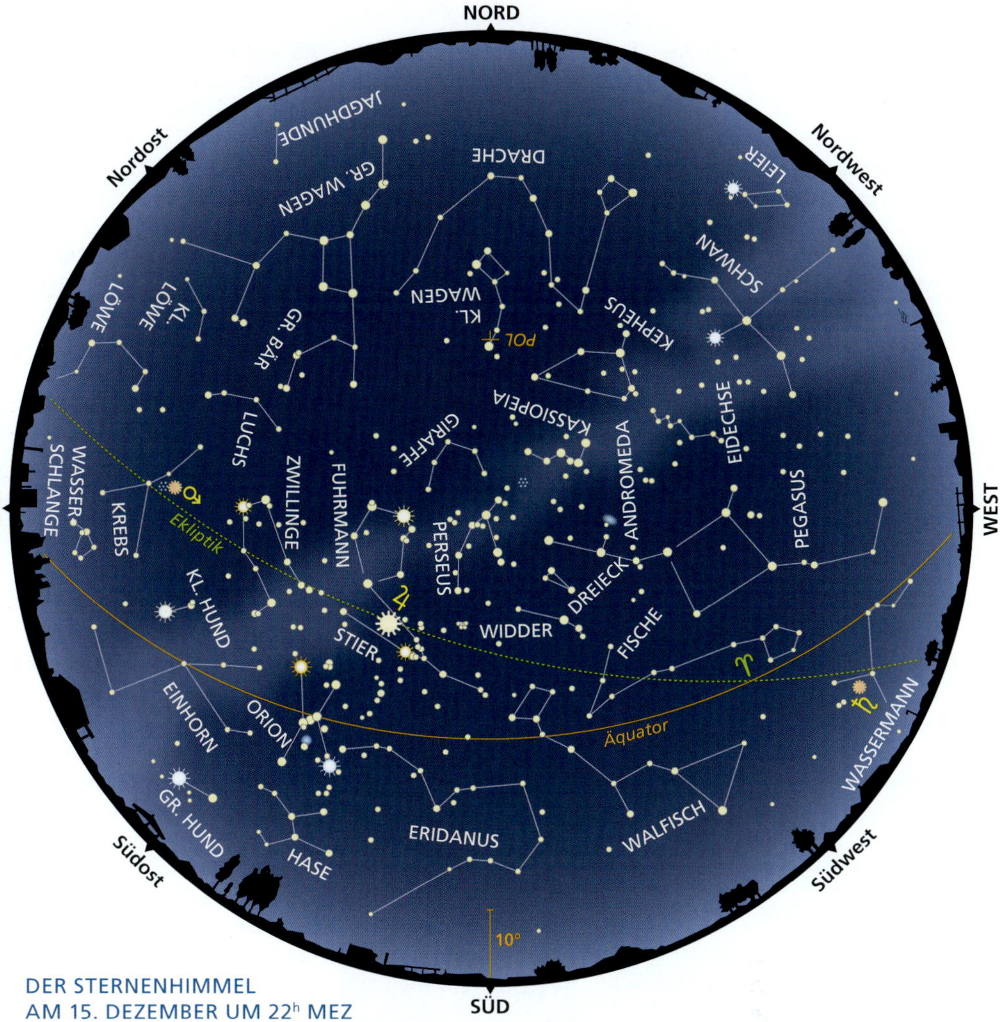

DER STERNENHIMMEL
AM 15. DEZEMBER UM 22^{h} MEZ

Die Sternkarte ist auch gültig für:		
	MEZ	MESZ
15. 9.	4^{h}	5^{h}
1.10.	3	4
15.10.	2	3
1.11.	1	
15.11.	0	
1.12.	**23**	
15.12.	**22**	
31.12.	**21**	
15. 1.	20	
31. 1.	19	

Kastor (α Geminorum) ist mit $1\overset{\mathrm{m}}{,}6$ scheinbarer Helligkeit etwas lichtschwächer als Pollux (β Geminorum). Kastor ist 51 Lichtjahre entfernt und setzt sich aus sechs Sonnen zusammen. Pollux ist ein orangefarbener Riesenstern (Spektraltyp K0 III) mit $1\overset{\mathrm{m}}{,}1$ scheinbarer Helligkeit. Seine Entfernung beträgt 34 Lichtjahre. Damit ist Pollux uns ein wenig näher als Arktur. Er ist somit der sonnennächste rote Riesenstern mit einer dreißigfachen Sonnenleuchtkraft.

Der Stier mit dem prächtigen Sternhaufen der Hyaden, in dessen Vordergrund der rot-gelbe Aldebaran auffällig glänzt, und dem Siebengestirn, den Plejaden, schreitet zügig auf den Meridian zu. Die westlichen Teile des Stiers haben bereits die Mittagslinie erreicht (siehe auch

Monatsthema Februar „Die sieben Schwestern und der Stier“ auf Seite 62).

Südöstlich des Stiers strahlt unübersehbar der Orion, das prominenteste der Wintersternbilder, mit den beiden hellen Sternen Beteigeuze und Rigel sowie den in einer geraden Linie stehenden drei Gürtelsternen. Auch Prokyon im Kleinen Hund (α Canis Minoris) ist bereits im Osten aufgetaucht. Tief im Südosten ist gerade Sirius im Großen Hund (α Canis Maioris), der hellste Fixstern am irdischen Himmel, über die Horizontlinie gestiegen.

Damit ist das komplette Wintersechseck am Osthimmel vertreten. Es setzt sich aus den Sternen Sirius, Prokyon, Pollux, Kapella, Aldebaran und Rigel zusammen.

DAS STERNBILD KLEINER BÄR (URSA MINOR)

Der Kleine Bär ist das nördlichste Sternbild. In ihm liegt der Himmelsnordpol (Deklination: +90°), dessen Höhe über dem Nordpunkt am Horizont der geografischen Breite des Beobachters entspricht. Beobachtet man beispielsweise von Hamburg aus (54° nördliche Breite), so steht der Himmelsnordpol 54° über dem Nordpunkt am Horizont. In der Nähe des Himmelsnordpols findet sich in unserem Zeitalter ein Stern zweiter Größe, der Polarstern oder Nordstern, häufig kurz Polaris genannt wird. Polaris bildet das Schwanzende des Kleinen Bären und trägt die Bezeichnung α Ursae Minoris. Durch die Präzession der Erde hatte α UMi nicht für alle Zeiten die Eigenschaft, Polarstern zu sein. Zur Zeit, als die alten Griechen die Sternbilder benannten, war α UMi noch 12° (= 24 Vollmonddurchmesser) vom Himmelsnordpol entfernt. Gegenwärtig beträgt die Distanz etwa ¾°. Die geringste Entfernung mit 28′ wird im Jahre 2102 erreicht sein.

Der Kleine Bär wird häufig als Kleiner Wagen bezeichnet. Wie beim Großen Wagen, so hat auch der Kleine Wagen drei Sterne für die Deichsel und vier für den Wagenkasten. Das Ende der Deichsel wird vom Polarstern markiert. Der Kleine Wagen ist allerdings wesentlich lichtschwächer und darum schwerer zu erkennen als der Große Wagen.

Nur Polaris (α UMi) und die beiden hinteren Kastensterne (β und γ UMi) sind heller als 3^m und darum gut zu sehen. Im Gegensatz zum Großen Wagen, der zwar die hellsten Sterne des Großen Bären beinhaltet, aber selbst viel kleiner als dieser ist, so ist die Ausdehnung des Kleinen Wagens fast identisch mit der des Kleinen Bären. Der Kleine Bär wird meist so dargestellt, dass der Kopf vor β und γ UMi liegt und Polaris die Schwanzspitze bildet. Eine andere Bezeichnung für dieses Bild ist von den Griechen vergeben worden: Sie sprachen von κυνόσουρα (Kynosura), dem Hundeschwanz, der steil nach oben gerichtet ist. Zoologisch betrachtet ist näm-

12.7 Skelettkarte des Sternbildes Orion.

12.8 Figürliche Darstellung des Sternbildes Kleiner Bär im Sternatlas *Uranometria* von Johannes Bayer aus dem Jahre 1603.

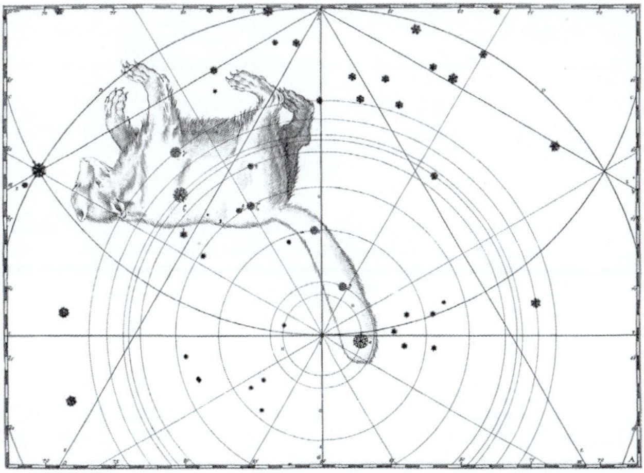

lich der Schwanz für einen Bären viel zu lang; Bären haben Stummelschwänze. Die Bezeichnung Kynosura ist später auf Polaris übergegangen. Die klassische Sage weiß jedoch zu berichten, wieso der Bärenschwanz am Himmel so lang erscheint:

In Arkadien herrschte einst König Lykaon, dessen Tochter Kallisto ein bildhübsches Mädchen war. Ihre Schönheit und Anmut waren weithin bekannt. Der Götterboss Zeus selbst ließ sich von ihrer Schönheit begeistern. Immer öfter fand er sich heimlich im Palast König Lykaons ein, um mit Kallisto beisammen zu sein. Schließlich gebar ihm Kallisto einen strammen Sohn, der Arkas genannt wurde. Arkas wuchs rasch zu einem wohlgestalteten Jüngling heran, der geschickt mit Pfeil und Bogen umzugehen wusste. Meist hielt er sich in den Bergen auf, um zu jagen. Doch eines Tages erfuhr Hera, die Gattin des Zeus, von dessen heimlicher Liebe zu Kallisto. Außer sich vor Eifersucht, verwandelte sie Kallisto in eine Bärin. Als Arkas von der Jagd nach Hause zurückkehrte, sah er die Bärin, spannte den Bogen und schoss einen Pfeil auf sie ab. Zeus verhinderte aber, dass Arkas zum Muttermörder wurde. Noch bevor Arkas' Pfeil die Bärin durchbohren konnte, ergriff Zeus deren Schwanz und schleuderte sie mit Schwung zu den Sternen empor, wo sie heute als Sternbild zu sehen ist. Doch wegen der Körperfülle der Bärin dehnte sich bei dieser Prozedur der Bärenschwanz gewaltig, so dass die Bärin nun am Himmel einen langen, geschwungenen Schwanz zeigt. Kallisto strahlt als Große Bärin am Firmament. Ihre Zofe, die sie besonders schätzte, wurde von Zeus auf gleiche Weise unter die Sterne versetzt, so dass sie als Sternbild Kleiner Bär ebenfalls einen überdimensionalen Schwanz erkennen lässt. Arkas wurde schließlich ebenfalls in den Sternenhimmel aufgenommen und ist als Bärenhüter zu sehen. Er hält die Jagdhunde, ebenfalls ein Sternbild, fest an der Leine, damit sie sich nicht auf die Bärinnen stürzen.

Einer anderen Version nach ist Arkas, Sohn der Kallisto, ein Bärenjunge und als Kleiner Bär neben seiner Mutter unter die Sterne versetzt worden. Großer und Kleiner Bär wandern in ewigem Reigen als Zirkumpolarbilder um den Pol, so dass sie in jeder Nacht von Zeus liebevoll betrachtet werden können. Die eifersüchtige Hera bestürmte Poseidon, er möge es den Bären nicht gestatten, im Ozean zu baden. So bleiben sie zirkumpolar und sinken nicht unter den Horizont. Die Große Bärin allerdings berührt mit ihren Pfoten in ihrer unteren Kulmination den Meeresspiegel.

Einer anderen Sage folgend sind der Große und der Kleine Bär zwei Ammen, die Zeus einst großzogen. Am Anfang der Welt herrschte das Chaos. Aus ihm wurde der Kosmos geboren, dessen Ureltern Vater Uranos, der gestirnte Himmel, und Gaia, die Mutter der Erde, sind. Als nächste Göttergeneration herrschten Kronos und Rhea. Die Mutter von Kronos, Gaia, prophezeite ihrem Sohn, dass einer seiner Söhne ihn vom Herrscherthron stürzen werde. Kronos wollte

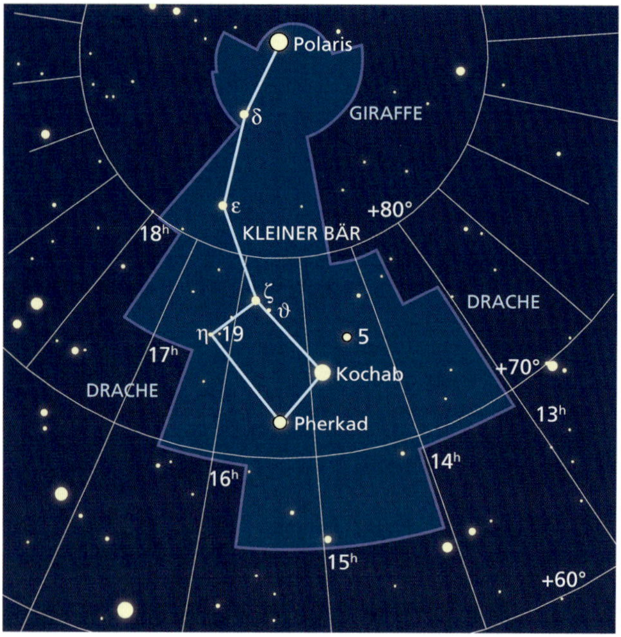

12.9 Skelettkarte des Sternbildes Kleiner Bär.

dies verhindern. Jedes Mal, wenn Rhea ihm einen Sohn schenkte, verschlang er ihn. Rhea war tief betrübt über ihren grausamen Gatten, der alles Heranwachsende vernichtete. Als sie wieder ein Kind erwartete, fragte sie ihre Mutter Gaia und ihren Vater Uranos um Rat, wie sie ihr Kind vor dem alles verschlingenden Kronos retten könne. Die Eltern rieten ihrer bangenden Tochter, im abgelegenen Ida-Gebirge auf der Insel Kreta sich in einer Höhle zu verbergen, um dort im Schutz der Dunkelheit ihre Niederkunft abzuwarten. Die Höhle ist heute noch auf Kreta zu besichtigen.

Rhea verbarg sich in besagter Höhle und gebar Zeus, den späteren Herrscher über Himmel und Erde. Rhea überließ den frischgeborenen Knaben zwei Nymphen, die ihn als Ammen pflegten und ihn mit der Milch der Ziege Amalthea nährten. Kronos war nicht verborgen geblieben, dass Rhea schwanger war. Er folgte ihr ins Ida-Gebirge und forderte sein Kind. Rhea reichte ihm einen in Windeln gewickelten Stein, den Kronos sofort verschlang. Kronos aber wurde eines Tages misstrauisch und suchte nach Zeus. Dieser verwandelte sich in einen Drachen und seine beiden Ammen in zwei Bärinnen. Nach dem Sieg über Kronos versetzte er die beiden Bärinnen zum Dank für ihre Hilfe unter die Sterne, wo wir sie heute noch finden.

In Griechenland wurde der Kleine Bär von Thales von Milet eingeführt. Er übernahm das Bild von den Phöniziern, die es bei ihren Seereisen als Navigationshilfe benutzten. Im Tierkreis von Dendera wird der Kleine Bär als Kleiner Hund mit steil aufgerichtetem Schwanz dargestellt. Er soll eine Jagdhündin der Kallisto darstellen.

Bei den Arabern des Mittelalters sprach man von Al Dubb al Aasghar, was kleiner Bär bedeutet. Ursprünglich hieß dieses Bild jedoch Banat al Naash al Sughra, die Töchter an der kleinen Totenbahre. Die Bahre wird durch die vier Kastensterne markiert, während die drei Deichselsterne die Töchter andeuten. Auch den Arabern war die Analogie zwischen Großem und Kleinem Bären aufgefallen. Im alten Babylon war auch die Bezeichnung An-nas-surra üblich, was „hoch im Aufgang" bedeutet. Die Arkadier wieder meinten, das Sternbild habe etwas mit der Entstehung des Mondes zu tun, daher finden wir bei Aristoteles die Bezeichnung Προσέληνοι (griech., Proselenoi).

Die Hindus sprachen von tanzenden Sternen. Der Himmelsnordpol war damals noch weiter von Polaris (α UMi) entfernt als heute, er lag eher bei β und γ UMi. Daher der Eindruck, dass diese drei hellsten Sterne des Kleinen Bären um den Pol tanzen.

Im nordischen Sagenkreis stellte diese Sternenfigur den Wagen der Göttin Freya dar. Manchmal wurde er auch Wotanswagen oder schlicht Litli Vagn, kleiner Wagen, genannt. Bei den Lappen wieder sah man einen Elch in den Sternen des Kleinen Wagens. Die Finnen hingegen nannten das Bild Vähä Otawa, was Kleiner Bär heißt. Auch als Thronsessel des Thor wurde der Kleine Bär gelegentlich im Norden angesehen. Die Perser nannten dieses Sternbild Ihlilagji, was Myrobalanum, die gerbstoffreiche Frucht eines vorderindischen Holzgewächses, bedeutet.

Bei den Amerikanern sind die sieben Sterne des Kleinen Wagens „The Little Dipper", die Kleine Schöpfkelle.

Nach F. W. Argelander gehören 27 freisichtige Sterne zum Kleinen Bären, allgemein werden sonst 15 Sterne angegeben, die mit bloßen Augen zu sehen sind. Auf Seite 12 findet man die Abb. E.3, in der die Helligkeiten einiger Sterne des Kleinen Wagens verzeichnet sind. Da er zirkumpolar ist, kann er zur Übung im Schätzen der Sternhelligkeiten (bloßes Auge – Fernglas – Teleskop) benutzt werden. Man kann auf diese Weise auch die atmosphärische Durchsicht bestimmen und im Beobachtungsprotokoll vermerken.

Polaris (α UMi) heißt auch Alrukaba, was aus dem Arabischen stammt und oft als „Knie" bezeichnet wird, eher wohl aber „Reiter" bedeutet. Polaris ist mit $2\overset{m}{,}0$ gut zu sehen. Er ist ein weißer Überriesenstern, dessen Entfernung 430 Lichtjahre beträgt.

β Ursae Minoris wird Kochab genannt, was vom arabischen Kaukab kommt und schlicht „Stern" bedeutet. Mit $2\overset{m}{,}1$ scheinbarer Helligkeit ist β UMi der zweithellste Stern im Kleinen Bären. Kochab leuchtet orange (K4 III) und ist ein Riesenstern in 125 Lichtjahren Entfernung.

γ UMi heißt Pherkad, was sich vom arabischen Al Farqadan ableitet und „eines von den beiden Kälbern" heißt. Mit $3\overset{m}{,}1$ ist Pherkad eine Größenklasse schwächer als Kochab. Er ist ein weißer Riesenstern (A3 II) in 460 Lichtjahren Distanz.

δ UMi wird Yildun genannt, was vermutlich vom türkischen Yildiz kommt und „Stern" bedeutet. δ UMi ist nur $4\overset{m}{,}3$ hell. Der weiße Hauptreihenstern (A1 V) steht in 180 Lichtjahren Entfernung.

12.10 Aufnahme des Sternbildes Kleiner Bär von Bernhard Hubl.

Die Mondbahn in Extremlage

Die Betrachtung des aufgehenden Vollmondes hat viele Poeten, Liedermacher und Geschichtenerzähler zu ihren Werken inspiriert. Doch nicht nur Künstler werfen gerne einen Blick zum Mond, dem vertrauten Begleiter unseres Heimatplaneten Erde. Seit jeher zieht der Mond Naturfreundinnen und Naturfreunde in seinen Bann. Langjährige Beobachtungen lassen erkennen, dass der Mond recht unterschiedliche Positionen einnimmt. In manchen Jahren sieht man den Sommervollmond knapp über dem Kamin des Nachbarhauses vorbeiziehen. In anderen Jahren verschwindet er im Sommer hinter dem Kamin. In diesem Jahr mag man den Eindruck gewinnen, dass der Vollmond im Sommer bei seiner Kulmination (= höchste Stellung im Süden) besonders tief steht. Andererseits fällt auf, dass der gleißende Vollmond in einer klaren Winternacht gegen Mitternacht extrem hoch steht. Beide Beobachtungen sind keine Sinnestäuschungen, sondern entsprechen den realen Verhältnissen. Wer jahrelang den Lauf des Mondes verfolgt, dem fällt auf, dass die Auf- und Untergangspunkte des Mondes am Horizont sich von Jahr zu Jahr verschieben.

Der Wintervollmond beschreibt in unseren Breiten immer einen großen Tagbogen. Er geht im Nordosten auf, erreicht eine große Gipfelhöhe bei seinem Meridiandurchgang und geht weit im Nordwesten unter. Der Sommervollmond wiederum wandert auf kleinem Tagbogen über das Firmament. Er geht im Südosten auf, erreicht um Mitternacht eine bescheidene Höhe über dem Südpunkt am Horizont und geht morgens im Südwesten unter. Denn der Vollmond steht der Sonne genau gegenüber, hat also eine ekliptikale Längendifferenz von 180° zur Sonne. Steht die Sonne am 21. Juni im Sommerpunkt, dann hält sich der Vollmond im beziehungsweise nahe dem Winterpunkt auf, der im Sternbild Schütze liegt. Steht die Sonne am 21. Dezember im Winterpunkt, so befindet sich der Vollmond ihr gegenüber nahe dem Sommerpunkt im Sternbild Stier an der Grenze zu den Zwillingen. Der Wintervollmond beschreibt dabei einen großen Tagbogen, wie ihn die Sonne im Sommer vollführt.

Die Kulminationshöhe sowie Auf- und Untergangspunkte eines Gestirns hängen sowohl von der geografischen Breite des Beobachtungsstandortes als auch von der Deklination eines Gestirns ab. Beobachtet man immer vom gleichen Ort aus, so sind Auf- und Untergangspunkte nur noch von der Deklination eines Gestirns abhängig. Die Deklination gibt die Abweichung vom Himmelsäquator an. Gestirne am Himmelsäquator haben die Deklination $\delta = 0°$. Null

12.11 Die Bahn des Mondes um die Erde ist zur Erdbahnebene um rund 5° geneigt.

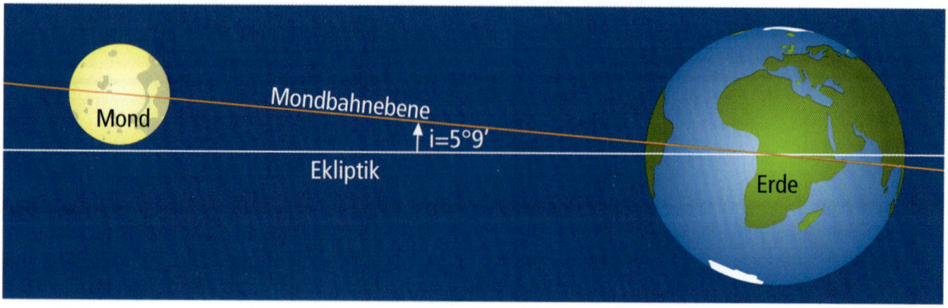

Grad Deklination hat beispielsweise die Sonne zu Frühlings- und Herbstbeginn. Der Himmelsnordpol, in dessen unmittelbarer Nähe der Polarstern steht, hat $\delta = +90°$, der Himmelssüdpol dagegen $\delta = -90°$. Hält sich ein Gestirn am Himmelsäquator auf, so geht es genau im Ostpunkt auf (Azimut = 270°) und im Westpunkt am Horizont (Azimut = 90°) unter (Astronomische Azimutdefinition: siehe auch *Kompendium der Astronomie*, 6. Auflage, Seite 56). Dies gilt idealisiert. Durch die Refraktion der Erdatmosphäre werden die Auf- und Untergangsazimute leicht variiert.

Morgenweite und Abendweite

Hat ein Gestirn positive Deklination, so geht es im Nordosten auf und im Nordwesten unter. Bei negativer Deklination erfolgt der Aufgang im Südosten, der Untergang im Südwesten. Ist die Deklination größer als der Wert 90 minus geografischer Breite, so geht das Gestirn weder auf noch unter, es ist *zirkumpolar*. Ist die Deklination kleiner

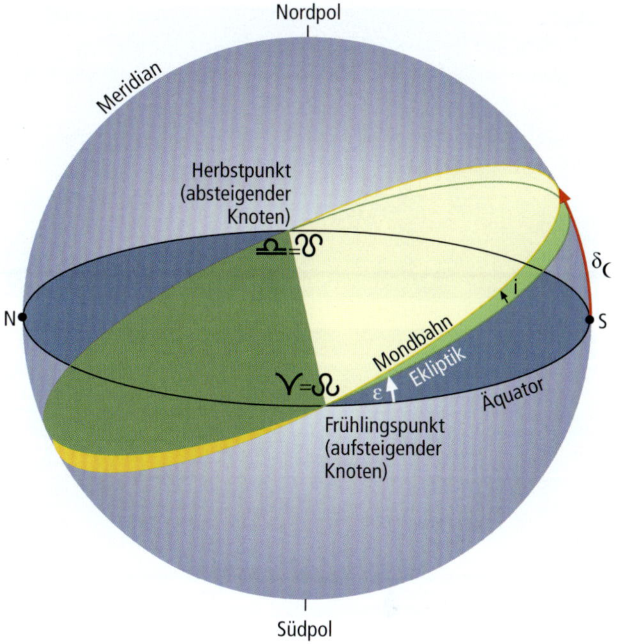

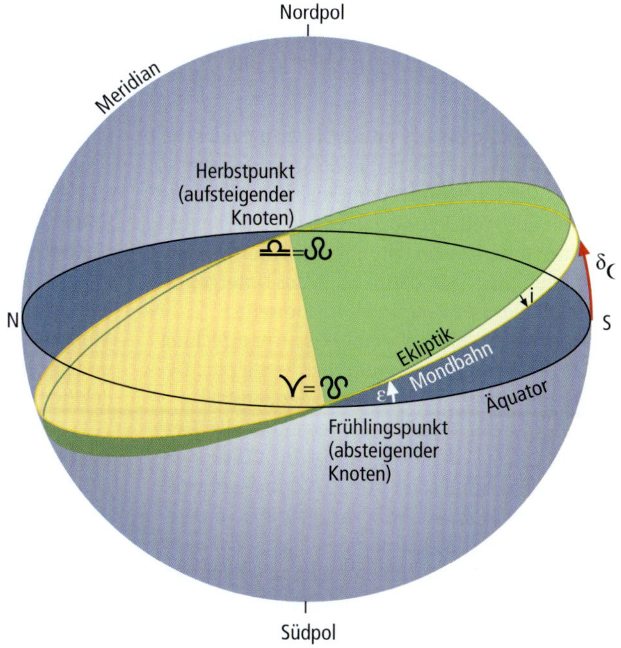

12.12 Extreme Lagen der Mondbahn: In der oberen Abb. fällt der aufsteigende Knoten der Mondbahn mit dem Frühlingspunkt zusammen, die Schiefe der Ekliptik und die Neigung der Mondbahn addieren sich. In der unteren Abb. fallen absteigender Knoten der Mondbahn und Frühlingspunkt zusammen. Die Mondbahnneigung zur Ekliptik subtrahiert sich von der Schiefe der Ekliptik.

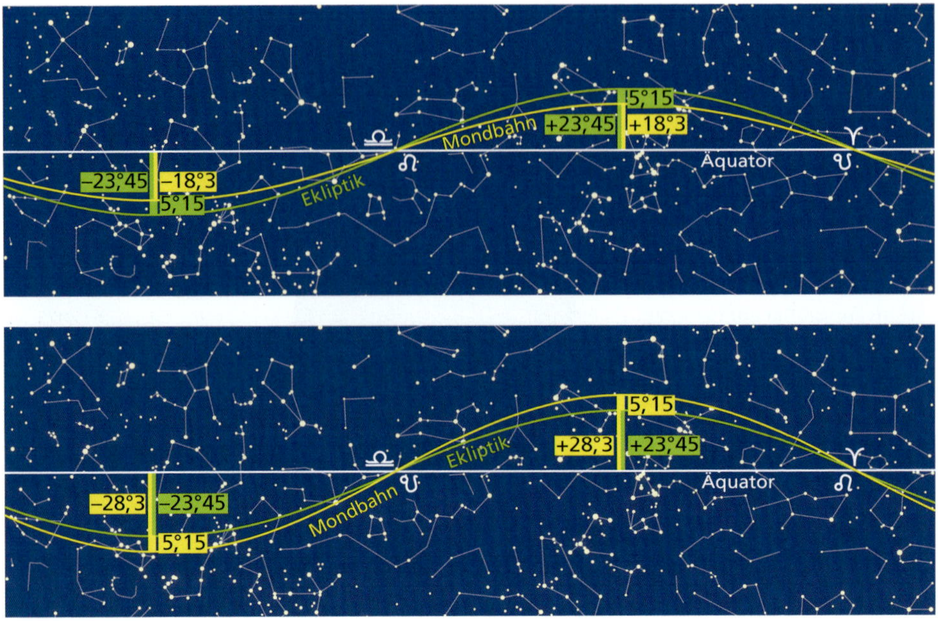

12.13 Die beiden Extremlagen der Mondbahn: Im oberen Teil fallen Frühlingspunkt und absteigender Knoten der Mondbahn zusammen. Im unteren Teil liegt der aufsteigende Knoten im Frühlingspunkt, was Anfang 2025 der Fall sein wird.

als geografische Breite minus 90°, so geht das Gestirn in der vorgegebenen Breite überhaupt nicht auf, es bleibt stets unter dem Horizont (gilt für die Nordhalbkugel). Der Abstand des Aufgangspunktes am Horizont vom Ostpunkt wird Morgenweite genannt. Analog ist der Abstand des Untergangspunktes vom Westpunkt die Abendweite.

Die *Kulminationshöhe* eines Gestirns errechnet sich zu 90° minus geografischer Breite plus Deklination (Kulmination südlich des Zenits).

Die Sonne läuft durch die Sternbilder des Tierkreises. Ihre scheinbare Bahn wird Ekliptik genannt. Die Ekliptik ist um 23°,4 zum Himmelsäquator geneigt. Deshalb variieren die Sonnendeklinationen im Laufe eines Jahres zwischen +23°,4 und −23°,4. Zu Sommerbeginn erreicht die Sonne daher ihre größte Mittagshöhe. Zu Winteranfang steht die Sonne mittags dann am tiefsten. Zu Frühlings- und Herbstbeginn geht die Sonne genau im Ostpunkt auf und im Westpunkt unter, da ihre Deklinationen dann 0° betragen. Im Winterhalbjahr liegen ihre Auf- und Untergangspunkte südlich des Ostpunktes beziehungsweise südlich des Westpunktes. Die Verhältnisse wiederholen sich in jedem Jahr in gleicher Weise. Dies gilt für die Sonne, nicht aber für den Mond. Denn seine höchsten und tiefsten Kulminationen sind von Jahr zu Jahr verschieden, ebenso seine extremen Morgen- und Abendweiten. Ursache sind die Extremwerte der Monddeklinationen. In manchen Jahren pendelt der Mond monatlich zwischen +18°,3 und −18°,3 hin und her. In anderen Jahren schwanken die Monddeklinationen zwischen +28°,6 und −28°,6.

Auswirkung der Mondbahnneigung

Die verschiedenen Extremwerte der Monddeklinationen kommen zustande, weil die Mondbahn *im Mittel* um 5°09′ zur Ekliptik geneigt ist und die Mondbahnknoten retrograd (rückläufig) in 18,61 Jahren durch den gesamten Tierkreis wandern. Unter den Knoten oder Drachenpunkten versteht man die Schnittpunkte der Mondbahn mit der Ekliptik. Passiert der Mond den aufsteigenden Knoten, so wandert er anschließend nördlich der Ekliptik durch den Tierkreis. Nach seinem Durchgang durch den absteigenden Knoten werden seine ekliptikalen Breiten negativ, er läuft dann südlich der Ekliptik.

Fällt der aufsteigende Knoten der Mondbahn mit dem Frühlingspunkt zusammen, so summieren sich die Schiefe der Ekliptik und die Mondbahnneigung. Die Mondbahnknoten kommen dem Mond bei seinem Lauf entgegen. Pro Jahr verschieben sich die Knoten rückläufig um 19°21′ entlang der Ekliptik. Nach 9,3 Jahren fällt dann der absteigende Knoten mit dem Frühlingspunkt zusammen. Von der Schiefe der Ekliptik ist die Mondbahnneigung dann zu subtrahieren.

Im April 2015 passierte der absteigende Knoten bei seiner rückläufigen Wanderung den Frühlingspunkt. Am Freitag, 10. April 2015 erreichte die minimale Monddeklination −18°12′. Am Donnerstag, 23. April 2015 trat mit +18°18′ die maximale Monddeklination in diesem Monat ein.

Zurzeit strebt der Mond seinen maximal möglichen Deklinationswerten entgegen. Am Mittwoch, 25. September 2024 beträgt die Monddeklination +28°38′, am Donnerstag, 12. September 2024 kommt der Mond mit −28°39′ in seine tiefste Position. Schließlich passiert am 5. Januar 2025 der aufsteigende Mondbahnknoten den Frühlingspunkt. Seine maximale positive Deklination erreicht der Mond dann im April 2025: Am Freitag, 4. April beträgt seine Deklination +28°42′, während er schon am Sonntag, 23. Februar mit −28°41′ seine minimale Deklination aufweist.

Dass der Mond nicht schon im Januar 2025 seine extremen Deklinationswerte erreicht, liegt daran, dass die Neigung der Mondbahn zur Ekliptik nicht konstant ist, sondern mit einer Periode von 173 Tagen zwischen 4°59′ und 5°19′ variiert (siehe Abb. unten).

Es bleibt reizvoll, den Lauf des Mondes über Jahre hinweg zu verfolgen, an welchen Stellen am Horizont er auf- und untergeht, wie hoch der Vollmond im Winter, wie im Sommer kulminiert. Dies kann man so nebenbei erledigen, es dauert nur wenige Minuten und erfordert weder Fernglas noch Teleskop.

12.14 Variation der Mondbahnneigung

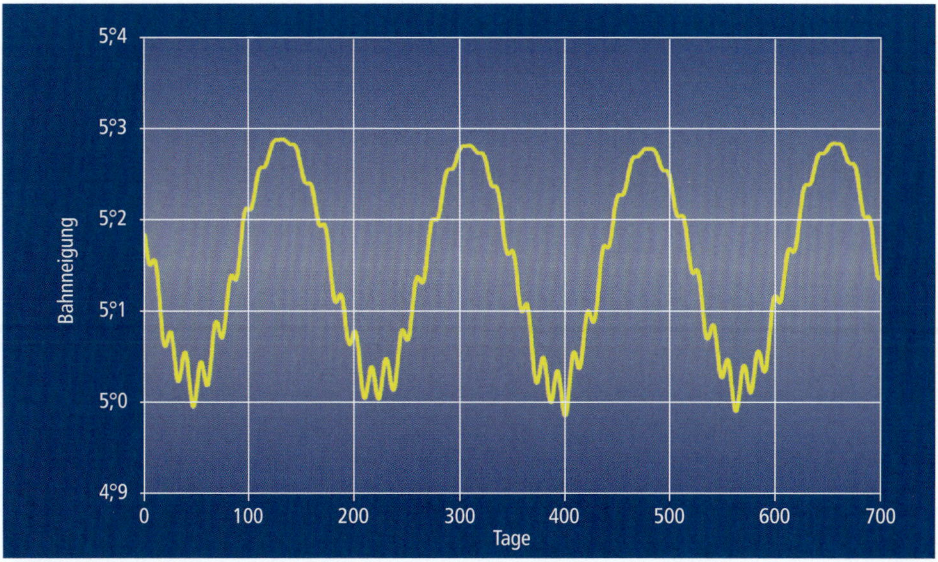

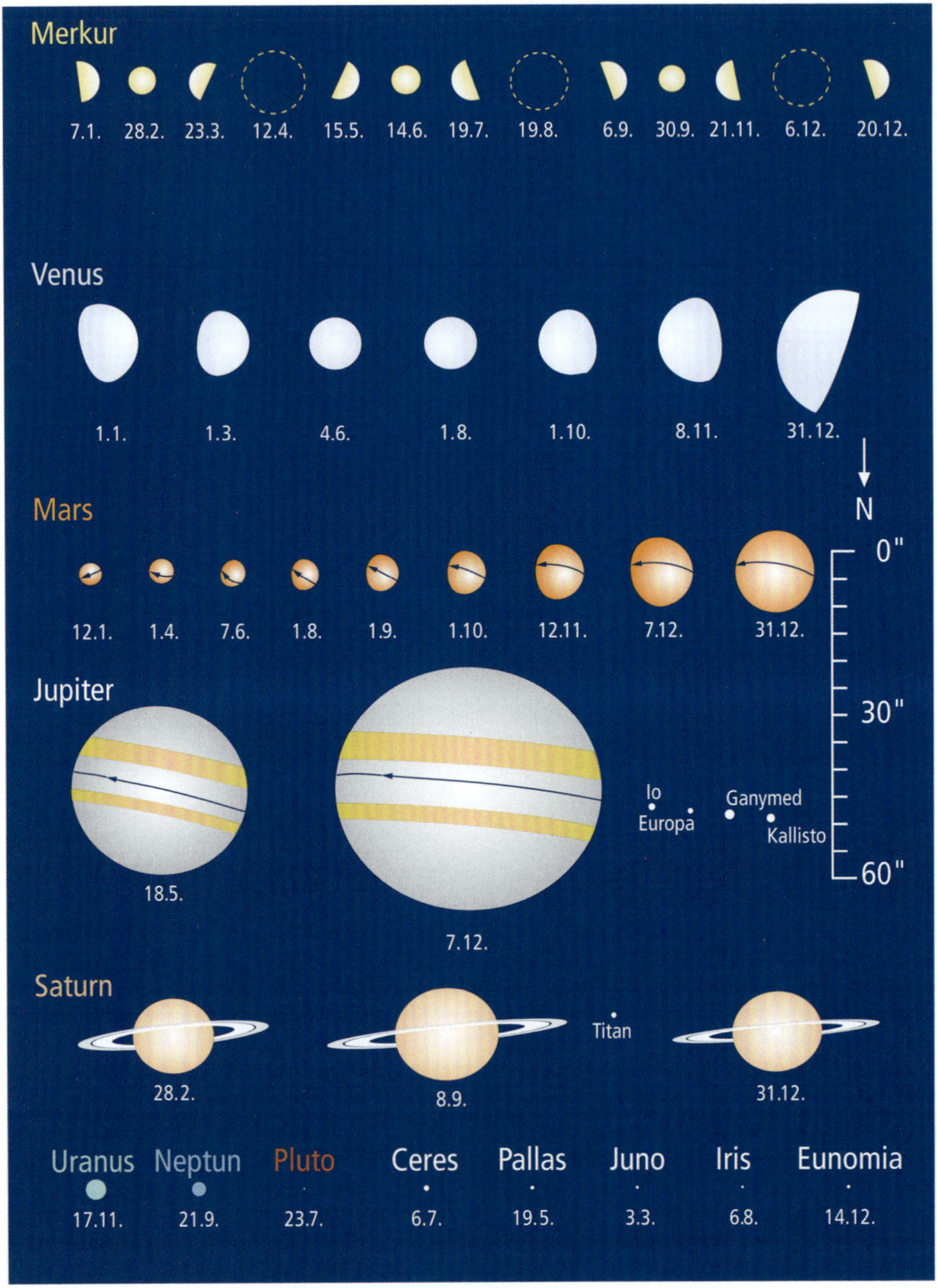

T.1 Die Größe der Planetenscheibchen im Jahre 2024. Man beachte den eingetragenen Maßstab in Bogensekunden. Anblick im umkehrenden Fernrohr (Norden unten, Osten rechts).

Planetensichtbarkeit

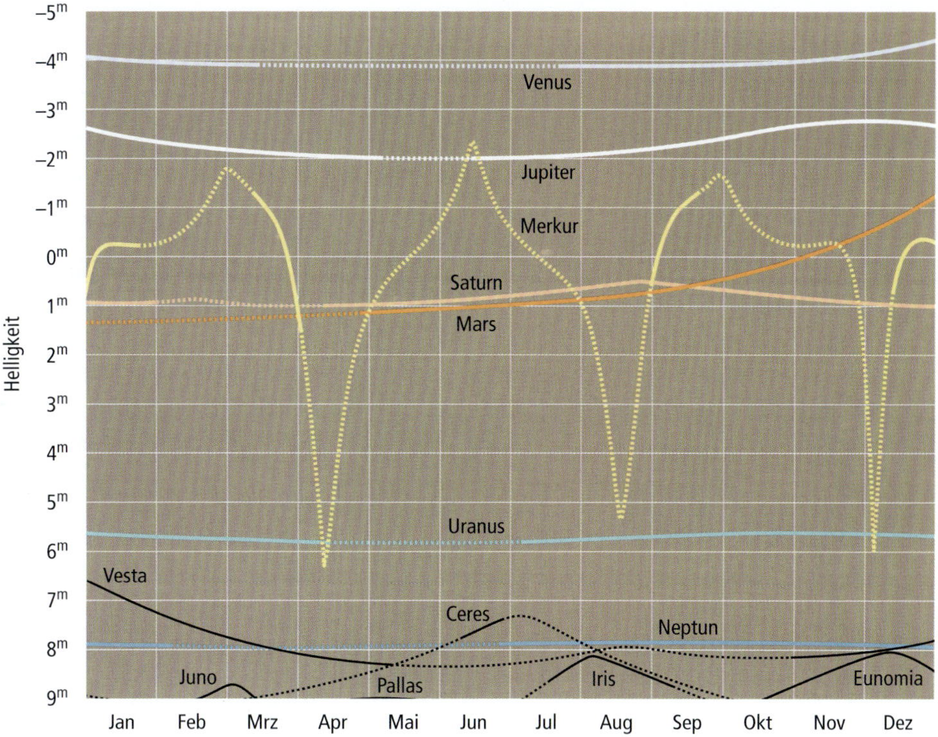

T.2 Die Helligkeiten der Planeten 2024.

T.3 Die Sichtbarkeiten der Planeten im Jahr 2024. M bedeutet Morgensichtbarkeit, A Abendsichtbarkeit.

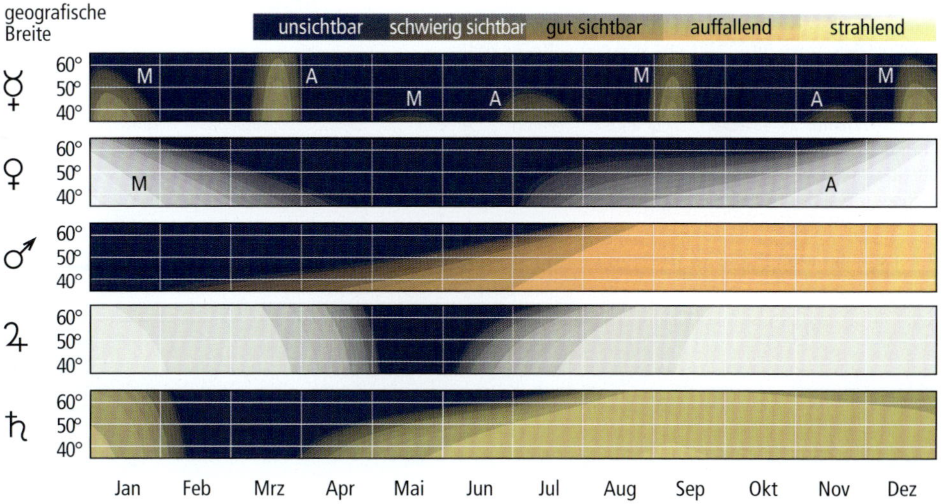

EKLIPTIKALE KOORDINATEN DES MONDES 2024

Tag	JANUAR Länge °	JANUAR Breite °	FEBRUAR Länge °	FEBRUAR Breite °	MÄRZ Länge °	MÄRZ Breite °	APRIL Länge °	APRIL Breite °	MAI Länge °	MAI Breite °	JUNI Länge °	JUNI Breite °	Tag
1.	155,6	+3,6	199,3	−0,2	220,1	−2,2	267,4	−5,0	304,6	−4,9	357,6	−1,4	1.
2.	167,5	+2,8	211,4	−1,2	232,4	−3,1	280,7	−5,3	318,5	−4,4	11,8	−0,2	2.
3.	179,3	+1,8	223,6	−2,2	245,0	−4,0	294,4	−5,2	332,7	−3,5	26,1	+1,1	3.
4.	191,2	+0,8	236,2	−3,2	257,9	−4,6	308,4	−4,9	347,1	−2,5	40,4	+2,3	4.
5.	203,2	−0,2	249,2	−4,0	271,2	−5,1	322,8	−4,2	1,7	−1,2	54,6	+3,3	5.
6.	215,5	−1,3	262,6	−4,6	285,0	−5,2	337,5	−3,2	16,3	+0,1	68,6	+4,2	6.
7.	228,2	−2,3	276,6	−5,0	299,3	−5,1	352,5	−2,0	31,0	+1,4	82,5	+4,7	7.
8.	241,2	−3,3	291,0	−5,1	314,0	−4,6	7,5	−0,7	45,6	+2,7	96,0	+5,0	8.
9.	254,8	−4,1	305,9	−4,8	329,0	−3,8	22,6	+0,7	60,0	+3,7	109,2	+5,0	9.
10.	268,7	−4,7	321,0	−4,2	344,2	−2,7	37,4	+2,0	74,1	+4,5	122,0	+4,8	10.
11.	283,1	−5,0	336,2	−3,3	359,4	−1,4	51,9	+3,2	87,8	+5,0	134,6	+4,3	11.
12.	297,8	−5,0	351,3	−2,2	14,5	−0,1	66,1	+4,1	101,2	+5,2	146,8	+3,6	12.
13.	312,6	−4,6	6,2	−0,9	29,4	+1,3	79,8	+4,8	114,1	+5,1	158,8	+2,8	13.
14.	327,5	−4,0	20,7	+0,4	43,8	+2,5	93,1	+5,2	126,6	+4,8	170,7	+1,9	14.
15.	342,3	−3,0	34,9	+1,6	57,8	+3,6	105,9	+5,3	138,9	+4,3	182,5	+0,9	15.
16.	356,8	−1,9	48,7	+2,7	71,3	+4,4	118,4	+5,1	150,9	+3,6	194,3	−0,2	16.
17.	11,0	−0,7	62,0	+3,7	84,5	+4,9	130,6	+4,8	162,7	+2,7	206,3	−1,2	17.
18.	25,0	+0,5	75,1	+4,4	97,2	+5,2	142,6	+4,2	174,5	+1,8	218,5	−2,2	18.
19.	38,6	+1,7	87,9	+4,9	109,7	+5,3	154,5	+3,5	186,4	+0,7	230,9	−3,1	19.
20.	52,0	+2,7	100,4	+5,1	121,9	+5,1	166,3	+2,6	198,3	−0,3	243,6	−3,9	20.
21.	65,1	+3,6	112,7	+5,1	133,9	+4,6	178,1	+1,6	210,4	−1,4	256,7	−4,5	21.
22.	78,0	+4,3	124,9	+4,9	145,9	+4,0	190,0	+0,5	222,7	−2,4	270,1	−4,9	22.
23.	90,8	+4,8	136,9	+4,4	157,7	+3,2	201,9	−0,6	235,2	−3,4	283,8	−5,0	23.
24.	103,4	+5,0	148,8	+3,8	169,5	+2,3	214,0	−1,7	248,0	−4,1	297,8	−4,8	24.
25.	115,8	+5,0	160,7	+3,0	181,3	+1,3	226,3	−2,7	261,0	−4,7	311,8	−4,3	25.
26.	128,0	+4,7	172,5	+2,0	193,2	+0,2	238,8	−3,6	274,3	−5,0	326,0	−3,6	26.
27.	140,1	+4,3	184,3	+1,0	205,1	−0,9	251,5	−4,4	287,8	−5,1	340,2	−2,6	27.
28.	152,0	+3,6	196,2	0,0	217,2	−2,0	264,4	−4,9	301,5	−4,9	354,4	−1,5	28.
29.	163,9	+2,8	208,1	−1,1	229,4	−3,0	277,6	−5,2	315,4	−4,4	8,6	−0,2	29.
30.	175,7	+1,9	–	–	241,8	−3,8	291,0	−5,2	329,3	−3,6	22,6	+1,0	30.
31.	187,5	+0,9	–	–	254,5	−4,6	–	–	343,4	−2,6	–	–	31.

Koordinaten gelten für 1ʰ MEZ und sind geozentrische Werte.
Von Mitteleuropa aus steht der Mond etwa 0°,7 südlicher.
Abstand der Mondbahn relativ zu helleren Sternen 2024:

Stern:	Hamal	Alcyone	Aldebaran	Alnath	Alhena	Pollux	Algieba	Regulus	Porrima
Länge:	37°,7	60°,0	69°,8	82°,6	99°,1	113°,2	149°,6	149°,8	190°,2
Breite:	10°,0	4°,1	−5°,5	5°,4	−6°,7	6°,7	8°,8	0°,5	2°,8
Mond:	8° südl.	1° südl.	9° nördl.	1° südl.	11° nördl.	2° südl.	6° südl.	2° nördl.	4° südl.

T.4 Lage der Mondbahn im Tierkreis relativ zur Ekliptik von 180° bis 360° ekliptikaler Länge.

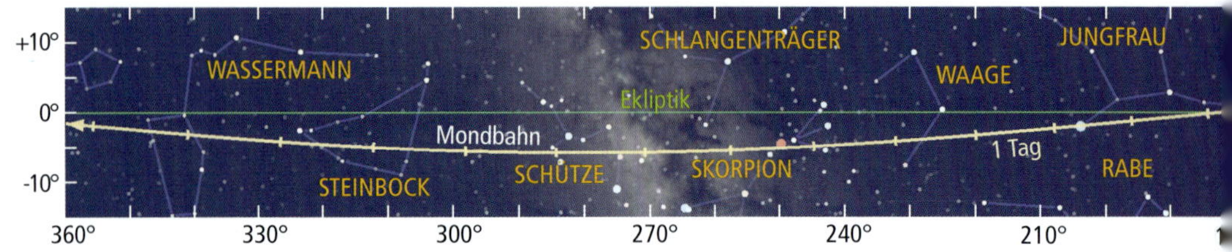

EKLIPTIKALE KOORDINATEN DES MONDES 2024

Tag	JULI Länge °	JULI Breite °	AUGUST Länge °	AUGUST Breite °	SEPTEMBER Länge °	SEPTEMBER Breite °	OKTOBER Länge °	OKTOBER Breite °	NOVEMBER Länge °	NOVEMBER Breite °	DEZEMBER Länge °	DEZEMBER Breite °	Tag
1.	36,6	+2,2	87,8	+5,0	135,6	+4,1	168,7	+1,6	212,9	−2,4	245,9	−4,5	1.
2.	50,5	+3,2	100,9	+5,1	147,7	+3,3	180,5	+0,5	224,8	−3,3	258,4	−4,9	2.
3.	64,3	+4,0	113,7	+4,9	159,8	+2,3	192,2	−0,6	236,9	−4,0	271,2	−5,0	3.
4.	78,0	+4,6	126,4	+4,5	171,7	+1,3	204,0	−1,6	249,2	−4,6	284,1	−5,0	4.
5.	91,4	+4,9	138,8	+3,8	183,5	+0,3	215,9	−2,6	261,6	−5,0	297,2	−4,6	5.
6.	104,6	+5,0	151,0	+3,0	195,3	−0,8	227,8	−3,5	274,3	−5,2	310,6	−4,0	6.
7.	117,6	+4,8	163,1	+2,1	207,0	−1,9	239,9	−4,3	287,1	−5,1	324,1	−3,2	7.
8.	130,2	+4,3	175,0	+1,1	218,9	−2,8	252,1	−4,8	300,2	−4,7	337,8	−2,2	8.
9.	142,6	+3,7	186,8	0,0	230,8	−3,7	264,6	−5,2	313,6	−4,1	351,7	−1,0	9.
10.	154,8	+2,9	198,5	−1,0	243,0	−4,4	277,3	−5,3	327,3	−3,2	5,8	+0,2	10.
11.	166,8	+2,0	210,4	−2,0	255,4	−4,9	290,4	−5,1	341,4	−2,1	20,1	+1,5	11.
12.	178,6	+1,0	222,3	−3,0	268,2	−5,2	303,9	−4,7	355,7	−0,9	34,5	+2,6	12.
13.	190,4	−0,1	234,5	−3,8	281,4	−5,3	317,8	−4,0	10,4	+0,4	49,1	+3,6	13.
14.	202,3	−1,1	247,0	−4,5	295,1	−5,0	332,1	−3,0	25,3	+1,8	63,7	+4,4	14.
15.	214,2	−2,1	259,8	−4,9	309,2	−4,4	346,8	−1,8	40,3	+2,9	78,1	+4,9	15.
16.	226,4	−3,0	273,1	−5,1	323,7	−3,6	1,8	−0,4	55,2	+3,9	92,4	+5,0	16.
17.	238,9	−3,8	286,8	−5,1	338,6	−2,5	17,0	+1,0	70,0	+4,6	106,3	+4,9	17.
18.	251,8	−4,5	301,0	−4,7	353,7	−1,2	32,2	+2,3	84,4	+5,0	119,8	+4,4	18.
19.	265,0	−4,9	315,6	−4,0	8,9	+0,2	47,2	+3,5	98,5	+5,1	133,0	+3,8	19.
20.	278,7	−5,0	330,4	−3,1	24,0	+1,6	62,0	+4,4	112,0	+4,9	145,7	+3,0	20.
21.	292,7	−4,9	345,3	−1,9	38,9	+2,9	76,4	+4,9	125,1	+4,4	158,1	+2,0	21.
22.	307,0	−4,4	0,3	−0,6	53,5	+3,9	90,3	+5,2	137,8	+3,7	170,1	+1,0	22.
23.	321,5	−3,7	15,1	+0,7	67,6	+4,7	103,8	+5,2	150,1	+2,9	182,0	0,0	23.
24.	336,1	−2,7	29,6	+2,0	81,4	+5,1	116,8	+4,9	162,2	+2,0	193,9	−1,1	24.
25.	350,7	−1,6	43,9	+3,2	94,7	+5,3	129,4	+4,4	174,1	+0,9	205,6	−2,0	25.
26.	5,1	−0,3	57,9	+4,1	107,6	+5,2	141,7	+3,7	185,9	−0,1	217,5	−3,0	26.
27.	19,4	+1,0	71,5	+4,7	120,3	+4,8	153,7	+2,8	197,6	−1,2	229,6	−3,7	27.
28.	33,5	+2,2	84,8	+5,1	132,6	+4,3	165,6	+1,8	209,5	−2,1	241,8	−4,4	28.
29.	47,4	+3,2	97,9	+5,2	144,8	+3,5	177,4	+0,8	221,4	−3,1	254,3	−4,8	29.
30.	61,1	+4,0	110,7	+5,1	156,8	+2,6	189,2	−0,3	233,6	−3,8	267,1	−5,0	30.
31.	74,6	+4,7	123,2	+4,7	–	–	201,0	−1,3	–	–	280,2	−4,9	31.

Mittlere Entfernung von der Erde: 384 000 km (356 000–407 000) Bahnneigung: 5,°0–5,°3
Länge des Perigäums: 334° (1.1.), 15° (31.12.)
Länge des aufsteigenden Knotens: 19° (1.1.), 0° (31.12.)

Spica	Zubenelgenubi	Dschubba	Acrab	Antares	Sabik	Nunki	Dabih	Deneb Algedi
203,°8	225,°1	242,°6	243,°2	249,°8	258,°0	282,°4	304,°0	323,°5
−2,°1	0,°3	−2,°0	1,°0	−4,°6	7,°2	−3,°5	4,°6	−2,°6
0°	4° südl.	3° südl.	6° südl.	1° südl.	13° südl.	2° südl.	10° südl.	2° südl.

T.4 Lage der Mondbahn im Tierkreis relativ zur Ekliptik von 0° bis 180° ekliptikaler Länge.

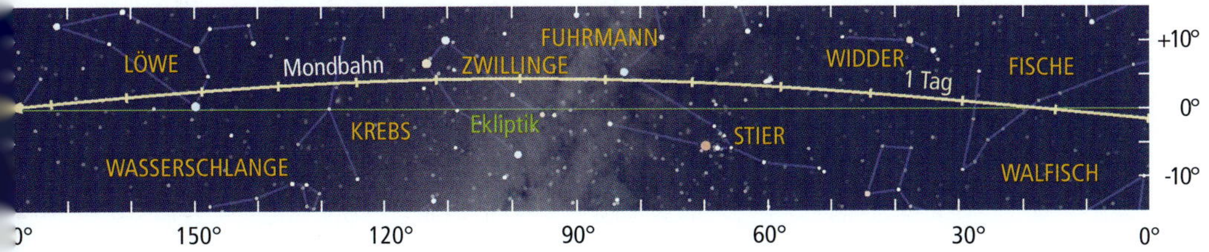

EKLIPTIKALE KOORDINATEN DER SONNE UND DER GROSSEN PLANETEN 2024

GEOZENTR.		SONNE	MERKUR		VENUS		MARS		JUPITER		SATURN	
Datum		Länge	Länge	Breite	Länge	Breite	Länge	Breite	Länge	Breite	Länge	Breite
		°	°	°	°	°	°	°	°	°	°	°
Jan	1.	279,7	261,9	+3,1	242,2	+2,0	266,9	−0,5	35,3	−1,2	332,9	−1,6
	10.	288,9	265,6	+2,0	253,2	+1,6	273,6	−0,6	35,4	−1,1	333,7	−1,6
	20.	299,1	276,7	+0,5	265,5	+1,2	281,2	−0,7	35,9	−1,1	334,8	−1,6
	31.	310,2	291,8	−0,9	279,0	+0,7	289,5	−0,8	36,8	−1,0	336,0	−1,6
Feb	10.	320,4	307,2	−1,8	291,4	+0,2	297,1	−0,9	38,0	−1,0	337,1	−1,6
	20.	330,5	323,8	−2,1	303,7	−0,3	304,8	−1,0	39,4	−1,0	338,3	−1,6
	29.	339,5	340,1	−1,8	314,9	−0,7	311,8	−1,1	40,8	−0,9	339,4	−1,6
Mrz	10.	349,6	359,4	−0,6	327,2	−1,0	319,5	−1,1	42,6	−0,9	340,7	−1,6
	20.	359,5	16,9	+1,5	339,6	−1,3	327,3	−1,2	44,5	−0,9	341,9	−1,6
	31.	10,4	26,6	+3,2	353,2	−1,5	335,9	−1,2	46,8	−0,8	343,1	−1,7
Apr	10.	20,3	23,6	+2,6	5,6	−1,5	343,6	−1,2	49,0	−0,8	344,2	−1,7
	20.	30,1	16,9	+0,1	17,9	−1,4	351,4	−1,3	51,2	−0,8	345,3	−1,7
	30.	39,8	16,4	−2,2	30,2	−1,3	359,1	−1,3	53,6	−0,8	346,2	−1,7
Mai	10.	49,5	23,3	−3,2	42,6	−1,0	6,8	−1,3	55,9	−0,7	347,0	−1,8
	20.	59,1	35,4	−2,9	54,9	−0,7	14,4	−1,2	58,3	−0,7	347,7	−1,8
	31.	69,7	53,4	−1,6	68,4	−0,2	22,8	−1,2	60,8	−0,7	348,4	−1,9
Jun	10.	79,3	73,5	+0,2	80,7	+0,1	30,2	−1,1	63,2	−0,7	348,8	−1,9
	20.	88,8	95,3	+1,6	93,0	+0,5	37,6	−1,0	65,4	−0,7	349,0	−1,9
	30.	98,4	115,2	+1,9	105,2	+0,9	44,9	−1,0	67,7	−0,7	349,1	−2,0
Jul	10.	107,9	131,6	+1,1	117,5	+1,2	52,0	−0,9	69,8	−0,7	349,0	−2,0
	20.	117,4	144,2	−0,5	129,8	+1,4	59,0	−0,7	71,8	−0,7	348,7	−2,1
	31.	127,9	152,6	−2,8	143,3	+1,5	66,6	−0,6	73,9	−0,7	348,3	−2,1
Aug	10.	137,5	152,7	−4,5	155,6	+1,5	73,3	−0,5	75,6	−0,7	347,8	−2,1
	20.	147,1	145,4	−4,4	167,9	+1,3	79,8	−0,3	77,1	−0,7	347,1	−2,2
	31.	157,7	141,3	−1,4	181,4	+1,1	86,7	−0,1	78,6	−0,7	346,3	−2,2
Sep	10.	167,4	150,7	+1,1	193,6	+0,7	92,7	+0,1	79,6	−0,7	345,5	−2,2
	20.	177,2	167,9	+1,8	205,8	+0,3	98,5	+0,3	80,4	−0,7	344,8	−2,2
	30.	187,0	186,3	+1,4	218,0	−0,2	103,9	+0,5	80,9	−0,7	344,1	−2,2
Okt	10.	196,8	203,5	+0,4	230,1	−0,7	109,0	+0,7	81,0	−0,7	343,4	−2,2
	20.	206,7	219,4	−0,8	242,2	−1,2	113,6	+1,0	80,8	−0,7	342,9	−2,2
	31.	217,7	235,7	−1,9	255,5	−1,7	118,1	+1,4	80,2	−0,7	342,6	−2,1
Nov	10.	227,7	249,2	−2,6	267,5	−2,1	121,4	+1,7	79,4	−0,7	342,4	−2,1
	20.	237,8	259,8	−2,4	279,4	−2,3	123,9	+2,1	78,3	−0,7	342,4	−2,1
	30.	247,9	261,0	−0,6	291,2	−2,4	125,4	+2,5	77,0	−0,7	342,5	−2,1
Dez	10.	258,1	249,1	+2,4	302,8	−2,4	125,7	+3,0	75,6	−0,7	342,9	−2,0
	20.	268,2	247,3	+2,6	314,1	−2,1	124,6	+3,4	74,3	−0,6	343,4	−2,0
	31.	279,4	258,3	+1,3	326,3	−1,5	121,8	+3,9	73,0	−0,6	344,1	−2,0
HELIOZ.		ERDE	MERKUR		VENUS		MARS		JUPITER		SATURN	
Jan	1.	99,7	144	7	186,0	+3,2	258,5	−0,9	45,5	−1,1	337,5	−1,7
Feb	1.	131,3	253	−3	235,8	+1,2	276,1	−1,3	48,3	−1,0	338,5	−1,8
Mrz	1.	160,6	346	−6	281,8	−1,4	293,3	−1,7	50,9	−1,0	339,5	−1,8
Apr	1.	191,4	159	7	330,8	−3,3	312,4	−1,8	53,7	−1,0	340,5	−1,8
Mai	1.	220,8	258	−4	18,5	−2,9	331,4	−1,8	56,4	−0,9	341,4	−1,8
Jun	1.	250,7	5	−5	68,1	−0,5	351,0	−1,6	59,2	−0,9	342,4	−1,9
Jul	1.	279,3	172	6	116,6	+2,2	9,8	−1,2	61,8	−0,8	343,4	−1,9
Aug	1.	308,9	269	−5	167,0	+3,4	28,6	−0,7	64,6	−0,8	344,4	−1,9
Sep	1.	338,7	26	−3	217,0	+2,2	46,5	−0,1	67,3	−0,7	345,4	−2,0
Okt	1.	8,0	188	5	264,8	−0,5	63,0	+0,4	70,0	−0,7	346,4	−2,0
Nov	1.	38,7	281	−6	313,9	−2,9	79,2	+0,9	72,7	−0,6	347,4	−2,0
Dez	1.	68,9	43	−1	1,4	−3,3	94,1	+1,3	75,3	−0,6	348,4	−2,0
	31.	99,4	199	3	49,3	−1,6	108,4	+1,6	77,9	−0,5	349,4	−2,1

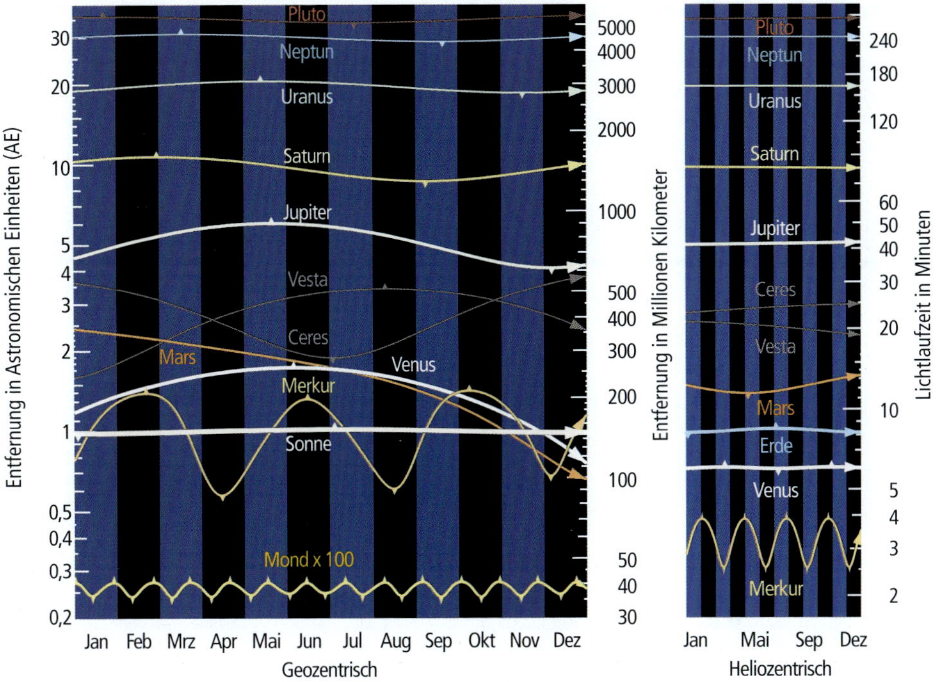

ENTFERNUNGEN DER GROSSEN PLANETEN 2024 LÄNGEN

GEOZENTR.	MERKUR	VENUS	MARS	JUPITER	SATURN	URANUS	NEPTUN	URANUS	NEPTUN
Datum	AE	AE	AE	AE	AE	AE	AE	Länge °	Länge °
Jan 1.	0,78	1,18	2,42	4,48	10,29	18,97	30,14	49,0	354,7
Feb 1.	1,29	1,36	2,32	4,97	10,61	19,45	30,60	48,8	355,4
Mrz 1.	1,36	1,50	2,21	5,41	10,71	19,94	30,85	49,2	356,4
Apr 1.	0,73	1,62	2,09	5,78	10,58	20,36	30,87	50,4	357,6
Mai 1.	0,70	1,70	1,98	5,99	10,25	20,58	30,64	52,0	358,6
Jun 1.	1,20	1,73	1,86	6,02	9,77	20,56	30,21	53,8	359,3
Jul 1.	1,18	1,72	1,74	5,87	9,28	20,30	29,71	55,4	359,6
Aug 1.	0,72	1,64	1,60	5,55	8,86	19,86	29,24	56,5	359,4
Sep 1.	0,82	1,52	1,43	5,12	8,66	19,34	28,95	56,9	358,7
Okt 1.	1,40	1,36	1,24	4,67	8,73	18,89	28,91	56,5	357,9
Nov 1.	1,27	1,18	1,02	4,28	9,06	18,61	29,15	55,5	357,1
Dez 1.	0,72	0,98	0,81	4,09	9,52	18,60	29,58	54,3	356,8
31.	1,13	0,76	0,66	4,18	10,00	18,86	30,09	53,3	356,9
HELIOZ.									
Jan 1.	0,34	0,72	1,48	4,98	9,73	19,61	29,90	51,3	356,6
Mai 1.	0,47	0,73	1,38	5,01	9,70	19,59	29,90	52,6	357,3
Sep 1.	0,33	0,72	1,46	5,04	9,66	19,57	29,90	54,0	358,0
Dez 31.	0,42	0,72	1,61	5,08	9,62	19,55	29,89	55,4	358,8
Perihel	0,31	0,72	1,38	4,95	9,01	18,38	29,79	Breite	Breite
Aphel	0,47	0,73	1,66	5,45	10,09	20,17	30,52	−0,3	−1,3

EPHEMERIDEN DER GROSSEN PLANETEN JANUAR – JUNI 2024

	MERKUR						VENUS					
Datum	Rektas. h m	Deklin. °	Kulmin. h m	Aufg. h m	Du. ″	bel. %	Rektas. h m	Deklin. °	Kulmin. h m	Aufg. h m	Du. ″	bel. %
Jan 1.	17 26	−20,1	11 05	6 45	8,6	27	16 02	−18,7	9 43	5 15	14,2	78
5.	17 28	−20,5	10 52	6 34	7,8	42	16 22	−19,7	9 48	5 25	14,0	79
10.	17 41	−21,4	10 47	6 34	7,0	58	16 48	−20,8	9 54	5 37	13,6	80
15.	18 03	−22,2	10 49	6 41	6,4	68	17 14	−21,6	10 00	5 49	13,3	82
20.	18 29	−22,8	10 56	6 51	5,9	76	17 40	−22,1	10 07	5 59	13,0	83
25.	18 58	−23,0	11 05	7 02	5,6	82	18 07	−22,4	10 14	6 07	12,7	84
31.	19 35	−22,6	11 19	7 12	5,3	87	18 39	−22,4	10 22	6 15	12,4	85
Feb 5.	20 07	−21,7	11 31	7 19	5,1	91	19 06	−22,1	10 29	6 20	12,2	87
10.	20 40	−20,2	11 45	7 23	5,0	93	19 32	−21,5	10 36	6 23	11,9	88
15.	21 14	−18,2	11 58	7 25	4,9	96	19 59	−20,7	10 42	6 24	11,7	89
20.	21 48	−15,6	12 12		4,8	98	20 24	−19,6	10 49	6 24	11,5	90
25.	22 22	−12,4	12 27	Unterg.	4,9	99	20 50	−18,2	10 54	6 22	11,4	90
29.	22 49	− 9,4	12 39	18 01	4,9	100	21 10	−17,0	10 59	6 19	11,2	91
Mrz 5.	23 24	− 5,3	12 54	18 37	5,1	98	21 35	−15,3	11 04	6 15	11,1	92
10.	23 59	− 0,8	13 09	19 13	5,4	93	21 59	−13,4	11 08	6 09	10,9	93
15.	0 31	+ 3,8	13 21	19 48	5,8	81	22 23	−11,3	11 12	6 03	10,8	94
20.	1 00	+ 8,0	13 30	20 16	6,5	63	22 47	− 9,2	11 16	5 56	10,6	94
25.	1 22	+11,2	13 31	20 32	7,5	42	23 10	− 6,9	11 20	5 48	10,5	95
31.	1 34	+13,2	13 18	20 27	9,0	20	23 37	− 4,0	11 24	5 38	10,4	96
Apr 5.	1 33	+13,2	12 56	20 03	10,3	7	0 00	− 1,6	11 27	5 29	10,3	96
10.	1 23	+11,6	12 27	19 24	11,3	1	0 23	+ 0,8	11 29	5 21	10,2	97
15.	1 11	+ 9,1	11 55		11,7	1	0 46	+ 3,3	11 32	5 12	10,1	97
20.	1 02	+ 6,7	11 27	Aufg.	11,4	7	1 08	+ 5,7	11 36	5 03	10,0	98
25.	0 59	+ 5,0	11 05	4 38	10,7	15	1 31	+ 8,1	11 39	4 55	10,0	98
30.	1 04	+ 4,4	10 51	4 26	9,8	24	1 54	+10,4	11 42	4 47	9,9	99
Mai 5.	1 15	+ 4,9	10 42	4 15	8,9	33	2 18	+12,6	11 46	4 39	9,8	99
10.	1 31	+ 6,1	10 39	4 05	8,1	42	2 42	+14,7	11 50	4 33	9,8	99
15.	1 52	+ 8,1	10 40	3 57	7,4	50	3 06	+16,6	11 55	4 27	9,8	100
20.	2 16	+10,6	10 46	3 49	6,7	59	3 31	+18,3	12 00	4 22	9,7	100
25.	2 45	+13,4	10 55	3 44	6,2	68	3 56	+19,9	12 06		9,7	100
31.	3 26	+17,1	11 12	3 41	5,7	80	4 27	+21,5	12 13	Unterg.	9,7	100
Jun 5.	4 05	+20,1	11 32	3 43	5,4	90	4 53	+22,5	12 19	20 24	9,7	100
10.	4 48	+22,6	11 57		5,2	97	5 19	+23,3	12 26	20 35	9,7	100
15.	5 36	+24,3	12 25	Unterg.	5,1	100	5 46	+23,7	12 33	20 45	9,7	100
20.	6 24	+24,9	12 53	21 14	5,2	96	6 13	+23,9	12 40	20 53	9,7	100
25.	7 09	+24,4	13 18	21 34	5,3	89	6 40	+23,8	12 48	20 59	9,8	100
30.	7 50	+23,0	13 39	21 44	5,6	80	7 07	+23,4	12 55	21 03	9,8	99

	SATURN						RING				
Datum	Rektas. h m	Deklin. °	Kulmin. h m	Unterg. h m	Äqu. ″	Pol. ″	gr. A. ″	kl. A. ″	Öffn. °	hel. Ö. °	Leucht.
Jan 1.	22 22	−12,0	16 00	21 05	16,1	14,5	36,7	6,0	9,3	7,3	0,43
15.	22 27	−11,5	15 10	20 18	15,9	14,2	36,1	5,5	8,7	7,1	0,42
31.	22 33	−10,8	14 14	19 25	15,7	14,0	35,6	4,9	7,9	6,9	0,40
Feb 15.	22 40	−10,2	13 22	18 36	15,6	13,9	35,3	4,4	7,1	6,7	0,39
29.	22 47	− 9,5	12 33		15,5	13,9	35,2	3,9	6,3	6,5	0,44
Mrz 15.	22 53	− 8,9	11 41	Aufg.	15,6	13,9	35,3	3,4	5,5	6,3	0,33
31.	23 00	− 8,2	10 45	5 21	15,7	14,0	35,6	2,9	4,6	6,0	0,29
Apr 15.	23 07	− 7,6	9 52	4 25	15,9	14,2	36,1	2,5	3,9	5,8	0,25
30.	23 12	− 7,0	8 58	3 29	16,2	14,5	36,8	2,1	3,3	5,6	0,21
Mai 15.	23 16	− 6,6	8 04	2 32	16,5	14,8	37,5	1,8	2,7	5,4	0,19
31.	23 20	− 6,3	7 04	1 31	17,0	15,1	38,5	1,6	2,4	5,2	0,16
Jun 15.	23 22	− 6,2	6 08	0 34	17,4	15,5	39,5	1,5	2,1	4,9	0,15
30.	23 23	− 6,1	5 09	23 32	17,9	16,0	40,6	1,5	2,1	4,7	0,15

Ephemeriden

MARS						JUPITER						
Rektas. h m	Deklin. °	Kulmin. h m	Aufg. h m	Du. ″	bel. %	Rektas. h m	Deklin. °	Kulmin. h m	Unterg. h m	Äqu. ″	Pol ″	Datum
17 47	−24,0	11 27	7 31	3,9	99	2 13	+12,2	19 51	2 58	44,0	41,1	1. Jan
18 00	−24,0	11 24	7 28	3,9	99	2 14	+12,2	19 36	2 42	43,4	40,6	5.
18 16	−24,0	11 21	7 25	3,9	99	2 14	+12,3	19 16	2 23	42,7	39,9	10.
18 32	−23,9	11 18	7 21	3,9	99	2 15	+12,3	18 58	2 05	42,0	39,3	15.
18 49	−23,7	11 14	7 16	4,0	99	2 16	+12,5	18 39	1 47	41,3	38,6	20.
19 05	−23,4	11 11	7 10	4,0	99	2 17	+12,6	18 21	1 30	40,6	38,0	25.
19 25	−22,8	11 07	7 03	4,0	99	2 19	+12,8	17 59	1 09	39,8	37,2	31.
19 41	−22,3	11 04	6 56	4,1	98	2 21	+13,0	17 42	0 53	39,2	36,6	5. Feb
19 57	−21,6	11 00	6 48	4,1	98	2 24	+13,2	17 24	0 36	38,6	36,1	10.
20 14	−20,9	10 57	6 40	4,1	98	2 26	+13,5	17 07	0 20	38,0	35,5	15.
20 30	−20,0	10 53	6 31	4,2	98	2 29	+13,7	16 51	0 05	37,4	35,0	20.
20 46	−19,1	10 49	6 22	4,2	97	2 32	+14,0	16 34	23 47	36,9	34,5	25.
20 58	−18,3	10 46	6 14	4,2	97	2 35	+14,2	16 21	23 35	36,5	34,2	29.
21 14	−17,2	10 42	6 04	4,3	97	2 38	+14,5	16 04	23 20	36,1	33,7	5. Mrz
21 29	−16,0	10 38	5 53	4,3	97	2 42	+14,8	15 48	23 05	35,6	33,3	10.
21 45	−14,8	10 33	5 42	4,3	97	2 45	+15,1	15 32	22 51	35,2	32,9	15.
22 00	−13,5	10 29	5 31	4,4	96	2 49	+15,4	15 17	22 37	34,9	32,6	20.
22 15	−12,2	10 24	5 19	4,4	96	2 53	+15,7	15 01	22 23	34,5	32,3	25.
22 32	−10,5	10 18	5 05	4,5	96	2 58	+16,1	14 42	22 07	34,2	31,9	31.
22 47	− 9,1	10 13	4 52	4,5	95	3 03	+16,4	14 27	21 53	33,9	31,7	5. Apr
23 02	− 7,6	10 08	4 40	4,6	95	3 07	+16,7	14 12	21 39	33,6	31,5	10.
23 16	− 6,1	10 02	4 27	4,6	95	3 12	+17,0	13 57	21 26	33,4	31,3	15.
23 30	− 4,6	9 57	4 15	4,6	95	3 16	+17,3	13 42	21 13	33,2	31,1	20.
23 45	− 3,0	9 51	4 02	4,7	94	3 21	+17,6	13 27	20 59	33,1	30,9	25.
23 59	− 1,5	9 46	3 49	4,7	94	3 25	+17,9	13 12	20 46	33,0	30,8	30.
0 13	0,0	9 40	3 36	4,8	94	3 30	+18,2	12 57	20 33	32,8	30,7	5. Mai
0 27	+ 1,6	9 35	3 23	4,8	93	3 35	+18,5	12 42	20 20	32,8	30,7	10.
0 41	+ 3,1	9 29	3 10	4,9	93	3 40	+18,8	12 27	20 07	32,7	30,6	15.
0 55	+ 4,6	9 23	2 58	4,9	93	3 45	+19,1	12 12		32,7	30,6	20.
1 09	+ 6,0	9 18	2 45	5,0	93	3 50	+19,3	11 57	Aufg.	32,7	30,6	25.
1 26	+ 7,8	9 11	2 30	5,0	92	3 55	+19,6	11 40	3 55	32,8	30,6	31.
1 40	+ 9,2	9 05	2 17	5,1	92	4 00	+19,9	11 25	3 39	32,8	30,7	5. Jun
1 54	+10,5	9 00	2 05	5,1	92	4 05	+20,1	11 10	3 23	32,9	30,8	10.
2 08	+11,8	8 54	1 52	5,2	91	4 10	+20,3	10 55	3 07	33,0	30,9	15.
2 22	+13,1	8 49	1 40	5,3	91	4 15	+20,5	10 40	2 50	33,2	31,0	20.
2 37	+14,2	8 43	1 29	5,3	91	4 19	+20,7	10 25	2 34	33,4	31,2	25.
2 51	+15,4	8 38	1 17	5,4	91	4 24	+20,9	10 10	2 18	33,6	31,4	30.

URANUS					NEPTUN					PLUTO		
Rektas. h m	Deklin. °	Kulmin. h m	Unterg. h m	Du. ″	Rektas. h m	Deklin. °	Kulmin. h m	Unterg. h m	Du. ″	Rektas. h m	Deklin. °	Datum
3 07	+17,2	20 44	4 18	3,7	23 43	−3,2	17 21	23 08	2,3	20 07	−23,1	1. Jan
3 06	+17,1	19 48	3 22	3,7	23 44	−3,1	16 27	22 15	2,2	20 09	−23,0	15.
3 05	+17,1	18 45	2 18	3,6	23 45	−3,0	15 25	21 14	2,2	20 11	−22,9	31.
3 06	+17,2	17 47	1 20	3,6	23 47	−2,8	14 28	20 18	2,2	20 13	−22,8	15. Feb
3 07	+17,2	16 53	0 27	3,5	23 49	−2,6	13 35	19 26	2,2	20 15	−22,8	29.
3 09	+17,4	15 56	23 27	3,5	23 51	−2,3	12 38	18 30	2,2	20 16	−22,7	15. Mrz
3 12	+17,6	14 56	22 28	3,5	23 53	−2,1	11 37		2,2	20 18	−22,7	31.
3 15	+17,8	14 00	21 33	3,4	23 55	−1,9	10 40	Aufg.	2,2	20 19	−22,7	15. Apr
3 19	+18,0	13 04	20 39	3,4	23 57	−1,7	9 43	3 48	2,2	20 19	−22,7	30.
3 22	+18,2	12 09		3,4	23 58	−1,6	8 45	2 50	2,2	20 19	−22,8	15. Mai
3 26	+18,5	11 10	Aufg.	3,4	23 59	−1,4	7 44	1 47	2,3	20 18	−22,8	31.
3 29	+18,7	10 14	2 36	3,4	0 00	−1,4	6 45	0 49	2,3	20 17	−22,9	15. Jun
3 32	+18,8	9 18	1 39	3,5	0 00	−1,3	5 47	23 46	2,3	20 16	−23,0	30.

EPHEMERIDEN DER GROSSEN PLANETEN JULI–DEZEMBER 2024

Datum		MERKUR						VENUS					
		Rektas. h m	Deklin. °	Kulmin. h m	Unterg. h m	Du. ″	bel. %	Rektas. h m	Deklin. °	Kulmin. h m	Unterg. h m	Du. ″	bel. %
Jul	1.	7 58	+22,6	13 43	21 45	5,7	78	7 12	+23,3	12 56	21 04	9,8	99
	5.	8 26	+20,9	13 55	21 45	6,0	72	7 33	+22,8	13 01	21 05	9,8	99
	10.	8 57	+18,4	14 06	21 41	6,4	64	7 59	+21,8	13 08	21 05	9,9	99
	15.	9 24	+15,7	14 12	21 31	6,9	56	8 25	+20,6	13 14	21 03	10,0	98
	20.	9 46	+13,0	14 14	21 18	7,5	48	8 51	+19,1	13 19	20 59	10,0	98
	25.	10 02	+10,5	14 10	21 01	8,2	40	9 15	+17,4	13 25	20 54	10,1	97
	31.	10 14	+ 8,0	13 58	20 37	9,2	30	9 45	+15,1	13 30	20 47	10,2	96
Aug	5.	10 17	+ 6,6	13 40	20 13	10,0	20	10 08	+13,0	13 34	20 40	10,3	96
	10.	10 12	+ 6,3	13 15		10,7	11	10 32	+10,8	13 38	20 32	10,4	95
	15.	10 00	+ 7,1	12 42	Aufg.	11,1	3	10 55	+ 8,5	13 41	20 23	10,6	94
	20.	9 45	+ 8,9	12 08	5 23	10,8	1	11 18	+ 6,0	13 44	20 14	10,7	93
	25.	9 33	+11,1	11 37	4 41	9,9	7	11 40	+ 3,5	13 47	20 04	10,9	92
	31.	9 33	+13,1	11 15	4 08	8,5	24	12 07	+ 0,4	13 50	19 53	11,0	91
Sep	5.	9 47	+13,4	11 10	4 01	7,3	45	12 29	− 2,1	13 52	19 43	11,2	90
	10.	10 13	+12,2	11 17	4 13	6,3	66	12 51	− 4,7	13 55	19 33	11,4	89
	15.	10 44	+ 9,8	11 29	4 38	5,7	83	13 14	− 7,2	13 57	19 24	11,6	88
	20.	11 19	+ 6,5	11 44	5 10	5,2	94	13 36	− 9,7	14 00	19 14	11,8	87
	25.	11 53	+ 2,7	11 58	5 42	5,0	98	13 59	−12,1	14 03	19 06	12,0	86
	30.	12 25	− 1,2	12 11	6 14	4,8	100	14 22	−14,4	14 07	18 58	12,3	85
Okt	5.	12 57	− 5,1	12 23		4,8	100	14 46	−16,5	14 11	18 50	12,5	84
	10.	13 27	− 8,8	12 33	Unterg.	4,7	98	15 10	−18,5	14 16	18 44	12,8	83
	15.	13 57	−12,2	12 44	17 45	4,8	96	15 35	−20,2	14 20	18 39	13,1	82
	20.	14 27	−15,4	12 54	17 39	4,9	94	16 00	−21,8	14 26	18 35	13,4	80
	25.	14 56	−18,2	13 03	17 33	5,0	91	16 25	−23,1	14 32	18 33	13,8	79
	31.	15 32	−21,0	13 15	17 28	5,2	87	16 56	−24,4	14 39	18 32	14,2	77
Nov	5.	16 01	−23,0	13 24	17 26	5,5	82	17 22	−25,1	14 46	18 34	14,6	76
	10.	16 28	−24,4	13 32	17 25	5,9	76	17 49	−25,5	14 53	18 39	15,0	75
	15.	16 54	−25,2	13 38	17 25	6,4	66	18 15	−25,6	14 59	18 45	15,5	73
	20.	17 15	−25,5	13 38	17 24	7,2	53	18 42	−25,4	15 06	18 53	16,0	72
	25.	17 26	−25,0	13 28	17 17	8,1	35	19 08	−25,0	15 12	19 03	16,5	70
	30.	17 20	−23,7	13 01		9,2	14	19 33	−24,2	15 18	19 15	17,1	68
Dez	5.	16 58	−21,6	12 18	Aufg.	9,9	1	19 58	−23,1	15 23	19 27	17,7	67
	10.	16 31	−19,5	11 32	7 09	9,6	7	20 23	−21,8	15 28	19 40	18,4	65
	15.	16 19	−18,5	11 02	6 33	8,5	27	20 46	−20,3	15 31	19 53	19,2	63
	20.	16 24	−18,9	10 48	6 22	7,5	48	21 09	−18,6	15 34	20 06	20,0	61
	25.	16 41	−20,1	10 46	6 26	6,6	63	21 31	−16,6	15 37	20 19	20,9	59
	31.	17 09	−21,7	10 52	6 41	5,9	76	21 56	−14,2	15 38	20 34	22,1	56

Datum		SATURN						RING				
		Rektas. h m	Deklin. °	Kulmin. h m	Aufg. h m	Äqu. ″	Pol. ″	gr. A. ″	kl. A. ″	Öffn. °	hel. Ö. °	Leucht.
Jul	1.	23 23	−6,1	5 05	23 28	17,9	16,0	40,6	1,5	2,1	4,7	0,15
	15.	23 22	−6,3	4 10	22 33	18,3	16,3	41,6	1,6	2,3	4,5	0,15
	31.	23 20	−6,6	3 05	21 29	18,7	16,7	42,5	1,9	2,6	4,3	0,17
Aug	15.	23 17	−6,9	2 03	20 29	19,0	17,0	43,2	2,3	3,0	4,1	0,19
	31.	23 13	−7,4	0 56	19 24	19,2	17,1	43,5	2,7	3,6	3,8	0,21
Sep	15.	23 09	−7,9	23 48		19,2	17,1	43,6	3,2	4,2	3,6	0,22
	30.	23 05	−8,3	22 45	Unterg.	19,0	17,0	43,2	3,5	4,7	3,4	0,21
Okt	15.	23 01	−8,6	21 43	3 09	18,8	16,8	42,6	3,8	5,1	3,2	0,20
	31.	22 59	−8,8	20 38	2 03	18,4	16,4	41,7	3,9	5,3	2,9	0,20
Nov	15.	22 58	−8,9	19 38	1 03	17,9	16,0	40,7	3,8	5,4	2,7	0,19
	30.	22 59	−8,8	18 40	0 05	17,5	15,6	39,7	3,6	5,3	2,5	0,17
Dez	15.	23 01	−8,5	17 43	23 05	17,0	15,2	38,7	3,4	5,0	2,3	0,16
	31.	23 04	−8,1	16 44	22 08	16,6	14,8	37,7	2,9	4,5	2,0	0,14

MARS						JUPITER						
Rektas. h m	Deklin. °	Kulmin. h m	Aufg.. h m	Du. ″	bel. %	Rektas. h m	Deklin. °	Kulmin. h m	Aufg. h m	Äqu. ″	Pol ″	Datum
2 54	+15,6	8 36	1 15	5,4	91	4 25	+20,9	10 07	2 15	33,6	31,4	1. **Jul**
3 05	+16,4	8 32	1 06	5,4	90	4 29	+21,1	9 55	2 02	33,8	31,6	5.
3 19	+17,4	8 27	0 55	5,5	90	4 33	+21,2	9 40	1 46	34,1	31,8	10.
3 34	+18,4	8 21	0 44	5,6	90	4 37	+21,4	9 24	1 30	34,3	32,1	15.
3 48	+19,2	8 16	0 34	5,7	90	4 42	+21,5	9 09	1 13	34,7	32,4	20.
4 02	+20,0	8 11	0 24	5,7	89	4 46	+21,6	8 53	0 57	35,0	32,7	25.
4 19	+20,8	8 04	0 12	5,9	89	4 50	+21,8	8 34	0 37	35,4	33,1	31.
4 33	+21,4	7 58	0 03	5,9	89	4 54	+21,9	8 19	0 21	35,8	33,5	5. **Aug**
4 48	+21,9	7 53	23 52	6,0	89	4 58	+22,0	8 02	0 04	36,3	33,9	10.
5 02	+22,4	7 47	23 44	6,1	88	5 01	+22,1	7 46	23 44	36,7	34,4	15.
5 16	+22,7	7 41	23 36	6,3	88	5 04	+22,1	7 30	23 27	37,2	34,8	20.
5 29	+23,0	7 35	23 28	6,4	88	5 07	+22,2	7 13	23 10	37,7	35,3	25.
5 46	+23,3	7 28	23 19	6,5	88	5 11	+22,3	6 53	22 49	38,4	35,9	31.
5 59	+23,4	7 22	23 12	6,7	88	5 13	+22,3	6 35	22 31	39,0	36,4	5. **Sep**
6 12	+23,5	7 15	23 05	6,8	88	5 15	+22,3	6 18	22 13	39,6	37,0	10.
6 25	+23,5	7 08	22 58	7,0	88	5 17	+22,4	6 00	21 55	40,2	37,6	15.
6 37	+23,4	7 01	22 51	7,1	87	5 18	+22,4	5 42	21 37	40,8	38,2	20.
6 49	+23,3	6 53	22 44	7,3	87	5 20	+22,4	5 23	21 18	41,5	38,8	25.
7 01	+23,2	6 45	22 37	7,5	87	5 20	+22,4	5 04	20 59	42,1	39,4	30.
7 12	+23,0	6 36	22 30	7,7	88	5 21	+22,4	4 45	20 40	42,8	40,0	5. **Okt**
7 23	+22,8	6 27	22 22	8,0	88	5 21	+22,4	4 26	20 21	43,4	40,6	10.
7 33	+22,6	6 18	22 14	8,2	88	5 21	+22,4	4 06	20 01	44,1	41,2	15.
7 43	+22,4	6 08	22 05	8,5	88	5 20	+22,4	3 45	19 40	44,7	41,8	20.
7 52	+22,1	5 57	21 56	8,8	88	5 19	+22,4	3 25	19 20	45,3	42,4	25.
8 02	+21,9	5 44	21 44	9,1	89	5 18	+22,4	3 00	18 55	46,0	43,0	31.
8 10	+21,7	5 32	21 33	9,5	89	5 16	+22,3	2 38	18 34	46,5	43,5	5. **Nov**
8 16	+21,5	5 19	21 21	9,8	90	5 14	+22,3	2 17	18 12	47,0	43,9	10.
8 22	+21,4	5 05	21 08	10,2	90	5 12	+22,3	1 55	17 50	47,4	44,3	15.
8 27	+21,3	4 50	20 54	10,7	91	5 09	+22,2	1 33	17 29	47,7	44,6	20.
8 31	+21,3	4 34	20 38	11,1	92	5 07	+22,2	1 10	17 07	48,0	44,9	25.
8 34	+21,3	4 17	20 20	11,5	92	5 04	+22,1	0 48	16 44	48,1	45,0	30.
8 35	+21,5	3 59	20 01	12,0	93	5 01	+22,1	0 25	16 22	48,2	45,1	5. **Dez**
8 35	+21,7	3 39	19 39	12,5	94	4 58	+22,0	0 03		48,2	45,1	10.
8 34	+22,0	3 18	19 16	13,0	95	4 55	+21,9	23 36	Unterg.	48,1	45,0	15.
8 31	+22,4	2 56	18 51	13,4	97	4 52	+21,9	23 13	7 15	47,9	44,8	20.
8 27	+22,9	2 32	18 23	13,8	98	4 49	+21,8	22 51	6 52	47,6	44,5	25.
8 20	+23,5	2 01	17 48	14,2	99	4 47	+21,8	22 24	6 26	47,1	44,1	31.

URANUS					NEPTUN					PLUTO		
Rektas. h m	Deklin. °	Kulmin. h m	Aufg. h m	Du. ″	Rektas. h m	Deklin. °	Kulmin. h m	Aufg. h m	Du. ″	Rektas. h m	Deklin. °	Datum
3 32	+18,9	9 14	1 35	3,5	0 00	−1,3	5 43	23 42	2,3	20 16	−23,0	1. **Jul**
3 35	+19,0	8 22	0 41	3,5	0 00	−1,4	4 48	22 47	2,3	20 15	−23,1	15.
3 37	+19,1	7 21	23 36	3,5	0 00	−1,4	3 44	21 44	2,3	20 13	−23,2	31.
3 38	+19,2	6 23	22 38	3,6	23 59	−1,6	2 44	20 44	2,3	20 12	−23,3	15. **Aug**
3 39	+19,2	5 21	21 35	3,6	23 57	−1,7	1 40	19 41	2,4	20 10	−23,4	31.
3 38	+19,2	4 21	20 36	3,7	23 56	−1,9	0 40		2,4	20 09	−23,4	15. **Sep**
3 37	+19,1	3 21	19 36	3,7	23 54	−2,0	23 35	Unterg.	2,4	20 09	−23,5	30.
3 36	+19,0	2 21	18 36	3,8	23 53	−2,2	22 35	4 31	2,4	20 09	−23,5	15. **Okt**
3 33	+18,9	1 15	17 32	3,8	23 52	−2,3	21 30	3 26	2,3	20 09	−23,5	31.
3 31	+18,8	0 14		3,8	23 51	−2,4	20 31	2 26	2,3	20 10	−23,4	15. **Nov**
3 28	+18,6	23 08	Unterg.	3,8	23 50	−2,5	19 31	1 26	2,3	20 11	−23,4	30.
3 26	+18,5	22 07	5 48	3,8	23 50	−2,5	18 32	0 28	2,3	20 13	−23,3	15. **Dez**
3 24	+18,3	21 02	4 43	3,7	23 51	−2,4	17 30	23 22	2,3	20 15	−23,2	31.

EPHEMERIDEN HELLERER KLEINPLANETEN 2024

Datum		CERES (1) Rektas. h m	Deklin. °	Kulmin. h m
Jun	1.	19 31	−26,3	3 12
	5.	19 29	−26,7	2 55
	10.	19 26	−27,1	2 32
	15.	19 23	−27,5	2 09
	20.	19 19	−28,0	1 46
	25.	19 15	−28,4	1 22
	30.	19 10	−28,8	0 58
Jul	**5.**	19 05	−29,2	0 33
	10.	19 01	−29,6	0 09
	15.	18 56	−29,9	23 39
	20.	18 51	−30,2	23 15
	25.	18 47	−30,4	22 51
	31.	18 42	−30,6	22 24

Datum		PALLAS (2) Rektas. h m	Deklin. °	Kulmin. h m
Apr	1.	16 50	+16,5	4 31
	5.	16 50	+17,5	4 15
	10.	16 50	+18,8	3 55
	15.	16 49	+20,0	3 35
	20.	16 47	+21,1	3 13
	25.	16 45	+22,2	2 51
	30.	16 42	+23,2	2 29
Mai	**5.**	16 39	+24,1	2 06
	10.	16 35	+24,9	1 43
	15.	16 31	+25,6	1 19
	20.	16 27	+26,1	0 56
	25.	16 23	+26,5	0 32
	31.	16 18	+26,7	0 03
Jun	5.	16 13	+26,8	23 34
	10.	16 10	+26,7	23 11
	15.	16 06	+26,5	22 48
	20.	16 03	+26,2	22 25
	25.	16 00	+25,7	22 03
	30.	15 58	+25,2	21 41

Datum		JUNO (3) Rektas. h m	Deklin. °	Kulmin. h m
Feb	1.	11 17	−0,3	2 55
	5.	11 15	+0,1	2 37
	10.	11 12	+0,8	2 15
	15.	11 09	+1,5	1 52
	20.	11 05	+2,3	1 28
	25.	11 01	+3,1	1 05
	29.	10 58	+3,7	0 46
Mrz	**5.**	10 54	+4,6	0 22
	10.	10 50	+5,4	23 54
	15.	10 46	+6,2	23 30
	20.	10 42	+7,0	23 07
	25.	10 39	+7,7	22 45
	31.	10 36	+8,5	22 18

Datum		IRIS (7) Rektas. h m	Deklin. °	Kulmin. h m
Aug	1.	21 04	−8,5	0 45
	5.	21 00	−8,6	0 25
	10.	20 55	−8,8	0 00
	15.	20 50	−9,0	23 31
	20.	20 45	−9,3	23 06
	25.	20 40	−9,6	22 42
	31.	20 36	−9,9	22 14

Datum		EUNOMIA (15) Rektas. h m	Deklin. °	Kulmin. h m
Dez	**1.**	5 39	+35,0	1 19
	5.	5 35	+34,7	0 59
	10.	5 29	+34,2	0 34
	15.	5 23	+33,7	0 08
	20.	5 18	+33,1	23 38
	25.	5 12	+32,4	23 13
	31.	5 07	+31,6	22 45

Datum		VESTA (4) Rektas. h m	Deklin. °	Kulmin. h m
Jan	**1.**	5 46	+21,0	23 22
	5.	5 41	+21,2	23 02
	10.	5 37	+21,4	22 38
	15.	5 32	+21,6	22 14
	20.	5 29	+21,8	21 51
	25.	5 26	+22,0	21 29
	31.	5 24	+22,2	21 03
Feb	5.	5 23	+22,5	20 42
	10.	5 23	+22,7	20 23
	15.	5 23	+22,9	20 04
	20.	5 25	+23,1	19 46
	25.	5 27	+23,3	19 28
	29.	5 29	+23,5	19 15
Mrz	5.	5 32	+23,7	18 58
	10.	5 36	+23,9	18 43
	15.	5 40	+24,0	18 27
	20.	5 45	+24,2	18 13
	25.	5 51	+24,4	17 59
	31.	5 58	+24,5	17 42
Apr	5.	6 04	+24,6	17 29
	10.	6 11	+24,7	17 16
	15.	6 18	+24,8	17 03
	20.	6 25	+24,8	16 51
	25.	6 33	+24,8	16 39
	30.	6 41	+24,8	16 27
Nov	5.	12 22	+ 3,1	9 43
	10.	12 30	+ 2,3	9 32
	15.	12 39	+ 1,5	9 21
	20.	12 48	+ 0,7	9 10
	25.	12 56	0,0	8 59
	30.	13 05	− 0,8	8 48
Dez	5.	13 13	− 1,5	8 37
	10.	13 21	− 2,2	8 25
	15.	13 30	− 2,8	8 14
	20.	13 38	− 3,4	8 02
	25.	13 46	− 4,0	7 50
	31.	13 55	− 4,7	7 36

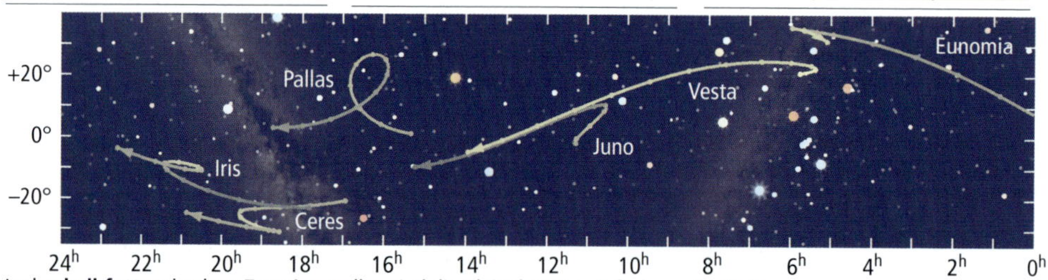

In den **halbfett** gedruckten Tagesintervallen sind die Kleinplaneten einfacher aufzufinden.
Spaltenüberschriften: Rektaszension und Deklination für 1h MEZ – **Kulmination = Meridiandurchgang:** MEZ für 10° östliche Länge. – **Aufgang oder Untergang:** MEZ für 10° östliche Länge und 50° nördliche Breite.
Scheinbarer Durchmesser für 1h MEZ, Äqu.: Äquatordurchmesser, Pol: Poldurchmesser.
Beleuchteter Teil des Planetenscheibchens für 1h MEZ. – **Saturnring:** große und kleine Ringachse, Öffnung, heliozentrische Öffnung, Leuchtkraft relativ zur Leuchtkraft der Saturnkugel.

ZENTRALMERIDIANE MARS UND JUPITER 2024 (1^h MEZ = 2^h MESZ)

	MARS			JUPITER SYSTEM I									JUPITER SYSTEM II								
Datum	Okt	Nov	Dez	Jan	Feb	Mrz	Jul	Aug	Sep	Okt	Nov	Dez	Jan	Feb	Mrz	Jul	Aug	Sep	Okt	Nov	Dez
1.	222°	287°	7°	60°	271°	164°	319°	169°	21°	78°	296°	357°	116°	90°	122°	66°	39°	15°	203°	185°	17°
2.	212	277	357	218	69	322	116	327	179	236	94	155	266	240	272	216	190	166	354	335	167
3.	203	268	348	16	227	119	274	124	337	34	252	313	56	30	62	6	340	316	144	125	318
4.	193	258	339	174	24	277	72	282	135	192	50	111	207	181	212	156	130	106	294	276	108
5.	184	249	330	332	182	75	229	80	293	350	208	269	357	331	2	306	280	256	85	66	259
6.	174	239	321	130	340	232	27	238	91	148	6	68	147	121	152	96	70	46	235	217	49
7.	164	230	312	287	137	30	185	36	249	306	164	226	297	271	302	246	220	197	25	7	199
8.	155	221	303	85	295	188	343	193	46	104	322	24	87	61	92	36	10	347	176	157	350
9.	145	211	293	243	93	345	140	351	204	262	120	182	238	211	242	186	161	137	326	308	140
10.	136	202	284	41	251	143	298	149	2	60	278	340	28	1	32	337	311	287	116	98	291
11.	126	192	275	198	48	301	96	307	160	218	76	138	178	151	182	127	101	78	267	249	81
12.	117	183	266	356	206	98	254	105	318	16	234	296	328	301	332	277	251	228	57	39	231
13.	107	174	257	154	4	256	51	262	116	174	32	94	118	91	122	67	41	18	207	189	22
14.	98	164	248	312	161	53	209	60	274	332	191	252	268	241	272	217	192	169	358	340	172
15.	88	155	239	110	319	211	7	218	72	130	349	50	58	31	62	7	342	319	148	130	323
16.	78	146	230	267	117	9	165	16	230	288	147	208	209	181	212	157	132	109	299	281	113
17.	69	136	221	65	274	166	322	174	27	86	305	6	359	331	2	307	282	259	89	71	263
18.	59	127	212	223	72	324	120	332	185	244	103	164	149	121	152	97	72	50	239	221	54
19.	50	118	203	21	230	122	278	129	343	42	261	322	299	271	302	248	223	200	30	12	204
20.	40	108	194	178	27	279	76	287	141	200	59	120	89	62	92	38	13	350	180	162	354
21.	31	99	185	336	185	77	233	85	299	358	217	278	239	212	242	188	163	140	330	313	145
22.	21	90	176	134	343	235	31	243	97	156	15	76	29	2	32	338	313	291	121	103	295
23.	12	80	168	292	140	32	189	41	255	314	173	234	179	152	182	128	103	81	271	254	86
24.	2	71	159	89	298	190	347	199	53	112	331	32	330	302	332	278	254	231	61	44	236
25.	353	62	150	247	96	347	144	356	211	270	129	190	120	92	122	68	44	22	212	194	26
26.	343	53	141	45	253	145	302	154	9	68	287	348	270	242	272	218	194	172	2	345	177
27.	334	43	132	203	51	303	100	312	167	226	85	146	60	32	62	9	344	322	153	135	327
28.	324	34	123	0	209	100	258	110	325	24	243	304	210	182	212	159	134	113	303	286	117
29.	315	25	114	158	6	258	56	268	123	182	41	102	0	332	2	309	285	263	93	76	268
30.	305	16	106	316		56	213	66	280	340	199	260	150		152	99	75	53	244	226	58
31.	296		97	113		213	11	223		138		58	300		302	249	225		34		208
D	12	15	15	3.0	2.9	2.9	2.9	2.9	2.9	2.8	2.8	2.8	D = Neigung der Planetenachse zur Erde								

Korrektur für MEZ	0^h	1^h	2^h	3^h	4^h	5^h	6^h	7^h	17^h	18^h	19^h	20^h	21^h	22^h	23^h	24^h	Änderung
Mars	−15°	0°	+15°	+29°	+ 44°	+ 58°	+ 73°	+ 88°	−126°	−111°	−97°	−82°	−68°	−53°	−38°	− 24°	+14°,6/Stunde
Jupiter System I	−37°	0°	+37°	+73°	+110°	+146°	+183°	+219°	−135°	− 98°	−62°	−25°	+12°	+48°	+85°	+121°	+36°,6/Stunde
Jupiter System II	−36°	0°	+36°	+73°	+109°	+145°	+181°	+218°	−140°	−104°	−67°	−31°	+ 5°	+41°	+78°	+114°	+36°,3/Stunde

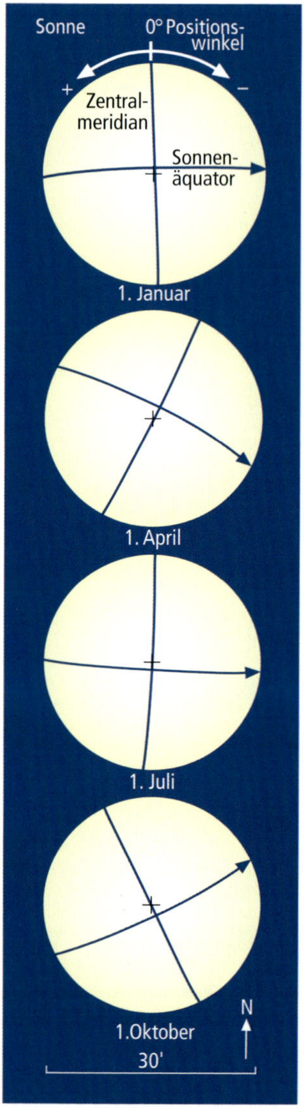

T.5 Lage des Zentralmeridians und des Äquators der Sonne im Verlauf des Jahres relativ zum Beobachter auf der Erde.

EPHEMERIDE DER SONNENSCHEIBE 2024 (1ʰ MEZ)

Datum		Entferng. AE	Du. ′	Z.M. °	B_0 °	P °	Sternzeit h m
Jan	1.	0,983	32,5	227,4	−2,9	+ 2,5	6 41
	10.	0,983	32,5	108,9	−3,9	− 1,9	7 16
	20.	0,984	32,5	337,2	−5,0	− 6,6	7 56
	31.	0,985	32,5	192,4	−5,9	−11,4	8 39
Feb	10.	0,987	32,4	60,7	−6,5	−15,3	9 18
	20.	0,989	32,4	289,1	−7,0	−18,7	9 58
	29.	0,991	32,3	170,5	−7,2	−21,3	10 33
Mrz	10.	0,993	32,2	38,8	−7,2	−23,6	11 13
	20.	0,996	32,1	267,0	−7,0	−25,2	11 52
	31.	0,999	32,0	121,9	−6,6	−26,1	12 35
Apr	10.	1,002	31,9	350,0	−6,0	−26,3	13 15
	20.	1,005	31,8	217,9	−5,2	−25,7	13 54
	30.	1,007	31,8	85,8	−4,2	−24,3	14 34
Mai	10.	1,010	31,7	313,6	−3,2	−22,3	15 13
	20.	1,012	31,6	181,3	−2,1	−19,5	15 53
	31.	1,014	31,5	35,8	−0,8	−15,8	16 36
Jun	10.	1,015	31,5	263,5	+0,4	−11,9	17 15
	20.	1,016	31,5	131,1	+1,6	− 7,6	17 55
	30.	1,017	31,5	358,7	+2,8	− 3,1	18 34
Jul	10.	1,017	31,5	226,4	+3,8	+ 1,4	19 14
	20.	1,016	31,5	94,0	+4,8	+ 5,8	19 53
	31.	1,015	31,5	308,5	+5,7	+10,4	20 36
Aug	10.	1,014	31,6	176,3	+6,4	+14,3	21 16
	20.	1,012	31,6	44,1	+6,9	+17,7	21 55
	31.	1,009	31,7	258,8	+7,2	+20,8	22 39
Sep	10.	1,007	31,8	126,7	+7,2	+23,1	23 18
	20.	1,004	31,9	354,7	+7,1	+24,8	23 57
	30.	1,001	31,9	222,7	+6,7	+25,9	0 37
Okt	10.	0,999	32,0	90,7	+6,2	+26,3	1 16
	20.	0,996	32,1	318,8	+5,5	+25,9	1 56
	31.	0,993	32,2	173,8	+4,5	+24,7	2 39
Nov	10.	0,990	32,3	41,9	+3,4	+22,7	3 19
	20.	0,988	32,4	270,1	+2,2	+19,9	3 58
	30.	0,986	32,4	138,3	+1,0	+16,5	4 37
Dez	10.	0,985	32,5	6,5	−0,3	+12,4	5 17
	20.	0,984	32,5	234,8	−1,6	+ 7,9	5 56
	31.	0,983	32,5	89,9	−2,9	+ 2,6	6 40

Z.M. Zentralmeridian (Abnahme 13°,2/Tag), B_0 Neigung der Sonnenachse zur Erde, P Positionswinkel des Sonnen-Nordpols, Sternzeit Greenwich

BEGINN DER SYNODISCHEN SONNENROTATION NACH CARRINGTON 2024

Rot. Nr.	Datum	MEZ h m	Rot. Nr.	Datum	MEZ h m
2280	Jan 18.	7 29	2287	Jul 27.	3 36
2281	Feb 14.	15 43	2288	Aug 23.	9 06
2282	Mrz 12.	23 36	2289	Sep 19.	15 19
2283	Apr 9.	6 44	2290	Okt 16.	22 04
2284	Mai 6.	12 46	2291	Nov 13.	5 19
2285	Jun 2.	17 54	2292	Dez 10.	12 51
2286	Jun 29.	22 42			

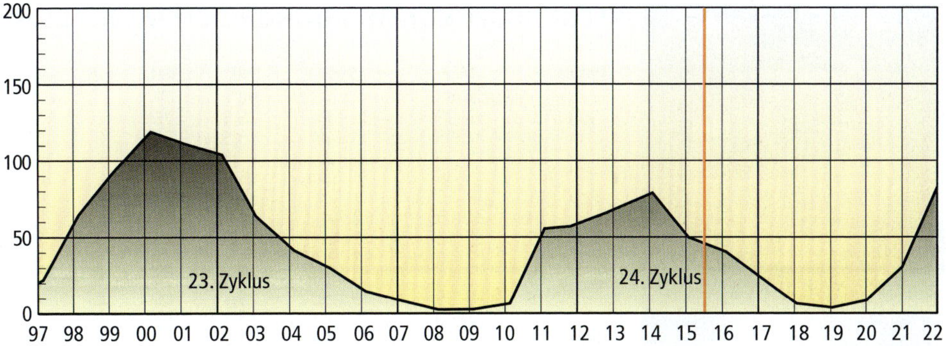

T.6 Jahresmittel der Sonnenfleckenrelativzahlen von 1997 bis 2022. Hinweis: Seit 1. Juli 2015 hat das internationale Sunspot Index Data Center (Brüssel) die Bestimmung der Relativzahlen neu festgelegt (rote Linie).

T.7 Monatsmittel der Sonnenfleckenrelativzahlen von Januar 2017 bis März 2023.

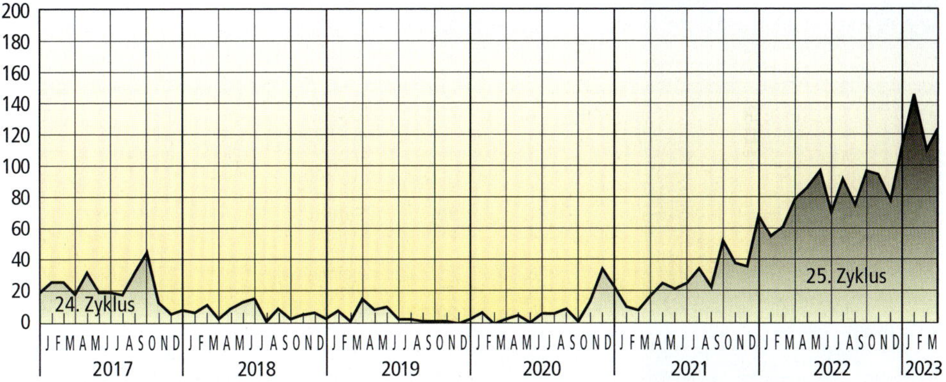

T.8 Stellung und relative Lage der zunehmenden Mondsichel zum Westhorizont jeweils am ersten Sichtbarkeitsabend nach Neumond eine halbe Stunde nach Sonnenuntergang im Jahre 2024.

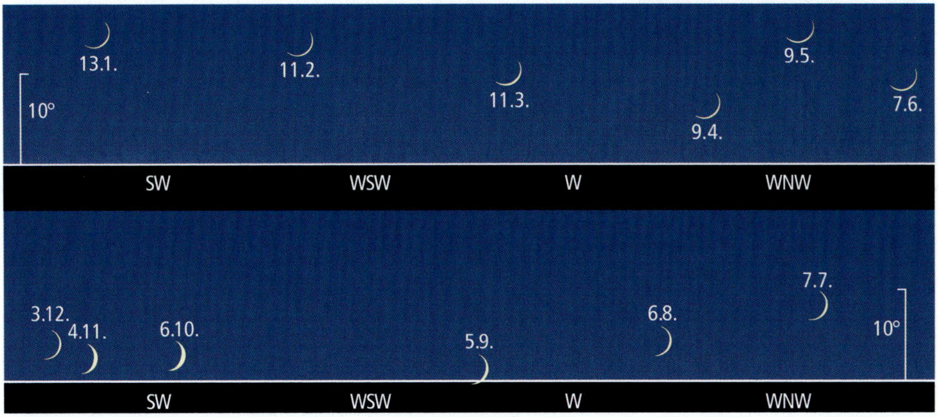

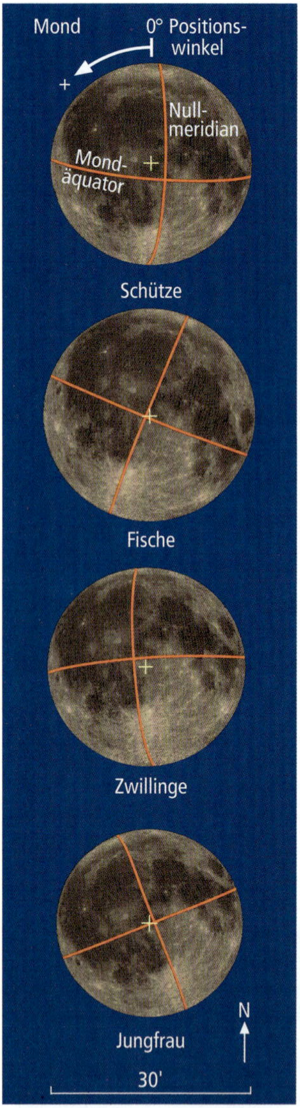

T.9 Lage des Nullmeridians und des Mondäquators relativ zum Beobachter auf der Erde in Abhängigkeit von der Position des Mondes im Tierkreis (siehe auch monatliche Rubrik „Der Mondlauf").

STERNBEDECKUNGEN DURCH DEN MOND 2024

Datum		MEZ h m	Stern	Hell. m	bel. %	E/A	P °
Jan	20.	18 35	33 Tau	5,5:	76	E	135
	20.	22 55	36 Tau	5,5:	78	E	55
	22.	19 30	136 Tau	4,6:	92	E	110
	24.	18 35	76 Gem	5,3	99	E	120
Feb	11.	19 15	χ Aqr	5,1	5	E	40
	14.	23 05	12 Ari	6,0	31	E	85
	15.	19 10	40 Ari	5,8:	40	E	90
	16.	22 10	HR 1172	5,5:	52	E	30
	19.	2 55	136 Tau	4,6:	74	E	100
	19.	18 55	49 Aur	5,3	80	E	70
	21.	2 40	76 Gem	5,3	89	E	105
Mrz	**15.**	**19 45**	**χ Tau**	5,4:	35	E	25
	20.	1 05	λ Cnc	6,0	76	E	110
	23.	22 15	σ Leo	4,1	98	E	170
Apr	11.	21 50	36 Tau	5,5:	13	E	105
	15.	23 05	o^1 Cnc	5,8	51	E	40
	15.	23 20	o^2 Cnc	6,3	51	E	105
Mai	10.	20 00	HR 1878	6,3:	9	E	85
	13.	0 00	76 Gem	5,3	26	E	70
Jun	8.	21 50	HIP 35253	6,5:	6	E	60
	15.	23 00	HR 4856	6,3:	66	E	160
Jul	10.	20 25	χ Leo	4,6:	22	E	115
	12.	21 20	HIP 61054	6,9	39	E	95
	22.	22 50	ε Cap	4,7:	97	A	195
Aug	1.	1 40	136 Tau	4,6:	12	A	260
	13.	21 10	HR 6001	5,4	62	E	105
	15.	21 10	W Sgr	4–5:	80	E	110
	16.	21 10	HR 7240	6,0	88	E	85
	21.	**4 35**	**Saturn**	0,7	97	E	40
	21.	**5 30**	**Saturn**	0,7	97	A	255
	26.	4 10	Merope	4,2	53	A	320
	26.	4 55	Atlas	3,6:	53	E	30
	26.	5 45	Pleione	5,1	52	A	305
	26.	5 55	Atlas	3,6:	52	A	285
	30.	5 20	76 Gem	5,3	14	A	245
Sep	10.	19 45	HIP 81731	6,5	45	E	50
	15.	21 40	κ Cap	4,7	92	E	120
	21.	22 10	ζ Ari	4,9	80	A	240
	23.	1 40	χ Tau	5,4:	69	A	240
Okt	19.	21 20	HR 1172	5,5:	92	A	225
	21.	20 55	136 Tau	4,6:	75	A	190
Nov	**7.**	**18 50**	**60 Sgr**	4,8	34	E	30
	10.	21 00	LQ Aqr	6,7	67	E	90
	10.	22 35	70 Aqr	6,2	68	E	50
	12.	18 10	44 Psc	5,8	86	E	50
	18.	23 15	49 Aur	5,3	87	A	315
	24.	5 05	χ Leo	4,6:	39	A	295
Dez	7.	16 25	50 Aqr	5,8	39	E	45
	7.	20 00	HR 8565	6,4	40	E	115
	8.	17 25	SAO 146614	6,7	50	E	95
	8.	20 50	HR 8879	6,2	51	E	350
	9.	16 20	HR 2	6,3	61	E	40
	10.	18 00	HD 5654	6,7	73	E	15
	10.	21 40	ε Psc	4,3:	74	E	345
	13.	17 50	HR 1172	5,5:	96	E	100
	13.	22 20	HR 1222	6,2	97	E	70
	18.	10 25	Mars	–0,9	89	E	105
	22.	6 35	89 Leo	5,8	56	A	330

Hell. = Helligkeit („:" = Doppelstern), E/A = Eintritt/Austritt, bel. = beleuchteter Teil der Mondscheibe, P = Positionswinkel, **halbfett**: Ereignis bereits im Fernglas sichtbar

Sternbedeckungen

Datum	MEZ	Hamburg	Hannover	Berlin	Dresden	Leipzig	Düsseldorf	Frankfurt	Nürnberg	Stuttgart	München	Zürich	Wien
	h	m	m	m	m	m	m	m	m	m	m	m	m
Jan 20.	18	30,7	30,8	39,9	47,3	39,8	24,9	34,2	–	38,6	–	–	–
20.	22/23	53,8	52,8	57,4	57,4	55,7	48,4	52,0	53,7	51,1	54,4	50,2	00,7
22.	19	–	–	–	36,6	34,7	27,3	30,3	32,0	28,8	32,5	27,4	40,9
24.	18	35,1	33,8	35,8	34,9	34,3	31,5	31,9	32,2	30,7	31,9	29,6	35,9
Feb 11.	19	15,6	15,4	–	15,6	15,5	15,1	15,5	15,7	15,6	16,0	15,8	–
14.	23	00,5	01,9	01,5	03,3	03,1	03,5	05,0	05,8	07,0	07,6	09,3	06,5
15.	19	07,6	07,8	12,7	14,4	12,2	04,1	09,2	12,0	09,7	14,5	10,2	22,0
16.	22	12,1	09,1	14,0	11,8	10,6	03,8	06,0	07,0	04,3	06,7	02,8	12,0
19.	2	–	–	–	51,9	51,8	53,2	54,2	54,8	56,4	56,6	58,7	54,9
19.	18/19	–	–	–	01,6	00,5	54,1	54,8	55,2	51,6	53,6	48,3	00,6
21.	2	32,1	34,1	35,0	37,7	36,8	35,2	38,2	39,8	40,6	42,3	43,0	43,2
Mrz 15.	19	53,6	48,3	54,6	50,8	49,4	40,9	42,9	43,9	40,1	42,9	37,6	50,0
20.	0/1	59,1	01,1	02,4	05,2	04,1	02,0	05,3	07,1	07,6	09,7	10,1	11,0
23.	22	08,7	10,6	12,5	15,3	14,0	11,8	15,5	17,6	19,0	21,3	23,9	22,8
Apr 11.	21	45,7	47,6	46,3	48,3	48,4	50,4	51,3	51,8	53,7	53,7	56,5	51,3
15.	23	–	–	–	–	–	01,9	08,1	11,3	06,3	11,2	05,3	–
15.	23	–	16,4	–	20,0	19,1	17,3	20,4	22,0	22,6	24,4	25,0	25,4
Mai 10.	20	–	–	–	–	–	–	–	00,6	00,9	02,4	02,6	03,3
13.	23/0	57,0	58,3	57,4	58,8	58,9	00,2	00,8	01,1	02,3	02,3	03,9	00,7
Jun 8.	21	–	–	–	–	–	–	47,9	48,3	49,1	49,3	50,4	48,3
15.	22/23	52,5	54,8	56,5	59,8	58,5	55,6	59,7	01,9	02,4	05,2	05,3	07,6
Jul 10.	20	16,1	18,2	19,7	22,7	21,5	18,9	22,6	24,6	25,0	27,4	27,4	29,2
12.	21	–	16,5	19,2	22,1	20,5	15,8	20,4	22,8	22,4	25,6	24,2	29,0
22.	22	55,7	53,4	56,9	54,6	53,9	48,7	49,2	49,2	46,0	47,0	42,4	51,6
Aug 1.	1	–	–	–	42,6	43,7	46,4	43,6	42,1	42,3	40,2	41,1	37,7
13.	21	03,7	04,7	09,3	11,6	09,5	01,8	07,2	10,0	08,1	12,4	08,7	19,0
15.	21	05,1	05,0	10,6	11,7	09,4	00,5	05,5	08,0	05,0	09,4	04,3	17,8
16.	21	–	08,9	14,4	14,6	12,5	04,0	08,0	10,0	06,7	10,4	05,0	18,4
21.	4	33,6	33,0	34,5	34,4	33,9	31,3	32,3	32,9	31,7	33,0	31,0	35,8
21.	5	26,8	28,1	30,1	31,8	30,8	27,4	30,4	31,8	31,2	32,9	31,7	35,0
26.	4	–	–	–	–	–	–	–	–	–	–	–	08,7
26.	4/5	00,4	56,7	59,6	56,3	55,8	51,8	50,6	50,2	47,0	47,7	43,1	53,0
26.	5/6	–	36,0	46,6	52,2	48,2	32,4	45,1	49,9	46,8	53,3	47,6	03,1
26.	5/6	48,7	49,7	56,3	58,3	55,6	45,1	51,5	54,5	51,3	56,0	50,5	04,6
30.	5	25,7	23,1	25,3	22,0	22,1	19,4	17,9	16,8	14,4	13,3	10,5	15,2
Sep 10.	19	–	–	–	45,3	43,6	–	41,1	43,1	41,0	44,5	40,7	50,0
15.	21	40,3	39,8	48,3	50,5	46,3	33,6	40,1	44,0	39,2	46,9	38,1	–
21.	22	16,7	14,6	14,9	12,3	12,8	12,8	10,7	09,5	08,5	07,2	06,1	07,1
23.	1	46,2	43,9	46,8	44,2	43,8	39,9	39,7	39,3	36,8	36,9	33,6	40,0
Okt 19.	21	28,2	26,0	26,2	23,2	23,9	24,0	21,7	20,2	19,1	17,6	16,5	17,1
21.	20/21	–	–	–	51,3	55,1	02,2	55,7	51,1	52,6	–	48,8	–
Nov 7.	18	48,1	47,7	49,6	49,7	49,0	45,9	47,2	48,0	46,6	48,1	45,7	51,6
10.	20/21	58,4	58,5	03,7	05,3	03,0	54,6	59,5	02,2	59,4	04,2	59,1	13,5
10.	22	35,7	35,6	37,6	38,1	37,2	33,8	35,7	36,7	35,5	37,4	35,2	40,9
12.	18	14,3	12,1	14,8	12,6	12,1	08,3	08,1	07,9	05,5	06,0	02,6	10,1
18.	23	–	–	–	16,4	14,4	06,4	11,2	13,2	10,8	13,8	10,0	20,0
24.	4/5	03,3	03,0	07,2	07,9	06,2	59,4	02,7	04,4	01,6	04,8	00,0	11,9
Dez 7.	16	24,9	23,3	27,3	26,2	25,0	18,9	20,6	21,4	18,3	20,4	–	26,6
7.	19/20	50,4	52,0	58,6	04,0	59,7	48,5	56,9	02,8	59,7	–	03,5	–
8.	17	25,3	24,1	30,7	31,0	28,4	18,4	22,8	25,2	21,1	25,8	19,0	38,0
8.	20	–	–	–	53,2	55,5	–	53,3	49,8	48,8	46,3	45,2	46,3
9.	16	23,2	21,0	23,6	21,3	20,8	–	16,8	16,6	–	–	–	18,4
10.	17/18	06,1	03,4	04,7	01,8	01,9	00,4	58,4	57,5	55,4	54,8	52,0	57,6
10.	21	–	–	–	–	–	–	–	–	–	–	–	38,0
13.	17	54,1	52,3	54,4	52,8	52,3	49,5	49,3	49,2	47,3	47,9	45,3	51,8
13.	22	–	19,6	24,3	23,3	21,8	14,6	17,0	18,3	15,0	18,0	12,8	25,4
18.	10	20,2	21,9	20,2	21,9	22,2	24,6	24,9	25,1	26,9	–	29,0	–
22.	6	30,1	32,0	34,1	37,2	35,8	31,5	35,9	38,3	37,8	41,2	39,6	44,8

Unter jeder Stadt sind die Minuten und Zehntelminuten der Sternbedeckungszeit angegeben.

GEOGRAFISCHE KOORDINATEN GRÖSSERER STÄDTE MIT ZEITKORREKTUR

Stadt	östl. Länge	nördl. Breite	Zeitkorrektur gegen 10° östl. Länge	Stadt	östl. Länge	nördl. Breite	Zeitkorrektur gegen 10° östl. Länge
Aachen	6°,1	50°,8	+16^{m}	Kiel	10°,1	54°,3	− 1^{m}
Amsterdam	4°,9	52°,4	+20^{m}	Klagenfurt	14°,3	46°,6	−17^{m}
Antwerpen	4°,4	51°,2	+22^{m}	Koblenz	7°,6	50°,4	+10^{m}
Augsburg	10°,9	48°,4	− 4^{m}	Köln	7°,0	50°,9	+12^{m}
Baden-Baden	8°,2	48°,8	+ 7^{m}	Konstanz	9°,2	47°,7	+ 3^{m}
Basel	7°,6	47°,6	+ 9^{m}	Krefeld	6°,6	51°,3	+14^{m}
Berlin	13°,4	52°,5	− 14^{m}	Leipzig	12°,4	51°,3	−10^{m}
Bern	7°,4	46°,9	+10^{m}	Linz (Donau)	14°,3	48°,3	−17^{m}
Bielefeld	8°,5	52°,0	+ 6^{m}	Ludwigshafen (Rh.)	8°,4	49°,5	+ 6^{m}
Bochum	7°,2	51°,5	+11^{m}	Lübeck	10°,7	53°,9	− 3^{m}
Bonn	7°,1	50°,7	+12^{m}	Lüttich	5°,5	50°,6	+18^{m}
Bozen	11°,3	46°,5	− 5^{m}	Luxemburg	6°,1	49°,6	+15^{m}
Braunschweig	10°,5	52°,3	− 2^{m}	Magdeburg	11°,6	52°,1	− 7^{m}
Bregenz	9°,8	47°,5	+ 1^{m}	Mailand	9°,2	45°,5	+ 3^{m}
Bremen	8°,8	53°,1	+ 5^{m}	Mainz	8°,3	50°,0	+ 7^{m}
Brünn	16°,6	49°,2	−26^{m}	Mannheim	8°,5	49°,5	+ 6^{m}
Brüssel	4°,3	50°,8	+23^{m}	Mönchengladbach	6°,4	51°,2	+14^{m}
Chemnitz	12°,9	50°,8	−12^{m}	München	11°,6	48°,1	− 6^{m}
Coburg	11°,0	50°,3	− 4^{m}	Münster	7°,6	52°,0	+10^{m}
Darmstadt	8°,7	49°,9	+ 5^{m}	Nürnberg	11°,1	49°,5	− 4^{m}
Dortmund	7°,5	51°,5	+10^{m}	Osnabrück	8°,0	52°,3	+ 8^{m}
Dresden	13°,7	51°,1	−15^{m}	Potsdam	13°,1	52°,4	−12^{m}
Düsseldorf	6°,8	51°,2	+13^{m}	Prag	14°,4	50°,1	−18^{m}
Duisburg	6°,8	51°,4	+13^{m}	Regensburg	12°,1	49°,0	− 8^{m}
Eisenach	10°,3	51°,0	− 1^{m}	Reutlingen	9°,2	48°,5	+ 3^{m}
Emden	7°,2	53°,4	+11^{m}	Rostock	12°,1	54°,1	− 8^{m}
Erfurt	11°,0	51°,0	− 4^{m}	Rotterdam	4°,5	51°,9	+22^{m}
Essen	7°,0	51°,5	+12^{m}	Saarbrücken	7°,0	49°,2	+12^{m}
Frankfurt (Main)	8°,7	50°,1	+ 5^{m}	Salzburg	13°,1	47°,8	−12^{m}
Frankfurt (Oder)	14°,6	52°,3	−18^{m}	Schwerin	11°,4	53°,6	− 6^{m}
Freiburg (Breisgau)	7°,9	48°,0	+ 9^{m}	Stralsund	13°,1	54°,3	−12^{m}
Genf	6°,2	46°,2	+15^{m}	Straßburg	7°,7	48°,6	+ 9^{m}
Görlitz	15°,0	51°,2	−20^{m}	Stuttgart	9°,2	48°,8	+ 3^{m}
Graz	15°,5	47°,1	−22^{m}	Trier	6°,6	49°,8	+13^{m}
Halle	12°,0	51°,5	− 8^{m}	Tübingen	9°,1	48°,5	+ 4^{m}
Hamburg	10°,0	53°,6	0^{m}	Ulm	10°,0	48°,4	0^{m}
Hannover	9°,7	52°,4	+ 1^{m}	Wien	16°,4	48°,2	−25^{m}
Heidelberg	8°,7	49°,4	+ 5^{m}	Wiesbaden	8°,2	50°,1	+ 7^{m}
Heilbronn	9°,2	49°,1	+ 3^{m}	Wilhelmshaven	8°,1	53°,5	+ 8^{m}
Innsbruck	11°,4	47°,3	− 6^{m}	Worms	8°,4	49°,6	+ 7^{m}
Kaiserslautern	7°,8	49°,4	+ 9^{m}	Würzburg	9°,9	49°,8	0^{m}
Karlsruhe	8°,4	49°,0	+ 6^{m}	Wuppertal	7°,1	51°,3	+11^{m}
Kassel	9°,5	51°,3	+ 2^{m}	Zürich	8°,6	47°,4	+ 6^{m}

Erläuterungen siehe auch Seite 13 unter „Auf- und Untergangszeiten“.
Die Tabelle enthält die geografischen Koordinaten einiger größerer Städte in Mitteleuropa. In der vierten Spalte ist der Zeitunterschied der Ortszeit zum Meridian 10° östlicher Länge in Minuten angegeben. Um diesen Betrag kulminieren die Gestirne in der jeweiligen Stadt früher (negativer Wert) oder später (positiver Wert). Beispiel: Für Stuttgart findet man +3^{m}, für München −6^{m}. In Stuttgart gehen die Gestirne jeweils drei Minuten später durch den Meridian als im Himmelsjahr angegeben, in München dagegen um sechs Minuten früher.
Die Auf- und Untergangszeiten sind außer von der geografischen Länge auch noch von der geografischen Breite abhängig. Um sie für einen bestimmten Ort zu korrigieren, benutze man die Tabelle auf Seite 293.

STERNZEIT

10° Ost Datum	Uhrzeit MEZ 17^h	18^h	19^h	20^h	21^h	22^h	23^h	0^h	1^h	2^h	3^h	4^h	5^h	6^h	7^h	15° Ost Datum
Jan 10.	0	1	2	3	4	5	6	7	8	9	10	11	12	13	14	5. Jan
25.	1	2	3	4	5	6	7	8	9	10	11	12	13	14	15	20.
Feb 10.	–	3	4	5	6	7	8	9	10	11	12	13	14	15	16	5. Feb
25.	–	4	5	6	7	8	9	10	11	12	13	14	15	16	17	20.
Mrz 12.	–	–	6	7	8	9	10	11	12	13	14	15	16	17	–	7. Mrz
27.	–	–	7	8	9	10	11	12	13	14	15	16	17	18	–	22.
Apr 11.	–	–	8	9	10	11	12	13	14	15	16	17	18	–	–	6. Apr
26.	–	–	–	10	11	12	13	14	15	16	17	18	19	–	–	21.
Mai 11.	–	–	–	11	12	13	14	15	16	17	18	19	–	–	–	6. Mai
26.	–	–	–	–	13	14	15	16	17	18	19	20	–	–	–	21.
Jun 11.	–	–	–	–	14	15	16	17	18	19	20	21	–	–	–	6. Jun
26.	–	–	–	–	15	16	17	18	19	20	21	22	–	–	–	21.
Jul 11.	–	–	–	–	16	17	18	19	20	21	22	23	–	–	–	6. Jul
26.	–	–	–	–	17	18	19	20	21	22	23	0	–	–	–	21.
Aug 11.	–	–	–	17	18	19	20	21	22	23	0	1	2	–	–	6. Aug
26.	–	–	–	18	19	20	21	22	23	0	1	2	3	–	–	21.
Sep 10.	–	–	18	19	20	21	22	23	0	1	2	3	4	–	–	5. Sep
25.	–	–	19	20	21	22	23	0	1	2	3	4	5	6	–	20.
Okt 11.	–	19	20	21	22	23	0	1	2	3	4	5	6	7	–	6. Okt
26.	–	20	21	22	23	0	1	2	3	4	5	6	7	8	–	21.
Nov 10.	20	21	22	23	0	1	2	3	4	5	6	7	8	9	10	5. Nov
25.	21	22	23	0	1	2	3	4	5	6	7	8	9	10	11	20.
Dez 11.	22	23	0	1	2	3	4	5	6	7	8	9	10	11	12	6. Dez
26.	23	0	1	2	3	4	5	6	7	8	9	10	11	12	13	21.
Datum 10° Ost	Uhrzeit MESZ	19^h	20^h	21^h	22^h	23^h	0^h	1^h	2^h	3^h	4^h	5^h	6^h	7^h		Datum 15° Ost

Die Tabelle gibt die Sternzeit für die Tage an, wenn die Sternzeit und Normalzeit sich um volle Stunden unterscheiden. Für Orte bei 10° östlicher Länge liest man das Datum links ab, für Orte bei 15° östlicher Länge rechts. Tagsüber sind die Angaben weggelassen.

KORREKTUR FÜR AUF- UND UNTERGANGSZEITEN, HALBER TAGBOGEN

Dekli-nation	geografische Breite 45°	46°	47°	48°	49°	50°	51°	52°	53°	54°	55°	Halber Tagbogen 47°	50°	53°
+28°	-30^m	-24^m	-19^m	-13^m	-7^m	0^m	7^m	15^m	23^m	32^m	42^m	$8^h 24^m$	$8^h 43^m$	$9^h 06^m$
+24	−23	−19	−15	−10	−5	0	5	11	17	24	31	7 58	8 13	8 30
+20	−18	−15	−11	− 8	−4	0	4	9	13	18	23	7 36	7 47	8 00
+16	−14	−11	− 9	− 6	−3	0	3	6	10	14	17	7 15	7 24	7 34
+12	−10	− 8	− 6	− 4	−2	0	2	5	7	10	13	6 56	7 03	7 10
+ 8	− 7	− 5	− 4	− 3	−1	0	1	3	5	6	8	6 38	6 42	6 47
+ 4	− 3	− 3	− 2	− 1	−1	0	1	2	2	3	4	6 21	6 23	6 25
0	0	0	0	0	0	0	0	0	0	0	0	6 03	6 04	6 04
− 4	3	2	2	1	1	0	−1	− 1	− 2	− 3	− 3	5 46	5 45	5 43
− 8	6	5	4	2	1	0	−1	− 3	− 4	− 6	− 7	5 29	5 25	5 21
−12	9	8	6	4	2	0	−2	− 4	− 7	− 9	−11	5 11	5 05	4 59
−16	13	10	8	5	3	0	−3	− 6	− 9	−13	−16	4 52	4 44	4 35
−20	17	14	11	7	4	0	−4	− 8	−12	−17	−22	4 32	4 21	4 09
−24	22	18	14	9	5	0	−5	−10	−16	−22	−29	4 10	3 56	3 40
−28	28	23	18	12	6	0	−7	−14	−21	−30	−39	3 46	3 28	3 07

Die Tabelle zeigt die Untergangskorrektur in Abhängigkeit der geografischen Breite und der Deklination des Objekts. Positive Werte bedeuten, dass der Untergang später erfolgt als auf 50° Nord. Für Aufgänge kehrt sich das Vorzeichen um. Zusätzlich muss noch die Zeitkorrektur in der letzten Spalte der Tabelle auf der rechten Seite addiert werden.

2025

	Januar	Februar	März	April
Mo	6 13☺ 20 27	3 10 17 24	3 10 17 24 31	7 14 21☾ 28
Di	7☽ 14 21☾ 28	4 11 18 25	4 11 18 25	1 8 15 22 29
Mi	1 8 15 22 29●	5☽ 12☺ 19 26	5 12 19 26	2 9 16 23 30
Do	2 9 16 23 30	6 13 20☾ 27	6☽ 13 20 27	3 10 17 24
Fr	3 10 17 24 31	7 14 21 28●	7 14☺ 21 28	4 11 18 25
Sa	4 11 18 25	1 8 15 22	1 8 15 22☾ 29●	5☽ 12 19 26
So	5 12 19 26	2 9 16 23	2 9 16 23 30	6 13☺ 20 27●

	Mai	Juni	Juli	August
Mo	5 12☺ 19 26	2 9 16 23 30	7 14 21 28	4 11 18 25
Di	6 13 20☾ 27●	3☽ 10 17 24	1 8 15 22 29	5 12 19 26
Mi	7 14 21 28	4 11☺ 18☾ 25●	2☽ 9 16 23 30	6 13 20 27
Do	1 8 15 22 29	5 12 19 26	3 10☺ 17 24● 31	7 14 21 28
Fr	2 9 16 23 30	6 13 20 27	4 11 18☾ 25	1☽ 8 15 22 29
Sa	3 10 17 24 31	7 14 21 28	5 12 19 26	2 9☺ 16☾ 23● 30
So	4☽ 11 18 25	1 8 15 22 29	6 13 20 27	3 10 17 24 31☽

	September	Oktober	November	Dezember
Mo	1 8 15 22 29☽	6 13☾ 20 27	3 10 17 24	1 8 15 22 29
Di	2 9 16 23 30	7☺ 14 21● 28	4 11 18 25	2 9 16 23 30
Mi	3 10 17 24	1 8 15 22 29☽	5☺ 12☾ 19 26	3 10 17 24 31
Do	4 11 18 25	2 9 16 23 30	6 13 20● 27	4 11☾ 18 25
Fr	5 12 19 26	3 10 17 24 31	7 14 21 28☽	5☺ 12 19 26
Sa	6 13 20 27	4 11 18 25	1 8 15 22 29	6 13 20● 27☽
So	7☺ 14☾ 21● 28	5 12 19 26	2 9 16 23 30	7 14 21 28

Feiertage:

Aschermittwoch:	5. März	Pfingstsonntag:	8. Juni	Totensonntag:	23. November
Ostersonntag:	20. April	Fronleichnam:	19. Juni	1. Advent:	30. November
Chr. Himmelfahrt:	29. Mai	Buß- und Bettag:	19. November		

Das Jahr 2025 ist ein **Gemeinjahr** zu 365 Tagen.

Beginn der Jahreszeiten:

Frühling:	20. März 10^h02^m	Herbst:	22. September 19^h19^m	Erde in Sonnennähe:	4. Januar 14^h
Sommer:	21. Juni 3^h42^m	Winter:	21. Dezember 16^h03^m	Erde in Sonnenferne:	3. Juli 21^h

Finsternisse:

14. März: Totale Mondfinsternis
29. März: **Partielle Sonnenfinsternis**
7. September: *Totale Mondfinsternis*
21. September: Partielle Sonnenfinsternis

Planeten:

Innere Planeten

Merkur:	Größte östliche Elongation:	**8. März** (18°)	*4. Juli* (26°)	29. Okt. (24°)
	Größte westliche Elongation:	21. April (27°)	19. Aug. (19°)	**7. Dez.** (21°)
Venus:	Größte östliche Elongation:	10. Jan. (47°)		
	Untere Konjunktion:	23. März		
	Größte westliche Elongation:	1. Juni (46°)		
	Obere Konjunktion:	6. Jan. 20**26**		

Äußere Planeten	Opposition	(Mio. km)	AE	im Sternbild	Konjunktion
Mars:	16. Januar	96,08	0,64	Zwillinge	9. Januar 20**26**
Jupiter:	10. Januar 20**26**	633	4,23	Zwillinge	24. Juni
Saturn:	21. September	1279	8,55	Fische	12. März
Uranus:	21. November	2769	18,51	Stier	17. Mai
Neptun:	23. September	4321	28,88	Fische	19. März
Pluto:	25. Juli	5131	34,30	Steinbock	21. Januar

Kalendarium 2026

2026

	Januar	Februar	März	April
Mo	5 12 19 26☽	2 9☾ 16 23	2 9 16 23 30	6 13 20 27
Di	6 13 20 27	3 10 17● 24☽	3☺ 10 17 24 31	7 14 21 28
Mi	7 14 21 28	4 11 18 25	4 11☾ 18 25☽	1 8 15 22 29
Do	1 8 15 22 29	5 12 19 26	5 12 19● 26	2☺ 9 16 23 30
Fr	2 9 16 23 30	6 13 20 27	6 13 20 27	3 10☾ 17● 24☽
Sa	3☺ 10☾ 17 24 31	7 14 21 28	7 14 21 28	4 11 18 25
So	4 11 18● 25	1☺ 8 15 22	1 8 15 22 29	5 12 19 26

	Mai	Juni	Juli	August
Mo	4 11 18 25	1 8☾ 15● 22 29	6 13 20 27	3 10 17 24 31
Di	5 12 19 26	2 9 16 23 30☺	7☾ 14● 21☽ 28	4 11 18 25
Mi	6 13 20 27	3 10 17 24	1 8 15 22 29☺	5 12● 19 26
Do	7 14 21 28	4 11 18 25	2 9 16 23 30	6☾ 13 20☽ 27
Fr	1☺ 8 15 22 29	5 12 19 26	3 10 17 24 31	7 14 21 28☺
Sa	2 9☾ 16● 23☽ 30	6 13 20 27	4 11 18 25	1 8 15 22 29
So	3 10 17 24 31☺	7 14 21☽ 28	5 12 19 26	2 9 16 23 30

	September	Oktober	November	Dezember
Mo	7 14 21 28	5 12 19 26☺	2 9● 16 23 30	7 14 21 28
Di	1 8 15 22 29	6 13 20 27	3 10 17☽ 24☺	1☾ 8 15 22 29
Mi	2 9 16 23 30	7 14 21 28	4 11 18 25	2 9● 16 23 30☾
Do	3 10 17 24	1 8 15 22 29	5 12 19 26	3 10 17☽ 24☺ 31
Fr	4☾ 11● 18☽ 25	2 9 16 23 30	6 13 20 27	4 11 18 25
Sa	5 12 19 26☺	3☾ 10● 17 24 31	7 14 21 28	5 12 19 26
So	6 13 20 27	4 11 18☽ 25	1☾ 8 15 22 29	6 13 20 27

Feiertage:

Aschermittwoch:	18. Februar	Pfingstsonntag:	24. Mai	Totensonntag:	22. November
Ostersonntag:	5. April	Fronleichnam:	4. Juni	1. Advent:	29. November
Chr. Himmelfahrt:	14. Mai	Buß- und Bettag:	18. November		

Das Jahr 2026 ist ein **Gemeinjahr** zu 365 Tagen.

Beginn der Jahreszeiten:

Frühling:	20. März 15^h46^m	Herbst:	23. September	1^h05^m	Erde in Sonnennähe:	3. Januar	18^h
Sommer:	21. Juni 9^h25^m	Winter:	21. Dezember	21^h50^m	Erde in Sonnenferne:	6. Juli	18^h

Finsternisse:

17. Februar:	Ringförmige Sonnenfinsternis	12. August:	*Totale Sonnenfinsternis*
3. März:	Totale Mondfinsternis	28. August	*Partielle Mondfinsternis*

Planeten:

Innere Planeten

Merkur:	Größte östliche Elongation:	**19. Februar** (18°)	*15. Juni* (25°)	12. Okt. (25°)
	Größte westliche Elongation:	3. April (28°)	2. Aug. (19°)	**20. Nov.** (20°)
Venus:	Obere Konjunktion:	6. Januar		
	Größte östliche Elongation:	15. August (46°)		
	Untere Konjunktion:	25. Oktober		

Äußere Planeten	Opposition	(Mio. km)	AE	im Sternbild	Konjunktion
Mars:	19. Februar 20**27**	101,1	0,676	Löwe	9. Januar 20**26**
Jupiter:	10. Januar	633	4,23	Zwillinge	29. Juli
Saturn:	4. Oktober	1262	8,43	Walfisch	25. März
Uranus:	25. November	2759	18,44	Stier	22. Mai
Neptun:	26. September	4320	28,88	Fische	22. März
Pluto:	27. Juli	5169	34,55	Steinbock	23. Januar

ASTRONOMISCHE INSTITUTE, PLANETARIEN UND STERNWARTEN

Augsburg
ṡ-Planetarium
Im Thäle 3
86152 Augsburg
Tel.: (08 21) 3 24 67 62

Bamberg
Dr.-Remeis-Sternwarte Bamberg
Astronomisches Institut der Universität Erlangen-Nürnberg
Sternwartstraße 7
96049 Bamberg
Tel.: (09 51) 9 52 22 0
www.sternwarte.uni-erlangen.de

Berlin
Zentrum für Astron. und Astrophysik
Technische Universität Berlin
Hardenbergstraße 36
10623 Berlin
Tel.: (0 30) 31 42 37 34
www-astro.physik.TU-Berlin.de

Archenhold-Sternwarte
Alt-Treptow 1
12435 Berlin
Tel.: (0 30) 5 34 80 80
www.astw.de

Planetarium am Insulaner
Wilhelm-Foerster-Sternwarte
Munsterdamm 90
12169 Berlin
Tel.: (0 30) 7 90 09 30
www.planetarium.berlin

Zeiss-Großplanetarium Berlin
Prenzlauer Allee 80
10405 Berlin
Tel.: (0 30) 4 21 84 50
www.planetarium.berlin

Bochum
Astronomisches Institut der Ruhr-Universität
Universitätsstr. 150/NA7
44780 Bochum
Tel.: (02 34) 32 2 34 54
www.astro.ruhr-uni-bochum.de

Planetarium
Castroper Straße 67
44777 Bochum
Tel.: (02 34) 51 60 60
www.planetarium-bochum.de

Bonn
Argelander Institut
Auf dem Hügel 71
53121 Bonn
Tel. Sternwarte: (02 28) 73 36 55, 56
Tel. Radioastronomie: (02 28) 73 36 57, 58
Tel. Astrophysik: (02 28) 73 36 71, 76
www.astro.uni-bonn.de

Radioobservatorium Effelsberg
53902 Bad Münstereifel
Tel.: (0 22 57) 30 11 01

Max-Planck-Institut für Radioastronomie
Auf dem Hügel 69
53121 Bonn
Tel.: (02 28) 52 50
www.mpifr-bonn.mpg.de

Cottbus
Raumflugplanetarium Juri Gagarin
Lindenplatz 21
03044 Cottbus
Tel.: (03 55) 71 31 09
www.planetarium-cottbus.de

Freiburg im Breisgau
Kiepenheuer-Institut für Sonnenphysik
Schöneckstraße 6
79104 Freiburg
Tel.: (07 61) 31 98 0
www.kis.uni-freiburg.de

Planetarium Freiburg
Bismarckallee 7 g
79098 Freiburg
Tel.: (07 61) 3 89 06 30
www.planetarium-freiburg.de

Garching siehe **München**

Göttingen
Institut für Astrophysik;
Georg-August-Universität Göttingen
Friedrich-Hund-Platz 1
37077 Göttingen
Tel.: (05 51) 39 50 42/39 50 53
www.astro.physik.uni-goettingen.de

Max-Planck-Institut für Sonnensystemforschung
Justus-von-Liebig-Weg 3
37077 Göttingen
Tel.: 0551 384 979-0
www.mps.mpg.de

Graz
Sektion Astrophysik des Instituts für Geophysik, Astrophysik und Meteorologie der Universität Graz
Universitätsplatz 5
A-8010 Graz
Tel.: ++43 (0) 316 380 52 70
www.kfunigraz.ac.at/igam

Hamburg
Hamburger Sternwarte
Gojenbergsweg 112
21029 Hamburg
Tel.: (0 40) 4 28 38 85 12
www.hs.uni-hamburg.de

Planetarium
Linnering 1
22303 Hamburg
Tel.: (0 40) 4 28 86 52 52
www.planetarium-hamburg.de

Hannover
Astronomische Station am Institut für Erdmessung der Universität
Schneiderberg 50
30167 Hannover
Tel.: (05 11) 7 62 24 75

Heidelberg
Astronomisches Rechen-Institut
Mönchhofstraße 12–14
69120 Heidelberg
Tel.: (0 62 21) 40 50
www.ari.uni-heidelberg.de

Institut für Theoretische Astrophysik
Albert-Überle-Str. 2
69120 Heidelberg
Tel.: (0 62 21) 54 48 37
www.ita.uni-heidelberg.de

Max-Planck-Institut für Astronomie
Königstuhl 17
69117 Heidelberg
Tel.: (0 62 21) 52 80
www.mpia.de

Landessternwarte Königstuhl 12
69117 Heidelberg
Tel.: (0 62 21) 50 90
www.lsw.uni-heidelberg.de

Innsbruck
Institut für Astro- und Teilchenphysik
Technikerstraße 25
A-6020 Innsbruck
Tel.: ++43 (0) 512 5 07 60 31
http://astro.uibk.ac.at/

Jena
Universitäts-Sternwarte
Schillergäßchen 2
07745 Jena
Tel.: (0 36 41) 94 75 01
www.astro.uni-jena.de

Planetarium
Am Planetarium 5
07743 Jena
Tel: (036 41) 94 75 01
www.planetarium-jena.de

Kassel
Planetarium im Museum für
Astronomie und Technikgeschichte
Orangerie
An der Karlsaue 20 c
34121 Kassel
www.astronomie-kassel.de

Kiel
Institut für Theoretische Physik und
Astrophysik
Leibnizstr. 15
24118 Kiel
www.astrophysik.uni-kiel.de

Kieler Planetarium e.V.
Fachhochschule Kiel
Sokratesplatz 6
24149 Kiel
Tel: (04 31) 2 10 17 41
www.Kieler-planetarium.de

Laupheim
Volkssternwarte und Planetarium
Milchstraße 1
88471 Laupheim
Tel.: (0 73 92) 9 10 59
www.planetarium-laupheim.de

Luzern
Planetarium im Verkehrshaus
der Schweiz
Lidostraße 5
CH-6006 Luzern
Tel.: ++41 (0 41) 3 70 44 44
www.verkehrshaus.ch

Mannheim
Planetarium
Wilhelm-Varnholt-Allee 1
68165 Mannheim
Tel.: (06 21) 41 56 92
www.planetarium-mannheim.de

München
Europäische Südsternwarte (ESO)
Karl-Schwarzschild-Straße 2
85748 Garching
Tel.: (0 89) 32 00 62 76
www.eso.org

Institut für Astronomie und
Astrophysik der Universität München
Scheinerstraße 1
81679 München
Tel.: (0 89) 21 80 60 01
www.usm.uni-muenchen.de

Max-Planck-Institut für Astrophysik
Karl-Schwarzschild-Str. 1
85741 Garching
Tel.: (0 89) 3 00 00 0
www.mpa-garching.mpg.de

Max-Planck-Institut
für extraterrestrische Physik
Giessenbachstraße 1
85748 Garching
Tel.: (0 89) 3 00 00 0
www.mpe.mpg.de

Planetarium und Bayerische
Volkssternwarte
Rosenheimer Str. 145 h
81671 München
Tel.: (0 89) 40 62 39
www.sternwarte-muenchen.de

Planetarium Deutsches Museum
Museumsinsel 1
80538 München
www.deutsches-museum.de

Münster
Planetarium im Westfälischen
Landesmuseum für Naturkunde
Sentruper Straße 285
48161 Münster
Tel.: (02 51) 5 91 05
www.lwl-planetarium-muenster.de

Nürnberg
Nicolaus-Copernicus-Planetarium
Am Plärrer 41
90429 Nürnberg
Tel.: (09 11) 9 29 65 53
www.planetarium-nuernberg.de

Osnabrück
Museum am Schölerberg/
Planetarium
Klaus-Strick-Weg 10
49082 Osnabrück
Tel.: (05 41) 5 60 03 26
www.planetarium-osnabrueck.de

Potsdam
Leibniz-Institut für Astrophysik
Sternwarte Babelsberg
An der Sternwarte 16
14482 Potsdam
Tel.: (03 31) 7 49 90
www.aip.de

Leibniz-Institut für Astrophysik
Sonnenobservatorium Einsteinturm
Telegrafenberg A22
14473 Potsdam
Tel.: (03 31) 2 88 23 04/23 03

Observatorium für Solare
Radioastronomie Tremsdorf
14552 Tremsdorf
Tel.: (03 31) 7 49 92 92

URANIA-Planetarium
und „Bruno H. Bürgel-Gedenkstätte"
Gutenbergstr. 71/72
14467 Potsdam
Tel.: (03 31) 7 49 90
www.urania-potsdam.de

Recklinghausen
Westf. Volkssternwarte/Planetarium
Stadtgarten 6
45657 Recklinghausen
Tel: (023 61) 2 3 1 34
www.sternwarte-recklinghausen.de

Schwaz
Zeiss-Planetarium Schwaz
Alte Landstr. 15
A-6130 Schwaz/Tirol
Tel.: ++43 (0 52 42) 7 21 29
www.planetarium-schwaz.at

Siegen
Sternwarte der Universität
Adolf-Reichwein-Straße
57068 Siegen
Tel.: (02 71) 7 40 46 13
www.uni-siegen.de/fb7/didaktik/stern-
warte

Stuttgart
Carl-Zeiss-Planetarium mit
Sternwarte Welzheim
Mittlerer Schlossgarten
70173 Stuttgart
Tel.: (07 11) 1 62 92 15
www.planetarium-stuttgart.de

Sternwarte Welzheim
www.sternwarte-welzheim.de

ASTRONOMISCHE INSTITUTE, PLANETARIEN UND STERNWARTEN

Tautenburg
Thüringer Landessternwarte Tautenburg
Karl-Schwarzschild-Observatorium
Sternwarte 5
07778 Tautenburg
Tel.: (03 64 27) 86 30
www.tls-tautenburg.de

Tübingen
Institut für Astronomie und Astrophysik
Abteilung Astronomie
Sand 1
72076 Tübingen
Tel.: (0 70 71) 29 7 24 86
www.astro.uni-tuebingen.de

Abt. Theoretische Astrophysik
Auf der Morgenstelle 10
72076 Tübingen
Tel.: (0 70 71) 29 7 40 07
www.tat.physik.uni-tuebingen.de

Welzheim
Tel: (0 71 82) 42 84
www.sternwarte-welzheim.de

Wien
Institut für Astronomie der Universität Wien, Universitäts-Sternwarte
Türkenschanzstraße 17
A-1180 Wien
Tel.: ++43 (0) 14 27 75 18 01
www.astro.univie.ac.at

Kuffner-Sternwarte
Johann Staud-Straße 10
A-1160 Wien
Tel.: ++43 (0) 1 89 174 150 000
www.planetarium-wien.at

URANIA-Sternwarte
Uraniastraße 1
A-1010 Wien
Tel.: ++43 (0) 1 89 174 150 000
www.planetarium-wien.at

Zeiss-Planetarium
Oswald Thomas-Platz 1
A-1020 Wien
Tel.: ++43 (0) 1 89 174 150 000
www.planetarium-wien.at

Wolfsburg
Planetarium
Uhlandweg 2
38440 Wolfsburg
Tel.: (0 53 61) 89 02 55 10
www.planetarium-wolfsburg.de

Würzburg
Institut für Theoretische Physik und Astrophysik
Am Hubland
97074 Würzburg
Tel: (09 31) 8 88 50 31
www.astro.uni-wuerzburg.de

Zürich
Institut für Astronomie
ETH-Zentrum
CH-8092 Zürich
Tel.: ++41 (0) 44 6 33 76 08
www.astro.phys.ethz.ch

URANIA-Sternwarte Zürich AG
Uraniastraße 9
CH-8001 Zürich
Tel.: ++41 (0) 44 2 11 65 23
www.urania-sternwarte.ch

AMATEURASTRONOMISCHE VEREINIGUNGEN UND PRIVATSTERNWARTEN

Aachen
Volkshochschule Aachen/Sternwarte
Am Hangeweiher 23
52068 Aachen
www.sternwarte-aachen.de

Aichwald
Schurwaldsternwarte e.V.
Im Lutzen 21
73773 Aichwald
www.schurwaldsternwarte.de

Albstadt
Sternwarte und Planetarium
Hartmannstraße 140
72458 Albstadt-Ebingen
www.sternwarte-zollern-alb.de

Alzey
Interessengemeinschaft der Hobby-astronomen Alzey u. Umland e.V.
Theodor-Heuss-Ring 34
55232 Alzey

Augsburg siehe Diedorf

Bad Driburg
Sternwarte der F.-W.-Weber-Realschule
Elsterweg 13
33014 Bad Driburg

Bad Dürkheim
Astronomischer Arbeitskreis
Pfalzmuseum für Naturkunde
Hermann-Schäfer-Str. 17
67098 Bad Dürkheim

Bad Homburg
Astronomische Gesellschaft Orion Bad Homburg e. V.
Elisabethenschneise 2
61350 Bad Homburg
www.agorion.de

Bad Münstereifel
Astropeiler Stockert e. V.
Astropeiler 2–4
53902 Bad Münstereifel
www.astropeiler.de

Baindt s. **Waldburg-Weingarten**

Bautzen
Sternwarte Bautzen
Schulsternwarte und Planetarium
Czornebohstraße 82 (Naturpark)
02625 Bautzen

Berg
Christian-Jutz-Volkssternwarte Berg e.V.
Lindenallee
82335 Berg-Aufkirchen
www.sternwarte-berg.de

Bittenfeld
Privatsternwarte Bittenfeld
Ofengasse 8
71336 Waiblingen
www.allbert.de

Bochum
Institut für Umwelt- und Zukunftsforschung e.V.
Blankensteiner Str. 200 a
44797 Bochum
www.sternwarte-bochum.de

AMATEURASTRONOMISCHE VEREINIGUNGEN UND PRIVATSTERNWARTEN

Bonn
Volkssternwarte Bonn e.V.
Poppelsdorfer Allee 47
53115 Bonn

Borken
Sternfreunde Borken e. V.
Josef-Bresser-Sternwarte
Ant Kruse Bömken 21
46325 Borken
www.sternfreunde-borken.de

Bozen
Amateurastronomen „Max Valier"
Neustifterweg 5
I-39100 Bozen
www.maxvalier.org

Braunschweig
Sternwarte Braunschweig
In den Heistern 5 B
38108 Braunschweig
www.sternwarte-braunschweig.de

Bremen
Olbers-Planetarium der Hochschule Bremen
Werderstr. 73
28199 Bremen
www.planetarium-bremen.de

Sternwarte der Olbers-Gesellschaft e.V.
Werderstr. 73
28199 Bremen
www.olbers-gesellschaft.de

Brittheim
Sternwarte Zollern-Alb
Am Wasserturm 4
72348 Rosenfeld
www.sternwarte-zollern-alb.de

Buchloe
Astronomische Gesellschaft Buchloe e.V.
Alois-Reiner-Str. 15 b
86807 Buchloe
www.astronomie-buchloe.de

Bülach
Schul- und Volkssternwarte Bülach
Rotzibüch bei Eschenmosen
CH-8180 Bülach

Burg
Südbrandenburger Sternfreunde e. V.
Bahnhofstr. 35
03238 Rückersdorf
www.suedbrandenburger-sternfreunde.de

Casablanca
Sahara Sky
Dunes de Tinfou
45900 Zagora Marokko
www. saharasky.com

Darmstadt
Volkssternwarte Darmstadt e.V.
Zimmermannweg 28
64289 Darmstadt
www.vsda.de

Diedorf
Astronomische Vereinigung Augsburg e. V.
Sternwarte Diedorf
Pestalozzistr. 17a
86420 Diedorf
www.sternwarte-diedorf.de

Donzdorf
Sternfreunde Donzdorf e. V.
Messelberg-Sternwarte
Beim Schulzentrum
73072 Donzdorf
www.messelbergsternwarte.de

Durmersheim
Sternfreunde Durmersheim
Im Eck 1/19
76448 Durmersheim
www.sternfreunde-durmersheim.de

Eberfing
Sternwarte Eberfing
Escherstr. 12
82390 Eberfing
www.sternwarte-eberfing.de

Erkrath
Sternwarte Neanderhöhe Hochdahl und Planetarium
Sedentaler Str. 105
40699 Erkrath

Essen
Walter-Hohmann-Sternwarte Essen e.V.
Wallneyer Str. 159
45133 Essen
www.sternwarte-essen.de

Frankfurt/Main
Volkssternwarte des Phys. Vereins
Robert-Mayer-Straße 2–4
60054 Frankfurt/Main
www.physikalischer-verein.de

Astro-AG der Liebigschule Frankfurt a. M.
Kollwitzstr. 3
60488 Frankfurt/Main
www.astro.junetz.de

Fulda
Hans-Nüchter-Sternwarte
Freiherr-von-Stein-Schule
Domänenweg 2
36037 Fulda
www.hans-nuechter-sternwarte.de

Planetarium im Vonderau-Museum
Jesuitenplatz 2
36037 Fulda
www.museum-fulda.de

Gmunden
Sternwarte Gmunden
Kalvarienbergweg
A-4810 Gmunden
www.sternwarte-gmunden.at

Goch
Volkssternwarte Niederrhein e. V.
Scharsenweg
47574 Goch-Kessel
www.volkssternwarte-goch-kleve.org

Gondelsheim
Kraichgau-Sternwarte Gondelsheim e.V.
Lilienstraße 25
76669 Bad Schönborn
www.kraichgau-sternwarte-gondelsheim.de

Görlitz
Scultetus-Sternwarte Görlitz
An der Sternwarte 1
02827 Görlitz
www.goerlitzer-sternfreunde.de

Göttingen
Amateurastronomische Vereinigung Göttingen e.V.
Schlesierring 8
37085 Göttingen
www.avgoe.de

Förderkreis Planetarium Göttingen e.V.
Nordhäuser Weg 18
37085 Göttingen
www.planetarium-goettingen.de

Grafschaft
Astronomische Vereinigung Vulkaneifel am Hohen List e. V.
Franz-Wolf-Str. 14
53501 Grafschaft-Bölingen
www.hoher-list.de

Greifswald
Greifswalder Sternwarte e. V.
Altes Physikalisches Institut
Domstr. 10a
17489 Greifswald
www.sternwarte-greifswald.de

AMATEURASTRONOMISCHE VEREINIGUNGEN UND PRIVATSTERNWARTEN

Halle
Astronomische Station Kanena e.V.
Schkeuditzer Str. 4 B
06116 Halle-Kanena
www.sternwarte-halle.de

Gesellschaft für astron. Bildung e.V.
Von-Seckendorff-Platz 3
06120 Halle/Saale
www.astroverein-halle.de

Hamburg
Gesellschaft für volkstümliche Astronomie e.V.
Eiffestraße 426
20537 Hamburg
www.gva-hamburg.de

Handeloh
Arbeitskreis Astronomie in Handeloh und Umgebung e.V.
Häschenstieg 16
21256 Handeloh
www.astronomie-handeloh.de

Hechingen
Astronomical Observatory Aurora
Friedrich-Wolf-Weg 23
72379 Hechingen
aoa@rdoelling.de

Heilbronn
experimenta – Das Science Center
Experimenta-Platz
74072 Heilbronn
www.experimenta.science

Robert-Mayer-Volks- und Schulsternwarte Heilbronn e.V.
Bismarckstr. 10
74072 Heilbronn
www.sternwarte.org

Hermannsburg
Sternwarte Südheide e.V.
Alte Celler Heerstraße
20320 Hermannsburg
www.sternwarte-suedheide.de

Herzberg
Planetarium und Volkssternwarte
Lugstr. 3
04916 Herzberg
www.herzberger-sternfreunde-eV.de

Hofheim
Volkssternwarte
Ahornstr. 11
65719 Hofheim
www.sternwarte-hofheim.de

Hoher List
AVV am Hohen List e.V.
Auf der Miel 14
53501 Grafschaft
www.hoher-list.de/instrumentarium

Ingolstadt
Sternwarte Ingolstadt AAI e.V.
Hans-Mielich-Straße 5
85053 Ingolstadt
www.sternwarte-ingolstadt.de
www.astronomiepark.de

Karlsruhe
Astronomische Vereinigung Karlsruhe e.V.
Wilhelm-Leuschner-Str. 18
76189 Karlsruhe
www.sternwarte-karlsruhe.de

Kiel
GvA Gruppe Kiel
Hofbrook 64
24119 Kronshagen
www.gva-kiel.de

Volkssternwarte Kronshagen
Suchsdorfer Weg 33
24119 Kronshagen

Klagenfurt
Sternwarte Klagenfurt
Villacher Str. 239
A-9020 Klagenfurt
www.avk.at

Köln
Volkssternwarte Köln
Nikolausstr. 55
50937 Köln
www.volkssternwarte-koeln.de

Königsdorf
Isartalsternwarte
Rothemühle 9
82549 Königsdorf
www.isartalsternwarte.de

Krefeld
Vereinigung Krefelder Sternfreunde e.V.
im Weiterbildungskolleg Krefeld
Danziger Platz 1
47809 Krefeld
www.vks-krefeld.de

Kreuzlingen
Planetarium und Sternwarte Kreuzlingen
Breitenrainstraße 21
CH-8280 Kreuzlingen
www.avk.ch

Limburg
Sternwarte Limburg e.V.
Am Stefanshügel, Industriestr. 1
65549 Limburg a. d. Lahn
www.sternwarte-limburg.de

Linz
Johannes Kepler Sternwarte
Sternwarteweg 5
A-4020 Linz
www.sternwarte.at/wega.html

Lübeck
Sternwarte Lübeck
Kastanienallee 3a
23562 Lübeck
www.sternwarte-luebeck.de

Luxembourg
Astronomes Amateurs du Luxembourg
16 B, Rue Emile Mayrisch
L 3522 Dudelange
www.aal.lu

Luzern
Sternwarte Hubelmatt
Zihlmattweg 4
CH-6005 Luzern
https://luzern.astronomie.ch

Magdeburg
Astronomische Gesellschaft Magdeburg e.V.
Rötgertstr. 8
39104 Magdeburg
www.astronomie-magdeburg.de

Mainz
Paul-Baumann-Sternwarte
55270 Klein-Winternheim
www.astronomie-mainz.de

March
Sternwarte March
Am Hölgacker 1
79232 March
www.vhsmarch.de

Meckesheim
Volkssternwarte Meckesheim
Kettengasse 59
74909 Meckesheim
www.astropic.de

Merseburg
Sternfreunde Planetarium Merseburg e.V.
Teichstr. 2
06217 Merseburg
www.planetarium-merseburg.de

Michelbach
NOE Volkssternwarte Michelbach
Antares NÖ Amateurastronomen
Michelbach Dorf 62
A-3074 Michelbach
www.noe-sternwarte.at

Münster
Sternfreunde Münster e.V.
Sentruper Straße 285
48161 Münster
www.sternfreunde-muenster.de

Neumarkt i.d. OPf.
Bayerische Volkssternwarte Neumarkt
Am Höhenberg 31
92318 Neumarkt i.d. OPf.
www.sternwarte-neumarkt.de

Neumünster
VHS-Sternwarte Neumünster
Hahnknüll 58
24537 Neumünster
www.sternwarte-nms.de

Neustadt/Weinstraße
siehe **Bad Dürkheim**

Neuzeug
Sternfreunde-Steyr
Hoheneckerstr. 4
A-4523 Neuzeug
www.sternfreunde-steyr.at

Nordenham
Planetarium
Bahnhofstraße 52
26954 Nordenham
www.sternfreunde.nordenham.de

Norderney
Astronomischer Arbeitskreis Norderney
„Wilhelm Dorenbusch Sternwarte"
Birkenweg 22
26548 Norderney
www.sternwarte-norderney.de

Nürnberg
Regiomontanus-Sternwarte
Nürnberger Astronomische
Arbeitsgemeinschaft e.V.
Regiomontanusweg 1
90491 Nürnberg
www.naa.net

Oberwallis
Astronomische Gesellschaft Oberwallis
Ebnetstr. 12
CH-3982 Bitsch

Osnabrück
Astronomische Arbeitsgemeinschaft/
Naturwissenschaftlicher Verein
Museum am Schölerberg
Klaus-Strick-Weg 10
49082 Osnabrück
www.naturwissenschaftlicher-verein-os.de

Ottobeuren
Allgäuer Volkssternwarte Ottobeuren e. V
Wolferts 40
87724 Ottobeuren
www.avso.de

Paderborn
Volkssternwarte Paderborn e.V.
Im Schlosspark 13
33104 Paderborn
www.vspb.de

Papenburg
Astronomischer Verein der
Volkssternwarte Papenburg e.V.
Wilhelm-Leuschner-Str. 48
26871 Papenburg
www.astronomie-papenburg.de

Papenburger Sternwarte e.V.
Bethlehem rechts 51 b
26871 Papenburg
www.sternwarte-papenburg.de

Passau
Volkssternwarte
Veste Oberhaus 125
94034 Passau
www.Sternwarte-Passau.de

Prince Albert, South Africa
Starfriends of Prince Albert for Celestial Enjoyment
Astro Tours
Klipstr. 17
6930 Prince Albert
South Africa
www.astrotours.co.za

Regensburg
Verein der Freunde der Volkssternwarte Regensburg
Ägidienplatz 2
93047 Regensburg
www.sternwarte-regensburg.de

Remscheid
Dr. Hans-Schäfer-Sternwarte
Schützenplatz 2
42853 Remscheid
www.sternwarte-remscheid.de

Riesa
Sternwarte Riesa e.V.
Greizer Str. 2
01587 Riesa
SternwarteRiesa@web.de

Rodewisch
Schulsternwarte und
Planetarium „Sigmund Jähn"
Rützengrüner Str. 41 a
08228 Rodewisch (Vogtland)
www.sternwarte-rodewisch.de

Rostock
Astronomische Station „Tycho Brahe"
Astronomischer Verein Rostock e.V.
Nelkenweg 6
18057 Rostock
www.sternwarte-rostock.de

Rüsselsheim
Rüsselsheimer Sternfreunde e. V. 1975
Staudenweg 3
65428 Rüsselsheim
www.ruesselsheimer-sternfreunde.de

Saar
Verein der Amateurastronomen des Saarlandes e.V. (VAS)
Sternwarte Peterberg
66625 Nohfelden-Eiweiler
www.sternwarte-peterberg.de

Saarlouis
Verein der Astronomiefreunde
Cassiopeia Saarlouis e.V.
Großstr. 37
66740 Saarlouis
www.cassiopeia-saarlouis.de

Salzburg
Salzburger Volkssternwarte
Auer von Welsbach-Str. 22
84489 Burghausen
www.hausdernatur.at/astronomie

Sankt Andreasberg
Sternwarte Sankt Andreasberg e.V.
Clausthaler Str. 11
37444 Sankt Andreasberg
www.sternwarte-sankt-andreasberg.de

Schwanden ob Sigriswil
Sternwarte Planetarium SIRIUS
CH-3657 Schwanden/Sigriswil
www.sternwarte-planetarium.ch

AMATEURASTRONOMISCHE VEREINIGUNGEN UND PRIVATSTERNWARTEN

Seewalchen
Astronomischer Arbeitskreis
Salzkammergut +
Sternwarte Gahberg
Sachsenstraße 2
A-4863 Seewalchen
www.astronomie.at

Sohland/Spree
Volks- und Schulsternwarte
„Bruno H. Bürgel" Sohland e.V.
Schluckenauer Str. 8 a
02689 Sohland/Spree
www.sternwarte-sohland.de

Solingen
Galileum Solingen
Walter-Horn-Weg 1
42697 Solingen
www.galileum-solingen.de

Walter-Horn-Ges. e.V. Sternwarte
Sternstraße 5
42719 Solingen
www.sternwarte-solingen.de

Solms
Volkssternwarte Mittelhessen e. V.
Lindenstr. 11
35606 Solms
www.sternwarte-burgsolms.de

Stuttgart
Schwäbische Sternwarte
Zur Uhlandshöhe 41
70188 Stuttgart
www.sternwarte.de

Tirschenreuth
Gerhard Franz Volkssternwarte
Marienstraße 49
95643 Tirschenreuth
www.sternwarte-tirschenreuth.de

Tornesch
Regionale Volks- und Schulsternwarte
Tornesch e.V.
Klaus Groth-Str. 11
25436 Tornesch
www.sternwarte-tornesch.de

Trebur
Michael Adrian Observatorium
Fichtenstr. 7
65468 Trebur
www.tlt-trebur.de

Trier
Verein Sternwarte Trier e.V.
Laurentius-Zeller-Str. 11
54294 Trier
www.sternwarte-trier.de

Überlingen
Sternwarte Überlingen e. V.
Obere St. Leonhardstr. 45
88662 Überlingen
www.sternwarte-ueberlingen.de

Waghäusel
Astronomiefreunde Waghäusel e.V.
Kettelerstr. 19
68753 Waghäusel
www.afw2000.de.vu

Weikersheim
Astronomische Vereinigung
Weikersheim e.V.
Sternwarte Am Karlsberg
97990 Weikersheim
www.sternwarte-weikersheim.de

Weil der Stadt
Johannes-Kepler-Sternwarte
Max-Caspar-Str. 47
71263 Weil der Stadt
www.kepler-sternwarte.de

Wertheim
Johann-Kern-Sternwarte Wertheim e.V.
Am Galgengraben
97877 Wertheim-Reicholzheim

Wien
Astronomischer Jugendclub
Richard Wagner-Platz 2/4
A-1160 Wien

Österreichischer Astronomischer Verein
Laverangasse 40
A-1130 Wien
www.astroverein.at

Freiluftplanetarium
Sterngarten Georgenberg
Anton Krieger-Gasse 206–210
A-1230 Wien
www.astroverein.at

Winterthur
Sternwarte Eschenberg
der AG Winterthur
Breitenstraße 2
CH-8542 Wiesendangen

Wuppertal siehe **Remscheid**

Zollern-Alb siehe **Brittheim**

Zweibrücken
Sternwarte des Naturwissensch. Vereins
FH Campus
Amerikastr. 1
66482 Zweibrücken
www.nawi-zw.de

Zwickau
Förderverein der Schulsternwarte Zwickau
Gartenanlage „Am Kreuzberg"
08064 Zwickau
www.sternwartezwickau.de

Überregionale astronomische Amateur-Vereinigungen

Arbeitskreis Meteore e.V.
Mehlbeerenweg 5
14469 Potsdam

Bundesdeutsche Arbeitsgemeinschaft
für Veränderliche Sterne e.V. (BAV)
Munsterdamm 90
12169 Berlin
www.bav-astro.de

Österreichischer
Astronomischer Verein
Baumgartenstraße 23/4
A-1140 Wien

Vereinigung der Sternfreunde e.V. (VdS)
Postfach 1169
64629 Heppenheim
www.sternfreunde.de

Das Verzeichnis erhebt keinen Anspruch auf Vollständigkeit. Weitere Vereinigungen nimmt der Herausgeber gerne auf. Entsprechende Hinweise sende man bitte an:

PLANETARIUM STUTTGART
Willy-Brandt-Straße 25
70173 Stuttgart

Anschrift des Herausgebers:
Prof. Dr. Hans-Ulrich Keller
Planetarium Stuttgart
Willy-Brandt-Straße 25
D-70173 Stuttgart

IMPRESSUM

Umschlaggestaltung von Gramisci Editorial Design/ Isabel Fischer, München, unter Verwendung einer Illustration von Mark Garlick und einer Aufnahme des Sternhaufens Messier 29 von Martin Gertz/ Sternwarte Welzheim.

Mit 44 Farb- und Schwarzweißfotos, 14 historischen Abbildungen, 214 Illustrationen, davon 209 von Gerhard Weiland sowie 12 Planetenlauf- und 12 Monatssternkarten von Wil Tirion.

Unser gesamtes Programm finden Sie unter **kosmos.de**.
Über Neuigkeiten informieren Sie regelmäßig unsere Newsletter, einfach anmelden unter **kosmos.de/newsletter**

Gedruckt auf chlorfrei gebleichtem Papier

FSC www.fsc.org
MIX
Papier | Fördert gute Waldnutzung
FSC® C110508

ISSN: 1438-3306
ISBN: 978-3-440-17690-0
Redaktion: Sven Melchert, Michael Geymeier
Gestaltung und Satz: typopoint GbR, Ostfildern
Produktion: Ralf Paucke
Druck und Bindung: Westermann Druck Zwickau GmbH, Zwickau
Printed in Germany/Imprimé en Allemagne